Geschichte der polnischen Musik

WYDAWNICTWO INTERPRESS

Grzegorz Michalski
Ewa Obniska
Henryk Swolkień
Jerzy Waldorff

Verlag Interpress
Warschau 1988

Geschichte der polnischen Musik

Autorenkollektiv unter Leitung von Tadeusz Ochlewski

Titel der polnischen Originalausgabe
„Dzieje muzyki polskiej w zarysie"
Übertragen von Caesar Rymarowicz

ISBN 83-223-2255-0

INHALTSVERZEICHNIS

Von Chopin bis Szymanowski

Henryk Swolkień

Neue Musik

Grzegorz Michalski

Von den Verfassern

Geschichte der polnischen Musik – das ist ein verpflichtender Titel, indes hat das den Lesern vorgelegte Buch einen spezifischen Charakter, der eines Kommentars bedarf. Es entstand auf Initiative des Verlages nach einem Plan von Prof. Tadeusz Ochlewski und unter seiner meritorischen Aufsicht, bestimmt ist es vor allem für ausländische Leser, die sich für polnische Musik interessieren. Es ist keine wissenschaftliche Publikation, erst recht kein Lehrbuch der Musikgeschichte – der bescheidene Umfang und der popularisierende Charakter des Buches veranlaßten die Autoren, eine strenge Selektion der Fakten vorzunehmen, so daß das auf Grund dieser einen Lektüre gewonnene Bild der polnischen Musik allzu ärmlich und einseitig wäre. Es fehlen darin vor allem die noch nicht genau genug erforschten, zweifellos aber wichtigen Zusammenhänge der Musik mit den anderen Künsten, mit der Philosophie, schließlich auch mit der wirtschaftlichen und politischen Geschichte des polnischen Volkes – all diese Probleme sind in dem Buch nur angedeutet. Außerhalb des Hauptinteresses der Verfasser lag auch die musikalische Aufführung. Diese Beschränkungen ermöglichten indes eine Konzentration und die Darstellung des wichtigsten Themas – des Musikschaffens – in lapidarer Form.

Jeder der Autoren besaß jedoch bei der Realisierung der abgestimmten Prämissen ziemlich viel Freiheit hinsichtlich der Sprache der Beschreibung und der Methode der Darstellung des ihm anvertrauten Gebietes aus der Geschichte der polnischen Musik; daher unterscheiden sich die einzelnen Partien dieses Buches deutlich voneinander. Jedoch jede Arbeit popularisierenden Charakters – und für die Musik gilt das in besonderem Maße – birgt ein subjektives Element in sich, und seine Beseitigung wäre ein künstlicher und wohl auch ein undurchführbarer Eingriff.

Die Geschichte der polnischen Musik hat sich im Laufe des letzten Jahrhunderts bedeutend bereichert: einerseits infolge einer wahren Lawine von Entdekkungen unbekannter Werke alter Meister, andererseits dank dem umfangreichen und wertvollen Schaffen der zeitgenössischen polnischen Komponisten. Nach wie vor erscheinen neue Fakten, daher muß zur Vermeidung von Mißverständnissen vermerkt werden, daß die Arbeiten der Verfasser an den in der ersten – polnischsprachigen – Auflage publizierten Texten im Jahre 1975 beendet wurden, die für die zweite Auflage, auf die sich die vorliegende deutsche Ausgabe stützt, unvermeidlichen Korrekturen und Ergänzungen im Jahre 1981 vorgenommen worden sind.

Einführung

Jerzy Waldorff

Auf den weiteren Seiten haben die Autoren dieses Buches die Geschichte der polnischen Musik und ihre schöpferische Gegenwart dargestellt, vom Mittelalter bis hin zu den Aktionen der Avantgarde. In der Einführung findet der Leser indes das Bild des heutigen Musiklebens zwischen Bug und Oder, seine verschiedenen Organismen, die der Pädagogik, der Interpretation, der Popularisierung, der Aufzeichnung der Töne durch verschiedene Methoden dienen. Es wird auch die Rede von den Stätten des nationalen Gedenkens sein, wo die Vergangenheit geehrt wird, aus der sich der heutige Tag entwickelt hat und die Zukunft die Säfte schöpfen wird, wie alles Gesunde, was fest im Boden verwurzelt ist.

Eine solche Revue der Aktualitäten in Polen kann sich dem Leser als nützlich erweisen: Er wird vor ihrem Hintergrund die historischen Entwicklungsprozesse der Musik in diesem Lande richtiger einschätzen können. Beginnen wir mit dem, was jeder bewußten Pflege der schönen Künste den Anfang gibt.

Ausbildung

In Polen wirken gegenwärtig sieben Musikschulen auf akademischem Niveau. Die Fryderyk-Chopin-Akademie in Warschau ist nicht nur die älteste von ihnen, sondern auch die älteste in diesem Teil Europas. 1810 gegründet, entstand sie ein Jahr vor dem Prager Konservatorium, sieben Jahre vor der Wiener Musikakademie und neunundfünfzig Jahre vor der Berliner Staatlichen Hochschule. Ihr Mitbegründer und Lehrer des berühmtesten Absolventen, Fryderyk Chopins, war Józef Elsner. Im vergangenen Jahrhundert waren u.a. Ignacy Jan Paderewski sowie Wanda Landowska Absolventen des Warschauer Musikinstituts. Zwischen den beiden Weltkriegen leitete Karol Szymanowski als Direktor die Lehranstalt, Studenten waren die später berühmten Grażyna Bacewicz und Witold Lutosławski.

In Krakau übernahm Krzysztof Penderecki 1972 das Rektorat der Musikakademie. Hochschulen dieses Typs wirken ebenfalls in Łódź, Poznań, Katowice, Wrocław und Gdańsk. Musikschulen auf Gymnasialniveau gibt es über 70 in Polen, außerdem 200 Schulen der ersten Stufe. Das Ziel ist die Verwirklichung des Plans, dem zufolge jede, auch die kleinste Stadt eine eigene Musikschule erster Stufe haben soll.

Die Lücken im staatlichen Grundschulwesen füllen gesellschaftliche Musikzirkel aus, die unter der Obhut und Kontrolle musikalischer Gesellschaften wirken. Die älteste davon, die über hundertjährige Warschauer Musikgesellschaft, hatte 1871 der Vater der polnischen Nationaloper, der Schöpfer der *Halka* und des *Gespensterschlosses,* Stanisław Moniuszko gegründet. Außer ihr bestehen jedoch sehr aktive Gesellschaften in Poznań, Szczecin, Zielona Góra und Lublin. Die im Osten des Landes gelegene Wojewodschaft Lublin war, bevor sie umorganisiert wurde, nur spärlich mit staatlichen Musikschulen ausgestattet, denn sie hatte nur fünf Grundschulen und eine Oberschule, jedoch wurde deren Fehlen durch annähernd 30 gesellschaftliche Musikzirkel mit über 30 Filialen, d.h. durch insgesamt rund 60 Lehrstätten, ergänzt.

Es lohnt, die Aufmerksamkeit für einen Augenblick auf die spezifische Form der Gewinnung der Jugend für die Musik in der Wojewodschaft Poznań zu lenken. Es war das Jahr 1968, als der Direktor der Philharmonie in Poznań,

Alojzy Łuczak, beschloß, vor allem die Schüller der allgemeinbildenden und der Berufsoberschulen in der Jugendbewegung der Musikliebhaber „Pro Sinfonika" zu vereinigen. Als kluger Mann wählte er die Form der Klubs, derer es heute in Poznań und in anderen Städten der Wojewodschaft über fünfzig mit einigen tausend Mitgliedern gibt.

Seit seinen Anfängen war das in europäischem Maßstab der einzig dastehende Versuch, die Jugend an die Musik heranzuführen, sie in origineller – man könnte sogar sagen – in perfider Weise zu engagieren. Die jungen Leute werden nicht zur aktiven Teilnahme am Musikleben gezwungen. Im Gegenteil! Es werden ihnen sogar viele Hindernisse in den Weg gelegt, infolgedessen hat die Mitgliedschaft in der Bewegung „Pro Sinfonika" nichts von einer schulischen Pflicht an sich, sondern wird zu einem bevorzugten Privileg, um das zu bewerben es sich lohnt. Zunächst muß man zahlen, wenngleich nicht viel. Ganz richtig, denn man schätzt das gering, was einem mit Gewalt und umsonst aufgezwungen wird. Für ihren jährlichen Beitrag erhalten die Mitglieder – versehen mit Ausweisen und Abzeichen – einen festen Platz in den Auditorien der Klubkonzerte, und derer gibt es jährlich ein gutes Dutzend. Die *Zeszyty Muzyczne* (Musikhefte) sind ganz einfach reichhaltige und abwechslungsreiche Monatsschriften, die nach jeder Saison zu über 600 Seiten starken Büchern über Musik werden. Außerdem besitzt jeder Teilnehmer der Aktion „Pro Sinfonika" das Recht, sich an musikalischen Begegnungen und Turnieren zu beteiligen, das Wort im buchstäblichen Sinne zu ergreifen – zu singen oder solo auf einem Instrument oder in Ensembles zu spielen oder auch seine Meinung mit der Feder auszudrücken, was in den gelungensten Fragmenten in den erwähnten Heften der Organisation erscheint.

Das Gesamtprogramm der Aktion „Pro Sinfonika" gliedert sich in drei Stufen der musikalischen Einweihung, in eine Art klug reaktiviertes Freimaurertum. Jedes Jahr steigen die gleichen Gruppen der jungen Leute nach Erlangung des entsprechenden Grades des musikalischen Wissens eine Stufe höher, und die dritte, zweijährige Stufe hat den Charakter einer Musikuniversität, jedoch hängt die Aufnahme auch von sehr guten Ergebnissen im außermusikalischen Unterricht ab; an ihrer Spitze steht eine jugendliche Selbstverwaltung mit einem achtzehnjährigen... Rektor mit Insignien: einer Robe aus weißem Kanin und einer Kette um den Hals.

Das interessante Experiment zeitigt beachtenswerte Resultate.

An der Spitze der polnischen Pyramide der musikalischen Ausbildung steht das Institut für Musikwissenschaft der Warschauer Universität. Das ist ein verhältnismäßig junger Wissenszweig, wenn man bedenkt, daß er sich erst Anfang des 20. Jahrhunderts in einigen Universitätszentren entwickelte. In Polen bürgerte er sich sehr schnell ein, denn 1907 hatte Aleksander Poliński bereits einen Abriß der Geschichte der polnischen Musik bearbeitet, und Pfarrer Józef Surzyński veröffentlichte vier einleitende Hefte des wertvollen Werkes *Monumenta Musices Sacrae in Polonia*. In der Zeit zwischen den beiden Weltkriegen gab es drei polnische Lehrstühle für Musikwissenschaft: den 1913 von Prof. Dr. Adolf Chybiński in Lwow, den 1921 von Prof. Dr. Zdzisław Jachimecki in Krakau und den 1922 von Prof. Dr. Łucjan Kamieński in Poznań gegründeten. All dies hat der zweite Weltkrieg zunichte gemacht.

Das gegenwärtige Warschauer Institut für Musikwissenschaft, das im Herbst 1978 sein dreißigjähriges Bestehen beging, hatte Prof. Dr. Zofia Lissa (1908–1980) gegründet, die Verfasserin von über einem Dutzend Büchern und mehreren hundert Abhandlungen, von denen viele in mehr als ein Dutzend Sprachen übersetzt wurden, Mitarbeiterin von rund zehn Musikenzyklopädien in ebenso vielen Ländern und seit 1964 Mitglied des Rates der Internationalen Gesellschaft für Musikwissenschaft. Das Institut umfaßt folgende Anstalten:

für Geschichte der polnischen Musik (Leitung Dozent Dr. Mirosław Perz), für Geschichte der Weltmusik (Leitung Dozent Dr. Andrzej Chodkowski), für Theorie und Ästhetik (Leitung Dozent Dr. habil. Zofia Helman) sowie für Musikethnologie (Leitung Prof. Dr. habil. Anna Czekanowska, die zugleich Direktor des gesamten Instituts ist).

Einen besonders wertvollen Beitrag zur polnischen Musikwissenschaft lieferte nach dem zweiten Weltkrieg der 1967 verstorbene Historiker Pfarrer Prof. Dr. Hieronim Feicht, der mit seinen Entdeckungen – hauptsächlich in den Bibliotheken alter Klöster – die Kenntnis der Geschichte der polnischen Musik bis zu den Anfängen des 13. Jahrhunderts vertiefte, indem er die aufgefundenen Schriftdenkmäler in den 13 Bänden der *Antiquitates Musicae in Polonia* veröffentlichte. Neben dem Warschauer Institut wirken auch die Lehrstühle für Musikwissenschaft an den Universitäten Poznań und Krakau, wo 1974 das Dokumentationzentrum für das Leben und Schaffen I. J. Paderewskis gegründet wurde, dessen Grundstock die aus Riond-Bosson, der Schweizer Residenz des Meisters, nach Krakau gebrachten Korrespondenzsammlungen und die Bibliothek bilden. Ferner ist ein Lehrstuhl für Musikwissenschaft an der Katholischen Universität in Lublin tätig, der sich besonders mit Kirchenmusik befaßt.

Sinfonieorchester

Bevor wir das zweite Thema aufgreifen, gilt es zu unterstreichen – was nicht ohne Bedeutung ist! – daß, obwohl Polen im zweiten Weltkrieg in seiner materiellen Substanz bis zu 60 Prozent zerstört worden war und man nicht wußte, womit man bei seinem Wiederaufbau beginnen sollte, die Regierung auch dafür Mittel erwirtschaftet hat, um zwei große neue Opernhäuser – in Warschau und Łódź – sowie sieben Philharmoniegebäude zu errichten: in Warschau, Bydgoszcz, Olsztyn, Wrocław, Rzeszów, Częstochowa und Białystok. In Polen gibt es neunzehn staatliche Philharmonien, darüber hinaus vier Rundfunk- und Fernsehorchester: das Krakauer, das Warschauer, das Kammerorchester in Poznań sowie das Große Orchester des Polnischen Rundfunks und Fernsehens in Katowice, das sich in Schlesien ansiedelte und gleich nach dem Kriege konzertierte, als Warschau noch in Trümmern lag. Außer den oben erwähnten spielen in Polen, abgesehen von den Laienensembles, noch sechs professionelle Sinfonieorchester: das des Rybniker Kohlereviers mit Sitz in Rybnik, das oberschlesische in Zabrze, das niederschlesische in Jelenia Góra, das Großpolnische Wanderorchester mit Sitz in Poznań, das Staatliche Sinfonieorchester in Kalisz und schließlich das vor hundert Jahren gegründete Staatliche Landsinfonieorchester in Zamość.

Drei Philharmonien besitzen eigene Chöre mit je hundert Sängern – die Nationalphilharmonie in Warschau und die Karol-Szymanowski-Philharmonie in Krakau, während zur Philharmonie in Poznań der von Stefan Stuligrosz geleitete und auch im Ausland berühmte Knaben- und Männerchor, die „Nachtigallen von Poznań" genannt, gehört. Mit der Pommerschen Philharmonie „Ignacy Jan Paderewski" in Bydgoszcz und der Schlesischen Philharmonie in Katowice arbeiten Laienchöre auf so hohem Niveau zusammen, daß sie durch die Aufführung extrem verschiedener, jedoch gleichermaßen schwieriger Werke wie der *Messias* von Händel einerseits und das avantgardistische Oratorium *Ad Matrem* von Henryk M. Górecki andererseits begeisterten. Mit der Philharmonie von Szczecin schließlich singt der vortreffliche Chor der dortigen Technischen Hochschule unter Leitung Jan Szyrockis. An der Spitze dieser zahlreichen musizierenden Phalanx stehen zwei miteinander konkurrierende Ensembles, die, wie das bei lebenden Organismen üblich ist, einander abwechselnd übertreffen: die Nationalphilharmonie sowie das Große Sinfonieorchester des Polnischen Rundfunks und Fernsehens. Die Nationalphilharmonie ist 81 Jahre alt. Solist des ersten Konzerts in ihrem Gebäude in Warschau im Herbst 1901 war Paderewski. Seit 1958 hatte das Ensemble 45 Auslandsreisen, darunter drei Tourneen durch die USA, und gab rund 560 Konzerte. Seine längste Gastspielreise dauerte von Februar bis April 1970 und umfaßte Ägypten, Libanon, Iran, Indien, Singapur, Australien, die Philippinen, Hongkong und Japan. Nach ihrer Wiedergeburt nach dem Kriege wurde Witold Rowicki 1951 Chef der „Nationalen", den Kazimierz Kord Mitte des Jahres 1977 ablöste. Ständige Dirigenten des Großen Sinfonieorchesters des Polnischen Rundfunks und Fernsehens waren Witold Rowicki (1945–1947), Grzegorz Fitelberg (1947–1953), Jan Krenz (1953–1968), Kazimierz Kord (1969–1973) und Prof. Stanisław Wisłocki, der 1977 Chef des Ensembles wurde und mit seinen Musikern in der BRD, in Italien, Großbritannien und Frankreich gastierte. Vorher reisten die polnischen „Rundfunkmusiker" zweimal in die USA, und die exotischste Tournee dieser Gruppe führte 1963 durch die UdSSR nach China, dann nach Hongkong, Japan, auf die Philippinen, nach Australien und schließlich über Griechenland zurück in die Heimat. Gegenwärtig wird das Orchester von Antoni Wit geleitet.

Opernhäuser

Es gibt ihrer acht in Polen: in Bydgoszcz, Bytom, Gdańsk, Krakau, Łódź, Poznań, Warschau und Wrocław. Zu dieser Bühnenfamilie muß man ebenfalls das Polnische Tanztheater in Poznań zählen, gegründet und geleitet von dem ehrgeizigen, modern denkenden Choreographen Conrad Drzewiecki, der sein Ballettschiff immer erfolgreicher durch Europa steuert.

Hier ist ebenfalls der Platz, um die neun polnischen Operettentheater zu erwähnen. Schickt sich das bei einer Übersicht von Institutionen, die ernste Musik kultivieren? Gewiß! Einige Operettenhäuser in Polen beschränken sich nämlich nicht auf das gängige Repertoire von der *Lustigen Witwe* bis zum *Mann aus La Mancha*, sondern bemühen sich um in künstlerischer Hinsicht wertvollere Positionen. Als zum Beispiel die Warschauer Operette 1965 in ihren gegenwärtigen neuen Sitz umzog, führte sie zur Eröffnung ein polnisches Vaudeville aus der zweiten Hälfte des 18. Jahrhunderts auf: *Die Krakauer und die Goralen*, das deshalb so wertvoll ist, weil es eine herrliche Musik und Dramatik hat, und obendrein war es die Ankündigung der Geburt der polnischen Nationaloper in großem Stil. 1974 führte dasselbe Warschauer Operettentheater Shakespeares *Sommernachtstraum* mit einem bezaubernden Bühnenbild, in vortrefflicher Regie und mit ... Rock-and-Roll-Musik auf!

Besondere Hervorhebung verdient die Tätigkeit des Musiktheaters in Gdynia, das seinen Sitz in einem schönen, modernen Bau hat, der an der Schwelle des Jahres 1980 eröffnet wurde. Der Ehrgeiz des ersten Direktors dieser Bühne, Andrzej Cybulski, war es, neben dem traditionellen Repertoire künstlerisch hervorragende, mit ihrem Inhalt in der Gegenwart wurzelnde Musicals polnischer Autoren und Komponisten aufzuführen. Ein sensationeller

Erfolg wurde im Dezember 1980 mit dem großen, gesellschaftlich engagierten Musical *Kolęda-Nocka* von Ernest Bryll mit einer gelungenen Rock-Musik von Wojciech Trzciński und in der glänzenden szenographischen Bearbeitung Marian Kołodziejskis erzielt. Das im Frühjahr 1981 nach Warschau gebrachte *Kolęda-Nocka* erhielt im Großen Opernhaus einen solch großen Beifall des Publikums, wie man sich seines in diesem Saal nicht erinnern konnte.

Zur Oper zurückkehrend, gilt es bei zwei großen Opernhäusern länger zu verweilen: bei dem in Warschau und in Łódź. Das Warschauer Große Haus wurde 1833 feierlich eröffnet, und seither gastierten auf seiner Bühne die hervorragendsten Sänger Polens und des Auslands. In diesem würdevollen Gebäude wurden die berühmten polnischen Brüder, die Solisten der New Yorker Metropolitan Jan und Edward Reszke, gefeiert, ebenso Marcelina Sembrich-Kochańska, Adam Didur, Janina Korolewicz-Waydowa, Jan Kiepura, Ada Sari. Aber es sangen in Warschau ebenfalls Angelica Catalani, Enrico Caruso, Adelina Patti, Mattia Battistini, Mercedes Capsir, Fjodor Schaljapin, Toti Dal Monte, Titta Ruffo, Miguel Fleta. Auf dieser Bühne fanden alle großen polnischen Uraufführungen statt, angefangen von Moniuszkos *Halka* 1858 bis *König Roger* von Karol Szymanowski im Jahre 1926. 1939 verbrannten die Nazis das Operngebäude und vollendeten nach dem Warschauer Aufstand 1944 das Werk der Vernichtung. Die kostbare, 106 Jahre lang gesammelte Bibliothek ging in Flammen auf, ebenso die Magazine mit über hunderttausend Kostümen und Requisiten. Von dem gesamten Gebäude blieb nur der Giebel des unglückseligen Theaters erhalten, der schönste der historischen Giebel in Europa.

Nach dem Kriege ging man nicht gleich an den Wiederaufbau des Großen Hauses, zumal es – nach einem Beschluß der Regierung – hinter seiner historischen Fassade so modern und prachtvoll werden sollte, daß es ein Symbol der verwirklichten Träume der Polen vom ganzen, aus der tödlichen Bedrohung wiedererweckten Land sein würde. Die ungewöhnlich feierliche Eröffnung erfolgte im Herbst 1965. Den geladenen Gästen bot sich ein schöner, obgleich nicht allzu großer Zuschauerraum mit zweitausend Sitzen dar. Dafür hatte die Bühne die modernste Ausstattung neben der zuvor wiederaufgebauten Wiener Ring-Oper erhalten. Der Mechanismus der Bühne ist eine Schubladen-Senk-Rotations–Vorrichtung, ihre Fläche ist ebenso groß wie der Altstadtmarkt in der Nähe. In den Kulissen gibt es 100 Garderoben für die Künstler und entsprechend geräumige Magazine, Arbeitsräume, Werkstätten, Büros.

Seither treten auf der ersten nationalen Bühne wieder die hervorragendsten polnischen Sänger dieser Generation auf – mit Teresa Żylis-Gara, Teresa Kubiak und Wiesław Ochman an der Spitze. Auf den Brettern des Großen Hauses in Warschau gastierten ganze Ensembles, u.a. das Australian Ballet aus Melbourne, das Ballet Rambert aus London, das Ballett des Staatlichem Akademischen Tanztheaters „Estonia" aus Tallinn, das Ballet Nacional de Cuba, die Compagnie de Joseph Lazzini (Frankreich), die Deutsche Oper am Rhein, die First Chamber Dance Company of New York, das Hessische Stadttheater aus Wiesbaden, das London Contemporary Dance Theatre, das Národní Divadlo aus Prag, das New York City Ballet, das Royal Ballet aus London, die Staatsoper Berlin, das Bolschoi-Theater aus Moskau, das Ballett-ensemble der Leningrader Oper, die Oper aus Stockholm, die den vollen Zyklus von Wagners *Ring des Nibelungen* vortrefflich darbot.

In den letzten Jahren sangen hier ausländische Solisten wie Elisabeth Söderström, Nikolai Giaurow, später Birgit Nilsson, Luigi Alva, Victoria de los Angeles, Elisabeth Schwarzkopf, Teresa Berganza und andere.

Das zwei Stunden von Warschau entfernte Łódź ist ein Zentrum der Textilindustrie und wird darum das „polnische Manchester" genannt. Da es fast 800 000 Einwohner hat, erhielt es 1967 ein neues Opernhaus. Während das

Warschauer Gebäude durch seine Form und seine Pracht an die traditionellen Opernhäuser in den Metropolen anknüpft, zeichnet sich jenes in Łódź mit seinen 1400 Plätzen durch erfreuliche Funktionalität und Einfachheit aus.

Um etwas Eigenes zu haben, das sie von anderen unterscheidet, ging die Oper in Łódź daran, alle zwei Jahre internationale Ballettbegegnungen ganzer Ensembles wie auch von Solistengruppen zu organisieren, damit sie daran ihre eigenen Leistungen messen und aus solchen Beobachtungen nutzbringende Schlußfolgerungen ziehen konnte. Bisher tanzten in Łódź das hervorragendste und größte polnische klassische Ballett des Großen Hauses aus Warschau mit über hundert Personen sowie das Polnische Tanztheater aus Poznań, das den modernen Tanz betreibt, sowie einige andere Landesensembles. Aus dem Ausland reisten nach Łódź u.a. Maurice Béjarts Ballet du XX–ème Siècle aus Brüssel, das Ballet Rambert aus London, die Opernballette aus Leipzig und Tbilissi, eine Gruppe von Solisten des Bolschoi-Balletts aus Moskau, das Marseiller Ballett Roland Petits aus Frankreich, das Ballett Lar Lubovitchs aus den USA, das Ballett „Estonia" aus der Estonischen SSR, das Ballet Nacional de Cuba.

Das gegenseitige Interesse für die Opernhäuser in Warschau und Łódź wurde so groß, daß die Eisenbahndirektion und nach ihr die Reisebüros beschlossen, besondere „Musikzüge" und Busausflüge in beide Richtungen zu den Opern- und Ballettaufführungen zu organisieren.

Kammermusikensembles

Während sich im übrigen Europa, besonders in England und Deutschland, im 19. Jahrhundert das Musizieren in den Häusern des kunstliebenden Bürgertums üppig entfaltete, dachte das zwischen drei Teilermächten aufgeteilte und politisch von der Landkarte Europas verschwundene Polen eher daran, in Privathäusern zu konspirieren und sich auf die nächsten Anstrengungen im Kampf um die Unabhängigkeit vorzubereiten.

Als es diese schließlich nach dem ersten Weltkrieg erlangte, benötigten die Neureichen die Musik nicht zu ihrem Glück. Der Krieg hatte die einstige kulturelle Aristokratie und das Bürgertum verarmen lassen, und die großen ökonomischen Krisen gestatteten es auch der Regierung nicht, die Kunst gebührend zu unterstützen.

Erst nach dem zweiten Weltkrieg begannen sich die Kammermusikensembles an der Weichsel mit unerwartetem Schwung zu vermehren. Ihre Tätigkeit und ihr Erfolg sind ein neuer Beweis dafür, daß selbst eine so vergeistigte Kunst wie die Musik nicht ohne Geld auskommen kann: Ein reicher und großzügiger Mäzen bleibt stets der beste Anreiz zu künstlerischen Erfolgen. Seitdem das Ministerium für Kultur und Kunst in Polen die Brieftasche zur Finanzierung der Kammermusikensembles, ihrer Vorbereitungsarbeiten, des Kaufs von Instrumenten und – wenn nötig – von Kostümen und schließlich auch für die notwendige Reklame weit geöffnet hatte, fanden sich energische Ensembleleiter, talentierte Instrumentalisten und Vokalisten, und so wurde im Laufe weniger Jahre eine hochentwickelte Kammermusik in Polen, wie auch die Begeisterung ihrer Anhänger eine Tatsache.

Man sollte sich die Namen der nachstehend angeführten Kammermusikgruppen merken, da man diesen Musikern ebensogut während eines Besuchs in

Polen wie auch in vielen anderen europäischen und außereuropäischen Ländern begegnen kann. Denn die Kammermusikensembles, die operativer und weniger kostspielig sind, gehen häufiger als die großen Sinfonieorchester oder Opernensembles auf Gastspielreisen.

Unter diesen Formationen trat das 1972 gegründete und von dem jungen Dirigenten Jerzy Maksymiuk aus Absolventen der Konservatorien komplettierte Polnische Kammerorchester in den Vordergrund, das in kurzer Zeit über ein breites Repertoire – von den Vorklassikern bis zur Avantgarde des 20. Jahrhunderts – verfügte. Europäischen Rang erwarb es in einem Satz bei seinen Auftritten 1977 in London, wo es die unverhohlene Anerkennung Neville Marriners fand, des Schöpfers und Leiters der berühmten Academy of St. Martin in the Fields. Dank seinen Empfehlungen verpflichtete eine der führenden englischen Schallplattenfirmen, die EMI-Record in London, das Polnische Kammerorchester zu zwölf Langspielplatten, was in hervorragendem Maße zur Festigung des internationalen Rufs dieses Ensembles beitrug. Es folgte die Zeit fast unaufhörlicher, immer weiterer Reisen: 1979 Konzerte in den USA (New York – Carnegie Hall, Chicago, Washington); die zweimalige Teilnahme am Festival in Edinburgh und am Flandrischen Festival in Gent, dreimal gab es Konzerte in der BRD, wie auch in Italien, Frankreich, Holland, Norwegen, Schweden und Spanien. Anfang 1981 reiste das Polnische Kammerorchester nach Japan und Australien.

Das Kammerorchester von Karol Teutsch entstand aus Mitgliedern des sinfonischen Ensembles der Nationalphilharmonie, es trat aber getrennt auf und gewann mit der Zeit eine eigene Besetzung. Es konzertiert vor allem im Ausland, und man kann es eher in Kanada, Mexiko, Kolumbien oder Japan hören als in Polen. Sein Repertoire reicht von der Klassik bis zur Moderne.

Als hervorragend gelten noch zwei Kammerensembles bei den Philharmonien: die „Capella Bydgostiensis pro Musica Antiqua", die von Włodzimierz Szymański geleitet wird, mit Sitz in der Pommerschen Philharmonie „Ignacy Jan Paderewski" in Bydgoszcz, sowie die „Capella Cracoviensis" unter Stanisław Gałoński bei der Krakauer Philharmonie „Karol Szymanowski". Wie ihre lateinischen Namen besagen, legen die Ensembles Nachdruck auf die Pflege der alten Musik, mit dem Unterschied, daß die „Capella Cracoviensis" besonders die Musik des Krakauer Königshofes kultiviert, also aus der Zeit vor dem Jahre 1600, bevor die Hauptstadt nach Warschau verlegt wurde. Das „Collegium Musicorum Posnaniensium", das ebenfalls alte Musik spielt, gewinnt dadurch an Attraktivität, daß es sich originaler historischer Instrumente von hohem Wert und großer Schönheit bedient, die aus den Sammlungen des Musikinstrumentenmuseums in Poznań entliehen werden. Der Dirigent des Kollegiums, Włodzimierz Kamiński, ist zugleich Direktor dieses Museums. Die Mitglieder des Ensembles treten in Barockkostümen auf. Ein weiteres Ensemble für alte Musik, das auf rekonstruierten alten Streich-, Blas-, Schlag- und Tasteninstrumenten (Portativ, Positiv) spielt, trägt den Namen „Fistulatores et Tubicinatores Varsovienses". Gegründet wurde es von Kazimierz Piwkowski, der es so vortrefflich leitet, daß die Fistulatoren in den Programmen der bestrenommierten internationalen Festivals in Edinburgh, Prag, Cannes, Bergen, Montreux figurieren, und sie traten auch in Paris während des Festivals „Du Marais" und „Mai du Versailles" auf. Sie pflegen in Renaissancekostümen zu spielen.

Das Warschauer Quintett durchmißt seit über zwanzig Jahren die Welt und spielt auf drei Kontinenten: in Amerika, Europa und Asien – seit Anbeginn mit demselben erfahrenen Solisten am Klavier: Władysław Szpilman. Ein junges Ensemble ist das Wilanower Streichquartett, das sich rasch und mit Energie auf den internationalen Estraden durchgesetzt hat. Das herrliche Krakauer „Barock-Trio" besteht aus Flöte, Cello und Cembalo, an welch letzterem die führende polnische Cembalistin Elżbieta Stefańska-Łukowicz sitzt; sie stammt aus der Dynastie von Musikern, die Bachs Konzert für vier Klaviere spielen können, ohne den Kreis der nächsten Verwandten verlassen zu müssen: Halina Czerny-Stefańska – 1. Klavier, ihr Mann Ludwik Stefański – 2., ihre Tochter, die erwähnte Elżbieta – 3. und deren Mann Jerzy Łukowicz – 4. Klavier.

Um ein vollständigeres Bild des mannigfachen Reichtums der polnischen Kammermusik zu bieten, sollte man vielleicht auch die Warschauer Kammeroper erwähnen, die von Stefan Sutkowski geleitet wird, sowie die wundervoll unter Leitung von Ewa Michnik in Krakau musizierende „Barockoper". Im übrigen gibt es in Polen noch so viele andere Kammermusikensembles, daß sich mehrere zusätzliche Seiten dieses Buches füllen ließen, um sie alle aufzuzählen.

Festspiele

Ähnlich wie in aller Welt haben sich die Festspiele – die immer modischer werden, schnell wachsende Massen von Anhängern gewinnen und somit wirksam zur Verbreitung der Musik beitragen – auch in Polen ungewöhnlich vermehrt. Es seien einige der bekanntesten genannt, die in Polen und außerhalb seiner Grenzen besonders viel gelten.

Den höchsten Rang genießt das Internationale Festival der Zeitgenössischen Musik „Warschauer Herbst", das alljährlich in der zweiten Septemberhälfte in Warschau vom Polnischen Komponistenverband veranstaltet wird. Das Ziel, das sich die Organisatoren gestellt haben, ist ein Überblick über das aktuelle Musikschaffen der Welt, was die ungleiche Attraktivität der Festspiele zur Folge hat: Sie sind alljährlich so viel wert wie die eingesandten Werke der Komponisten. Eine unveränderliche Position bleibt die Klassik der Gegenwart, die in jedem „Herbst" durch eine bestimmte Anzahl von Werken Strawinskys, Bartóks, Szymanowskis, Schönbergs, Bergs, Weberns, Ives' u.a. repräsentiert wird.

In der Praxis erwarb sich der „Warschauer Herbst" sehr rasch den Ruf eines Forums, das für die Konfrontation der zeitgenössischen Musik des Ostens und des Westens sowie für die Begegnungen von Komponisten aus beiden Richtungen der Welt am geeignetsten ist. In Warschau hatten Schostakowitsch und Karlheinz Stockhausen, Chatschaturjan und Luciano Berio die beste Gelegenheit, sich zu sehen und ihre Meinungen auszutauschen. Hier tauschten auch die Kritiker Hans Heinz Stuckenschmidt aus der BRD und Leonid Entelis aus Leningrad ihre theoretischen Ansichten aus.

Eine weitere Konsequenz der Topographie des „Warschauer Herbstes" sind zwei große Gruppen von Ensembles, die sich im Herbst in der Nationalphilharmonie, im Großen Haus, in der Musikakademie sowie auf anderen Warschauer Bühnen und Estraden produzieren. Einerseits die Philharmonien aus Moskau, Leningrad, Prag, Budapest, Dresden, Bukarest, das Staatliche Orchester der UdSSR und das Orchester des Allunionsrundfunks und Fernsehens, andererseits die Wiener Symphoniker, die Suisse Romande, das Pittsburgh Symphony Orchestra, das Kölner Rundfunksinfonieorchester, das Radioorchester NHK aus Japan, das Het Residentie Orkest aus Haag, das Royal Liverpool Orchestra und das Orchester des Französischen Rundfunks und Fernsehens aus Paris. Ebenso kommen die führenden Kammermusikensembles sowie Opern- und

Ballettkompanien aus der ganzen Welt nach Warschau, wie die Deutsche Oper am Rhein, Merce Cunningham and Dance Company aus den USA, das Ballet-Théâtre Contemporain aus Amiens in Frankreich oder das Grupo de Acción Instrumental aus Buenos Aires. Natürlich müssen alle hervorragenden polnischen Sinfonie-, Opern- und Kammermusikensembles dazugezählt werden.

Der „Warschauer Herbst" hat auch der Gruppe der talentiertesten zeitgenössischen polnischen Komponisten einen unschätzbaren Dienst erwiesen, indem er für sie gleichsam ein Sprungbrett zur großen internationalen Karriere wurde. Im Rahmen dieser Festivals fanden u.a. die Welturaufführungen statt: von Grażyna Bacewicz' *Musik für Streicher, Trompeten und Schlagzeug, Pensieri Notturni, 4. Streichquartett, Quartett für 4 Violoncelli*; von Tadeusz Bairds *Vier Essays, Erotika* für Sopran und Orchester, *Expressionen* für Violine und Orchester, *3. Sinfonie*; von Wojciech Kilars sinfonischem Werk *Riff 62*; von Witold Lutosławskis *Jeux Vénitiens*; von Krzysztof Pendereckis *Strophen, Dimensionen der Zeit und der Stille, Kanon*; von Kazimierz Serockis *A piacere, Niobe, Dramatic story*; von Henryk Mikołaj Góreckis *Scontri, Canti strumentali*, Oratorium *Ad Matrem*. Wenn sich nach dem Jahr 1960 in den Programmen des „Herbstes" immer weniger Uraufführungen der führenden polnischen Komponisten befinden, dann nur deshalb, weil sie immer häufiger auf Bestellung aus dem Ausland schreiben, so wie z.B. Krzysztof Penderecki seine *Passion nach Lukas* zur 700. Jahresfeier des Doms zu Münster schrieb oder wie Witold Lutosławski, dessen sämtliche Werke der letzten zehn Jahre auf Bestellung komponiert und im Ausland uraufgeführt wurden.

Das hinsichtlich seines Formats zweitgrößte ist das seit 1967 in Wrocław alljährlich Ende August, Anfang September organisierte Festival „Wratislavia Cantans", bei dem Oratorien und Kantaten aufgeführt werden. Geleitet wird es von Tadeusz Strugała, einem Dirigenten der mittleren Generation. Diese internationalen Festspiele finden in den Kirchenschiffen mehrerer gotischer Gotteshäuser der Stadt, in den Kreuzgängen von Klöstern und Sälen des alten Rathauses statt. Die Klänge der Orchester und Chöre ertönen jedoch auch in den Sälen der dortigen Philharmonie und des Polnischen Rundfunks. Die einzelnen Konzerte werden von so großen Menschenmengen besucht, daß ein Ordnungsdienst den Zugang zu den nicht gerade kleinen Kirchen regeln muß. An dem Festival „Wratislavia cantans" beteiligen sich neben polnischen Ensembles auch ausländische. Zum Repertoire gehört die gesamte Oratorien- und Kantatenliteratur von J. S. Bach und Telemann bis Penderecki und Górecki.

Die Festspiele von Bydgoszcz „Musica antiqua Europae Orientalis" wurden in den sechziger Jahren von Gelehrten des Warschauer Instituts für Musikwissenschaft angeregt, und das zu einem besonderen Zweck. Es ging darum, den westlichen Musikwissenschaftlern die Lügenhaftigkeit der Behauptungen der früheren deutschen Musikwissenschaft vor Augen zu führen, daß Polen zur Gruppe der „Randvölker" gehöre, die nie eine eigene Musikkunst besaßen und sich auf diesem Feld lediglich an den Blüten der hohen westlichen Kultur, vor allem der deutschen, weideten.

Zahlreiche Positionen im Repertoire der Bydgoszczer Festspiele der „Alten Musik Mittel- und Osteuropas" beweisen etwas anderes. Nämlich, daß nicht nur Polen, sondern auch Böhmen, Rußland und der slawische Balkan seit dem frühen Mittelalter ein originelles, eigenes Schaffen und eine musikalische Interpretation besaßen, die in ihrem Niveau den westlichen gleichkamen. Die Veranstaltung wird von dem Direktor Andrzej Szwalbe tatkräftig geleitet.

Das älteste der nach dem zweiten Weltkrieg veranstalteten Festspiele ist das im August stattfindende Chopin-Festival in Duszniki in Schlesien, wo Chopin

1826 nicht nur zur Kur weilte, sondern auch konzertierte. Es ist das älteste Festival, denn es fand – kaum zu glauben! – 1945 zum ersten Mal in einem Gebiet statt, das vor kurzem noch ein Schlachtfeld war. Seither spielen im Saal und im Park, die noch den blutjungen Fryderyk gekannt haben, alljährlich polnische und selbst aus so fernen Ländern wie Japan angereiste Chopinisten seine Werke. Und die Festspiele in Duszniki bieten vor allem den Gästen dieses Kurorts und der in der Nähe gelegenen Ortschaften viele ergreifende Erlebnisse.

Da wir uns in Schlesien befinden, machen wir nahe von Duszniki in Kudowa halt, wo seit über zwanzig Jahren Ende Juni, Anfang Juli die Musik des Moniuszko-Festivals die Gäste des Kurorts erfreut: das allseitig präsentierte Schaffen des Vaters der polnischen Nationaloper Stanisław Moniuszko, Freilichtdarbietungen der Opern *Halka* und *Das Gespensterschloß*, Liederabende, Konzerte mit Orchesterwerken, Vorträge.

Die Stammgäste der Seebäder werden von den in der Saison zahlreichen Orgelfestivals angelockt. Alten Ruf genießt der Sommerzyklus der Orgelkonzerte im Dom von Oliwa, doch man kann – entlang der Küste weiterschreitend – den Klang der Orgelinstrumente auch in Koszalin, Kamień Pomorski und Szczecin vernehmen. Solche Festivals finden auch tief im Innern Polens statt: in Krakau, Łódź und Leżajsk, einem kleinen Städtchen im Süden, wo sich in der reichen altertümlichen Basilika das schönste der polnischen Instrumente befindet, dessen Konstruktion der Orgelbauer Jan Głowiński 1690 vollendete. Wenn man dort weilt, lohnt es sich, das nahe liegende Magnatenschloß in Łańcut aufzusuchen, eines der prächtigsten in Mitteleuropa, wo sich eine interessante Sammlung alter Klaviere befindet.

Im Frühherbst, Mitte September, wenn in den Dörfern an Weichsel und Oder in den Gärten die Birnen und Pflaumen reifen, verfolgt die gesamte polnische Musikwelt aufmerksam die Geschehnisse in der nicht ganz hunderttausendköpfigen Stadt Mittelpommerns, die Słupsk heißt und das schönste Beispiel dafür ist, wie man ohne Hilfe von oben, von der Regierung, sondern lediglich durch den Eifer und die Wirtschaftlichkeit der örtlichen Kulturfunktionäre eine musikalische Veranstaltung ins Leben rufen kann, die bald so wichtig wurde, daß sie eines der führenden Festivals in nationalem Maßstab darstellt.

Es war Herbst 1967, als in Słupsk das erste Festival der Polnischen Pianistik dargeboten wurde, abwechselnd im Rittersaal des dortigen Schlosses der Fürsten von Pommern und in dem größeren Konzertsaal des Ostsee-Theaters. Danach fügte man jährlich irgendein neues Element hinzu, damit es ihm neuen Glanz verlieh.

In einem der folgenden Jahre wurde in Słupsk dem hervorragendsten polnischen zeitgenössischen Komponisten, Karol Szymanowski, das erste Denkmal in Polen errichtet, und für das Glockenspiel vom Rathausturm wählte man die ersten Takte der *4. Symphonie concertante* dieses Meisters. Fürwahr das ehrgeizigste Glockengeläute in Europa! Obendrein bewiesen die Funktionäre in Słupsk französisches Verständnis für die leiblichen Bedürfnisse der Schöngeister und eröffneten ein so vorzügliches regionales Restaurant, daß man seither seine Kopien – die Muster der Inneneinrichtung, der Trachten der Serviererinnen, die Rezepturen der Speisen und selbst die Getränkezusammenstellungen – ins Ausland zu exportieren begann. Für gutes Geld, zur Unterstützung der Musik!

Im Jahre 1974 gab es eine weitere Neuheit: Dem Festival fügte man einen Wettbewerb für junge Pianisten und Cembalisten hinzu, Schüler der höheren Klassen und junge Absolventen der Musikschulen. Interessant konzipiert! Über die Gruppe der Preisträger entschied nicht die Punktwertung der Jury, sondern sie wurde auf dem Wege einer offenen Diskussion ermittelt, was die Ergebnisse elastischer gestaltete. Die Preisträger wurden nicht geordnet und nicht mit Geld prämiert, sondern es wurde jedem eine solche Auszeichnung zuerkannt, wie sie individuell am günstigsten erschien. Und die Preise waren ausländische Stipendien, Schallplattenaufnahmen, Konzerte mit führenden Sinfonieorchestern des Landes oder auch Solokonzerte in einigen der größten Städte Polens. Mit einem Wort: die praktische Ausrüstung für die ersten schwierigen Schritte in der künstlerischen Laufbahn.

Besondere Bedeutung besitzen die Fernsehfestivals in Polen, deren Veranstaltung die Musikdirektion der TV gewissermaßen erst ausprobiert, verschiedene künstlerische Formen, die beste Organisation, die mannigfaltigsten technischen Methoden versuchend, um die erstrebten Ziele zu erreichen. Im August 1979 wurde in Poznań das erste Sommerfestival für sinfonische Musik gewagt, das den Kompositionen Beethovens gewidmet war. Alle neun Sinfonien, eine gewaltige Anstrengung und hohe Kosten. Würden die Musikbegeisterten nicht versagen? Es trat das Große Sinfonieorchester des Polnischen Rundfunks und Fernsehens unter Leitung Wisłockis auf, und bei der Organisierung der gewaltigen Veranstaltung und ihrer Durchführung halfen die Jugendlichen aus „Pro Sinfonika". Der Erfolg übertraf alle Erwartungen, die Menschen standen vor den ausverkauften Kassen vor der großen Aula der Universität Poznań an! Mit gleichem Erfolg fand dort nach einem Jahr das zweite Sinfonische Sommerfestival statt, das nun der Musik Johannes Brahms' gewidmet war: vier Sinfonien, beide Klavierkonzerte, das *Violinkonzert,* das Doppelkonzert für Violine und Violoncello, überdies die *Tragische Ouvertüre* und die *Variationen über ein Thema von Joseph Haydn.* Solisten waren die Pianisten Eugene Indjic (USA) und Piotr Paleczny, der Geiger Konstanty Andrzej Kulka sowie der Cellist Roman Jabłoński. Im Sommer 1981 organisierte man in Poznań das 3. Sinfonische Sommerfestival, das diesmal dem Schaffen Peter Tschaikowskis gewidmet war.

Ausgesprochenen Fernsehcharakter besaßen die Krakauer „Tage der Musik Krzysztof Pendereckis" im Juni 1980. Ein Ohrenschmaus und eine Augenweide!... Das *Violinkonzert* mit Kulka auf dem Renaissancehof des Königsschlosses auf dem Wawel, die *Passion nach Lukas* in der barocken Dominikanerkirche, die Suite aus der Oper *Das verlorene Paradies* auf dem uralten gotischen Innenhof der Jagiellonen-Bibliothek sowie die *Frühmette* in der romanischen Basilika der Zisterzienser in Mogiła. An diesem Festival waren die Ensembles der Nationalphilharmonie, des Großen Sinfonieorchesters des Polnischen Rundfunks und Fernsehens, des Krakauer Rundfunkorchesters wie auch der Krakauer Szymanowski-Philharmonie beteiligt. Den Organisatoren dieser Veranstaltung ging es nicht nur um ihre Übertragung im Hör- und Sehfunk, sondern vor allem um ihre Fixierung auf Stereobändern und in Farbe, um diese Aufzeichnung zu gegebener Zeit auf Videokassetten oder Videoplatten oder auch auf das eine wie das andere zu übertragen. Für die „Tage Pendereckis" erhielt die Musikdirektion der TV 1981 den höchsten Fernsehpreis, den „Goldenen Bildschirm".

Alljährlich finden in Polen etwa 12 internationale Musikfestspiele statt, annähernd 50 von nationalem Rang und über 40 regionale.

Wettbewerbe

Um die Impulse zu verstehen, von denen sich die Initiatoren des Chopin-Wettbewerbs in Warschau leiten ließen, muß man sich vergegenwärtigen, daß

Chopin noch nach dem ersten Weltkrieg in einigen Hörerkreisen als „Salonkomponist" galt, als Schöpfer sentimentaler Mazurkas und Walzer. Seine gewaltigen Werke – die beiden Klaviersonaten, die *Polonaise-Fantaisie* – waren eher nur den Fachleuten bekannt, galten bei sehr vielen als wunderlich und allzu schwierig, als daß es sich lohnte, sie zu erlernen. Also plante man den internationalen Chopin-Klavierwettbewerb in Polen als eine Art internationale Diskussion über den tatsächlichen Wert dieser Musik und die besten Methoden ihrer Interpretation.

Die Idee hatte durchschlagenden Erfolg. Zum I. Wettbewerb im Januar 1927 traten 26 Teilnehmer aus acht Ländern an. Preisträger des nur siebenten Anerkennungsdiploms wurde ein blutjunger Russe, der niemandem näher bekannte Pianist... Dmitri Schostakowitsch. Der II. Wettbewerb hatte bereits 89 Kandidaten aus 18 Ländern. In der Jury saßen u.a. Felix Weingartner und Marguerite Long.

Obwohl die Nazis im zweiten Weltkrieg die europäische Kultur, insbesondere die polnische zertrümmerten, erstand der Chopinwettbewerb 1949 von neuem mit einem alle Erwartungen übertreffenden Impetus. Seitdem findet der Wettbewerb alle fünf Jahre statt: 1955, 1960, 1965, 1970, 1975, 1980; und seine Preisträger – Wladimir Aschkenasi, Fu T'Sung, Maurizio Pollini, Martha Argerich, Garrick Ohlsson, Krystian Zimerman – legen von ihm das beredtsete Zeugnis ab. Zum X. Jubiläums-Chopinwettbewerb meldeten sich 212 Kandidaten aus 37 Ländern von sechs Kontinenten!

Die Musikwettbewerbe – das schwierige Ringen, erfüllt von Lampenfieber und Überraschungen – sind für die Preisträger selten eine sichere Prophezeiung der weiteren Entwicklung ihrer Karriere. Zu den Ausnahmen gehört auch der zweitgrößte internationale Wettbewerb nach dem Chopinwettbewerb, der Henryk-Wieniawski-Violinwettbewerb. Preisträger des ersten Wettstreits dieses Turniers im Jahre 1935 waren Ginette Neveu, deren wachsendem Ruhm der Tod bei einem Flugzeugunglück plötzlich ein Ende setzte, sowie David Oistrach, ein Name, der keines Kommentars bedarf. Nach der Unterbrechung durch den Krieg errangen 1952 Igor Oistrach, der Sohn Davids, und Wanda Wiłkomirska, später die führende polnische Violinistin, die auf den Konzertpodien Europas und Amerikas weitbekannt ist, die ersten Plätze.

Die Wettbewerbsveranstaltungen finden nach dem zweiten Weltkrieg in Poznań statt, und zwar in jedem zweiten und siebenten Jahr einer Dekade (1952, 1957, 1962, 1972, 1977...), damit sie nicht mit den Chopinwettbewerben zusammenfallen.

Polen war einst reich an meisterhaften Geigen. Anfang des 18. Jahrhunderts kaufte König August II. für seine Privatkapelle im Warschauer Schloß zwölf Violinen direkt aus der Werkstatt Stradivaris aus Cremona. Die verschiedenen Kriege, die Zerstörungen und Raubzüge reduzierten die Schätze des Landes auch auf diesem Gebiet auf den Nullpunkt.

Um die Situation im Rahmen der bestehenden Möglichkeiten zu verbessern, empfahl die Regierung der Vereinigung Polnischer Geigenbaukünstler die Schaffung einer staatlichen Sammlung von Streichinstrumenten. Diese Kollektion wächst nun auf dem schwierigen und kostspieligen Wege der Einkäufe an, aber außerdem durch den Erwerb von Geigen, die bei internationalen Geigenbauwettbewerben ausgezeichnet wurden, welche ebenfalls in Poznań durchgeführt werden. Die Violinen aus der Sammlung werden an die begabtesten angehenden Virtuosen ausgeliehen.

Im übrigen werden in Polen mehr als ein Dutzend verschiedener Wettbewerbe für Orchester und Chöre, Instrumental- und Vokalmusik, Komposition und solche über das Musikwissen durchgeführt.

Verlage, Export – Import

Obwohl verschiedene polnische Verlage in ihren Plänen musikalischen Publikationen etwas Platz widmen, befaßt sich der Musikverlag Polskie Wydawnictwo Muzyczne (PWM) mit Sitz in Krakau ausschließlich mit dieser Thematik – der Edition von Partituren, Noten, Alben, Büchern, Lehrbüchern. Er wurde gleich nach dem Kriege, im Herbst 1945, von Prof. Tadeusz Ochlewski gegründet, der ihn die nächsten zwanzig Jahre leitete und so weiterentwickelte, daß der PWM heute zu den führenden Musikverlagen Europas gehört; an seiner Spitze steht jetzt Dr. Mieczysław Tomaszewski.

Die Jahresproduktion des Krakauer Verlags erreichte in den günstigsten Zeiten 400 Positionen mit einer Gesamtauflage von rund 2 Millionen Exemplaren. Sie besteht aus 50 verschiedenen Reihen, wie die Kollektion *Musica Medii Aevi*, Monographien, ein Zyklus populärer Pocket books unter dem gemeinsamen Titel *Musik – meine Liebe*; Lehrbücher, die *Gesammelten Werke* Fryderyk Chopins, Stanisław Moniuszkos, Henryk Wieniawskis, Karol Szymanowskis sowie Partituren zeitgenössischer Komponisten. Ein besonderes Ruhmesblatt des PWM-Verlags sind die reich bebilderten und sorgfältig bearbeiteten Alben, die Ehrenpreise auf internationalen Buchmessen sammeln.

Eine rege Abteilung des PWM ist sein Außenhandelsbüro, das Noten und Bücher in 28 Länder des europäischen und des asiatischen Kontinents, nach Amerika, Australien, ja sogar nach Neuseeland und Island exportiert. Vom Export sind 30 Prozent der jährlichen Verlagsproduktion erfaßt, die Hauptabnehmer des polnischen Exporteurs sind die UdSSR, die ČSSR, die DDR, Ungarn, die USA, die BRD, Großbritannien und Japan, wobei der am häufigsten exportierte Titel die *Gesammelten Werke* Fryderyk Chopins in der Redaktion von I. J. Paderewski mit einem Kommentar in mehreren Sprachen sind.

Von den seriösesten Verlagen, mit denen der PWM-Verlag zusammenarbeitet, sind die Universal Edition in Wien, Kalmus in London, die Editions Salabert und Boosey and Hawkes in Paris, der Schott-Verlag und der Moeck-Verlag in der BRD, die Casa Ricordi in Italien sowie W. Hansen in Kopenhagen als Vertreter für Skandinavien zu erwähnen. In den USA arbeitet der polnische Musikverlag mit vielen Musikfirmen und Universitäten zusammen, und die größten Umsätze hat er mit der Firma E. B. Marks Music Co. in New York zu verzeichnen.

Unabhängig vom Notenexport befaßt sich das Außenhandelsbüro des PWM mit dem Verleih von Materialien für Orchester und Solostimmen für die Aufführung von Werken polnischer Komponisten, wobei es in diesem Bereich mit 16 bekannten ausländischen Firmen zusammenwirkt. Es exportiert Notenmatrizen, die in den Werkstätten des PWM hergestellt werden, sowie fertige im Auftrag von Kunden aus dem Ausland gedruckte Buchauflagen.

Dem Außenhandelsbüro wurde auch das Monopol für den Export von Schallplatten und Kassetten abgetreten, die in Polen von vier Firmen – „Muza", „Veriton" und „Wifon" in Warschau sowie „Pronit" in der Fabrik Pionki bei Radom – hergestellt werden. Außer dem Krakauer PWM agiert in Warschau – beim Verband der Autoren und Komponisten (ZAIKS) – eine kleine Verlagsagentur, die sich hauptsächlich mit der Verbreitung von Werken junger zeitgenössischer Komponisten befaßt.

Mit dem Import und Export polnischer Musikensembles, Solisten und Dirigenten befaßt sich das staatliche Konzertbüro Polska Agencja Artystyczna „Pagart", dem 1973 eine Konkurrenz in Gestalt der Konzertagentur des Rundfunk- und Fernsehkomitees erwachsen ist. Die neue Agentur exportiert auf eigene Faust Ensembles, Solisten und Dirigenten, die beim Hör- und Sehfunk angestellt sind, und importiert auch selbständig ausländische Künstler für die Bedürfnisse des Rundfunks und Fernsehens.

Phonographie

Das wichtigste Zentrum für Tonaufnahmen in Polen ist das staatliche Unternehmen „Polskie Nagrania" in Warschau. Es monopolisiert die Aufzeichnung der Musik auf Tonbändern, wobei dies mit großer Sorgfalt in technischer Hinsicht und auf hohem künstlerischem Niveau geschieht. Als die Firma „Philips" auf dem westeuropäischen Markt Pendereckis *Passion nach Lukas* in Umlauf bringen wollte, erwarb sie die Bänder mit deren Einspielung in Warschau und preßte davon ihre Platten.

Im übrigen sind auch die eigenen Platten von „Polskie Nagrania" unter dem Markenstempel „Muza" auf dem polnischen Markt am häufigsten und am besten, obwohl von den Bändern der „Nagrania" auch noch Schallplatten und Kassetten in drei anderen Fabriken gepreßt werden: „Veriton", „Pronit" und „Wifon". Im Katalog von „Polskie Nagrania" befinden sich eine Kassette mit mehreren Platten der Anthologie der Polnischen Oper und eine zweite mit der Anthologie der Polnischen Pianistik sowie die auf Schallplatten eingespielten Werke Chopins, Szymanowskis und in einer vollständigen Version die Oper *Halka* von Moniuszko. Vor allem können jedoch die Langspielplatten aus der Reihe *Musica Antiqua Polonica* für den ausländischen Käufer interessant sein, die bereits über 30 Platten zählt und das polnische Musikschaffen vom Anfang des 13. Jahrhunderts bis zur Schwelle der Romantik, das heißt bis zum 19. Jahrhundert, umfaßt.

Außerdem empfehlen sich zahlreiche Einspielungen zeitgenössischer Komponisten, auch solcher, die außerhalb Polens weniger bekannt sind; Reportagecharakter besitzen bis zu einem gewissen Grade die Tonberichte der „Muza" von den Chopin- und Wieniawski-Wettbewerben und den jeweiligen Festspielen des „Warschauer Herbstes".

Den jungen Nachwuchs an Spezialisten auf dem Gebiet der Tonaufnahmen liefert die 5. Sektion für Musikregie der Warschauer Musikakademie „Fryderyk Chopin", die aus zwei Lehrstühlen besteht; für Musikregie und für Musikakustik. Diese Fakultät verlassen Diplomanden in vier Gruppen: Toningenieure für Phonographie, Rundfunk, Fernsehen und Film.

Archive und Museen

Was von den Tonaufnahmen im heutigen Leben aufhört, aktuell zu sein, gelangt in die Magazine des Archivs der Mechanischen Dokumentation in Warschau, das außer den Sammlungen alter Photographien auch eine Sammlung phonographischer Dokumente besitzt, die nach dem zweiten Weltkrieg gespeichert wurden. Das schrecklich verwüstete Land konnte sich den Import von Tonbandgeräten und Bändern nicht leisten, die Aufzeichnungen gesellschaftlich wichtiger Ereignisse wurden also auf altmodischen, leicht zerbrechlichen Gramophonplatten vorgenommen, aber auf diese Weise konnten viele wertvolle Worte sowie Musik vor dem Vergessen gerettet werden.

Als der heldenhafte Warschauer Aufstand 1944 zusammenbrach, verkündeten die Nazis rachsüchtig, sie würden, obwohl die historische Kirche zum hl. Kreuz bereits in Trümmern liege, auch noch diese Trümmer in die Luft sprengen. Der entsetzten Geistlichkeit gelang es immerhin zu erwirken, daß das Vernichtungskommando die Fortschaffung der Urne mit dem Herzen Chopins aus den Ruinen der Kirche und aus der Stadt erlaubte, die dazu verurteilt war, dem Erdboden gleichgemacht zu werden. Später ging das Nazireich zugrunde, und das Herz Chopins kehrte in überaus erhabener und feierlicher Weise am 17. Oktober 1945 an die alte Stelle zurück, was auf Platten registriert wurde und im Archiv der Mechanischen Dokumentation aufbewahrt wird. Dort befinden sich auch das auf Platten registrierte gesamte Festival der Slawischen Musik, das in Warschau vom 8. bis zum 16. November 1947 währte. Dafür wurden... 204 Platten verwendet, und sie werden bis heute konserviert!

Musikwissenschaftler-Folkloristen, insbesondere solche, die aus dem Ausland kommen, sollte das phonographische Archiv interessieren, das im Warschauer Institut für Musikwissenschaft aufbewahrt und ergänzt wird. Es enthält über 75 000 auf Bändern registrierte Volkslieder und Tanzmelodien aus ganz Polen. Eine wenn auch entfernte, so doch auf halbem Wege zwischen Warschau und Krakau gelegene, thematisch nahe Ergänzung der Warschauer Bändersammlung stellt das Museum für Volksinstrumente in Szydłowiec dar, das in einem früher den Fürsten Radziwiłł gehörenden Palast untergebracht ist. Der Aufmerksamkeit wird auch das Archiv der polnischen Komponisten des 19. und 20. Jahrhunderts in der Bibliothek der Warschauer Universität empfohlen. Es umfaßt nahezu 4000 Partituren, Briefe und Photographien, darunter die reichste Kollektion von Manuskripten und Dokumenten, die mit dem Leben und Schaffen Karol Szymanowskis verknüpft sind.

In der Altstadt befindet sich die glücklicherweise erhalten gebliebene Bibliothek der Warschauer Musikgesellschaft, die wiederum den Charakter eines in seinem Wert unschätzbaren Archivs der Manuskripte polnischer Kompositionen von der zweiten Hälfte des 18. Jahrhunderts bis Ende des 19. Jahrhunderts besitzt, worin alle Opernmanuskripte Stanisław Moniuszkos enthalten sind.

In der Nähe, in einem der schönsten historischen Gebäude Warschaus, im Palast der Republik aus dem 17. Jahrhundert, der für die speziellen Sammlungen der Nationalbibliothek zur Verfügung gestellt wurde, wird der größte polnische Komplex von 70 000 Notendrucken, 4000 Musikmanuskripten wie auch rund 7000 Tondokumenten (Schallplatten, Kassetten, Tonpostkarten) komplettiert. In diesem Institut der Musikalischen Sammlungen der Nationalbibliothek in Warschau ist einerseits die Kollektion von 18 musikalischen Autographen Chopins besonders wertvoll, andererseits aus der zeitgenössischen Musik: das Autograph des *Konzerts für Orchester* Witold Lutosławskis und der gesamte Nachlaß an musikalischen Handschriften des hervorragenden Paares von Tonschöpfern aus der Mitte des 20. Jahrhunderts – Grażyna Bacewicz und Antoni Szałowski.

Ungleich weniger zahlreich, aber dennoch sehr wertvoll sind die Musikalien in den Sammlungen des Nationalmuseums in Krakau: der *Westgotische Kodex* mit der Registrierung von Melodien aus dem 11. Jahrhundert, einer der ältesten in Polen; das *Puławer Kirchengesangbuch* aus dem 16. Jahrhundert; die besonders seltene Sammlung der Werke Mikołaj Zieleńskis *Offertoria et Communiones totius anni*, gestochen in Venedig A.D. 1611; Chopins Autographe des *Konzertrondos Krakowiak* und 20 Briefe an W. Grzymała; das Manuskript der Partitur Karol Szymanowskis zum Ballett *Harnasie*.

Unter den Musikmuseen nimmt die 1934 gegründete Fryderyk-Chopin-Gesellschaft den ersten Platz ein, die 1953 in das Ostrogski-Palais umzog, das aus den Kriegszerstörungen in der Gestalt wiederaufgebaut wurde, wie sie der junge Fryderyk auf seinen Spaziergängen durch Warschau sah. Neben zahlreichen Chopin-Reliquien (u.a. die Manuskripte des *Konzerts f-Moll*, zwei Sonaten, der *Fantasie f-Moll*, der *Polonaise-Fantaisie*) werden dort auch Ignacy Jan Paderewskis Konzerttrophäen, Kränze, goldene und silberne Nippes aufbewahrt, die aus seiner Residenz Riond-Bosson in der Schweiz hergebracht wurden. Die Person des genialen Tonschöpfers verbindet die Gesellschaft in Warschau mit Żelazowa Wola, dem Geburtsort Chopins, und ebenso mit dem hölzernen Jagdschlößchen Antonin bei Ostrów Wielkopolski im Westen des Landes. Dieses Schlößchen hatte sich der musikliebende Fürst Antoni Radziwiłł bauen lassen, bei dem Chopin zwischen 1826 und 1829 mehrmals als Gast weilte.

Achtzig Kilometer von Warschau entfernt, auf dem Wege nach Płock, kann man noch ein hübsches Zentrum des Chopinkults besuchen: den Palast in Sanniki, wo der junge Fryderyk 1828 den Sommer bei Freunden verbrachte und Volkslieder sowie Volksmusik im Herzen Masowiens hörte, was ihm später Erinnerung und Inspiration war, als er die Mazurkas komponierte. Jetzt finden dort ständige Chopinkonzerte statt, verbunden mit Rezitationen romantischer Poesie.

In Polen gibt es zwei Theatermuseen mit interessanten Abteilungen von Opernexponaten: in den erhalten gebliebenen historischen Redoutensälen des Großen Hauses in Warschau sowie in dem mittelalterlichen, gotischen ehemaligen Hospitalgebäude in Krakau. Und wenn man schon dort ist, sollte man auch zu den Gräbern der Verdienten in der Kirche Na Skałce gehen, wo Karol Szymanowski ruht, dann einen Ausflug in die Tatra machen, zum Goralensitz dieses Tonschöpfers, der Villa „Atma" in Zakopane, wo er in den letzten Jahren gelebt und gearbeitet hat. Deshalb ist dort jetzt sein Museum. Wer in Poznań weilt, der besuche das Musikinstrumentenmuseum am Alten Markt. Besonders sehenswert sind dort die Geigen vom 16. bis zum 18. Jahrhundert, aus den jeweiligen Werkstätten der polnischen Geigenbauerdynastie der Groblicz wie auch aus der Werkstatt Baltazar Dankwarts, der im 17. Jahrhundert Hofgeigenbauer des polnischen Königs war. Diese Geigen wurden einst ebenso geschätzt wie die italienischen und darum... entfernte man aus ihnen die Einkleber der polnischen Meister und setzte an ihre Stelle gefälschte italienische. Die Geigen mit originalen polnischen Einklebern gehören also heute zu den weißen Raben der Geigenbaukunst.

Das letzte Museum der polnischen Musikkultur schließlich ist der historische von würdiger Trauer umgebene Friedhof Powązki in Warschau. 1790 angelegt, birgt er in seinen Gräbern die Überreste der ganzen Familie Fryderyk Chopins: seiner Mutter Justyna, des Vaters Mikołaj, der drei Schwestern Emilia, Izabela und Ludwika sowie seiner beiden Professoren Wojciech Żywny und Józef Elsner. Dort ruhen auch Stanisław Moniuszko und berühmte Solisten der Uraufführungen seiner Opern. Man kann sich vor der Büste Henryk Wieniawskis über seinem Grab verneigen und noch vielen Namen begegnen, die einst die von Bewunderung umgebenen Musikkünstler trugen, welche jetzt unter den Steinplatten stumme Zeugen der Geschichte sind.

So stellt sich in einem kurzen Abriß das üppige Musikleben heute in Polen dar.

Alte Musik

Ewa Obniska

Mittelalter

Im Banne des Gregorianischen Chorals

Gewiß sind dem Leser die Namen Chopin, Moniuszko, Wieniawski und Szymanowski vertraut, zweifellos hat er auch von den Errungenschaften der zeitgenössischen polnischen Musik gehört, die sich dank den Werken von Lutosławski, Penderecki, Baird und Serocki einen ehrenvollen Platz im musikalischen Schaffen unserer Zeit erworben hat. Hingegen ist nicht jedem bekannt, daß es in der polnischen Musik auch in vergangenen Jahrhunderten Ruhmesblätter gegeben hat, als große Künstler verschiedener Länder Europas entweder zum Studium oder auf der Suche nach Ruhm nach Krakau oder Warschau reisten und im Ausland Werke polnischer Komponisten in Sammlungen gedruckt wurden, in denen die hervorragendsten Kompositionen jener Zeit enthalten waren. Die Pracht der alten polnischen Musik, ihre Meisterschaft und ihr Reichtum, die der zerstörerischen Kraft der Zeit standzuhalten vermochten, ohne von ihrer Schönheit etwas einzubüßen, stellen eine spezifische Widerspiegelung von Macht und Glanz des alten polnischen Staates dar.

Die ersten Nachrichten über das Musizieren auf polnischem Boden reichen ins 10. Jahrhundert zurück, in eine Periode also, in der sich der Staat herausbildete, als nämlich Mieszko I., der Fürst der Polanen aus dem legendären Piastengeschlecht, das Land zwischen Oder und Bug in seinen Händen vereinte. Es sind jedoch keinerlei Zeugnisse dieser Musik bis auf unsere Zeit überkommen, denn sie wurde auf dem Wege mündlicher Überlieferung von Generation zu Generation weitergereicht. Erwähnungen darüber findet man in verschiedenen alten Chroniken verstreut. Arabische Chronisten erwähnen, die Polanen hätten „zwei Ellen lange Pfeifen" und Guslas verwendet, der deutsche Chronist Thietmar schreibt von Trompetern, die das polnische Heer auf seinen Feldzügen begleiteten. Auf der reich verzierten Tür des Doms in der damaligen Hauptstadt Gniezno finden wir das Abbild eines Horns. Die meisten Informationen über Lieder und Tänze des frühfeudalen Polens bietet der namentlich unbekannte Mönch Gallus Anonymus, Verfasser der ältesten polnischen Chronik (11. bis 12. Jahrhundert). Bei der Schilderung der Trauer, die nach dem Ableben des Königs Boleslaus des Tapferen (1025) im Lande herrschte, berichtet der Chronist: „Das Spiel der Laute verwandelt sich in ein Schluchzen, der Beifall in allgemeine Trauer, die Freude in einen Seufzer... Niemand hörte in den Schenken, daß geklatscht wurde, und man vernahm auch nicht den Klang der Laute, kein Echo eines Liedchens, von einem Mädchen gesungen, kein Widerhall von Fröhlichkeit ertönte in den Gassen." Die Lieder und Tänze, vom Händeklatschen begleitet, von denen Gallus Anonymus zu berichten weiß, waren die Überlieferung altslawischer Musik, verbunden mit heidnischen Riten und Zauberpraktiken.

Mitte des 10. Jahrhunderts (966), zu jener Zeit, als Mieszko zum Christentum übertrat, geriet Polen in den Einflußbereich der westeuropäischen Kultur. Die Mönche, die mit der Mission der Heidenbekehrung ins Land kamen, brachten auch liturgische Bücher mit, und so kam Polen zum ersten Mal mit dem Gregorianischen Choral, dem einstimmigen religiösen Gesang Westeuropas, in Berührung. Der fremde Klang dieser strengen, asketischen, obschon in ihren Einzelheiten höchst kunstvollen Musik, ebenso ihr lateinischer Text bewirkten, daß der Choral ursprünglich nur von ausländischen Mönchen in den größeren Städten des damaligen Polens – in Poznań, Krakau, Gniezno und Wrocław – und ebenfalls in den Abteien von Tyniec und Mogiła gesungen wurde. Aus dieser Zeit sind bis auf den heutigen Tag reich verzierte alte Choralbücher erhalten geblieben, darunter auch das *Sacramentarium von Tyniec*, das *Ordinale der Krakauer Bischöfe* und das *Missale Plenarium* aus Gniezno.

Das *Sacramentarium von Tyniec*, sicherlich um 1060 von den Benediktinern aus Abdinghof bei Paderborn zusammengestellt, wurde zur Zeit Kasimirs des Erneuerers oder Boleslaus' des Kühnen nach Polen gebracht. Das *Liber Ordinalis* (auch *Pontificale der Krakauer Bischöfe* genannt) ist ein eigens für Polen geschriebenes Buch, es enthält nämlich die Namen der heiligen Patrone, die auf polnischem Boden verehrt wurden: des Wenzel und des Stanislaus. Die Schrift des *Ordinale* (neumatische Notation sanktgallischen Typs) scheint eindeutig auf das berühmte Kloster St. Gallen als Ort der Herstellung des Manuskripts hinzuweisen. Aus dem Einflußbereich St. Gallens stammt auch das zweite wertvolle Choraldokument, das *Missale plenarium*, im 12. Jahrhundert zusammengestellt. Möglicherweise war es in Bamberg entstanden, denn es taucht der Name des hl. Gandolf darin auf, der in diesem Kloster besonders verehrt worden war. Vom Ende des 11. Jahrhunderts stammt die erste polnische Choralkomposition, die Antiphone zu Ehren des hl. Adalbert *Magne vox laude sonora*. Einige Forscher meinen, ihr Verfasser sei der Erzbischof Jakub aus Żnin gewesen, der dem Geschlecht des hl. Adalbert entstammte. Im 13. Jahrhundert steigerte sich der einheimische Beitrag zum Gregorianischen Choral erheblich, es entstanden eine ganze Reihe polnischer Choralkompositionen wie auch die ersten auf Gregorianischen Melodien aufbauenden polnischen Kirchenlieder. Als erste erschienen Kompositionen, die mit dem Kult der heimischen Patrone verbunden sind: Adalbert, Stanislaus, Hedwig, Jacek, Wenzel und Florian. Nach dem Vorbild der westeuropäischen Musik besitzen sie die Form gereimter „Historien" oder strophischer Hymnen und Sequenzen. Die meisten Werke dieses Typs sind mit der Person des hl. Adalbert, des ersten Patrons Polens, eines Märtyrers, verbunden, den heidnische Pruzzen bei einer seiner Missionen ermordet hatten.

Die erste uns heute bekannte „Historie vom hl. Adalbert" – *Benedic regem cunctorum* – ist im 13. Jahrhundert entstanden. Erzbischof Jakub Świnka hatte 1285 auf der Synode in Łęczyca davon berichtet. Es wird geschätzt, daß dieser Geistliche zur Entstehung des Werkes dadurch beitrug, daß er es bei einem Komponisten in Auftrag gab. Der gleichen Epoche entstammt die älteste „Historie vom hl. Stanislaus", Bischof von Krakau, der infolge eines Streits mit König Boleslaus dem Kühnen ums Leben kam. Autor dieser Vita (*Dies adest celebris*) ist Wincenty aus Kielce, geboren vor 1200, Kaplan des Krakauer Bischofs Iwo Odrowąż, danach Kanonikus von Krakau. Er ist zugleich der erste namentlich bekannte polnische Komponist. Diese Historie, in den Jahren 1254/55 komponiert, ist vielleicht im Hinblick auf die Kultur Westeuropas literarisch nicht besonders hervorragend, obwohl man ihr einen gewissen poetischen Ideenflug sowie Originalität in der Formulierung nicht absprechen kann, aber sie rührt uns heute vor allem durch die darin doch so offenkundige glühende Heimatliebe.

Aus dem 13. Jahrhundert stammt ebenfalls die lateinische Hymne zu Ehren des hl. Stanislaus *Gaude Mater Polonia*. Dieses schöne Lied ist vielleicht nicht, wie man meinen möchte, eine völlig originelle Komposition, sie erinnert nämlich sowohl im Text wie auch in der Melodieführung an einige im mittelalterlichen Europa bereits bekannte Hymnen. Durch ihren erhabenen Charakter, voll Getragenheit und Würde, und auch durch die einfache, suggestive Melodie fand die Hymne *Gaude Mater Polonia* bei der polnischen

Bevölkerung allgemeinen Anklang und wurde viele Jahrhunderte hindurch bei besonders feierlichen Anlässen gesungen.

Zahlreicher als die Hymnen waren die Sequenzen zu Ehren der Schutzheiligen in der altpolnischen Musik. Die älteste davon, *Hac die festa tota gratuletur Poloniae* (über den hl. Adalbert), wurde um 1300 in Gniezno verfaßt. Es wurden sehr viele Sequenzen zu Ehren des hl. Stanislaus komponiert, unter denen die wohl schönste, *Jesu Christe, rex superne*, von einem unbekannten Autor stammt, sicherlich jedoch von einem polnischen.

In der Musik des polnischen Mittelalters nimmt die *Bogurodzica* (Gottesgebärerin) eine Sonderstellung ein, ein frommes Ritterlied aus dem 13. Jahrhundert, das hervorragendste Denkmal mittelalterlicher polnischer Poesie und Musik. Bereits im folgenden Jahrhundert war es breiten Kreisen der Ritterschaft vertraut. Die polnischen Kriegerscharen sangen es in der siegreichen Schlacht bei Grunwald (1410), die gegen den Deutschen Orden geschlagen wurde, dann auch bei Nakło und Wiłkomierz.

„Die Ritterschaft ließ nach dem Vorbild der Ahnen das Lied Bogurodzica erschallen, und nachdem sie mehrere Strophen gesungen hatte, griff sie den Feind an", schrieb der größte polnische Historiker des 15. Jahrhunderts, Jan Długosz, in den *Chroniken des berühmten Polnischen Königreichs*. Dieses *Patrium carmen*, wie man die *Bogurodzica* nannte, ist mit der Geschichte Polens aufs engste verwachsen und erklang bei der Krönung von Königen und bei der Verkündung wichtiger staatlicher Erlasse. Obwohl auch gewisse Gemeinsamkeiten mit fremden Kompositionen jener Zeit darin vorkommen, stellt es ein von Grund auf originelles Werk dar.

Man konnte eine gewisse Ähnlichkeit zwischen der *Bogurodzica* und der *Litanei* feststellen (genauer: mit deren Teil *Kyrie eleison*), die um 1200 in Graz komponiert worden war; die Melodie ihres ersten Abschnitts deckt sich ebenfalls mit der Melodie des Liedes *Par dessor l'ombre d'un bois* des französischen Trouvères Jehan de Braine (gest. 1240). Eher schon gibt uns diese zweite Ähnlichkeit zu denken, die erste nämlich schließt der Umstand aus, daß die *Bogurodzica* nicht in der Kirche gesungen worden war. Vielleicht ist sie in den Kreisen der polnischen gebildeten Ritterschaft entstanden, der die französische Kultur vertraut war, jedenfalls scheint ihre Form davon zu zeugen. Der kunstvollen Versifikation des Liedes entspricht auch die Melodik mit ihren reich angewandten Melismen, die ihre vorherrschenden Konturen zieren. Das Lied ist in der dorischen Tonart gehalten, es besitzt auch gewisse für die polnische Volksmusik bis auf den heutigen Tag so typische pentatonische Wendungen. Der Gebrauch der dorischen Skala läßt ebenfalls auf französische Einflüsse schließen. In der Form, in der die *Bogurodzica* überliefert ist, ist sie nicht nur ein den Polen besonders teures Werk, sondern auch eins von außerordentlicher Schönheit, ein Werk, das den Wert einer zeitlosen Kunst in sich birgt, dem ganze Jahrhunderte die Merkmale größter künstlerischer Meisterschaft nicht zu nehmen vermocht haben.

Anfänge der Polyphonie

Vor kurzem noch pflegte man die Geschichte der polnischen vielstimmigen Musik erst beim 15. Jahrhundert zu beginnen, weil aus dieser Zeit die ersten vorhandenen Zeugnisse stammten. Dies mochte merkwürdig erscheinen, wenn man bedenkt, daß der polyphone Gesang in Westeuropa bereits Ende des vorigen Jahrtausends aufgekommen war, doch haben polnische Musikwissenschaftler in den letzten Jahren frühere, bisher unbekannte Manuskripte entdeckt, in denen vielstimmige Kompositionen verzeichnet sind. Das erste Manuskript stammt aus dem alten gotischen Kloster des Klarissenordens in Stary Sącz, einem reizenden kleinen Städtchen am Fuße der Karpaten. Das Kloster wurde 1280 von Kinga, der ungarischen Prinzessin und Gemahlin des Fürsten Boleslaus des Keuschen, gegründet. Nach dem Tode ihres Gemahls verbrachte sie in diesem Kloster die letzten Jahre ihres frommen Lebens. Die bei den Klarissen aufgefundenen Manuskripte enthielten polyphone Kompositionen: u.a. das *Benedicamus Domino* (in der ursprünglichen Orgeltechnik gehalten) und *Omnia beneficia*.

Als besonders interessant gilt das zweite Werk, der vierstimmige Konduktus, dessen Stimmen in einer homogenen Rhythmik gehalten sind. Diese im Ausland unbekannte Komposition zeugt von einer gründlichen Kenntnis der stilistischen Regeln der Pariser Notre-Dame-Schule, des am höchsten entwikkelten Zentrums der frühen Polyphonie in Europa. Dieser Umstand gewinnt besondere Aussage, wenn man bedenkt, in welch unruhigen Zeiten man eine solche Musik in Polen komponierte – tatarische Horden bedrängten das Land und verwüsteten erbarmungslos die Dörfer und Städte.

Die zweite Handschrift, die aus dem 14. Jahrhundert stammt, wurde in der schönen romanischen Andreas-Kirche in Krakau gefunden. Sie war bereits in der Epoche der letzten Piasten – Ladislaus' Ellenlangs, vielleicht auch Kasimirs des Großen – entstanden. Diese Könige vollbrachten das Werk der endgültigen Einigung des Staates, der zu einer seit drei Jahrhunderten ungekannten Macht angewachsen war. Der allgemeine Wohlstand wurde von einem Aufblühen der Wissenschaft und Kultur begleitet. Kasimir der Große gründete 1364 in Krakau die erste Universität auf polnischem Boden, eine der ersten in Mitteleuropa; sie sollte im nächsten Jahrhundert bereits in ganz Europa zu hohem Ruhm gelangen.

Die Krakauer Handschrift aus der Andreas-Kirche enthielt das dreistimmige Werk *Surrexit Christus hodie*, das thematisch mit dem Weihnachtsfest verbunden ist. Es repräsentiert einen reinen Konduktusstil, und seine strenge, archaische Stimmung läßt ein eigenwilliges asketisches Schönheitsideal erkennen.

Neben dem vielstimmigen lateinischen religiösen Schaffen erschienen damals auch die ersten einstimmigen Osterlieder mit polnischem Text. In vielen Kirchen Polens des 14. Jahrhunderts wurden Orgeln aufgestellt; des Besitzes dieses edlen Instruments konnten sich nicht nur große Städte wie Krakau, Lwow, Poznań oder Gniezno rühmen, sondern auch kleinere Zentren wie Kalisz und Włocławek.

Die verhältnismäßig geringe Anzahl der erhaltenen Quellen vermag nur in geringem Maße das musikalische Leben des damaligen Polens wiederzugeben. Die Hinweise in den Chroniken und in städtischen Rechnungsbüchern lassen darauf schließen, daß sich die Musik im Polen der Piastenzeit sowohl am königlichen Hofe wie auch in den Kirchen, Klöstern und Städten entwickelte. Diese Musikliebe der ganzen Nation sollte bald, nämlich schon im nächsten Jahrhundert, eine reiche Ernte zeitigen.

Die polnische Musik zum Ausklang des Mittelalters

In den ersten Jahren des 15. Jahrhunderts begann für Polen der glanzvollste Zeitraum seiner Geschichte. Dank der Union mit Litauen, aber auch infolge des großen Sieges der polnischen und litauischen Armee über den Deutschen Orden bei Grunwald war das Land erstarkt und hatte an Bedeutung gewonnen; es wurde eine wirkliche Großmacht. Unter Ladislaus Jagiellos weiser Regierung, „eines Königs von seltener Zugänglichkeit", wie Długosz in seiner Chronik schrieb, „der, seit er die Regierung des Königreichs übernahm, sich bis an sein Lebensende immer gnädig und großherzig erwiesen hat", konnte sich Polen sowohl wirtschaftlich wie auch kulturell harmonisch entwickeln. Die zu jener Zeit immer zahlreicheren Kontakte mit den Nachbarländern übten einen günstigen Einfluß auf das intellektuelle Leben Polens aus.

Krakau, königliche Residenz und Hauptstadt des Landes, wurde in den ersten Jahren des 15. Jahrhunderts eine der Metropolen Europas. Bereits von Kasimir dem Großen gegründet und durch testamentarische Verfügung der Königin Hedwig erneuert, vermochte seine Universität die größten Geister nicht nur aus Polen heranzuziehen. Die Musik spielte am königlichen Hofe eine wichtige Rolle, es wurde eine vokal-instrumentale Kapelle zusammengestellt, die den feierlichen Zeremonien Glanz verlieh. Die Musik wurde in dieser Zeit auch Lehrfach an der Universität; seit 1406 wurde sie an der Krakauer Universität als eine der sog. freien Künste gelehrt. Erste Professoren der Musiktheorie waren Stanisław und Marcin aus Olkusz sowie Marcin Bełsz.

Zur Zeit der Königin Hedwig und des Königs Ladislaus Jagiello (Ende des 14. und Anfang des 15. Jahrhunderts) stieg die Zahl der Hofmusiker erheblich an; es gab unter ihnen Lautenspieler, Flötisten, Trompeter wie auch die besonders vom König so sehr geliebten russischen Guslaspieler. Zu Lebzeiten von Jagiellos vierter Frau, der Zofia Holszańska, die dieser 1422 ehelichte, wurde eine königliche Hofkapelle gebildet, die sich aus Instrumentenspielern und (wahrscheinlich) aus einem dreistimmigen Vokalensemble a capella zusammensetzte und mit ihren Darbietungen den Gottesdienst am Hofe zu untermalen pflegte.

Vom hohen Stand der damaligen Musikkultur zeugen die heute noch erhaltenen Handschriften, in denen zahlreiche Werke der in jener Zeit berühmten italienischen und französischen Komponisten und neben ihnen auch Werke polnischer Musiker enthalten sind. Die umfassendste Handschrift beinhaltet 36 Kompositionen und beginnt mit der Hymne zu Ehren Krakaus *Cracovia civitas*. Die lateinischen Strophen dieser Hymne stammen aus der Feder Stanisław Ciołeks, des Vizekanzlers am Hofe Ladislaus Jagiellos, und preisen den Ruhm Krakaus, „der alten, großen Burg", in der alle Tugenden blühten, sowie den Ruhm der reichen Patrizier, der gelehrten Professoren der Universität und des Königs. Der anonyme Tonschöpfer bewies eine gründliche Kenntnis des kompositorischen Handwerks, vermochte sich auch tief in die Strophen des Poems von Ciołek einzufühlen. Die Musik der Hymne besitzt erhabenen, majestätischen Charakter, ihre Melodik, frei von Einflüssen des Chorals, entfaltet sich fließend und ruhig. *Cracovia civitas* ist ein dreistimmiges Werk; zwei Instrumente begleiten hier die melodische Linie der Vokalstimme, eine solche Besetzung war damals nämlich typisch für die italienische und die burgundische Musik.

Mit Krakau ist auch das anonyme Werk *Breve regnum* verbunden, das lateinische Lied der Studenten der Krakauer Universität, das in den europäischen Bräuchen des 15. Jahrhunderts eine wahre Rarität darstellt. Dieses Lied hängt mit der damals an allen Universitäten verbreiteten Sitte zusammen, einen Studentenkönig zu wählen, womit mehrtägige Spiele und tolle Streiche einhergingen. Der Text dieses Liedes erzählt von der Wahl eines „Krakauer Sohnes, der wie eine Lilie erblüht", und sprüht über von Humor und Leben. Das in Strophen abgehandelte *Breve regnum*, einfach und im Marschrhythmus gehalten, stellt ein interessantes Zeugnis studentischer Sitten im damaligen Krakau dar.

Unter den anonymen Werken ragt die lateinische Sequenz zu Ehren des hl. Stanislaus *Pastor gregis egregius* hervor. Dieses dreistimmige vokal-instrumentale Werk, von äußerst plastischer, fließender Melodik, stellt ein schönes Beispiel mittelalterlicher religiöser Lyrik dar. Neben den anonymen Werken der mittelalterlichen Handschriften finden wir neun Kompositionen, die mit dem Namen Mikołajs aus Radom signiert sind. Er ist der erste polnische Musiker großen Formats, den sein Talent und seine Kenntnis des kompositorischen Handwerks in die erste Reihe der hervorragenden Künstler im ausgehenden Mittelalter gestellt haben. Uns ist aus seinem Leben kaum mehr bekannt, als daß er enge Beziehungen zum Hofe des Königs Ladislaus Jagiello unterhielt.

Mikołaj aus Radom erweist sich als ein für jene Zeit wahrhaft avantgardistischer Komponist, denn seine Kunst knüpft an die hervorragendsten Errungenschaften der burgundischen Schule mit Guillaume Dufay an der Spitze an, die das am höchsten entwickelte Zentrum des europäischen Musiklebens war. Wir finden in den Werken des Mikołaj aus Radom nicht nur den eigentümlichen sanften Lyrismus, der so charakteristisch für die Musik des Burgunder Meisters war, sondern auch die neuen, von Dufay verwendeten kompositorischen Mittel. Das einzige weltliche Werk des polnischen Künstlers ist die panegyrische Hymne *Historiographi aciem* auf die Geburt des Prinzen Kazimierz zu einem Text von Stanisław Ciołek. Sie zeichnet sich durch eine schmiegsame, schwungvolle Melodie aus. Mikołaj aus Radom ist überdies Autor von drei Paar Messeteilen (*Gloria*, *Credo*) und eines dreistimmigen *Magnificat*, das zu den Worten aus dem Neuen Testament komponiert worden war. Es ist ein hervorragendes Werk, das den Hörer noch heute durch seine künstlerische Qualität frappiert und einen Höhepunkt der Musik im polnischen Mittelalter darstellt. Das *Magnificat* zeichnet sich durch handwerkliche Meisterschaft aus, jedoch auch durch eine ungezwungene fließende Melodik von ungewöhnlich edlen Konturen. Der andächtige, besinnliche Lyrismus dieses Werkes ist musikalischer Ausdruck religiöser Kontemplation.

In der zweiten Hälfte des 15. Jahrhunderts erlebte Polen unter der Herrschaft von König Kasimir dem Jagiellonen, eines Sohns von Ladislaus Jagiello, eine Glanzperiode. Walachische Hospodare, Fürsten von Masowien und von Schlesien, selbst der infolge des dreizehnjährigen Krieges besiegte Hochmeister des Deutschen Ordens brachten dem polnischen König ihre Huldigung dar. In Krakau, der Hauptstadt des ausgedehnten polnisch-litauischen Staates, der sich von der Ostsee bis zum Schwarzen Meer erstreckte, herrschte zu jener Zeit ein reges geistiges Leben. Hier kreuzten sich verschiedene Strömungen – Relikte des Mittelalters vermischten sich mit humanistischen Ideen der Renaissance. Es war die Zeit, da Veit Stoß den Altar für die Marienkirche in Krakau schnitzte – ein Meisterwerk spätgotischer Kunst; Grzegorz aus Sanok, Professor an der Krakauer Universität, Erzbischof von Lwow, entwickelte seine philosophischen Konzeptionen, die bereits ausgesprochenen Renaissancecharakter trugen. Der Adel und das Bürgertum liehen den aus Italien kommenden Neuigkeiten willig ihr Ohr, worüber sich Jan Długosz übrigens empörte, wenn er schrieb, seine Landsleute „denken nicht an ewige Erlösung, sondern leben so, als sollten wir immer hier sein".

Aus dieser Zeit, genauer aus dem Jahre 1418, stammt die Eintragung eines Studenten mit Namen Petrus Wylhelmi de Grudencz an der Krakauer Universität. Sieben Jahre später wird derselbe Student bereits unter denen erwähnt, die den Grad „Baccalariatus in artibus" erlangt haben, um dann 1430 den Magistergrad zu erwerben. Es ist nicht genau bekannt, ob der aus Grudziądz stammende und durch ein zwölfjähriges Studium mit Krakau verbundene Künstler seiner Herkunft nach ein Pole gewesen ist, denn in jener Epoche waren die Nationalitätenfragen in Pommern nicht eindeutig geklärt. Er hatte nämlich nach jenem zwölfjährigen Studium in der polnischen Metropole im Ausland gelebt, worauf seine in Böhmen und in Schlesien, genauer in Głogów, erhaltenen Werke schließen lassen. Bis vor kurzem war sein Name den Musikwissenschaftlern noch unbekannt, erst die Entdeckung des tschechischen Gelehrten Jaromír Černy, der ihn als ein in den ersten Buchstaben des Poems *Pneuma eucaristiarum* chiffriertes Akrostichon entzifferte, hat es ermöglicht, ihn als eine bedeutsame Persönlichkeit zu identifizieren, die Mitte des 15. Jahrhunderts in Mitteleuropa gewirkt hat. Die meisten seiner Werke sind auf böhmischem Boden erhalten geblieben, auch das bekannte Liederbuch von Głogów bringt viele von seinen Kompositionen. Verglichen mit dem Werk des älteren Mikołaj aus Radom, repräsentiert die Musik des Piotr aus Grudziądz keine so hohen, originellen Werte, sie verkörpert gewissermaßen eine völlig andere Strömung: Sie ist gefälliger, mutet auch unterhaltsamer an, obwohl ihr Züge hervorragender kompositorischer Meisterschaft durchaus eigen sind. Die meisten der Kompositionen von Piotr aus Grudziądz sind lateinische Motetten zu verschiedenen Texten, geordnet nach dem Prinzip der Akrostichen; es ist anzunehmen, daß der Komponist sie selbst geschrieben hat. Piotr benutzt in seinen Motetten unterschiedliche, bisweilen sehr einfallsreiche Kombinationen metrischer Schemata der sogenannten modalen Rhythmik. Wie es scheint, hat der Komponist gerade der rhythmischen Seite große Bedeutung beigemessen. Seine harmonischen Einfälle, besonders die überraschenden Parallelen der Quinten oder Oktaven, können in der Epoche der Dufayschen Harmonik, die eine Konsonanz des Gleichklangs, einen weichen, sanften Ton anstrebte, recht eigenwillig erscheinen. Piotr aus Grudziądz verband diese Archaismen mit den für jene Zeit schon ganz modernen Effekten, nach Art des von Dufay eingeführten Fauxbourdons, den man heute etwas unpräzise als eine Abfolge von parallelen Sextakkorden bezeichnen könnte. Die Musik des Piotr aus Grudziądz, die eine verblüffende Vermischung stilistischer Merkmale aus verschiedenen Epochen aufweist und von liedhaftem Lyrismus erfüllt ist, dann wieder zu grotesken Einfällen neigt, bringt bisweilen eindeutige Reminiszenzen aus der Krakauer Studienzeit des Künstlers. Aus einer seiner Kompositionen, der *Prelustri elucencia*, können wir ganz deutlich die Rhythmik der polnischen Mazurka heraushören.

Nur wenige Werke sind aus dieser Periode in polnischen Quellen auf unsere Zeit überkommen. Die wenigen, die uns bekannt sind, sind bereits nicht mehr in dem kosmopolitischen Latein, sondern in polnischer Sprache geschrieben. Besonders interessant ist das dreistimmige Lied zu Ehren des hl. Stanislaus *Ruhm Dir, o Herr* (Chwała Tobie Gospodzinie), das erste vielstimmige Werk mit polnischem Text. Der anonyme Schöpfer dieses Liedes kennt zweifellos die damaligen Arkana des Kontrapunkts. Er vermag die einzelnen Stimmen recht flüssig zu führen, verwendet sogar dann und wann ziemlich komplizierte Mittel der polyphonen Technik. Das von Lyrismus erfüllte Lied zeichnet sich durch eine sanfte, harmonische Klangfarbe aus, die für die Musik des ausgehenden Mittelalters charakteristisch ist.

Ein etwas späteres Werk ist das zweistimmige Marienlied *O du teuerste Blüte jungfräulicher Reinheit* (O najdroższy kwiatku panieńskiej czystości). Sein unbekannter Schöpfer wendet bereits mit großer Geschicklichkeit und Ungezwungenheit einen äußerst kunstvollen Kontrapunkt an. Überdies besticht das Werk durch seine reiche Melodik und seinen Reiz voll Frische, sein Klang verrät auch eine noch zaghafte Ankündigung der schönen, reifen, wohltönenden Renaissancepolyphonie.

Renaissance

In der zweiten Hälfte des 15. Jahrhunderts stand Europa am Beginn einer der herrlichsten Epochen seiner Geschichte. Die übermächtige, expansive Kraft, die der neuen Renaissanceideologie innewohnte, jene für sie so bezeichnende geistige Unruhe, der spontane Trieb zur Erkenntnis und zum Verständnis – all das trug zu einer ungeheuren intellektuellen Aktivierung der damaligen Menschen bei.

Es war die Zeit wahrer Giganten, deren Denken und Schaffen die Grenzen der einzelnen Künste und wissenschaftlichen Disziplinen überschritten. An diesem außergewöhnlichen, glanzvollen Aufschwung hatte anfangs nur Italien teilgenommen, später indes alle europäischen Länder, denn die Weltanschauung der Renaissance erfaßte ein gewaltiges Gebiet, das sich von Spanien über Frankreich und die deutschen Fürstentümer bis zu den Landstrichen an der Weichsel erstreckte. Man kann die Umwälzung im geistigen Leben des polnischen Adelsstaates ganz allgemein als eine Abkehr vom mittelalterlichen Mystizismus ansehen, der das höchste Ziel des menschlichen Lebens in Gott sah, und als eine Hinwendung zum Diesseitigen.

Im Mittelpunkt des Interesses stand jetzt der Mensch – ein schönes, kluges, vollkommenes Wesen. Wie bezeichnend sind doch die Worte der lateinischen Elegie jenes Klemens Janicki, des ersten polnischen Dichters, der außerhalb der Grenzen seines Landes berühmt wurde und der da schrieb: „Die Welt hat nach den Göttern nichts Größeres als die Poeten.” Die damaligen Denker schöpften diese typisch anthropozentrische Auffassung aus der antiken Philosophie und Literatur, die erfüllt war von Liebe zum Leben und von Begeisterung über die Schönheit der irdischen Existenz. Der Kult des antiken Denkens und die Verehrung der antiken Kunst Griechenlands und Roms wurde in Polen, ähnlich wie in den anderen Ländern Europas, zum Prinzip, das die Formen der damaligen Kultur bestimmte. Ein wichtiger Zug in der Ideologie der Renaissance war ihr Glaube an die unbegrenzten Möglichkeiten des menschlichen Verstandes, der höchsten Macht, die dem Menschen zuteil geworden ist, der einzigen Kraft, fähig, die Gesetze der Natur und des Universums zu ergründen, und imstande, exakte logische, wissenschaftliche Urteile zu fällen.

Die ersten Sendboten des Humanismus im Polen des 15. Jahrhunderts waren der bereits erwähnte Grzegorz aus Sanok sowie der italienische Gelehrte Filippo Buonaccorsi, auch Kallimach genannt, der Erzieher der Söhne des Königs Kasimir des Jagiellonen. Eines der wichtigsten Zentren der neuen Ideologie war die Universität Krakau, die damals eine Zeit wahrer Blüte erlebte. Auf einem besonders hohen Niveau stand das Studium der Mathematik und der Astronomie. Hier hatte sich Nicolaus Copernicus unter Anleitung des berühmten Astronomen und Mathematikers Wojciech aus Brudzewo sein Wissen erworben, er war einer der genialsten Menschen der Renaissance, ein Gelehrter neuen Typs, lediglich vertrauend in die Macht des Verstandes und seiner Erkenntnismöglichkeiten. „Vielleicht werden sich einige finden, die gern phantasieren und die ungeachtet der völligen Unkenntnis der mathematischen Wissenschaften sich das Recht auf Äußerung eines Urteils darüber auf Grund einer Stelle in der Heiligen Schrift anmaßen und es wagen werden, meine Theorie zu bekämpfen. An sie denke ich jedoch überhaupt nicht”, schrieb Copernicus in der Vorrede zu seinem epochalen Werk *De revolutionibus orbium coelestium*.

Die Literatur der ersten Jahre des 16. Jahrhunderts besaß bereits gewisse nationale Züge, die Dichter fühlten sich in stärkerem Maße als bisher mit der heimatlichen Erde verbunden. Diesen Zug können wir sowohl an den melancholischen Elegien des Klemens Janicki beobachten wie auch an den kernigen, derben Märchen des Biernat aus Lublin. Janicki, in einem kujawischen Dorf geboren, Student der Universität in Bologna, schrieb zwar lateinisch, aber gerade seiner Feder waren die so trefflichen Worte entsprungen: „O wie sehr wünschte ich, mein Vaterland, dich zärtlich zu besingen." Die Architektur, die noch kurz zuvor im Zeichen der Gotik gestanden hatte, änderte ebenfalls ihren Charakter radikal, indem sie Züge des italienischen Renaissancestils annahm. Anfang des 16. Jahrhunderts begann König Sigismund der Alte, der ein großer Liebhaber der Künste war, den Bau des Wawelschlosses in Krakau; aus dieser Zeit stammt auch die berühmte Sigismund-Kapelle, die neben der prachtvollen Residenz der Jagiellonen zu den schönsten Renaissancedenkmälern in Polen zählt. In den Städten baute man gotische Rathäuser (u.a. in Sandomierz, Poznań, Zamość und Tarnów) um, die durch ihre harmonische Konstruktion und den hervorragenden Geschmack ihrer Dekorationen bis auf den heutigen Tag das Auge entzücken.

Anfänge der Renaissance

In dem stürmischen, breit dahinströmenden Leben Polens in der Renaissance nahm die Musik einen wesentlichen Platz ein. Nicht nur der König besaß jetzt eine Hofkapelle, nach seinem Vorbild konnten sich dessen auch die bedeutenderen Magnaten rühmen. Nach Krakau waren Musiker aus verschiedenen Ländern Europas zum Studium herbeigeeilt, unter ihnen befand sich auch Heinrich Finck, ein namhafter deutscher Komponist. Dieser „hervorragendste Musiker – und dies nicht nur wegen seines Talents, sondern auch wegen seiner Bildung", wie man ihn in Deutschland bezeichnete, hatte in Krakau seine Jugendjahre verbracht. Der junge Finck, ein Chorsänger aus der Kapelle des Königs Kasimir des Jagiellonen, ergründete unter den Augen der polnischen Musiker die Geheimnisse der kompositorischen Kunst, wobei er seine später so sehr bewunderte Erudition erlangte.

Die Jagiellonen, die große Kenner und Liebhaber der Musik waren, zahlten für den Unterhalt der königlichen Kapelle große Summen. König Sigismund der Alte gründete sogar neben der höfischen eine zweite, die Roratenkapelle, die besonders zur Pflege der religiösen Musik berufen war. Dieses Ensemble, aus Priester-Sängern zusammengesetzt, sollte täglich zur „Erhöhung der Zier des Doms" Adventsmessen in der Sigismund-Kapelle des Wawelschlosses begleiten. Nach dem Willen des Königs, im Gründungsakt festgehalten, war die Roratenkapelle ein rein polnisches Ensemble; fremde Musiker wurden nicht aufgenommen. Ihr reiches Repertoire umfaßte Werke der größten Komponisten des 16. Jahrhunderts wie Lasso, Palestrina, Goudimel, Gombert, Victoria, Certon und auch der polnischen Tonschöpfer. Nach Krakau zogen unterdessen begabte Musiker aus ganz Polen, angelockt vom hohen, verfeinerten Lebensniveau der Hauptstadt. 1501 traf hier Jerzy Liban aus Legnica (um 1465 bis 1546) zum Studium ein, Philologe und Hellenist, Komponist und Theoretiker, einer der ersten Musikschöpfer der polnischen Renaissance. Liban besaß zwar kein besonderes Talent, seine wenigen bekannten Werke jedoch zeichnen sich durch korrekte Stimmführung und eine Fülle des Akkordklangs aus. Der Komponist hat aber noch nicht auf die hervorragenden Vorbilder des niederländischen Stils zurückgegriffen, der den Charakter der westeuropäischen Musikkultur bestimmte. Man kann in den Werken dieses Künstlers Einflüsse deutscher Musik nachspüren, die er während seines Aufenthalts in Köln, wo er seine philologischen Studien fortsetzte, kennengelernt hat. Libans theoretische

Traktate, die er durch musikalische Beispiele illustriert, weisen ein gründliches Wissen und genaue Sachkenntnis aus.

Kaum sechs Jahre später als Liban traf Sebastian aus Felsztyn (um 1485 bis 1536) in Krakau ein. 1507 erschien sein Name in den Akten der Jagiellonen-Universität bei der Eintragung in die Artes liberales, d.h. in die Fakultät der freien Künste, zu denen auch die Musik zählte. Sebastian aus Felsztyn war, ähnlich wie Liban, nicht nur Komponist, sondern auch Theoretiker, Verfasser von Traktaten über den Gregorianischen Gesang und die polyphone Musik. Sein großes Verdienst war der Verzicht auf komplizierte Spekulationen, die typisch für das Mittelalter waren, zugunsten von Erwägungen didaktischen Charakters. Das Vorbild für Sebastians kompositorisches Schaffen waren die Meisterwerke der niederländischen Polyphonie aus dem 15. Jahrhundert. Sicherlich war er kein Genie großen Formats, er besaß jedoch eine gründliche musikalische Ausbildung. In seinen Werken, die religiösen Charakter hatten, verwendete er Melodien aus dem Gregorianischen Choral, die er als gleichtönigen Cantus firmus in die Tenorstimme setzte. Sebastian bediente sich eines besonderen Kontrapunkts, führte aber auch (in noch bescheidenem Maße) die Imitation ein. Breitgefächerte melodische Linien und das dichte polyphone Gewebe von Stimmgeflechten sind für den Charakter der Musik des Sebastian aus Felsztyn bestimmend – eine Kunst, die zwar größerer Kontraste entbehrt, aber voll Andacht und Ernst ist, einem Klima religiöser Kontemplation entsprungen.

Aus den letzten Herrschaftsjahren Sigismunds des Alten stammen zwei Werke, die für die polnische Musikkultur unschätzbar sind: die *Tabulatur für Orgel des Jan aus Lublin* (1537–1548) sowie die *Tabulatur für Orgel aus dem Kloster des hl. Geistes* in Krakau (1548). Jan aus Lublin war ein Mönch aus dem Kloster der regulierten Kanoniker in Kraśnik bei Lublin. Seine Tabulatur stellt einen Querschnitt durch das gesamte damalige polnische und westeuropäische Schaffen dar. Darin figurieren Werke von Komponisten solchen Formats wie Josquin des Prés, Clément Jannequin, Claude de Sermisy, Heinrich Finck, Ludwig Senfl, Costanzo Festa sowie vieler geringerer. Neben ihnen finden wir auch viele polnische Werke, vielfach lediglich mit rätselhaften Initialen versehen. Nach mühevollen Forschungen ist es teilweise gelungen, festzustellen, wer die dem Namen nach unbekannten Autoren gewesen sind. Einer von ihnen – Mikołaj aus Chrzanów (1485–1555) – war Komponist und Organist im Waweldom der zwanziger Jahre des 16. Jahrhunderts, er trat auch als Experte für Fragen des Orgelbaus auf. Er hinterließ nur eine Motette – *Protexisti me Domine.* Sie zeugt vom bedeutenden Talent des polnischen Künstlers, der sich komplizierter polyphoner Mittel völlig ungezwungen bediente. Seine Musik charakterisiert die für die Renaissance so typische Klangfülle von faszinierender Weichheit und Süße.

Der hervorragendste polnische Komponist der ersten Hälfte des 16. Jahrhunderts war Mikołaj aus Krakau, dessen Werke in beiden uns überlieferten Tabulaturen erhalten sind, ebenso in der Krakauer Lautentabulatur. Über sein Leben ist nichts Genaues bekannt. Er hinterließ mehr als 40 Werke, die von den ausgedehnten Interessen des Künstlers zeugen, u.a. lateinische und polnische Lieder, Messefragmente, Motetten, Orgelpräambeln, Tänze sowie zahlreiche Transkriptionen.

Zwei der in den Tabulaturen erhaltenen Messeteile Mikołajs aus Krakau, *Kyrie eleison paschale* und *Patrem per octavas,* lassen die Verwendung des Cantus firmus erkennen: das *Kyrie eleison* aus dem Gregorianischen Choral, *Patrem per octavas* hingegen aus der Volksmusik. Der polnische Künstler bearbeitete die Melodie des Cantus firmus mit großer Meisterschaft, indem er sie imitativ durch alle Stimmen leitete und sie nicht selten mit kunstvollen Ornamenten schmückte. Die Motetten Mikołajs aus Krakau, denen lateinische liturgische Texte zugrunde liegen, besitzen ebenfalls einen langtonigen Cantus firmus. Sie zeichnen sich durch eine ungewöhnlich durchsichtige, plastische Form aus und weisen auch verschiedenartige Stimmanordnungen auf. Nach dem Vorbild der niederländischen Meister wendet Mikołaj darin in breiter Skala die Imitation und einen ornamentalen, ausgesuchten Kontrapunkt an. Unter den religiösen Liedern dieses Komponisten zeichnen sich zwei besonders aus, die mit polnischen Titeln versehen sind: *Unser Erlöser* (Nasz Zbawiciel) und *Freue dich, Polnische Krone* (Wesel się Polska Korona). Das erstere nähert sich der Motettenform, mit dem Unterschied jedoch, daß die in rhythmischer Hinsicht beweglichen höheren Stimmen entschieden mit dem im Baß durchgeführten Cantus firmus kontrastieren, der aus dem lateinischen Lied *Jesus noster Deus* herrührt. Das zweite Lied – *Freue dich, Polnische Krone* – verwendet die Worte der zweiten Strophe des bereits im 15. Jahrhundert bekannten Liedes zu Ehren des hl. Stanislaus *Ruhm dir, o Herr*. Der Cantus firmus dieses Liedes ist höchst originell, er frappiert durch seine deutlich markierte Mazurkarhythmik. Die Lieder des Mikołaj aus Krakau repräsentieren, ähnlich wie auch seine Motetten, einen hohen Stand der polyphonen Technik und einen Reichtum an Invention.

Besonderes Interesse weckte bei den Historikern der polnischen Musik das Lied *Aber über mir die Venus* (Aleć nade mną Wenus). Dieses schöne Werk wurde uns leider nur in der Orgelversion ohne Text überliefert. Nach langwierigen Forschungen ist es gelungen, einen Vers in der Krakauer Lautentabulatur zu finden, der aus dem Anfang des 16. Jahrhunderts stammt und eine ähnliche Thematik aufweist, und seine Strophen der Musik Mikołajs aus Krakau zugrunde zu legen. Der einfache Text, obwohl voll naiven Reizes, spricht von einem verlassenen Mädchen, das da klagt: „Ich glaubte, die Venus selbst wohnt mit uns." Das Lied des Mikołaj aus Krakau, das einige Forscher für das erste polnische Madrigal halten, operiert im allgemeinen nicht mit allzu komplizierten technischen Mitteln, zeichnet sich indes durch eine ungewöhnlich schöne, reiche und fließende Melodik aus. Diese Musik, deren weltlicher Charakter deutlich ist, erwächst aus der Bezauberung durch sinnliche Klangwerte. Der tiefe persönliche Ton des Liedes vermag uns bis auf den heutigen Tag durch seine aufrichtige, ungelogene Empfindungstiefe zu rühren.

Vergleicht man die Orgelpräambeln mit dem hervorragenden vokalen Schaffen Mikołajs aus Krakau, so präsentieren sie sich viel bescheidener. Im übrigen waren sie keine selbständigen Kompositionen, sondern erfüllten lediglich die Rolle von Vorspielen zu den Vokalwerken, und das war sicherlich bestimmend für ihre geringe Länge. Obwohl sie in polyphoner Faktur gehalten sind, führen sie stellenweise bereits typische Orgeltonleiterpassagen ein, die davon zeugen, daß sich ein Stil rein instrumentaler Musik in Polen herauszubilden begann. Mit den Initialen Mikołajs aus Krakau sind in der *Tabulatur Jans aus Lublin* auch zahlreiche Tänze versehen, die zum Teil Originalkompositionen des polnischen Musikers sind, zum Teil aber nur Überarbeitungen von Werken berühmter Komponisten des 16. Jahrhunderts. Die Rhythmik einiger Tänze Mikołajs verrät einen starken Einfluß der in jener Zeit in Europa so beliebten französischen und italienischen Tänze – der Pavane, des Passamezzo, des Branle und der Gagliarde. Neben ihnen stoßen wir auf Tänze, die in einem unbestrittenen Zusammenhang mit der polnischen Volksmusik stehen. Davon zeugen sowohl ihre Rhythmik, die häufig charakteristische synkopierte Akzente aufweist, wie auch ihre Melodienführung. Diese letzte Gruppe von Tänzen Mikołajs aus Krakau stellt eine besonders interessante Erscheinung dar, sie bildet nämlich eine originelle Synthese aus Elementen der polnischen Folklore und aus den formalen Dispositionen, die der Tanzmusik der europäischen Renaissance eigen sind.

Aufblühen der Musik – Apogäum der Polyphonie

Die Jahre der Herrschaft Sigismunds des Alten (1506–1548) und Sigismund Augusts II. (1548–1572) stellten den Höhepunkt der polnischen Renaissance dar. Der letzte der Jagiellonen – ein hochgebildeter, intelligenter und selbständiger Mann – war der Typ des aufgeklärten Renaissanceherrschers. Er zeigte für die Literatur und die schönen Künste lebhaftes Interesse, indem er die hervorragendsten Künstler Polens aus dem 16. Jahrhundert um seinen Krakauer Hof scharte. Sekretäre des Königs waren der Dichter Jan Kochanowski und der Schriftsteller Łukasz Górnicki, Hofmusiker waren Wacław aus Szamotuły, Marcin Leopolita und Walenty Greff-Bakwark. Eine entscheidende Bedeutung für die polnische Literatur hatte das Schaffen Mikołaj Rejs aus Nagłowice, den man als den Vater der polnischen Literatur bezeichnet, ein scharfsichtiger Beobachter der damaligen Wirklichkeit. Seine Werke, in einer lebendigen, markigen Sprache geschrieben, voll von derbem Humor, die Wonnen des irdischen Lebens preisend, erfreuten sich großer Anerkennung bei den Zeitgenossen. Eine Widerspiegelung des hohen geistigen und moralischen Niveaus verkörperte das publizistisch-politische Schaffen von Andrzej Frycz Modrzewski, eines großen Reformators und glühenden Moralisten, Autor des Traktats *De republica emendanda* (Von Verbesserung des gemeinen Nutz).

Den hehren Idealen des Humanismus hatte sich Łukasz Górnicki verschrieben, der in seinem Werk *Der polnische Höfling* (dem berühmten Vorbild *Il Cortegiano* des Baldassare Castiglione nachempfunden) die ideale Gestalt eines Menschen schuf, der in der antiken Kultur gebildet und ein Kenner der Poesie, der Musik und der Malerei war.

In dieser Zeit war auch das Schaffen Jan Kochanowskis erblüht, des größten Dichters der polnischen Renaissance, der sich seiner Kunst voll bewußt war, als er schrieb:

Und so erklomm ich den Felsen Kalliopes, der schönen,
Wohin bisher der Fuß eines Polen nicht setzte seine Spuren.

Dieser geniale Künstler machte aus der holprigen, damals nicht selten noch rauhen polnischen Sprache ein biegsames, dienstbares Werkzeug, das imstande war, den ungeheuren Erlebnisreichtum des modernen Menschen auszudrükken.

Zur gleichen Zeit wie Jan Kochanowski hielt sich Wacław aus Szamotuły (um 1526 – etwa 1560), der Hofkomponist Sigismund Augusts, auf dem Wawelschloß auf, einer der hervorragendsten polnischen Musiker. In Szamotuły geboren, studierte er an der Krakauer Universität. Szymon Starowolski (1588–1656), der erste Biograph des Komponisten, behauptete, daß Wacław, begabt mit einem aufnahmebereiten, vielseitigen Geist, nicht nur Musik studierte, sondern auch Jura und Mathematik, wobei er gleichzeitig die philosophischen Werke des Aristoteles ergründete. Es gelang nicht, mit voller Bestimmtheit festzustellen, ob Wacław tatsächlich alle ihm hier zugeschriebenen Talente besaß, bekannt dagegen ist, daß er nicht nur ein berühmter Musiker, sondern auch ein begabter Dichter war. Davon zeugt die in den *Lamentationen* enthaltene lateinische Widmung an König Sigismund August in Form eines kunstvollen Poems. Wacław aus Szamotuły, den eine wahrhaft renaissanceartige Vielseitigkeit der Interessen auszeichnete, war auch ein glühender Patriot, der sich besonders stark für die wichtigsten Probleme des damaligen Lebens engagierte.

„Was nutzt den Sarmaten die Darstellung von lauter Angelegenheiten aus fremden Ländern in den Büchern," schrieb er, „wenn es wichtigere Dinge zu Hause gibt. Unsere Geister finden mehr Anregung durch Beispiele häuslichen Glanzes, jeden interessieren die Dinge, die ihm am nächsten sind." Aus dem reichen Schaffen des Wacław aus Szamotuły, das verschiedene Formen religiöser Musik umfaßt, haben sich nur einige wenige Werke bis in unsere Zeit erhalten: drei lateinische Motetten, sieben polnische religiöse polyphone Lieder, ein lateinisches Lied sowie eine Tenorstimme aus den *Lamentationen des Jeremias*. Unwiederbringlich verloren gingen die vier- und sechsstimmigen *Offizia*, die fünfstimmigen *Exklamationen* und die monumentale achtstimmige *Messe*. Aber selbst die wenigen uns bekannten Werke Wacławs zeugen von seinem glänzenden Talent, das sich mit den prominenten Schöpfern europäischer Musik und der gründlichen Kenntnis der Werkstattgeheimnisse niederländischer Polyphonie messen kann, besonders mit den Werken Gomberts und des Clemens non Papa.

Mit großer melodischer Invention und subtiler klanglicher Empfindsamkeit begabt, bedient sich Wacław aus Szamotuły gleichzeitig mit größtem Geschick, das eines wahren Meisters würdig ist, der kompliziertesten kontrapunktischen Mittel. Seine Werke wirken dabei nicht trocken oder spekulativ, sondern bleiben eine Musik, die reich und lebendig ist. Wacławs Schaffen fand nicht nur in Polen Anerkennung; seine beiden Motetten – *In Te Domine speravi* und *Ego sum pastor bonus* – sind 1554 und 1564 in Nürnberg erschienen, in den Sammlungen, die Kompositionen der hervorragendsten europäischen Musiker enthalten: Josquin des Prés, Orlando di Lasso, Claude de Sermisy und Clemens non Papa. Die erste der Motetten Wacławs – *In Te Domine speravi* –, die breit angelegt ist, stützt sich vollständig auf eine durchimitierte Technik. Die fließende Entfaltung der einzelnen melodischen Linien erzeugt im Ergebnis ein dichtes Gewebe polyphoner Verbindungen von einem makellos logischen, kompakten Verlauf. Die Melodik mit ihren breitgefächerten Bögen zeichnet sich durch harmonische Ruhe aus. Wacław erreicht in dieser Motette eine in der polnischen Musik zuvor nie dagewesene Klangfülle. *Ego sum pastor bonus*, zehn Jahre nach der *In Te Domine speravi* in Nürnberg herausgegeben, kürzer und weniger kompliziert als die erste Motette des polnischen Tonschöpfers, erweckt vor allem Aufmerksamkeit durch eine ausnehmend plastische, durchsichtige Form. In hellen Tönen gehalten, strahlt die Motette Freude aus, eine ruhige, würdige Freude, die so typisch für die Renaissancemusik ist. Am Hofe Sigismund Augusts begegnete Wacław dem Fürsten Mikołaj Radziwiłł – dem Wojewoden von Wilna, dem Patron der polnischen Kalvinisten. Die Reformation in Polen hatte einen ruhigen Verlauf genommen, hier gab es keine religiösen Kämpfe oder Verfolgungen Andersgläubiger. Sigismund August bezog in Glaubensfragen einen toleranten Standpunkt, was ein Zeugnis seiner aufgeklärten Natur war. „Ich bin nicht König über eure Gewissen", soll er einmal gesagt haben. So hatte sich das Polen des 16. Jahrhunderts in ganz Europa den Ruf des einzigen Landes erworben, das frei war vom Terror der Inquisition. Mikołaj Radziwiłł, der Rolle bewußt, die die Musik bei der Popularisierung des neuen Glaubens spielen konnte, hatte Wacław aus Szamotuły in seine Wilnaer Kapelle geholt. Wacław schloß sich dem Lager der Reformation an und änderte den Charakter seines Schaffens: Statt der komplizierten lateinischen Motetten komponierte er religiöse Lieder auf polnische Texte. Einige davon, in einfachster Akkordtechnik gehalten, wahren in allen Stimmen die gleiche Rhythmik, was ihre große Klarheit und die hervorragende Lesbarkeit des Textes bestimmt (z.B. das Lied *Die allgemeine Beichte* – Powszednia spowiedź). In anderen Liedern greift Wacław auf die kunstvollen Mittel der polyphonen Technik zurück, indem er sie harmonisch mit persönlichem, suggestivem Ausdruck verbindet. Das schönste der Lieder des polnischen Meisters ist *Nun dämmert es schon – das Gebet, wenn die Kinder schlafen gehen* (Już się zmierzka – modlitwa, gdy dziatki spać idą).

Die reiche kantable Melodik des Liedes, die in einem ruhigen, breiten Strom dahinfließt, und die vortreffliche Ausnutzung der koloristischen Möglichkeiten der vokalen Polyphonie entscheiden über die Unwiederholbarkeit der Stimmung dieses Werkes. Es drückt die Ruhe am frühen Abend und das kindliche Vertrauen in Gott aus.

Wacław aus Szamotuły, der zu seinen Lebzeiten als größter polnischer Komponist galt, wurde auch von späteren Generationen richtig eingeschätzt. Szymon Starowolski zögerte nicht, in seiner Biographie des Komponisten, die er in *Hekatontas* (1625) veröffentlichte, zu schreiben: „Hätten die Götter dem Szamotulczyk erlaubt, länger zu leben, würden die Polen die Italiener nicht um Palestrina, Lappi, Viadana beneiden müssen." Wacław starb plötzlich um 1560 im Alter von kaum 34 Jahren. „Dich, o Stern der Musiker, dich, du bester Prophet, dich, Wacław, Hauptstück unseres Herzens, entreißt die boshafte Parze uns. Im ganzen, vom polnischen König regierten Reich läßt die traurige Schar der Musiker unter Cyprians Leitung ein unablässiges Stöhnen erklingen", schrieb Andrzej Trzecieski, der königliche Bibliothekar und große Freund des Komponisten, in seinem Klagelied.

Cyprian Bazylik (1535–1600), den Trzecieski in einem seiner Verse erwähnt, war ebenso wie Wacław ein Musiker des Fürsten Radziwiłł. In Sieradz in einer bürgerlichen Familie geboren, hatte er an der Krakauer Universität seine Bildung erworben. Einige Jahre war er Höfling, wahrscheinlich sogar Sekretär bei König Sigismund August. Im Jahre 1557 adoptierte ihn der Adlige Heraklides Bazylik, ein bekannter Raufbold, gab ihm seinen Namen und auch sein Wappen. Ein Jahr später übersiedelte Cyprian Bazylik nach Wilna an Mikołaj Radziwiłłs Hof. Bazylik war nicht nur Komponist, sondern auch Dichter und Übersetzer. Sein musikalisches Schaffen beschränkte sich auf religiöse Lieder zu polnischen Texten.

Der Komponist verwendete hierfür die Verse der zeitgenössischen Dichter – Mikołaj Rej, Andrzej Trzecieski und Jakub Lubelczyk.

Die zwölf Lieder Bazyliks, die bis auf den heutigen Tag erhalten sind, repräsentieren eine breite Skala von Kunstmitteln – äußerst einfache, selbst ungeschulten Liebhabern zugängliche Werke stehen neben kunstvolleren polyphonen Kompositionen. Diese letzteren waren an musikalisch geschulte Abnehmer gerichtet, wie eines der Kirchengesangbücher sie apostrophiert – an jene, „die figürliches Singen lieben".

Neben Wacław aus Szamotuły und Cyprian Bazylik, den namhaftesten Liederkomponisten der damaligen Zeit, wirkten viele anonyme Autoren in Polen, deren Werke in verschiedenen Gesangbüchern herausgegeben wurden. Bekannt sind die mit der Reformationsbewegung verbundenen Gesangbücher des Jan Seklucjan (1547), des Walenty aus Brzozów (1554) sowie die *Lieder zu Ehren Gottes* (Pieśni chwał boskich) des Jan Zaręba (1558), die *Geistlichen Lieder* (Pieśni duchowne) Groickis und das Gesangbuch des Piotr Artomius (1578). Diese Gesangbücher, die den polnischen Dissidenten einfache, zugängliche Werke anboten und die geschrieben waren, „um allen Gläubigen und denen, die die polnische Art und Sprache lieben, zu dienen und ihnen Trost zu spenden", trugen gleichzeitig dazu bei, patriotische Gefühle zu entfachen.

Neben den protestantischen Gesangbüchern erschienen auch viele zusammengesetzte, bestehend aus losen, eingebundenen Drucken (das Gesangbuch von Puławy und das von Zamość). Die Lieder solcher zusammengesetzter Gesangbücher repräsentieren eine durchaus unterschiedliche Thematik: Historische Motive verflechten sich da mit panegyrischen Huldigungen, Lieder kritischen Charakters stehen neben moralisierenden Ermahnungen. Die anonymen Autoren einiger dieser Lieder suchten Inspiration in der Volksmusik:

In dem *Lied, neu zur Hochzeit des Jan Kostka aus Sztymbark gedichet,* spürt man deutlich das Echo der beschwingten Rhythmik des Krakowiak, die *Angst vor den bösen Dingen des Lebens* zu den Worten Mikołaj Rejs aus Nagłowice verwendet dagegen die schwungvollen Rhythmen der Mazurka. Unter den anonymen Liedern, die auf die diversen Gesangbücher des 16. Jahrhunderts verteilt sind, stößt man manchmal auch auf kleine Meisterwerke, die durch ihre ungewöhnliche Homogenität des Dichterischen und Musikalischen beeindrucken. Den Höhepunkt im anonymen Liedschaffen bildet die *Lamentation des Jeronim Szafraniec, des Starosten von Chęciny* (Lament Jeronima Szafrańca, starosty chęcińskiego), ein Trauergesang, eine ergreifende menschliche Reflexion über die Unausweichlichkeit des Todes und die Vergänglichkeit. Der Liedtext aus der Feder eines unbekannten Autors, voll dramatischer Akzente, ist in einem schönen, flüssigen Polnisch geschrieben. Die Musik gibt auf hervorragende Weise die Stimmung des Textes wieder. Die Melodik, die auf einer langsamen, gemessenen Bewegung basiert, auf der häufigen rezitativen Wiederholung von Tönen und lang verhallenden Akkorden – erzeugt einen in seiner Aufrichtigkeit ergreifenden Ausdruck von Trauer und Resignation.

Die Krönung des Liedschaffens der polnischen Renaissance bilden die 1580 in der Krakauer Druckerei des Łazarz Andrysowicz herausgegebenen *Melodien zu einem polnischen Psalter* (Melodie na psałterz polski) Mikołaj Gomółkas.

Es haben sich viele Informationen über den Komponisten dieses monumentalen Zyklus bis in unsere Zeit erhalten. Mikołaj Gomółka (um 1535–1591), in Sandomierz geboren, weilte seit seiner Jugend am Hofe des Königs Sigismund August, der den talentierten jungen Mann mit besonderem Entgegenkommen aufnahm. Der blutjunge Musiker sang zunächst im Chor der königlichen Kapelle, wurde dann in die Schar der königlichen Trompeter aufgenommen, wechselte schließlich in die privilegierte Gruppe der Fistulanten über. Bis 1566 weilte Gomółka in Krakau, kehrte aber dann in sein heimatliches Sandomierz zurück. Hier errang er alsbald allgemeine Wertschätzung, war mehrere Jahre lang städtischer Gerichtsbeisitzer und wurde sogar zum Vertreter des Stadtvogtes gewählt. Die *Melodien zu einem polnischen Psalter* sind gegenwärtig das einzige bekannte Werk des Komponisten aus Sandomierz. Sie stellen eine musikalische Version des *David-Psalters* (Psałterz Dawidów) von Jan Kochanowski dar – einer genialen, höchst persönlichen Paraphrase der Bibelverse, die König David zugeschrieben werden.

Kochanowskis Psalter erschien 1579 im Druck, doch schon ein Jahr später gab Gomółka seine *Melodien* heraus.

Der Dichter aus Czarnolas muß Mikołajs Talent hoch eingeschätzt haben, denn er überließ es ihm, seine ausgezeichneten Verse in eine klangliche Form zu bringen. Sicherlich hatte Gomółka bedeutend früher an seiner Sammlung zu arbeiten begonnen, indem er die Handschriften des Dichters nutzte; es ist nämlich schwerlich anzunehmen, daß er die Musik zu den 150 Psalmen während weniger Monate komponiert hat. Gomółkas *Psalmen* sind das erste Werk in der Geschichte der polnischen Musik mit ausgesprochen nationalen Zügen. Dies war gewiß auch die Intention des Komponisten, der in der Vorrede zum *Psalter* seine Lieder wie folgt bezeichnete:

Leicht sind sie gemacht,
Nicht zu schwer für Einfältige,
Für die Polen, nicht für Italiener,
Sie sind da für unsere einfachen Landsleute.

Die *Psalmen* sind im allgemeinen nicht sehr lang – sie haben etwa 6 bis 31 Takte. Ihr symmetrischer Versbau stellt sie in die Nähe der populären

Religionslieder, ja der Volkslieder. Gewöhnlich verwendet der Komponist darin die einfache Akkordfaktur, obwohl er nicht völlig auf kunstvollere Mittel verzichtet, er führt nämlich die Kanontechnik und den doppelten Kontrapunkt ein, womit er von seiner hohen musikalischen Ausbildung Zeugnis ablegt. Entsprechend den kompositorischen Normen der Epoche stützen sich die vierstimmigen *Psalmen* auf den Cantus firmus, der den melodischen Kern des Werkes bildet. Gomółka greift häufig auf Motive des Gregorianischen Chorals zurück, außerdem führt er Phrasen aus dem protestantischen Choral und aus den weltlichen Tanzliedern oder auch eigene Melodien ein. Die meisten *Psalmen* des Musikers aus Sandomierz zeichnen sich durch eine besondere Meisterschaft in der Wiedergabe des Klimas des poetischen Textes aus; mit dem Wort eng verbunden, steigern sie so seine emotionale Ausdruckskraft. In seinem Bemühen, eine volle Übereinstimmung von Musik und Text zu erreichen, schreckt er nicht davor zurück, die einzelnen Worte des Verses zu illustrieren, was in der Renaissanceepoche sehr beliebt war. In vielen Psalmen besteht indes zwischen der Musik und dem poetischen Text ein viel subtilerer, tieferer Zusammenhang. Der Komponist strebt mit allen ihm nur zugänglichen Mitteln (Melodien, Rhythmus, Harmonie) danach, ein Klangbild hervorzurufen, dessen Charakter der Vision des Dichters entspricht. Die freudigen *Psalmen* kennzeichnen also Durkonsonanzen, eine einfache kantable Melodik und eine deutlich spürbare Tanzrhythmik. Die tragischen, traurigen und flehentlichen Verse versieht Gomółka mit einer Musik, die in einem dunklen Kolorit, reich an Molltönen, gehalten ist. Die zutiefst kontemplative, besinnliche Melodik dieser *Psalmen* birgt einen starken Gehalt an rein persönlicher Expression.

Die *Psalmen* Gomółkas – das hervorragendste Werk der polnischen religiösen Lyrik – erlangten nicht die Beliebtheit, die sich der Komponist erträumt hatte. Für die durchschnittlichen Abnehmer zu schwierig, fanden sie auch nicht die gebührende Anerkennung in den Kreisen der hochgebildeten Aristokratie, die sich damals für die immer raffiniertere, klanglich üppige Polyphonie begeisterte. Die *Psalmen* wurden nur einmal herausgegeben, und erst nach mehreren Jahrhunderten wurden sie richtig verstanden, als man sie als eins der schönsten Zeugnisse des Humanismus im 16. Jahrhundert anerkannte.

Neben dem aufblühenden Liedschaffen war die Messe das zweite wichtige Genre in der polnischen Musik des 16. Jahrhunderts. Sofern die Lieder auf Grund ihres geringen Umfangs und einer gewissen beabsichtigten Einfachheit der Stilmittel den Komponisten einen ungezwungenen Ausdruck persönlichster, intimster Gefühle und Erlebnisse gestatteten, bot die große sechsteilige Form der Messe mit präzisem Schema und dem ein für allemal fixierten liturgischen Text günstige Bedingungen, um sich über die Kenntnis der Regeln des kunstvollen Kontrapunkts auszuweisen. Es haben sich nur einige wenige Messen bis in unsere Zeit erhalten, obwohl aus den damaligen Chroniken und sonstigen Eintragungen bekannt ist, daß es bedeutend mehr gewesen sein müssen. Ein Autor zweier unvollständig überlieferter Messen ist Krzysztof Borek (Mitte des 16. Jahrhunderts), aus dessen Leben uns wenig bekannt ist. Er war wahrscheinlich Priester, Leiter der berühmten Roratenkapelle, die von König Sigismund dem Alten gegründet worden war. In dem Manuskript einer seiner Messen ist das Datum 1573 verzeichnet, es konnte jedoch nicht mit voller Sicherheit festgestellt werden, ob dies das Entstehungsjahr des Werkes war. Beide Messen Boreks stützen sich auf den Cantus firmus, der den Kern des Werkes ausmacht. Beim Cantus der ersten Messe griff der Komponist auf den Gregorianischen Choral zurück, nämlich auf die berühmte Lobeshymne *Te Deum laudamus*, von der die ganze Messe ihren Namen erhalten hat. Der Cantus der zweiten Messe konnte bislang nicht identifiziert werden. Zweifellos war Borek ein begabter Musiker, mit dem kompositorischen Handwerk gründlich vertraut. Er strebte eine möglichst vollständige Verselbständigung der einzelnen Stimmen an, obwohl er andererseits die Technik der Imitation nicht vernachlässigte. Die Polyphonie seiner Messe zeichnete sich durch große Dichte und Geschlossenheit ihres Ablaufs aus.

Boreks Altersgenosse war Marcin Leopolita (um 1540–1589), neben Wacław aus Szamotuły der prominenteste Komponist der polnischen Renaissance, ein Musiker von großem Format und ungeheurem Wissen. Er stammte aus Lwow, einer Stadt, die bereits seit der Zeit des Erzbischofs Grzegorz aus Sanok, einem hervorragenden Denker und Kunstmäzen, mit dem Humanismus verbunden war. Leopolita betrieb seine Studien an der Krakauer Universität. Die Werke seiner Jugendzeit sind unbekannt, er muß jedoch seine künstlerische Reife recht früh erlangt haben, denn er wurde mit zwanzig Jahren als Hofkomponist in die Kapelle Sigismund Augusts aufgenommen. Mehrere Jahre später kehrte der Künstler in sein heimatliches Lwow zurück, wo er allgemein als Schmuck und Zierde der Stadt galt und sogar offiziell zu den Virorum illustrorum gezählt wurde. Aus dem reichen Schaffen Leopolitas, der ja auch Dichter war, sind nur wenige Kompositionen bis in unsere Zeit erhalten geblieben: eine fünfstimmige *Missa paschalis* (zwei andere gingen verloren) sowie fünf religiöse Motetten. Die einzige uns bekannte Messe Leopolitas ist ein hervorragendes Werk, das im Hinblick auf das Niveau des kompositorischen Schaffens und die tiefe Inspiration in der polnischen Musik des 16. Jahrhunderts nicht ihresgleichen hat. Leopolita stützte seine Messe auf das Tonmaterial von vier altpolnischen Osterliedern, die zwar im Gregorianischen Choral wurzelten, jedoch deutlich volkstümliche Merkmale aufweisen. Diese Lieder durchdringen das ganze Werk und verleihen ihm einen spezifischen, unwiederholbaren Charakter, und das erste davon – *Christus, der Herr, ist auferstanden* (Chrystus Pan zmartwychwstał) – spielt die Rolle eines spezifischen Leitmotivs. Die *Missa paschalis* zeugt von der Meisterschaft des polnischen Komponisten und von seiner Fertigkeit, mit der er sich der polyphonen Mittel aus der Kunst hervorragender flämischer Komponisten bedient. Leopolita variiert kunstvoll die Liedmotive – er gebraucht Augmentation, Diminution und Inversion. Bewundernswert ist die melodische Invention des Komponisten – die flüssige, nicht selten äußerst ausgeschmückte Melodik der *Missa paschalis* zeichnet sich zugleich durch eine große Kantabilität und durch edle Konturen aus, jedoch auch durch einen schwer zu präzisierenden, aber deutlich wahrnehmbaren slawischen Charakter. Szymon Starowolski behauptet in seinem begeisterten Loblied auf Leopolita (*Hekatontas*, 1625) sogar, daß der Musiker aus Lwow hinsichtlich der Schönheit der Melodik von niemandem in Europa übertroffen worden sei. Die *Missa paschalis* ist ein in allen Einzelheiten sorgfältig ausgearbeitetes Werk, wir entdecken darin einen großen Schatz an schönen Details. Der Komponist vermag mit größter Pietät den Sinn der einzelnen Worte zu erschließen und eine besondere musikalische Form für sie zu finden. Er verwendet weitgehend illustrative Kunstgriffe, die von den Komponisten des 16. Jahrhunderts so sehr geschätzt wurden, begnügt sich jedoch nicht mit diesem verhältnismäßig einfachen Mittel, sondern strebt eine möglichst vollständige Synchronisierung des Textes mit der Musik durch innere Harmonie der Stimmung an. Alle Elemente des Werkes tragen zur Erzeugung des entsprechenden Klimas bei; diesem Ziel dient das Aneinanderfügen von Teilen mit stark ausgeschmückter Melodik und solchen von erlesener Einfachheit, ferner der Wechsel des Metrums vom Paarigen zum Unpaarigen, die modulativen Abweichungen zu weiteren Tonarten sowie die Ausnutzung klanglicher Möglichkeiten der vokalen Polyphonie. Dadurch gelingt es dem Komponisten, den liturgischen Text, der seit Jahrhunderten unverändert geblieben ist, mit echt persönlichem Erleben, das für den aufrichtigen, spontanen Glauben der Menschen der Renaissance so typisch war, zu tränken.

Die vier uns vollständig bekannten fünfstimmigen Motetten Leopolitas sind in einer Transkription für Orgel, also ohne Text erhalten. Sich auf den Cantus firmus aus dem Gregorianischen Choral stützend, beweisen sie, ähnlich wie die *Missa paschalis*, eine hervorragende Beherrschung der Klangsprache der Renaissance. Die jüngst (1971) wiederaufgefundene fünfte Motette, *Veni in hortum meum*, ist in ihrer unvollständigen Gestalt (lediglich zwei Stimmen) ein breit zugeschnittenes Werk von hohem künstlerischem Wert, das beste Kenntnis des Kontrapunkts ausweist.

Zur gleichen Zeit wie die monumentale *Missa paschalis* des Leopolita sind zwei Messen von Tomasz Szadek (um 1550 – etwa 1611) entstanden: *Dies est laetitiae* (1578) und *Officium in melodiam motetae Pisneme* (1580). Szadek, der den Titel eines Bakkalaureus der freien Künste besaß, wurde 1569 in die Schar der Sänger der königlichen Kapelle aufgenommen. Einige Jahre später wechselte er zur Kapelle der Roratensänger über. Der Künstler hatte offenbar nicht die strenge Disziplin ertragen, die in dieser ausschließlich aus Priestern bestehenden Kapelle herrschte, denn bald zieh das Domkapitel ihn eines unmoralischen Lebenswandels. Von dieser Zeit an brechen alle Nachrichten über Tomasz Szadek ab. Der Stimmsatz der beiden von ihm hinterlassenen Messen (Alt, 2 Tenöre, Baß; Mezzosopran, Alt, Tenor, Baß) läßt darauf schließen, daß der Komponist sie mit dem Gedanken an die Roratenkapelle geschrieben hat, die über keine Frauenstimmen (Soprane) verfügte. Die erste Messe – *Dies est laetitiae* – stützt sich auf die in Polen sehr populäre Melodie des lateinischen Weihnachtsliedes gleichen Titels. Szadek führt seine Melodie lediglich doppelt in der exakten Lautung an, dann unterzieht er sie im allgemeinen weitreichenden Veränderungen, wobei er einen beeindruckenden Einfallsreichtum beweist. Die Messe zeichnet sich durch ein helles, pastellartiges Kolorit aus.

Ihr heiterer, zugleich erhabener Charakter vermag die weihnachtliche Stimmung sehr gut wiederzugeben. Der einzige Mangel dieses geschickt konstruierten Werkes liegt in einer gewissen Melodienarmut, die vor allem im Vergleich mit dem Meisterwerk Leopolitas deutlich wird, dem Szadek, obwohl auch er eine sorgfältige Ausbildung genossen hatte, hinsichtlich seines Talents nicht ebenbürtig war. Szadeks zweite Messe, *Officium in melodiam motetae Pisneme*, basiert auf der Melodie aus dem Chanson von Créquillon *Puis ne me peut venir*. Die Motivik dieses Liedes durchzieht alle Stimmen der Messe, wodurch der Komponist seinem Werk einen durchaus einheitlichen Charakter verleiht. Es ist ihm jedoch nicht gelungen, einen gewissen Schematismus zu vermeiden, der vor allem bei der Verteilung der Einsätze der imitierenden Stimmen auffällt. Szadeks Messekompositionen stellen in der polnischen Musik jene Etappe der Renaissanceentwicklung in der Polyphonie dar, wie sie Palestrinas und Orlando di Lassos Werke in der europäischen Musik repräsentieren.

Zum Ausklang der Renaissance wirkte in der gleichen Zeit wie Szadek auch Krzysztof Klabon in Krakau (um 1550–1616) – ein Komponist, Sänger und Lautenist. Seit seiner Kindheit mit dem Wawelschloß verbunden, zunächst als Diskantsänger, dann als Flötist und Lautenspieler, avancierte er schließlich zum königlichen Kapellmeister. Das einzige in seiner Gesamtheit erhaltene Werk ist ein Zyklus aus sechs vierstimmigen Liedern, betitelt: *Lieder der slawischen Kalliope* (Pieśni Kalliopy Słowieńskiej) zu den Versen des Hofdichters Stanisław Grochowski. Grochowski – ein bekannter Panegyriker – besang in seinem Poem den Kampf, den Sigismund III. aus dem Geschlecht der Wasa und Maximilian von Habsburg um den polnischen Thron führten und der mit der Schlacht bei Pitschen endete. Das von Klabon komponierte Werk stellte kurz nach den von Grochowski geschilderten Ereignissen eine besondere Huldigung für den siegreichen König Sigismund dar.

Es wärmt, mein mächt'ger König, das Herz mir ungemein,
Daß ich derweil auch deine Ohren zu unterhalten schein –

schrieb Klabon in seiner Widmung.

Die *Lieder der slawischen Kalliope* sind einfach und unprätentiös, sie besitzen jedoch viel Reiz. Klabon nutzt darin eine lebhafte, beschwingte Tanzrhythmik, die die heitere, freudige Stimmung der Lieder gut wiederzugeben vermag.

In den beiden letzten Liedern wird sein Bemühen deutlich, die metrischen Schemata, die uns aus der lateinischen Poesie bekannt sind, auf den polnischen Text zu übertragen. Klabon hat überdies zwei verlorengegangene Lieder für eine Solostimme mit Lautenbegleitung komponiert, die als die ersten polnischen Monodien mit Begleitung angesehen werden können, also als Beispiel eines Genres, das in Europa als der Niedergang der großen Epoche der Renaissancepolyphonie a capella gelten kann und das das Herannahen eines neuen Zeitraums in der Musik, des Barocks, ankündigte.

Wende des Renaissancestils

Der Komponist, in dessen Schaffen die charakteristische stilistische Spaltung vollen Ausdruck fand, die so typisch war für die Wende von der Renaissance zum Barock und die vor allem in der Musik Monteverdis und Gabrielis sichtbar wurde, war Mikołaj Zieleński. Über sein Leben ist nichts weiter bekannt, als daß er Organist und Dirigent der Kapelle des Primas Wojciech Baranowski in Łowicz war. Zwei seiner monumentalen Sammlungen haben sich bis in unsere Zeit erhalten: die *Offertoria* und die *Communiones totius anni*, die 1611 in Venedig bei Vincentius erschienen sind und aus acht Stimmenbüchern bestehen sowie aus einem neunten, das eine Partitur pro organo enthält. Geschrieben wurden die *Offertoria* – 56 an der Zahl – für eine große, sieben- oder achtstimmige Besetzung (zwei doppelte Chöre) und sogar für zwölf Stimmen (dreichöriges *Magnificat*) mit Orgelmusik, der sich zeitweilig Violen und Posaunen hinzugesellen. Da sie im mehrchörigen Stil der venezianischen Schule gehalten sind, der seine hervorragendste künstlerische Form im Schaffen Gabrielis erlangte, stellen die *Offertoria* ein Kompendium der Renaissancepolyphonie in der höchsten Phase ihrer Entwicklung dar.

Ob Zieleński den Stil der vielstimmigen Musik an ihren Quellen, in Venedig, kennenlernte, ob vielleicht Gabrieli selbst sein Lehrer war, wissen wir nicht. Es läßt sich jedoch mit voller Gewißheit behaupten, daß er die komplizierten technischen Mittel mit all der Sicherheit und Unbefangenheit eines Meisters beherrschte, der es zugleich fertigbringt, daß sein Werk nicht nur kunstvoll erscheint, sondern auch eine spontane, ergreifende Musik darstellt. Zieleński operiert in den *Offertoria* mit großen Klangflächen, die Instrumente und Vokalstimmen miteinander vereinen, sie trennend und einander gegenüberstellend, diese mächtige Tonmasse dann wieder in einer längeren Phase zusammenführend, was sehr interessante dynamische und expressive Klangeffekte ergibt. Die reiche Melodik der *Offertoria* zeichnet sich durch eine noble Würde und tiefen Ernst aus. Zieleński mißt hier der subtilsten Auslegung des Textes großes Gewicht bei und strebt danach, seine emotionalen Werte in die Musik zu übertragen, wobei er alle im 16. Jahrhundert bekannten illustrativen Mittel verwendet. Seine Musik ist durch ein hervorragendes Formgefühl gekennzeichnet, mit einer Steigerungsfähigkeit bis zu den mächtigsten, triumphalen Höhepunkten und der graduellen Dämpfung, dem Abklingen aufgetürmter Tonmassen. Es ist eine Kunst voll klanglichen Pomps, ansehnlich und monumental, eine Kunst, die mit größeren Kontrasten operiert, die dramatischer ist als die harmonische Musik der Renaissance.

Die *Communiones* – 63 an der Zahl – unterscheiden sich erheblich von den *Offertoria*, da sie für eine kleinere Kammermusikbesetzung geschrieben wurden – von einer bis zu sechs Stimmen mit Orgelbegleitung, bisweilen auch mit der von anderen Instrumenten (Geige, Fagott). Besonders interessant sind die *Communiones*, in denen nur eine Vokalstimme (Sopran, Tenor, Bariton oder Baß) mit Orgelbegleitung vorkommt. Sie haben zwar noch nicht völlig jenen Charakter, wie die begleiteten Monodien der florentinischen Camerata oder die Monteverdis ihn besitzen, aber sie stellen eine ausgesprochene Neuheit auf polnischem Boden dar, denn sie sind die erste Ankündigung der Barockmusik. Die ungewöhnlich reiche Melodik der Vokalstimme der *Communiones* ist reich an kunstvollen Passagen und Ornamenten, ja sogar an längeren Koloraturphrasen, was der Praxis des virtuosen Liedes, das man in Italien unter der Bezeichnung Gorgia kennt, völlig entsprach. Zieleński schien sich der Schwierigkeiten, die seine *Communiones* für die weniger geschulten Sänger darstellten, bewußt gewesen zu sein, daher arbeitete er außer der ausgeschmückten Version auch noch eine zweite, viel einfachere Variante aus, die von weniger erfahrenen Vokalisten gesungen werden konnte. Wir finden in der Gruppe der *Communiones* neben den Solowerken auch zahlreiche Duette, Terzette, Quartette, Quintette, ja sogar Sextette mit Orgelbegleitung oder mit Begleitung eines größeren Instrumentalensembles. Ebenso freigebig verziert mit erlesenen Ornamenten, stellen sie ein Beispiel meisterlichen Kontrapunkts dar und begeistern gleichzeitig durch die Schönheit und die Fülle an melodischen Einfällen.

Zieleński hat überdies drei rein instrumentale Fantasien in die *Communiones* eingefügt, die bestimmt waren für ein Streichensemble (Geigen, Viole grosso) oder für Blasinstrumente (Kornette, Fagott) und Orgel. Der Komponist knüpft darin an die Form des italienischen Ricercares an (*1.* und *2. Fantasie*), die auf einer imitatorischen Durchführung des Themas durch einzelne Stimmen beruht, sowie die der Canzone (*3. Fantasie*), die in eine Reihe kleinerer Abschnitte zerfällt und ebenfalls ein gewisses Streben nach einer Symmetrie der Form verrät. Die Melodik der Fantasien Zieleńskis – fließend, breit angelegt – entfaltet sich würdevoll, ohne Hast. Sie nähert sich ganz deutlich dem Typ der kantablen Vokalkantilene, und es sind hier selten Passagen anzutreffen, die einen abweichenden, rein instrumentalen Charakter aufweisen. Dies ist nicht erstaunlich, wenn man bedenkt, daß der Prototyp sowohl der Fantasien wie auch des Ricercares die durchimitierte Vokalmotette gewesen ist.

Lautenisten

Ein besonderes, überaus bedeutsames Kapitel in der Geschichte der Musik der polnischen Renaissance bildete das Lautenspielschaffen. Die Kunst des Spiels auf diesem Instrument besaß in Polen alte Traditionen, die noch in die Zeit Ladislaus Jagiellos zurückreichten. Während der Herrschaft Sigismund Augusts war die Beliebtheit der Laute so groß, daß man sie nur mit jener Popularität vergleichen kann, deren sich das Klavier im 19. Jahrhundert erfreute. Sowohl die Stadtbürger wie auch der Adel pflegten Laute zu spielen, ihre Musik verlieh auch den Gastmählern am Hofe besonderen Glanz. Die größten Dichter besangen den edlen, subtilen Klang der Laute, der damals ein Symbol jeglicher erlesenen Kunst war.

Die Laute – Führer der Tänze und Lieder der Gelehrten,
Die Laute – Labsal peinvoller Gedanken –

schrieb Jan Kochanowski. In der königlichen Kapelle im Wawelschloß nahmen die virtuosen Lautenspieler einen privilegierten Platz ein, unter ihnen erfreute sich der aus Ungarn stammende Valentin Greff Bekwark (1507–1576) des größten Ruhmes. Dieser in Kronstadt in Siebenbürgen geborene Künstler war zunächst ein Hofmusikant des Wojewoden Johann Zapolya, des späteren Königs von Ungarn. Als er 1549 nach Polen kam, stand er in dem Ruhm, der größte Lautenspieler seiner Zeit zu sein. Sigismund August, der dem Talent des großen Künstlers volle Bewunderung zollte, verlieh ihm den Adelstitel. Das unvergleichliche Spiel des „ungarischen Orpheus", wie man Bekwark nannte, wurde von den polnischen Dichtern gepriesen, unter ihnen auch von Kochanowski, der da schrieb:

So wie Bekwarks Laute, wenn in fremder Hand,
Verliert sie ihre Melodie und den guten Klang.

Eine König Sigismund August gewidmete Sammlung der Werke Bekwarks erschien 1565 in der Druckerei des Łazarz Andrysowicz. Die Kompositionen des ungarischen Lautenisten umfaßten Transkriptionen von Madrigalen, Motetten und Chansons der hervorragendsten Musiker seiner Zeit, aber auch eigene Fantasien und Ricercari. Bekwark entwickelte darin den für dieses Instrument charakteristischen Musikstil mit kurzem, rasch verhallendem Klang, einer verfeinerten Technik des Akkordspiels und einer ausgesuchten Ornamentik. Zwei seiner Fantasien waren von der polnischen Folklore inspiriert. Sein Aufenthalt im Wawelschloß – er weilte bis 1565 in Krakau – hatte einen unverkennbaren Einfluß auf das üppige Aufblühen der Kunst des Lautenspiels.

Der erste hervorragende polnische Virtuose auf diesem Instrument war Wojciech Długoraj (etwa 1550–1619). Es ist nicht bekannt, ob er ein Schüler des ungarischen Künstlers gewesen ist. Długorajs Person umgab eine Atmosphäre der Skandale und Geheimnisse. Der begabte junge Mann war Favorit des Magnaten Samuel Zborowski. Von bisher ungeklärten Motiven geleitet, spionierte er seinen Beschützer aus, stahl ihm kompromittierende Briefe und ließ sie dem Kanzler Zamoyski zukommen, was der Anlaß für den Prozeß und die Hinrichtung Zborowskis wurde. Długoraj gelangte damals an König Bathorys Hof, von wo er jedoch bald ins Ausland nach Wittenberg reiste. Dort erwarb er sich Ruhm und Ansehen, gab auch viele Kompositionen im Druck heraus. Neben Fantasien, die nach Art eines durchimitierten Ricercares, der italienischen Villanellen und der französischen Volta gestaltet waren, komponierte er auch Tänze von unverkennbar nationalem Charakter – lebhaft, beschwingt, die durch ihr ungestümes Temperament und durch die Akzentuierung, die für die Rhythmik der polnischen Folklore bezeichnend war, auffielen. Długorajs Werke sind überdies reich an virtuosen Effekten.

Ein anderer namhafter polnischer Lautenist war Jakub Reys, genannt der Pole (um 1545–1605), der viele Jahre in Frankreich am königlichen Hofe zubrachte. Er wurde für den hervorragendsten Lautenisten seiner Zeit gehalten, sein Ruhm war so groß, daß der Franzose Sauval noch hundert Jahre nach dem Tode des polnischen Musikers schrieb: „Sein Spiel war so harmonisch und so klangvoll, sein Schlag so kraftvoll und schön, daß er aus der Laute die Seele hervorzuholen schien." Viele Werke Jakub Reys' haben sich in den Tabulaturen Bésards, Fuhrmanns und van den Hoves erhalten. Seine Präludien, die zwar nicht lang sind, mit dem Gedanken an didaktische Zwecke verfaßt, sind reich an Passagen und Ornamenten, die die Grundlage der Technik des Lautenspiels ausmachen. Reys' Fantasien zeichnen sich durch eine konsequente imitatorische Durchführung des Themas in den einzelnen Stimmen aus, ebenso durch einen Reichtum an kantabler, fließender Melodik und ungewöhnlich effektvolle virtuose Einfälle. Reys komponierte auch zahlreiche französische Tänze: Couranten, Branlen und Volten.

Sofern Długoraj und Reys, in Polen geboren und aufgewachsen, Ruhm außerhalb der Grenzen ihres Landes gesucht hatten, verbrachte Diomedes Cato (1570 – etwa 1615), in Venedig geboren, viele Jahre als Lautenist am Hofe des polnischen Königs Sigismund III. Wasa. Aus dem heimischen Venedig brachte ihn Stanisław Kostka, der Schatzmeister des preußischen Gebiets, nach Szymbark, seiner glanzvollen Residenz. Cato war der Schöpfer zahlreicher Tänze, darunter auch polnischer, sowie von Präludien und Fantasien, die in den Tabulaturen der französischen, deutschen und englischen Lautenisten zu finden sind. Besonders hohes Niveau repräsentieren seine Fantasien, die im reifen Stil der Renaissancepolyphonie gehalten sind, dem Ricercare angenähert. In ihrer kantablen, fließenden Melodik sind gewisse Spuren der Vokalmusik wahrnehmbar.

Außer seinen Instrumentalwerken schrieb Cato eine Sammlung vierstimmiger religiöser Lieder, die als *Seltsam kunstvolle lateinische Rhythmen* (Rytmy łacińskie dziwnie sztuczne) betitelt sind, in einer einfachen Faktur gehalten, sowie das *Lied über den hl. Stanislaus* im Stil einer durchimitierten Motette.

Die üppige Entwicklung der polnischen Lautenmusik und ihr ungewöhnlich hohes künstlerisches Niveau erweckten in fast ganz Europa Interesse. Fremde, häufig anonyme Autoren, die sich die Kompositionen Bekwarks, Długorajs und Catos zum Vorbild nahmen, schrieben zahlreiche polnische Tänze, die in deutschen, italienischen und holländischen Lautentabulaturen erhalten sind.

Orgelmusik

Im 16. Jahrhundert nahm die Orgelmusik einen starken Aufschwung – immer mehr Kirchen im ganzen Land (und nicht nur in den großen Städten) erhielten neue Instrumente, und die alten, die noch aus dem Mittelalter stammten, wurden umgebaut und mit neuen Registern versehen. Bis in unsere Zeit haben sich zahlreiche Erwähnungen über polnische Orgelbaumeister sowie authentische handschriftliche Verträge mit den Kirchenkapiteln oder mit den lokalen Behörden erhalten. In Krakau wirkten Stanisław Komorowski, der Konstrukteur der Orgel des Doms (1502), sowie Andrzej aus Olkusz. Ein anderer bekannter Meister war Stanisław Zelik, der in der Marienkirche in Krakau (1506), jedoch auch in den Domen zu Gniezno und Wrocław Instrumente baute. Im Ausland wirkte der bekannte polnische Orgelbauer Mikołaj Załęcki, der Erbauer der Orgeln in den Kirchen von Bautzen, Freiberg, Görlitz und Zwickau.

Bekannt sind auch die Namen einiger damaliger Organisten – Krzysztof Kieycher, Adam Mosiążkowski und Jakub Sówka. Auch so hervorragende Komponisten wie Mikołaj aus Chrzanów, Mikołaj aus Krakau, Krzysztof Klabon und Mikołaj Zieleński waren Organisten. Früheste Dokumente polnischer Orgelmusik sind zwei Fragmente einer Tabulatur, die in den sechziger Jahren unseres Jahrhunderts entdeckt wurden. Das erste, ein Werk des Lwower Organisten Łukasz, befand sich in dem Klappenumschlag einer polnischen Handschrift aus dem Anfang des 16. Jahrhunderts. Es umfaßt 18 Blätter, auf denen liturgische Kompositionen für drei bis fünf Stimmen notiert sind. Das zweite – bis vor kurzem in der Einfassung des Krakauer Graduales aus dem Jahre 1528 verborgen – enthält das Fragment eines Kyrie aus einer Orgelmesse. Das erste wahrhaft umfassende Dokument polnischer Orgelmusik ist die

Tabulatur Jans aus Lublin (1537–1548), die zugleich zu den größten Sammlungen dieser Art im Europa der Renaissance gehört.

Jan aus Lublin war Organist und Mönch im Kloster der regulierten Kanoniker in Kraśnik. Die Tabulatur wird von einem theoretischen Traktat eröffnet (gewiß aus seiner Feder), einer Darstellung der im 16. Jahrhundert verbindlichen Kompositionsnormen für Orgelmusik, durch Beispiele ausführlich illustriert. Der musikalische Teil der Tabulatur umfaßt eine Gruppe von Transkriptionen liturgischer Werke (Teilen von Messen, Introiten, Gradualen, Antiphonen) und auch von Motetten, religiösen Liedern und weltlichen Gesängen, außerdem von mehreren Dutzend Tänzen und annähernd 20 Präambeln. Die Tabulatur, die einen spezifischen Querschnitt durch das damalige Repertoire darstellt, zeugt äußerst vorteilhaft von dem Niveau der polnischen Musikkultur und von lebhaften Kontakten mit den Ländern Westeuropas. Wir begegnen auf ihren Seiten den Namen hervorragendster Komponisten des 16. Jahrhunderts, solchen wie Clément Jannequin, Josquin des Prés, Costanzo Festa, Claude de Sermisy, Philippe Verdelot, Ludwig Senfl. Unter den mit Initialen gekennzeichneten polnischen Komponisten ist es gelungen, Mikołaj aus Krakau, Mikołaj aus Chrzanów und (letztens auch) Seweryn Koń zu identifizieren. Die Vokaltranskriptionen der religiösen Werke, die viel Platz in der Tabulatur einnehmen, weisen eine große Vielfalt und einen bedeutenden Einfallsreichtum in der Behandlung des Cantus firmus auf. Er tritt entweder in der Tenorstimme (was damals eine besonders beliebte Praxis gewesen ist) oder in den potenzierten rhythmischen Pedalwerten auf, er kann sich aber auch in der höchsten Stimme äußern oder wandert durch alle Stimmen der Komposition. In einigen Fällen unterscheidet sich die Faktur der Transkriptionen nicht von dem Vokaloriginal, obwohl wir in vielen Werken bereits Ornamente und Passagen mit typisch instrumentalem Ursprung beobachten können, die auf die Gestaltung eines abweichenden Stils der Orgelmusik hinweisen. Die in der *Tabulatur Jans aus Lublin* enthaltenen Tänze nutzen häufig die imitatorische Technik (auch in der Kanonimitation), obwohl wir auch Tänzen begegnen, die in einer einfachen Akkordfaktur gehalten sind.

Ein Teil davon wird Mikołaj aus Krakau zugeschrieben, andere hingegen gehören zu den beliebten Tanzmelodien im Europa des 16. Jahrhunderts, die gemeinsames Gut verschiedener Länder darstellen (z.B. das Tanzlied *Ich hab mich am Dorn gestochen*, das auch in den Tabulaturen Attaignants, Newsidlers, Susatos, Heckels und Ammerbachs notiert ist). Die interessanteste Gruppe stellen Präambeln dar, die originale Orgelkompositionen sind. Ihren Stil bestimmen Instrumentalfigurationen mit gewissen virtuosen Merkmalen, obwohl die Komponisten hier nicht völlig auf Polyphonie verzichten, sondern sporadisch sogar eine Imitation einführen.

Aus den gleichen Jahren wie die *Tabulatur Jans aus Lublin* stammt die zweite, äußerst wichtige Quelle der polnischen Orgelmusik – die *Tabulatur aus dem Kloster des hl. Geistes* in Krakau (1548). Beide Sammlungen entstanden im gleichen Kulturkreis, denn das Kloster des hl. Geistes gehörte zu derselben Regel wie jenes in Kraśnik. Die Tabulatur ist unter Verwendung genau der gleichen Notation aufgeschrieben, mehr noch – sie enthält sogar ähnliche oder die gleichen Kompositionen. Neben Werken von Josquin des Prés, Verdelot, Senfl, Finck, Gombert und Hofhaimer finden wir hier wieder Kompositionen Mikołajs aus Krakau und eines nicht sicher identifizierten Monogrammisten N.Z. Die Tabulatur enthält Transkriptionen von religiösen und weltlichen Werken, sechs Kanons (hier als Fugen bezeichnet) sowie elf Präambeln. Zwei Präambeln unterscheiden sich durch größeren Umfang sowie durch die Fülle der verwendetem Mittel – polyphone Abschnitte grenzen hier an Toccata-Figurationen, vierstimmiger Einsatz ist mit zweistimmigem verflochten.

Ein aus der zweiten Hälfte des 16. Jahrhunderts stammendes interessantes

Denkmal – die *Tabulatur der Warschauer Musikgesellschaft* (WTM) – wurde ebenso wie die noch frühere *Tabulatur aus dem Kloster des hl. Geistes* während des zweiten Weltkriegs vernichtet. Sie zählte 98 Blätter und enthielt ausschließlich mit der Liturgie verbundene Kompositionen: Messeteile, Introiten, Hymnen, Sequenzen.

Unter den polnischen Komponisten, die durch Initialen gekennzeichnet sind, konnten Marcin Wartecki, Jakub Sówka und Krzysztof Klabon identifiziert werden. In der Tabulatur fällt eine größere Gruppe von Kompositionen auf, die nach den Grundsätzen des liturgischen Kalenders angelegt und mit dem Monogramm M.L. signiert sind. Einige polnische Musikwissenschaftler glaubten darin den verlorengegangenen Zyklus von Vokalkompositionen Marcin Leopolitas zu erkennen, die für das gesamte Kirchenjahr (totius anni) bestimmt waren, aber es ist nicht gelungen, dies auf absolut sichere Weise zu dokumentieren. Die *Tabulatur WTM*, gewiß das Werk eines Organisten, weshalb sie auch einen ausgesprochenen Gebrauchscharakter hatte, vermag die Verwendung der Orgel in der Liturgie hinreichend zu erklären. Der Stil der in der Tabulatur enthaltenen Bearbeitungen der Choralmelodien weist deutlich Einflüsse der Musik von Josquin des Prés auf. Das wird sowohl in der Wahl der verwendeten technischen Mittel deutlich wie auch in der für die Kunst des großen Meisters charakteristischen Gegenüberstellung höherer und tieferer Stimmenpaare oder eines Duetts gegenüber einer vollen Besetzung, was interessante Klangeffekte ergibt.

Die in der *Warschauer Tabulatur WTM* enthaltenen Werke knüpfen an die Form der Motette mit Cantus firmus oder an die der durchimitierten Motette sowie an das Ricercare an, ihre Themen, dem Gregorianischen Choral entnommen, sind unter Verwendung der imitativen Technik und der Variation bearbeitet. Die Melodik dieser Kompositionen besitzt oft instrumentale Züge, wovon sowohl die großen Intervallschritte wie auch die recht sparsam verwendeten Ornamente zeugen.

Dem gleichen Kreis wie die *Tabulatur WTM* entstammen zwei fragmentarische Notenschriften (beide wurden im letzten Krieg vernichtet), die als die *Kleine Warschauer Tabulatur* und die *Schloßtabulatur* bekannt sind. Sie enthielten Motetten des Wacław aus Szamotuły, des Marcin Wartecki und des Marcin Leopolita. Der zweiten Hälfte des 16. Jahrhunderts entstammt auch die voluminöse *Tabulatur des Jan Fischer* aus Morąg, eines Organisten in Toruń. Neben Transkriptionen von Vokalwerken solcher Autoren wie Palestrina, Vecchi, Gastoldi, Willaert und di Lasso finden wir darin Kompositionen von Diomedes Cato – der ein polonisierter Venezianer war – die Motette *Grates Deo cantamus*, ferner eine *Fantasie*, hier „Mutettchen" genannt, und eine *Fuge*. Das vierstimmige „Mutettchen" steht, was auch seine Bezeichnung verrät, in engem Zusammenhang mit der Form der durchimitierten Motette, dagegen repräsentiert die zweiteilige Fuge, die entweder die exakte, zuweilen jedoch bereits eine freiere Imitationstechnik anwendet, eine weitere Entwicklungsetappe der polyphonen Formen der Instrumentalmusik, wo diese neuartige Züge annehmen und sich von ihren vokalen Vorbildern befreien.

Barock

Polen war zu Beginn des 17. Jahrhunderts ein großer, mächtiger Staat. Ungemein typisch war damals das stolze Gefühl, dieser „Rzeczpospolita" (Republik) anzugehören, die als „die Stirn einer breit angesiedelten slawischen

Nation" bezeichnet wurde. Bestärkt wurde dies noch durch die feste Gewißheit von den hohen Werten der Gesellschaftsordnung in Polen, einer Monarchie, die begrenzt war durch die republikanischen Rechte des Adels, der in freier Wahl den König bestimmte.

Stürmische Zeiten waren das, reich an Geschehnissen. Anfang des 17. Jahrhunderts verlegte König Sigismund III. Wasa seine Residenz von Krakau nach Warschau, dem einstigen Sitz der Fürsten Masowiens.

Auf Betreiben des Königs wurde das Schloß der einstigen masowischen Herrscher ausgebaut und nahm einen ansehnlichen, wahrhaft königlichen Charakter an. Die Magnaten, die dem König in Scharen nach Warschau gefolgt waren, errichteten prachtvolle Schlösser und Paläste. Die zahlreichen Kriege jedoch, die das Land verwüsteten, der Machtzuwachs der aristokratischen Oligarchie sowie die kulturelle Stagnation des gesamten Adels bewirkten einen Niedergang der Republik. Die Ansprüche von König Sigismund III. Wasa auf die schwedische Krone verwickelten das Land in einen langjährigen Krieg mit Schweden. Gleichzeitig verstrickte sich Polen, das den Anspruch des Falschen Demetrius als rechtmäßigen Prätendenten auf den Moskauer Thron anerkannte, in einen Krieg mit Rußland. Zur gleichen Zeit wuchsen auch deutlich die Gefahren, die von der Türkei drohten, denn sie war damals eine energische, aggressive Großmacht, der Schrecken des gesamten christlichen Europas. Auch die innere Lage des Landes zu Beginn des 17. Jahrhunderts komplizierte sich zunehmend: Polen akzeptierte zwar die Beschlüsse des Tridentinischen Konzils, die eine breite Welle der Gegenreformation einleiteten, aber dies verhinderte keineswegs verbissene religiöse Polemiken. Es schwand dagegen der optimistische Rationalismus, der den Menschen der Renaissance eigen war und auf einfache, harmonische Weise die zeitlichen und die ewigen, die geistigen und die leiblichen Werte miteinander in Übereinstimmung zu bringen versuchte. Die fixierte Ordnung der Renaissance, in der alles klar, logisch und dem menschlichen Intellekt zugänglich war, wurde erschüttert und brach zusammen.

Die für die neue Epoche so bezeichnende Unruhe und metaphysische Angst beschrieb Mikołaj Sęp-Szarzyński, der als erster in der polnischen Literatur den Barocktendenzen Ausdruck verlieh. Der Mensch („unachtsam, schwächlich, in sich gespalten", wie Sęp-Szarzyński ihn charakterisierte) sah sich vor die unumgängliche Notwendigkeit einer Wahl gestellt.

Eine der Möglichkeiten war es, sich absolut auf Gott zu verlassen („Niemand kann mich erheben, nur du allein, o Herr", schrieb Sebastian Grabowiecki, ein anderer Vorläufer der Barockpoesie), die andere – die Ausschöpfung aller Verlockungen, wie sie die „Wollust – die heitere Dame in goldenem Gewand" mit sich bringt (schrieb Hieronim Morsztyn, der Sänger der Schönheit des Lebens). Die Kunst des polnischen Barocks, zwischen diesen beiden Antinomien gespalten, nahm Züge an, die in der Epoche der Renaissance unbekannt waren. Dynamisch, leidenschaftlich und dramatisch, barg sie ein gewaltiges Potential an Ausdruckskraft in sich.

Diese für die neue Barockliteratur so typischen Merkmale kamen auch in den anderen Künsten zum Vorschein. In der Architektur der ersten Hälfte des 17. Jahrhunderts äußerten sie sich in dem Streben nach Glanz, Monumentalität und Luxus der Dekoration. Prachtvolle Kirchen und Klöster entstanden, die Aristokratie errichtete Schlösser und reiche Paläste.

In der polnischen Musik tauchten ziemlich früh Zeichen des neuen Stils auf – man findet sie bereits in den monumentalen *Offertoria* und *Communiones* des Mikołaj Zieleński. In jener Zeit hatte Polen lebhafte kulturelle Beziehungen zu Italien. Drei Jahre lang (1595–1598) war Luca Marenzio, der berühmte Madrigalist, genannt der „allersüßeste Schwan" der italienischen Musik, Gast König Sigismunds III. Kapellmeister der königlichen Kapelle, die mit dem ganzen Hof nach Warschau umgezogen war, waren so bekannte italienische

Musiker wie Asprilio Pacelli (einst Kapellmeister im Petersdom zu Rom), Giovanni Francesco Anerio (zuvor Dirigent der Kapelle in der Laterankirche) sowie Marco Scacchi (während seiner Leitung 1623–1649 zählte das Ensemble rund 50 Musiker und repräsentierte ein sehr hohes künstlerisches Niveau). Diese hervorragenden Komponisten pflegten in breitestem Umfang die Renaissancepolyphonie a cappella, was übrigens mit den Neigungen Sigismunds III. Wasa im Einklang stand.

Anfänge der Instrumentalmusik

Zu dieser Zeit lebten in Polen viele hervorragende, höchst talentierte Komponisten. Einer von ihnen war Adam Jarzębski (um 1590–1648), der erste Komponist in Polen, der einen völlig neuen Barockstil repräsentierte. In Warka an der Pilica in einer begüterten bürgerlichen Familie geboren, hatte er wahrscheinlich sein Studium im Ausland absolviert. 1612 wurde er als Geiger in die Berliner Kapelle des brandenburgischen Kurfürsten Johann Sigismund aufgenommen. Er machte mit ihr zahlreiche Reisen, was in seinem Schaffen später seinen Niederschlag fand, denn einige Konzerte des Künstlers tragen Titel, die an deutsche Städte anknüpfen – die *Berlinesa*, die *Königsberga* oder die *Norimberga*. 1615 erhielt er einen Jahresurlaub für eine Italienreise. Vier Jahre später kam er nach Warschau, wo er Geiger an der königlichen Kapelle Sigismunds III. Wasa, dann seines Nachfolgers Ladislaus' IV. wurde, der offenbar Jarzębskis Fähigkeiten große Anerkennung zollte, denn er bedachte ihn freigebig mit zahlreichen Lehen und Gütern. Jarzębski war nicht nur ein hervorragender Musiker, er hatte auch noch den Titel eines königlichen Baumeisters inne (im Zusammenhang mit dem Bau des Königsschlosses in Ujazdów).

Berühmt wurde er auch als Verfasser einer gereimten Beschreibung der Reize der Hauptstadt mit dem Titel *Gościniec albo opisanie Warszawy* (Der Weg oder eine Beschreibung Warschaus). Dieses Werk repräsentiert zwar keine hohen dichterischen Werte, birgt jedoch einen gewaltigen Reichtum an Informationen über das Leben in Warschau in der ersten Hälfte des 17. Jahrhunderts. Der Künstler widmete in seinem Poem der Musik und den Musikern, den Kollegen aus der königlichen Kapelle, viel Platz. Jarzębskis kompositorisches Werk, das eine Sammlung von 27 *Canzoni e Concerti* umfaßt (die Kopie aus dem Jahr 1627 wurde bis zum zweiten Weltkrieg in der Stadtbibliothek Breslau aufbewahrt), überragt entschieden seine literarischen Versuche, die heute nur rein historische Bedeutung haben. Jarzębski war einer der ersten Vertreter des neuen, rein instrumentalen Musikstils in Mitteleuropa. Er hatte seine Grundlagen vielleicht während seiner Reise nach Italien, dem Ursprungsland der Instrumentalmusik des frühen Barocks, kennengelernt. Jarzębskis *Canzoni e Concerti* sind für zwei, drei oder vier Violinen oder aber für eine Tenorviola sowie Baßviola geschrieben, eins auch für Fagott und Posaune. In allen führt der Komponist das Basso continuo ein, das die harmonische Grundlage der Komposition darstellt und von einem Tasteninstrument ausgeführt wird. In stilistischer Hinsicht ist dies von größter Bedeutung, denn der Einsatz eines Basso continuo und – was daraus folgt – des Akkorddenkens wurde zu einem der Grundzüge der Barockmusik.

Jarzębskis zweistimmige Konzerte stellen Transkriptionen von Vokalwerken Merulos, Gabrielis, Lassos und Palestrinas dar. Sie zeugen sehr vorteilhaft von der Kunst und dem Geschmack des Künstlers, der sich nicht auf eine mechanische Übertragung des Vokalvorbilds auf die Instrumente beschränkte, sondern auch einen großen Ideenreichtum bei der Variation und Entfaltung von Motiven bewies, die den Werken der Renaissancemeister entnommen waren. Jarzębski versieht die Melodie des Originals mit typisch instrumentalen Ornamenten, häufiger jedoch behandelt er sie als Grundlage, auf der er eigene melodische Einfälle ausspinnt, indem er sowohl polyphone Mittel wie auch die Variationstechnik verwendet. Eine von Jarzębskis schönsten Transkriptionen ist *Susanna videns* nach Orlando di Lassos Chanson *Susanne un jour*. Die breit angelegte, kantable Melodie dieses Werkes vermag durch ihre edlen Konturen und durch einen tiefen, konzentrierten Lyrismus zu begeistern. Das interessanteste Moment in diesem Konzert ist der Dialog der Geigen und der Celli von einem hohen emotionalen Grad, der für die Kunst des Barocks so charakteristisch ist. Im Unterschied zu den zweistimmigen Konzerten, die Paraphrasen von Vokalwerken darstellen, sind die in der Sammlung *Canzoni e Concerti* enthaltenen drei- und vierstimmigen Werke vollkommen originale Kompositionen Jarzębskis. Ihr Aufbau knüpft an die mehrteilige Form der Canzone an, die in der italienischen Musik von Gabrieli und Frescobaldi entwickelt worden war. Große Bedeutung gewinnt das Element des Kontrasts, auf umfassendste Weise konzipiert – der Komponist führt stets einen Teil ein, der in Takt, Rhythmik, Typ der Melodie, Tempo, ja sogar in der Dynamik mit den übrigen kontrastiert.

Jarzębski strebt in seinen Konzerten gleichzeitig die Vertiefung des formalen Zusammenhanges an, den er durch Wiederholung einiger Partien gewinnt; eine besonders typische Erscheinung ist das Anknüpfen des letzten Abschnitts einer Komposition an die Anfangspartie. In Jarzębskis Canzonen und Konzerten finden wir einen reichen Vorrat an Mitteln des Instrumentalstils, wie sie sich in der italienischen Musik herausgebildet haben. Der Komponist, ein hervorragender Geiger, war mit allen Geheimnissen des Spiels auf diesem Instrument vertraut und nutzte seine technischen und klanglichen Möglichkeiten. Die Werke des polnischen Musikers sind bereits reich an typischen „Violinpassagen" und Ornamenten. Entsprechend der italienischen Tradition führte Jarzębski in seinen Konzerten häufig die stilisierte Rhythmik der damaligen Tänze ein: der Gaillarde oder der Vilanella.

Ein polnisches Element im Schaffen des Warschauer Musikers ist das in der *Canzone 25* auftretende Zitat aus dem bekannten Weihnachtslied *Nun laßt uns Kinder singen* (Nuż my, dziatki, zaśpiewajmy). Eine von Jarzębskis interessanteren Kompositionen ist die *Tamburetta*, die in ihrer Gesamtheit von einem ungestümen, pulsierenden, sehr deutlichen rhythmischen Motiv beherrscht ist, was sie den in der Epoche des Barocks so beliebten Programmkompositionen à la bataille annähert. Völlig anderen Charakter hingegen besitzt die *Chromatica*, die auf einem interessanten, chromatisierten Thema basiert, das der emotionalen Kunst Monteverdis oder Frescobaldis verwandt ist.

Jarzębskis Schaffen eröffnete ein neues Kapitel in der Geschichte der polnischen Instrumentalmusik. Seine im Stil der damaligen italienischen Kompositionen gehaltenen Werke zeugen sowohl von dem Talent ihres Schöpfers wie auch von dem hohen Niveau der königlichen Warschauer Kapelle, für die er sie geschrieben hatte. Und nicht zu unrecht konnte Jarzębski also in seinem *Gościniec* behaupten, daß unter den Musikanten des Königs „die Geiger ein wahres Wunder sind".

Oper

Die repräsentativste Form der Barockmusik, die Oper (damals Dramma per musica genannt), in Florenz gegen Ende des 16. Jahrhunderts ins Leben gerufen, gelangte sehr früh nach Polen. Prinz Ladislaus, Sohn Sigismunds III.

Wasa, hatte auf einer Reise nach Florenz, wohin er sich zu den Hochzeitsfeierlichkeiten im Hause der Medici begab, Gefallen an den prachtvollen musikalisch-dramatischen Darbietungen gefunden. Damals wurde zu Ehren Ladislaus' *La liberazione di Ruggiero dall'isola d'Alcina* (Die Befreiung Ruggieros von der Insel Alcina) gegeben – eine Oper der Francesca Caccini, der Tochter des berühmten Giulio Caccini, eines Mitglieds der Florentiner Camerata. Dieses auf Fragmente aus Ariostos *Rasendem Roland* komponierte Werk beeindruckte den polnischen Prinzen und die ihn begleitenden Aristokraten außerordentlich. Im gleichen Winter bot sich Ladislaus IV. die Gelegenheit, sich eine andere Oper anzusehen, diesmal keine märchenhaft-phantastische, sondern eine religiöse – *La regina Sant' Orsola* des Marco da Gagliano.

Der Prinz hatte gewiß schon in Florenz den Plan gefaßt, ein Operntheater am Warschauer Hof zu schaffen. Die erste Opernaufführung in Polen fand 1628 statt. Damals wurde die *Galatea* gegeben – eine Fischeridylle eines unbekannten Autors (vielleicht Sandro Orlandinis zu einer Textvorlage Gabriello Chiabreras). An der Aufführung beteiligten sich Sänger aus Italien, unter denen sich der berühmte Sopranist Baldassare Ferri besonders auszeichnete. Begleitet wurden sie von der königlichen Kapelle. Das Spektakulum war durch zahlreiche Intermedien aufgelockert; besonderen Eindruck erweckten bei den Höflingen die prunkvolle Inszenierung und die komplizierte Maschinerie, die von einem aus Mantua gekommenen Spezialisten montiert worden war. Ladislaus IV. – ein großer Liebhaber der dramatischen Kunst – konnte im Moment, da er den Thron bestieg (1623), endlich seinen Plan verwirklichen, ein Operntheater am Warschauer Hof zu gründen – eins der ersten in Europa außerhalb Italiens. Bereits im ersten Jahr seiner Herrschaft wurde im ersten Stock des königlichen Schlosses ein Theatersaal gebaut, aus Italien trafen auch viele Sänger, Sängerinnen und Tänzer ein. Jarzębski widmete im *Gościniec* der Oper viel Platz, die die Bewunderung der Höflinge und der zugereisten Ausländer erweckte:

Ein Theater voll Wunder,
Mit Perspektiven und Bauten
Prangt herrlich mit seinen Säulen.

Er vergaß auch die italienischen Sänger nicht: „Wahre Meister in ihrer Kunst, äußerst geübt in Trillern, in Gorgheggios."

Zur feierlichen Eröffnung des königlichen Theaters wurde die Oper *La fama reale* von Piotr Elert (um 1600–1653) aufgeführt, einem Musiker aus der Kapelle Ladislaus' IV. Elert, ein Geiger dieser Kapelle, stammte aus Frombork im Ermland. Etwa 1635 wurde er in die Kapelle aufgenommen, später wurde er königlicher Sekretär. Die Musik der Oper *La fama reale*, ähnlich wie auch die der anderen Opern, die in den Jahren 1633–1648 komponiert wurden, ist nicht überliefert. Der Verfasser der meisten Libretti für die im königlichen Theater aufgeführten Opern war der Italiener Virgilio Puccitelli, Sänger und Sekretär Ladislaus' IV. Entsprechend dem Geist der Epoche war die Thematik dieser Werke hauptsächlich der griechischen Mythologie entlehnt (*Daphne, Der Raub der Helena, Die verlassene Armida, Der verwandelte Narziß*), seltener den Viten der Heiligen und Märtyrer (*Hl. Cäcilie*). Der Stil der Libretti Puccitellis, die dem Vorbild des florentinischen Dramma per musica nachgestaltet waren, jedoch von Geist brillierten, zeugt sehr vorteilhaft von den literarischen Fähigkeiten des italienischen Sängers. Die Musik zu den meisten davon komponierte Marco Scacchi, der Kapellmeister des Königs Ladislaus IV. Diese Musik, die leider nicht erhalten ist, war wahrscheinlich im rezitativen florentinisch-römischen Stil gehalten, wovon die Bezeichnung Recitativa zeugt, die man damals der Oper in Warschau gab.

Während der Herrschaft Ladislaus' IV. wurden insgesamt 11 Opern aufgeführt, einige davon waren von Ballettnummern begleitet (*Amors Gefängnis, Afrika, Die Gladiatoren, Der weiße Adler*). Die großartige Blütezeit der Oper am Warschauer Hof brachte dem polnischen König in ganz Europa den Ruf eines großen Kunstmäzens ein. Mit dem Ableben des Monarchen (1648) wurden die Aufführungen eingestellt. Die sich in den folgenden Jahren verschlechternde Lage Polens, die der Ausbruch eines Aufstands in der Ukraine ausgelöst hatte, dann auch der Einfall der Schweden, waren der Kunstpflege nicht förderlich. Niemand dachte nach dem Kriege in der verwüsteten Hauptstadt daran, das Operntheater aus der Zeit Ladislaus' neu zu beleben. Sowohl während der Herrschaft des Königs Johann Kasimir wie auch Johann Sobieskis wurden Opern nur sporadisch aufgeführt, und zwar zur Ausschmückung der Feierlichkeiten am Hofe.

Formen der religiösen Musik

Am Hofe Ladislaus' IV. erfreute sich Marcin Mielczewski (um 1600–1651) hohen Ansehens, ein Musiker, der eine große Begabung mit gründlicher Beherrschung der Tonsprache des Barocks vereinte. Über sein Leben, vor allem über seine Jugendjahre, ist wenig bekannt. Der erste Hinweis auf Mielczewski stammt aus dem Jahre 1639, als er unter den Mitgliedern der Kapelle Ladislaus' IV. erwähnt wurde.

1645 siedelte er über an den Hof des königlichen Bruders Karol Ferdynand, des Bischofs von Płock, wo er die Stellung eines Kapellmeisters erhielt.

Mielczewskis Schaffen zerfällt in zwei unterschiedliche Strömungen: Er kultivierte immer noch den, besonders in der religiösen Musik, stets lebendigen Stil der Renaissancepolyphonie a cappella und griff sogar auf Motive des Gregorianischen Chorals zurück. Ohne somit den alten Stil zu vernachlässigen, schrieb er auch Musik, die alle Merkmale der Klangsprache des Barocks aufweist. Diese Haltung, die für die Komponisten der ersten Hälfte des 17. Jahrhunderts ungemein typisch war, hatte der damalige italienische Theoretiker Berardi (*Miscellanea Musicale*) treffend zu charakterisieren gewußt, als er schrieb: „Die alten Meister der Renaissance besaßen nur einen Stil und eine Praxis, die neuzeitlichen haben drei Stile – den kirchlichen, den kammermusikalischen und den theatralischen, und auch zwei Praktiken – die erste und die zweite." Den kontrapunktischen Stil der Renaissancepolyphonie repräsentieren die Messen Mielczewskis: *Rorate, Salve Sancta Parens, In medio Ecclesiae, Cibavit eos* und *Requiem* – alle für Männerchor bestimmt, mit dem Alt als der höchsten Stimme, und wahrscheinlich für die bekannte Choralkapelle in Łowicz komponiert. Der Komponist nutzt darin Motive aus dem Gregorianischen Choral, indem er sie im Baß als langtonigen Cantus firmus unterbringt. Die Messen a cappella zeugen positiv von Mielczewskis kompositorischer Kunst, der ja den stilvollen Kontrapunkt meisterhaft beherrschte. Mielczewski war auch der Autor der handschriftlich erhaltenen *Missa Cerviensiana* für sechsstimmigen Chor und Instrumentalensemble, zu dem u.a. Violinen, Posaunen und die Orgel gehören, welch letztere die Partie des Basso continuo spielt. Dieses Werk ist ein Beispiel für die Übertragung der Grundsätze des konzertanten Barockstils in den Bereich der Messeform. Größte Bedeutung in Mielczewskis gesamtem Schaffen, das rund 50 Positionen zählt (die zum Teil verlorengingen), besitzen seine vokal-instrumentalen Kirchenkonzerte und instrumentalen Canzonen.

Der Kapellmeister des Prinzen Karol Ferdynand war der erste Komponist von Kirchenkonzerten in der polnischen Musik, die mit der Zeit die repräsentativste musikalische Form des polnischen Barocks wurden. Mielczewskis Kirchenkonzerte zeichnen sich durch große Vielfalt im Bereich der Architektonik sowie durch eine Fülle an melodischen und kontrapunktischen Einfällen aus. Das charakteristische Merkmal, das alle Kirchenkonzerte des polnischen Meisters besitzen, ist ein einleitender Instrumentalabschnitt, welcher Sinfonie oder Sonate genannt wird, in erhabener, majestätischer Stimmung gehalten.

Eins der schönsten vielstimmigen Konzerte Mielczewskis ist die *Benedictio et claritas* für sechsstimmigen Chor, zwei Violinen, vier Posaunen und einen Basso continuo, aufbewahrt in der Staatsbibliothek zu Berlin. Dieses Werk – eine Art kurzes, feierliches Canticum – hat der Komponist in die Rondoform gebracht, die in der alten polnischen Musik eine Ausnahmeerscheinung darstellt, mit einem dreifach wiederkehrenden Refrain und mit zwei Couplets. Der Refrain, der von dem Chor und von dem gesamten Instrumentalensemble ausgeführt wird, in einer massiven Akkordfaktur gehalten, erweckt Aufmerksamkeit durch seinen feierlichen, würdevollen Charakter. Er wirkt durch seine große Klangfülle auf den Zuhörer, die von dem für das Barock so typischen Schwelgen in Klangseligkeit und Pomp zeugt. Die Couplets nutzen in breiter Skala die Mittel der konzertanten Technik, also das Gegenüberstellen der männlichen Stimmen den weiblichen, der Vokalstimmen den Instrumenten, das Dialogisieren der Chöre, die ständigen Veränderungen der Instrumentalbesetzung. Der Komponist führt hier ebenfalls eine glanzvolle Koloratur ein, eins der besonders beliebten Mittel der Barockmusik, die gern mit großzügigem Ausschmücken jeder Einzelheit der Komposition durch viele Ornamente einhergeht. Ähnliche Tendenzen können wir ebenfalls in der Architektur und in der Poesie dieser Epoche beobachten – in der goldtriefenden Dekoration der Kirchen oder in der Blumigkeit der Epitheta, mit denen die Strophen der damaligen Poeten gespickt sind.

Mielczewskis *Konzert Triumphalis dies* für zwei vierstimmige Chöre und Instrumente zeichnet sich durch einen noch größeren Reichtum und durch eine Überfülle an melodischen Einfällen sowie durch die Anhäufung verschiedenartiger Klangeffekte aus. Dieses breit angelegte Werk, das für einen beliebigen Feiertag (vielleicht zu Ehren des hl. Martin, des Patrons des Komponisten) bestimmt gewesen sein mag, erweckt Bewunderung durch die kontrapunktische Meisterschaft sowie durch die freudige, schwung- und glanzvolle Figuration der Vokalstimmen. Diese aus den virtuosen Violinpassagen herausragenden Koloraturen tauchen in der Barockmusik bis zu Bach und Händel immer wieder auf.

Das Konzert *Deus in Nomine Tuo* für Solobaß, zwei Violinen, Fagott und Basso continuo ist das einzige überlieferte Solokonzert Mielczewskis (zwei andere gingen verloren). Acht Jahre nach dem Tode des Meisters (1659) wurde dieses Werk in Berlin in einem Sammelband, betitelt *Jesu hilf,* neben Kompositionen von Autoren vom Format eines Monteverdi, Rovetta und Grandi herausgegeben.

Den dem Psalm 54 (53) entnommenen Text *Hilf mir, Gott, durch deinen Namen* unterteilte der Komponist entsprechend dem logischen Sinn in kleinere Fragmente, die die Grundlage der mehrteiligen Konzertform darstellen. Das Werk leitet, wie stets bei Mielczewski, eine Instrumentalsinfonia ein, die nach einem kurzen, imitatorischen Teil in einen konzertanten Dialog der Violinen und des Fagotts übergeht. Die Baßstimme setzt mit einer würdevoll andächtigen, ernsten Phrase ein, in der der Quartschritt, der die Rolle eines spezifischen Leitmotivs spielt, besondere Bedeutung gewinnt. Die Melodik der Baßstimme, die Elemente des kantablen Ariosos mit einem plastischen Rezitativ von ausdrucksvoller Rhythmik und reicher Koloratur in sich vereint, zeichnet sich durch eine tiefgründige, wenngleich etwas karge Expression aus.

Mielczewskis Instrumentalkanzonen repräsentieren einen reifen Stil. Man erkennt darin die exakte Kenntnis der italienischen Musik jener Zeit, besonders die der Kompositionen Gabrielis und Frescobaldis. Mielczewskis Kanzonen (für zwei Violinen und Basso continuo oder zwei Violinen, Fagott und Basso continuo) zerfallen in der Regel in mehrere miteinander kontrastierende Abschnitte. Der Komponist folgt Frescobaldis Spuren und wendet eine Variationsumgestaltung von Motiven an, indem er sie mehrmals kunstvollen ornamentalen Veränderungen unterzieht. Neben dieser für das Barock so typischen Praxis nutzt er umfassend die Imitation, die Zwiesprache der Instrumente, die Echoeffekte sowie andere Mittel, die sich in der Konzerttechnik der italienischen Musik herausgebildet hatten. Mielczewskis mehrteilige Kanzonen weisen ein gewisses Streben nach Symmetrie auf – der erste Abschnitt pflegt gewöhnlich am Ende des Werkes wiederholt zu werden. Mielczewski, der mit den im alten, im Renaissancestil verbindlichen Normen ebenso gründlich vertraut war wie mit dem neuen Stil, besaß zugleich eine große melodische Invention – die reiche und differenzierte Melodik seiner Kanzonen vereint eine bestechende Figuration von typisch instrumentalem Charakter mit einer breit angelegten kantablen Kantilene.

Ein äußerst interessanter Zug gewisser Kanzonen Mielczewskis ist, daß polnische Elemente darin vorhanden sind. In dieser Beziehung ist die *Canzona prima* am charakteristischsten (erhalten in einer Pariser Bibliothek in einer Sammlung von 150 Kompositionen europäischer Autoren), in der deutlich erkennbare Rhythmen einer leichtfüßigen Polonaise und einer lebhaften, anmutigen Mazurka auftreten. Neben dieser temperamentvollen und virtuosen Kanzone verdient die *Canzona a-Moll* besondere Beachtung (die Handschrift befindet sich in einer Bibliothek in Gdańsk).

Dieses schöne, ruhige, mit nobler Würde erfüllte Werk, vorwiegend in einer polyphonen Faktur gehalten, stellt der kontrapunktischen Meisterschaft des polnischen Künstlers ein gutes Zeugnis aus. Die kantable Melodik der Kanzone ist erfüllt von tiefgründiger Expression. Der Klang der Streicher, das glühende Vibrieren der Geigen verleihen diesem Werk ein spezifisches Kolorit.

Das erste Talent auf Krakauer Boden, das größere Beachtung verdient, war im 17. Jahrhundert Franciszek Lilius (um 1600–1657), Kapellmeister am Waweldom während der Herrschaft Sigismunds III. und Ladislaus' IV. Der Sohn des aus Italien zugereisten Musikers Vincenzo Gigli-Lilius, war bereits in Polen geboren. Er verband in seinem Schaffen eine unbestrittene Begabung mit der gründlichen Kenntnis des kompositorischen Fachs, und das sowohl im Bereich des neuen Stils wie auch in der Renaissancepolyphonie. Von seinen 24 Kompositionen gehörte die Hälfte zum konzertanten Stil, aber nur wenige davon sind uns überliefert. Im Stil der Barockmusik ist die monumentale Motette *Jubilate Deo* für fünfstimmigen Chor, Instrumentalensemble und Basso continuo gehalten. Dieses Werk, das sich an das Vorbild der vor Klangfülle strotzenden Kunst Gabrielis anlehnt, nutzt die für den venezianischen Stile concertato so typischen Mittel weitgehend aus.

Trotz seiner hohen Qualifikation wurde Lilius von dem Domkapitel des Wawelschlosses nie voll gewürdigt – die Kanoniker, die die Musik offenbar nicht sehr liebten, warfen dem Komponisten vor, er schreibe „zu lange Melodien". Die Frucht des Kompromisses zwischen der künstlerischen Idee des Lilius und den Forderungen der Priester war die *Missa brevissima* – die sehr kurze Messe. Dieses für einen achtstimmigen Chor, das heißt für eine in der Spätrenaissance typische Besetzung geschriebene Werk ist jedoch ein Stück, das aus dem Geist der Barockmusik erwachsen ist. Die Messefaktur ist nicht so dicht und so kohärent wie in den Werken des 16. Jahrhunderts, denn der Komponist stellt hier geschickt imitatorische Abschnitte längeren Akkordfragmenten gegenüber. Die Musik des Kapellmeisters vom Wawelschloß ist reich an Ausdruckskontrasten, die so typisch für die Barockmusik sind: Sangbare, langsam fließende Phrasen grenzen an Abschnitte von scharf akzentuierter, lebhafter Rhythmik, die dunklen Töne der männlichen Stimmen sind durchsetzt mit dem idyllischen, hellen Klang der Soprane. All diese Mittel stellen für Lilius übrigens keinen endgültigen Zweck dar, sondern dienen der Wiedergabe der expressiven Werte des liturgischen Textes.

Bartłomiej Pękiel (?–1670), begabt mit einem Talent von europäischem Format, ein hervorragender Polyphoniker, wohl einer der besten Komponisten altpolnischer Musik, verfügte seit seiner Jugend über Beziehungen zur königlichen Kapelle in Warschau. Bereits vor 1637 wurde er Organist dieser Kapelle, und 1614 ihr stellvertretender Kapellmeister. Nach Marco Scacchis Abreise übernahm er die Stellung des Kapellmeisters. Damals schrieb Adam Jarzębski in seinem *Gościniec* über ihn:

Pękiel, tüchtig als Organist,
Ist zugleich ein guter Komponist.

Pękiel entfaltete als königlicher Musiker ein reiches Schaffen, das die besten Merkmale der Klangsprache des Barocks voll repräsentierte. Zwei monumentale Messen des Meisters, die zur Verschönerung des höfischen Gottesdienstes geschrieben wurden, stammen aus diesen Jahren. Die *Missa Concertata la Lombardesca*, dreizehnstimmig, stellt ein typisches Beispiel dar, wie die Mittel der konzertanten Technik in der religiösen Musik angewandt werden können. Der Komponist kontrastiert also Solostimmen mit der vollen Chorbesetzung, verwendet das Dialogisieren der Chöre, kombiniert schließlich rein instrumentale Abschnitte mit den vokalen. Pękiel beherrscht meisterhaft die große Masse der Stimmen und Instrumente und erzielt sehr interessante Klangeffekte.

Die mosaikartige, farbige *Missa Concertata la Lomabardesca* strahlt in ihren kulminierenden Momenten durch ihre Klangpracht. Der Komponist baute die ganze Messe auf einem einzigen Hauptthema auf, das er weitreichenden Variationen im Ablauf des Werkes unterzog und sie in sinnfälliger Weise mit neuen Motiven verband. Aus der zweiten, wahrscheinlich ebenfalls in Warschau komponierten Messe für zwei Chöre und großes Instrumentalensemble (das Streichinstrumente und Blasinstrumente enthielt) sind lediglich zwei Teile handschriftlich erhalten – *Kyrie* und *Gloria*.

Pękiels berühmteste Komposition aus der Zeit, da er in der Kapelle Ladislaus' IV. die Funktion eines Kapellmeisters ausübte, ist das *Audite mortales* (für Sopran, Alt, Tenor, Baß, drei Violen und Basso continuo).

Dieses einzigartige Werk befindet sich in den Sammlungen der Berliner Bibliothek ohne Titel, dagegen trägt es in der in Uppsala aufgefundenen Fassung den Titel *Dialogus Audite mortales*. Die Meinungen der Forscher der alten Musik sind geteilt: Einige von ihnen halten das *Audite mortales* für das erste polnische Oratorium, andere – nach der Version aus Uppsala – bezeichnen es als Dialogo, eine im 17. Jahrhundert beliebte Form der dramatischen Musik ohne ein genau präzisiertes architektonisches Schema. Das *Audite mortales*, das für Adventfeiern bestimmt war, stützt sich auf eine Travestie biblischer Texte, die das Jüngste Gericht betreffen, welches die Menschheit in Erwählte und in Verdammte teilen wird. Das erste Altsolo ist eine Aufforderung, vor das Gericht zu treten, die drei folgenden Abschnitte symbolisieren die Unruhe und Angst der Sünder in der Stunde des Gerichts, der fünfte Abschnitt ist die Partie Christi (Baß), der sein Urteil über die Verdammten fällt.

Das darauffolgende Terzett ist die Klage der Verdammten, die zu ewigen Qualen verurteilt sind, wonach sich Christus an die Erwählten wendet, die der ewigen Erlösung teilhaftig werden sollen.

Die Schlußpartien des Werkes mit dem abschließenden Sextett drücken die

Freude der erlösten Seelen aus, die in das Land der „friedlichen Seligkeit" eingehen.

In *Audite mortales* verlieh Pękiel seiner hervorragenden Kenntnis des monodischen Stils Ausdruck, der die größte, von Grund auf originelle Errungenschaft der Barockmusik darstellt. Das Werk zeichnet sich durch großen Melodienreichtum und eine Expressivität aus, die in der polnischen Musik der damaligen Zeit keine Entsprechung hat. Der Komponist bearbeitete mit pietätvoller Aufmerksamkeit den Text, nutzte alle ihm zugänglichen musikalischen Mittel, um die biblischen Inhalte wiederzugeben. Das erste Altsolo, das die Vorladung vor das Jüngste Gericht darstellt, ist in einem strengen, erhabenen Ton gehalten und läßt durch den fanfarenartigen Charakter seiner Melodik aufhorchen (unter häufiger Verwendung des Quartschritts), was an laute Trompetenklänge gemahnen soll. Eine der schönsten Stellen ist das Tenorarioso *Heu me miserum*, dessen edle kantable Melodik und dessen reiche, für jene Zeit wahrhaft moderne Harmonik entzücken. Dieser Abschnitt, der die Klage einer Seele äußert, die „in Verkommenheit" zugrunde geht, beinhaltet einen zutiefst menschlichen, bewegenden Ausdruck. Die Partie des Christus, der sein Urteil über die Sünder fällt, ist in einem einfachen, jeglicher Ornamentik entbehrenden rezitativen Stil geschrieben und zeichnet sich durch getragenen, majestätischen Charakter aus.

Das Lamento der Verdammten (Terzett, zwei Soprane und Alt), ein klagendes Arioso mit einem Übergewicht von Moll-Akkorden, enthält indes – mit Ausnahme kurzer Imitationen – keinerlei komplizierte Kunstmittel; das Meisterliche dieses Fragments liegt in der suggestiven Wiedergabe des emotionalen Zustands. Mit welcher Eindringlichkeit Pękiel an die Worte des biblischen Textes heranging, vermag uns die nächste Partie des Christus deutlich zu machen, der sich an jene wendet „die stets im Leben Gutes taten". Die Strenge, die in den vorherigen Worten Christi fühlbar ist, schwindet, die Melodik wird schmiegsamer und entfaltet sich schwungvoller.

Ein besonders interessanter Moment ist mit den Worten verbunden: „Kommet, eilet herbei, tretet ein in das Himmelreich und freut euch." Es ist eine erhabene, feierliche Phrase, auf verteilten Dreiklängen beruhend, die in eine glanzvolle, bravouröse Koloratur übergeht. Das Sextett, in dem das Glück der Erlösten dargestellt wird und das das Werk abschließt, ist erfüllt von würdevoller Freude und nutzt die polyphone Führung der Stimmen sowie das Dialogisieren der Solisten.

Die Invasion der Schweden trieb die Musiker der königlichen Kapelle auseinander. Pękiel kehrte nicht mehr in die von den Schweden 1655 verwüstete Hauptstadt zurück, sondern ließ sich für immer in Krakau nieder, wo er 1657, nach dem Tode des Lilius, Kapellmeister am Waweldom wurde. In Krakau trennte er sich von seinem barocken Stil und tendierte mehr zur choralen Polyphonie a cappella. Pękiel schrieb für die von ihm geleitete Wawelkapelle zwei achtstimmige Messen mit Orgel, die als senza cerimonie bezeichnet wurden und Gebrauchscharakter besaßen, sowie die einfache, stimmungsvolle *Missa paschalis*. Diese Komposition (für Männerchor) fußt auf dem Motiv des gleichen altpolnischen Osterliedes, das einst Leopolita in seiner *Missa paschalis* verwandt hatte.

Pękiels *Ostermesse*, die im allgemeinen in einer einfachen Akkordfaktur gehalten ist, vermag durch ihre reiche Melodik zu fesseln. Ebenfalls für Männerchor geschrieben (mit dem Alt als höchster Stimme), ist die *Missa brevis* ein überaus wertvolles Werk, das von einer glänzenden Beherrschung der Gesetze des Kontrapunkts zeugt. Die Melodik der Messe – fließend, stimmungsvoll, entfaltet sich mit Ernst und Würde und ist von tiefer, ergreifender Trauer durchdrungen (besonders das *Benedictus* und das *Agnus Dei*). Pękiel schöpfte das Hauptthema dieser Messe aus dem Werk des Charles Leython, des

Hoforganisten von Kaiser Maximilian II. und Rudolf II. Die in einer dichten polyphonen Faktur gehaltene *Missa brevis* verwendet in reichlichem Maße die Imitation, im *Credo* erscheint sogar eine doppelte Fuge. Das hervorragendste Werk Pękiels aus seiner Krakauer Zeit ist die *Missa Pulcherrima* – die letzte Komposition des großen Künstlers. Für einen vierstimmigen Chor a cappella geschrieben, also für eine für die Renaissance typische Besetzung, stellt sie dennoch ein aus dem Geist der neuen Barockästhetik erwachsenes Werk dar. Die Bezeichnung „Pulcherrima" (Allerschönste), die der Roratensänger Miśkiewicz der Messe gab, ist durchaus gerechtfertigt. Schon das Hauptthema dieses Werkes, in allen Teilen des Zyklus meisterhaft variiert, vermag durch seinen tiefgründigen Lyrismus zu ergreifen. Die Melodik des Werkes zeichnet sich durch eine verblüffende Kantabilität und eine Fülle von Ornamenten aus und fließt in einem breiten Strom – wir finden darin jene für das Barock so charakteristische Verschwendung musikalischer Einfälle. Sie unterscheidet sich erheblich von der harmonischen, sparsamen Melodik der Renaissancewerke, und in ihrem üppigen Pomp liegt eine große, expansive Kraft verborgen. Neben den stimmungsvollen, lyrischen Phrasen treten in diesem Werk Pękiels freudige Figurationen mit deutlich instrumentalem Charakter auf, die an die figurativen Motive der späteren Bachschen Vokalwerke gemahnen. Die unruhige, variable und vielfältige Rhythmik der *Pulcherrima* weicht ebenfalls von Renaissancevorbildern ab.

Die untadelige, dichte Textur der Stimmenverflechtung ist reicher als in den anderen Kompositionen Pękiels und zeugt von der Kunstfertigkeit des polnischen Meisters. Der Musiker ist tief in die Stimmung des liturgischen Textes eingedrungen, ohne Zuflucht zu naiven Illustrationen zu nehmen, die in der Epoche der Renaissance so beliebt geworden sind, und erfüllte sein Werk mit einer zutiefst persönlichen, suggestiven Ausdruckskraft. Die *Missa Pulcherrima* – das hervorragendste religiöse Werk des polnischen Barocks – gehört zu den nicht sehr zahlreichen Werken der Musikgeschichte, die trotz verflossener Jahrhunderte ihre Wirksamkeit nicht eingebüßt haben.

Pękiels letzte Lebensjahre fielen in eine Zeit, die der Entwicklung der Kunst wenig zuträglich war: Nach dem Friedensschluß mit Schweden (1660) war der Krieg mit Rußland von neuem entbrannt, das Land wurde auch von ständigen Angriffen türkischer Heere heimgesucht. Eine außerordentliche Zerrüttung und Anarchie griff in der Gesellschaft um sich, der Adel, der ohne jeden Sinn für das Maßvolle von seinen berühmten „goldenen Freiheiten" Gebrauch machte, verlor jegliche Hochachtung vor der königlichen Macht. „Wir bezeichnen das als Freiheit, wenn jemand das tun kann, wozu er Lust hat", schrieb Krzysztof Opaliński in einer seiner bissigen *Satiren*. Die jüngsten Niederlagen zeugten von der Notwendigkeit der Reformen, die eine radikale Veränderung der bestehenden Verhältnisse bringen und dem Verfallsprozeß der Nation Einhalt gebieten sollten. Aber der niedere Adel wünschte keine Reformen und versank immer tiefer in einem engstirnigen Konservatismus. In einer solchen Situation flüchteten die aufgeklärtesten Künstler, die keinerlei Kontakt zu den breiten Schichten des Volkes knüpfen konnten, in die Welt der Kunst.

Du bist der einzige Trost auch meiner Gedanken,
Mit dir fängt aufrichtiges, gutes Denken an –

schrieb Jan Andrzej Morsztyn, der eleganteste Dichter des polnischen Barocks, in seiner Apostrophe an die „allmächtige Laute" – das Symbol der Poesie.

Zu jener Zeit hatte die Gegenreformation den Höhepunkt erreicht. Sie nahm zwar in Polen nicht jene entsetzlichen Ausmaße an wie in Westeuropa, doch waren dies Jahre einer strengen Zensur durch die Jesuiten, der Prozesse gegen Atheisten, Ketzer und Hexen, da die Priester – wie Wacław Potocki, ein damals bekannter Dichter, schrieb – „die Wehrlosen zum Glauben zwingen". Die Musik, die wie keine andere Kunst die Gefühle der breiten Massen der Bevölkerung auf besonders unmittelbare Weise anspricht, spielte eine überaus wesentliche Rolle im Programm der „kämpfenden Kirche".

Einer der hervorragendsten Komponisten religiöser Musik war in der zweiten Hälfte des 17. Jahrhunderts Jacek Różycki, Pękiels Nachfolger in der Stellung als Kapellmeister der königlichen Kapelle in Warschau. Bereits gegen 1640 kam er als Sängerknabe in die Kapelle. Annähernd 50 Jahre bekleidete er die Würde eines Kapellmeisters, indem er nacheinander den Königen: Johann Kasimir, Johann III. Sobieski und August II., dem Sachsen, diente, selbst dann, als der letztere mit der Kapelle und dem ganzen Hof nach Dresden umsiedelte. In seinem Schaffen überwogen entschieden Vokal-Instrumentalwerke, sie waren im Geist der Barockmusik gehalten – Kirchenkonzerte und konzertante Motetten. Die reiche Melodik seiner Werke, auch die sorgsame Führung der Stimmen und der freie Einsatz von Mitteln der polyphonen Technik zeugen vorteilhaft von den Fähigkeiten und von der Ausbildung des Künstlers. Różycki war ebenfalls der Autor von 13 Hymnen für vierstimmigen Chor a cappella, die sich durch die Einfachheit ihrer Mittel auszeichneten, was in gewissem Grade durch den Reiz der Melodik wettgemacht wurde.

Eine wesentliche Rolle bei der Verbreitung religiöser Musik unter dem Volk spielten die Schulkapellen, die bei den Jesuiten- und Piaristenbursen wirkten. Häufig standen begabte Musiker an ihrer Spitze. Der hervorragendste unter ihnen war zweifellos Damian Stachowicz (etwa 1660–1699), ein Mitglied des Piaristenordens; er war in den Kollegien dieses Ordens in Warschau, Chełm, Piotrków, Góra Kalwaria und in Podoliniec tätig. Stachowicz, überdies Professor der Rhetorik und Poetik, nutzte die konzertante Technik in breitestem Maße. Sein populärstes Werk – *Veni Consolator*, ein Kirchenkonzert für Sopran, Clarino und Orgel – zeichnet sich durch hervorragendes Formgefühl aus und ist auch reich an Klangeffekten. Dieses anmutige und heitere Werk stützt sich zwar auf einen religiösen lateinischen Text, nähert sich in seinem Wesen jedoch der weltlichen Musik, besonders der Opernmusik. Sichtbar wird darin das deutliche Echo glanzvoller Arien mit Trompete, die in der venezianischen und neapolitanischen Oper eine beliebte Form darstellten.

Eines des originellsten Talente in der Musik des polnischen Barocks war Stanisław Sylwester Szarzyński (um die Wende vom 17. zum 18. Jahrhundert). Wahrscheinlich stammte er aus der Familie der Sęp-Szarzyński, die sich seit dem 16. Jahrhundert in der Umgebung von Lwow niedergelassen hatte. Diesem Geschlecht entstammte der Dichter Mikołaj Sęp-Szarzyński. Über Stanisław Szarzyńskis Leben ist nichts bekannt, außer daß er ein Mitglied des Zisterzienserordens war.

Von den uns bekannten zehn Werken sind die meisten in der Stiftskirche von Łowicz erhalten, was auf Beziehungen des Künstlers zu dem dortigen, im ganzen Land berühmten Ensemble hinweist. Szarzyńskis Kompositionen repräsentieren einen reifen Barockmusikstil, und wir finden nicht ein einziges Werk a cappella darunter. Er war vornehmlich ein Komponist mit hervorragender melodischer Invention, die ihm unter den größten Tonschöpfern der alten polnischen Musik einen festen Platz sicherte. Im Hinblick auf ihren Stil und ihre Form nähern sich Szarzyńskis Kirchenkonzerte der italienischen Kantate. Aus mehreren Teilen bestehend (umfangreicher als die analogen Teile der Kirchenkonzerte aus der ersten Hälfte des 17. Jahrhunderts), die nach dem Kontrastprinzip zusammengestellt sind, nutzen sie die konzertante Technik überaus einfallsreich. Die Melodik dieser Konzerte, durch eine tiefe emotionale Sättigung gekennzeichnet, erwächst aus der Faszination von der Schönheit menschlicher Stimmen. Die Violinpassagen weisen virtuose Merkmale auf, ebenso die ornamentalen Koloraturen der Vokalstimme, die der Komponist übrigens mit beträchtlicher Zurückhaltung allgemein verwendet.

Unter Szarzyńskis Kirchenkonzerten verdienen zwei besondere Aufmerksamkeit, und zwar mit Rücksicht auf das hohe Niveau ihrer Ausarbeitung und die Tiefe ihrer Inspiration. Das erste davon – *Jesu spes mea* (für Sopran, zwei Violinen und Orgel) – nutzt die Melodie des Kirchenliedes *Durch die Qualen des Fegefeuers* (Przez czyśćcowe upalenia). Die Melodik dieses Konzerts nähert sich allgemein dem Arioso, obwohl hier auch gewisse Elemente des Rezitativs zu erkennen sind. Stimmungsvoll, von außergewöhnlicher Ruhe und von leicht melancholischer Besinnlichkeit erfüllt, fließt sie in einem breiten Strom. Dem edlen Charakter der Melodik, der nichts Banales besitzt, entspricht der subtile Klang des Werkes.

Szarzyński erweist sich als ein Meister der Stimmung, der in gekonnter Weise Momente von einer höheren emotionalen Temperatur und Momente der Beruhigung, des allmählichen Erlöschens der Spannung bis zu den sich in Stille auflösenden Phrasen des Konzerts zusammenstellt.

Szarzyńskis zweites hervorragendes Werk – *Pariendo non gravaris* (für Tenor, zwei Violinen und Orgel) – stützt sich auf die vierteilige Form einer Sonata da chiesa (Adagio – Allegro – Adagio – Allegretto). Die Abschnitte sind in einem langsamen Tempo gehalten, entzücken durch ihren Lyrismus und ihre Kantabilität wie auch durch ihren sanften Wohlklang, sie sind auch durchdrungen von der für die Barockmusik so typischen emotionalen Exaltiertheit, die jedoch frei ist von billiger Sentimentalität, worin sie an die äußerst gefühlvollen Phrasen der Händelschen Werke erinnern. Der Komponist stellt ihnen schnelle Teile voll epischen Schwunges und virtuosen Glanzes gegenüber, mit schwelgerischer Koloratur, reich an konzertanten Violinpassagen. Dem hohen Niveau beider Solokonzerte Szarzyńskis entspricht annähernd auch die konzertante Motette *Ad hymnos ad cantus* (für gemischten Chor, zwei Violinen, eine Altviola, eine Tenor- und eine Baßgeige sowie Orgel). Dieses an interessanten klanglichen Effekten reiche Werk verdankt seine mosaikartige Vielfalt der differenzierten Besetzung, die lyrische Sopranpartien mit einem gemischten oder mit einem Männerchor verbindet und sich durch die Verwendung konzertanter Technik auszeichnet. Der Komponist scheut auch keine starken Kontraste, denn er verflicht sangbare, breit angelegte Phrasen mit lebhaften Vokalfigurationen oder mit einem ausgeprägten Choralparlando.

Eine Ausnahme in Szarzyńskis Schaffen bildet die *Sonate* für zwei Violinen und Orgel (in einer Kopie aus dem Jahre 1706 übermittelt), das einzige rein instrumentale Werk dieses Musikers. Dieses hervorragende, aus dem Geist des italienischen Barocks erwachsene Musikstück setzt sich aus sieben kontrastierenden Abschnitten zusammen, seine Form weist jedoch eine beträchtliche Geschlossenheit und Kohärenz auf, die der Komponist durch die Wiederholung des einleitenden Adagio am Ende des Werkes erzielt. Dieser Teil, der die ganze Sonate wie eine Klammer zusammenhält, zeichnet sich durch eine in ihren Konturen edle, zutiefst emotionale Melodik aus. In schnellem Tempo gehaltene Abschnitte führen einen deutlichen Kontrast in die Stimmung der Verhaltenheit und der lyrischen Besinnlichkeit ein – grazil, schillernd, in imitatorischen Dialogen zweier Violinen verlaufend. Szarzyńskis Sonate zeugt von einer großen Klangempfindsamkeit des Komponisten und von seiner vorzüglichen Beherrschung der instrumentalen Effekte. Ihre Schönheit resultiert nicht nur aus der ungewohnten melodischen Invention, sondern auch aus einem dichten, satten Geigenklang voll glühender Ausdruckskraft.

Eine der interessanteren Persönlichkeiten des polnischen Barocks war Grzegorz Gerwazy Gorczycki (um 1617–1734), der letzte hervorragende Komponist dieser Epoche. Er hatte seine Ausbildung in Theologie und Musik an der Prager Universität erlangt. Nachdem er 1692 die Priesterweihen erhalten hatte, nahm er die bescheidene, für sein Talent nicht besonders geeignete Arbeit eines Pädagogen in der Missionarschule in Chełm auf. Danach siedelte er nach Krakau um, wo er 1698 Kapellmeister am Waweldom wurde; er bekleidete diesen Posten bis zu seinem Tode. Hervorragend begabt, gründlich ausgebildet, schuf Gorczycki sowohl vokal-instrumentale Kompositionen, die den Barockstil repräsentierten, wie auch meisterhafte polyphone Werke a cappella, die an Palestrinas Stil anknüpften, was zu jener Zeit bereits anachronistisch anmutete. Diese Haltung verschaffte ihm in der Epoche der allmächtigen Herrschaft der neapolitanischen Opernschule und einer weitreichenden Verweltlichung der Kirchenmusik bei den Nachfolgern den Ruf eines konservativen Komponisten, der sich noch den bereits verklungenen Idealen der Renaissancepolyphonie a cappella verhaftet fühlte. Die neusten Entdeckungen der polnischen Musikwissenschaftler, die einige sehr interessante vokal-instrumentale Werke des Musikers fanden, haben das Urteil über diesen Kapellmeister vom Wawelschloß geändert. Die Werke, unter denen sich die Motette *Laetatus sum*, das *Completorium* und die 1972 entdeckte *Litanei* befinden, bezeugen, daß er mit der Klangsprache des Barocks gründlich vertraut war, die Choraltechnik meisterhaft beherrschte und auch die klanglichen und dynamischen Möglichkeiten vortrefflich nutzte, die die konzertante Technik mit sich brachte.

Unter Gorczyckis im Barockstil gehaltenen Kompositionen verdient die Motette *Laetatus sum* (für vier Stimmen, zwei Geigen, Clarini und Orgel) besondere Beachtung. Dieses auf den Text des Psalms 121 komponierte Werk strotzt vor herrlichen Klangeffekten. Der Komponist operiert völlig ungezwungen mit den Mitteln der konzertanten spätbarocken Technik, indem er die Vokalstimmen den Instrumenten einfallsreich gegenüberstellt und Kontraste im Register und in der Dynamik nutzt. Sehr interessant ist die ornamentale, figurative Melodik der Vokalstimmen, die sich aus bravourösen Instrumentalfiguren ableitet; einen ähnlichen Typ der Melodik finden wir häufig in den Werken Johann Sebastian Bachs und Händels. Die breit angelegte Motette *Illuxit sol* (für fünf Stimmen und ein Instrumentalensemble), zu Ehren der Märtyrer komponiert, repräsentiert ebenfalls einen konzertanten Barockstil. Dieses Werk, voll von ungewohnter Klangfülle, feierlich und majestätisch, zeugt von meisterlicher Kunstverständigkeit Gorczyckis, der vor allem den Kontrapunkt hervorragend beherrschte.

Eine Ausnahme im reichen Schaffen des Kapellmeisters vom Wawel bildet das *Completorium* (für Chor, Soli, zwei Violinen, Clarini und Orgel) – ein großes Werk von annähernd sechshundert Takten, das 1961 in den Sammlungen der Pfarrkirche in Raków bei Opatów gefunden wurde. Dieses vorzügliche Werk erweckt durch seine reiche, dichte polyphone Faktur und seine ungewöhnliche melodische Invention Interesse. Gorczycki, der äußerst einfallsreich auf diesem Gebiet war, war völlig anders veranlagt als Szarzyński, der ja ebenfalls ein glänzender Melodiker gewesen ist. Die Melodik der Werke Szarzyńskis begeistert durch ihren Lyrismus, ihre Kantabilität und ihre Süße, Gorczycki hingegen beeindruckt (besonders in seinen konzertanten vokal-instrumentalen Werken) durch Kompositionen figurativer Gesänge, die voll Schwung, Dynamik und Glanz sind und sich durch eine lebhafte, schnelle Rhythmik auszeichnen. Im *Completorium* nutzt der Künstler den Aufführungsapparat auf vielfältige Weise, indem er die Besetzung ständig wechselt, wodurch dieses Werk in einer Vielzahl von Farben schillert und glänzt. Ungeachtet seines großen Umfangs zeichnet es sich durch Geschlossenheit und Einheitlichkeit sowie hervorragende formale Konstruktion aus, in der sowohl das Bemühen um eine sorgfältige Bearbeitung des kleinsten Details wie auch um eine vortreffliche Verteilung von Momenten der Kulmination und der Entspannung erkennbar wird, die über die Logik der Entwicklung der großen Form entscheidet.

Gorczyckis letztes Werk ist der in Raków Opatowski von Jan Węcowski und Karol Mrowiec aufgefundene *Conductus funebris*. Seine Entstehung ist, wie man mit großer Wahrscheinlichkeit vermuten kann, mit dem Tode König Augusts II.

verbunden. Er wurde bei Trauerfeierlichkeiten im Waweldom aufgeführt. Gorczycki überlebte den verstorbenen König nur um kurze Zeit – er erkältete sich, als er die Wawelkapelle während der Krönungsfeier für den Sohn Augusts des Starken, August III., dirigierte, wie historische Quellen angeben. Einige Tage später lebte er nicht mehr. Der *Conductus funebris* – gewiß im Hinblick auf den Charakter der Feierlichkeit entstanden, für die er komponiert worden war – ist ein einfaches und ernstes Werk, auch voll innerer Konzentration. Der Komponist vermeidet hier die anderswo so gern verwendeten virtuosen Effekte und die geistreiche Dialogführung zwischen den Stimmen und den Instrumenten sowie die mosaikartige Veränderlichkeit der Faktur. In diesem in aller Hast geschriebenen Gelegenheitswerk sind dennoch einige ungewöhnlich schöne Stellen enthalten – wie das tief besinnliche Requiem, das von einem überirdischen Licht des Glaubens erhellt ist, sowie das düstere, in einem tiefen Register gehaltene *Libera me*. Die Krönung des Werkes ist der letzte, breit ausgebaute Teil *Salve Regina* mit einer sehr kantablen, breit angelegten Melodik; hier erlaubt sich Gorczycki sogar gewisse polyphone Komplikationen sowie die Einführung gewisser Mittel aus dem Barockarsenal der musikalischen Rhetorik wie zum Beispiel die so bezeichnenden „Seufzermotive". Gorczycki, der um die Reinheit des Stils in der Kirchenmusik besonders kämpfte, griff in seinen Messen (*Missa Rorate, Missa de Conceptione BMV*) auf den Cantus firmus des Gregorianischen Chorals zurück, was in jener Zeit schon einen spezifischen Anachronismus darstellte. Gorczyckis hervorragendste Messe ist die *Missa paschalis*, die sich auf die von den polnischen Tonschöpfern besonders geschätzte Melodie des Osterfestliedes *Christus, der Herr, ist auferstanden* stützt, die zuvor auch schon Leopolita und Pękiel verwendet hatten. Dieses Werk, das durch seine kontrapunktische Meisterschaft imponiert und in einer dichten polyphonen Faktur gehalten ist, exzelliert durch seine außerordentliche Andächtigkeit und seinen großen Ernst. Zutiefst reflexiv, dem Geist religiöser Kontemplation entsprungen, sticht es entschieden ab von der spätbarocken Kirchenmusik, die sich dem Belkanto der italienischen Oper nähert. Die weit gespannten Melodienbögen, durch lange Melismen verziert, atmen eine mystische Ruhe, die dem emotionalen Gehalt der Messen Palestrinas nahekommt.

Die Zeiten, in denen Gorczycki schuf und lebte, waren der kulturellen Entwicklung keineswegs förderlich. Die Jahre der Herrschaft Johann III. Sobieskis – trotz seines effektvollen Sieges über die Türken bei Wien (1683) – und vor allem die Herrschaft der Könige aus der Dynastie der Wettiner (1697–1763) bedeuteten für den polnischen Staat eine Zeit des tiefsten Niedergangs. Das Land wurde in den Kämpfen rivalisierender Magnatengruppierungen hin und her gerissen und von den durchmarschierenden fremden Truppen ausgeplündert, und es verlor allmählich zugunsten der erstarkenden Nachbarstaaten immer neue Territorien – „es schrumpfte der Ruhm, und es schrumpften die polnischen Grenzen", schrieb Wacław Potocki, ein Dichter von hohem Rang. In dieser Situation ertönten immer häufiger Stimmen, die zur Besinnung aufriefen. Die erschütternde Vision eines einst großen Staates, der sich an der Schwelle einer historischen Katastrophe befand, wurde in der damaligen Literatur das beherrschende Motiv. Einer der Dichter, Michał Działyński, schrieb:

Wenn wir die Fäuste in die Taschen stecken,
Teilen sie unter sich gewiß
Das ermattete Polen auf.

Der moralische Zerfall der Nation ging mit dem Niedergang der Wissenschaft und des Schulwesens Hand in Hand. König August II., ebenso wie König

August III., war das Schicksal der polnischen Kultur gleichgültig, ihr Interesse für die Kunst beschränkte sich darauf, Operninszenierungen zu fördern, die von der Dresdener Oper aufgeführt wurden. Die polnischen Musiker mußten sich notgedrungen mit der bescheidenen Existenz provinzieller Komponisten einer der zahlreichen Kirchenkapellen begnügen. Es ist kaum verwunderlich, daß das Interesse an der Kultur, einst so tief in der Gesellschaft verwurzelt, in diesen traurigen Zeiten in den Hintergrund getreten ist. Große Dichter starben oder hörten auf zu schaffen, die Musik entwickelte sich zwar in den Kapellen der Mönchsorden weiter, aber es fehlten damals größere Talente vom Format eines Pękiel oder eines Mielczewski.

Der hervorragendste unter den Musikern, die fern von der Metropole wirkten, war Józef Marcin Żebrowski (1702–1770), ein Geiger und Sänger der Kapelle des Paulinerordens auf Jasna Góra bei Częstochowa. Das Musizieren hatte alte Traditionen, die bis in die Anfänge des 16. Jahrhunderts zurückreichten, als hier die Vokalistenkapelle gebildet worden war. Żebrowskis umfangreiches religiöses Schaffen baute auf Vorbildern der neapolitanischen Opernschule auf, die in der europäischen Musik der ersten Hälfte des 18. Jahrhunderts tonangebend war. Sein hervorragendstes Werk – das *Magnificat* (für vier Solisten, Chor, Instrumentalensemble und Orgel) – stellt eine breit angelegte Kirchenkantate dar. Sorgfältig ausgebildet und gründlich vertraut mit den kompositorischen Normen der Epoche, besaß Żebrowski ein vortreffliches Gefühl für die Form und die Grundsätze ihrer Entwicklung. Das *Magnificat* besteht aus zehn Abschnitten, die Arien, Duette und Chöre umfassen, wobei sich der Komponist um die größte Vielfalt der Elemente des Werkes bemüht und die einzelnen Nummern nach dem Kontrastprinzip gruppiert.

Der Komponist aus Częstochowa verfährt mit den Vokalstimmen auf eine ungewöhnlich effektvolle Weise, indem er melodische, kantilenenartige Phrasen mit schwungvollen Arien, die reich an virtuosen Koloraturen sind, alternieren läßt. Da er selbst ein guter Geiger war, kannte er alle Geheimnisse des Barockorchesters. Mit einer bedeutenden koloristischen Empfindsamkeit begabt, behandelte er die einzelnen Instrumente auf individuelle Weise. Im *Magnificat* treten somit Arien mit konzertanten Violinen, Viola und Hörnern auf, in der neapolitanischen Oper eine sehr beliebte Praxis, die von hier in die Kirchenmusik eindrang. Żebrowski war kein besonders begabter Kontrapunktist, daher gehören die in einer einfachen Akkordfaktur gehaltenen Choralpartien nicht zu den gelungensten Fragmenten seines Werkes, dagegen repräsentieren die Arien, die durch große melodische Invention und durch eine Fülle an Stimmungsnuancen frappieren, hohes künstlerisches Niveau. Żebrowski schuf auch rein instrumentale Kompositionen, Sonaten und Adagios pro processione (für unterschiedliche Besetzung – unter anderem für Violinen, Clarini, Oboen und Orgel). Sie enthalten viele echt polnische Elemente; eine der Sonaten stützt sich vollständig auf den Rhythmus einer Polonaise.

Einer der zahlreichen Komponisten der ersten Hälfte des 18. Jahrhunderts, die an den Klosterkapellen wirkten, war J. Staromiejski, ein Mitglied der Dominikanerkapelle in Lwow. Dieses Ensemble, das Ende des 16. Jahrhunderts gebildet worden war, bestand anfangs nur aus einem Chor, allmählich schlossen sich ihm Instrumente an. Zu dem Zeitpunkt, da Staromiejski in der Kapelle in Lwow wirkte, hatte sie ein hohes künstlerisches Niveau erreicht. Vier seiner Kompositionen sind bis heute erhalten: Messen, zwei Konzerte und *Vesprae de sanctis*, ein siebenteiliger religiöser Zyklus. Die Arien, die diesem Zyklus angehören, zeugen vorteilhaft von der Invention des Komponisten, des hervorragendsten Lyrikers in der polnischen Musik des Spätbarocks.

Das rührigste Vokal-Instrumental-Ensemble war in der ersten Hälfte des 18. Jahrhunderts die Jesuitenkapelle an der Peter-und-Paul-Kirche in Krakau. Dieses größte Ensemble in Polen, denn es zählte 80 bis 100 Musiker, das 1637 gegründet worden war, verfügte über eine reiche Notensammlung und eine große Anzahl von Instrumenten. Im Inventar der Jesuiten aus dem Jahre 1737 kann man die Namen von annähernd 20 Komponisten lesen, die an der Peter-und-Paul-Kirche tätig gewesen sind. Sie schufen verschiedene Formen religiöser Musik: Messen, Motetten, Litaneien, Konzerte, Psalmen sowie reine Instrumentalmusik. Mit dem Krakauer Milieu war auch der erste polnische Sinfoniker, Jacek Szczurowski, verbunden; seine Orchesterwerke haben sich nicht bis in unsere Zeit erhalten. Die Werke von Józef Kobierkowicz, einem Organisten und Komponisten der Jesuitenkapelle, zeugen von guter Formbeherrschung und einem sicheren Gefühl für vokale und instrumentale Effekte.

Orgelmusik

Im reichen Instrumentarium des polnischen Barocks nahm die Orgel einen Ehrenplatz ein. Davon zeugen sowohl die in den Handschriften aus dem 17. und 18. Jahrhundert enthaltenen Namen berühmter Orgelbauer und Organisten wie auch die in den Kirchen des ganzen Landes gebauten Instrumente. Viele davon überdauerten bis heute und zeugen von der Kunst der polnischen Meister. Die früheste Orgel der Barockepoche ist unter diesen schönen historischen Instrumenten die Orgel zu Olkusz, 1612 von dem aus Nürnberg stammenden Jan Hummel erbaut, einem Krakauer Bürger. Aus diesen Jahren stammt die Orgel eines anonymen Konstrukteurs in der Pfarrkirche zu Kazimierz an der Weichsel. Ausgezeichnete Orgelbauer von europäischem Ruf waren die Gebrüder Nitrowski – Jerzy, Andrzej und Daniel. Jerzy Nitrowski baute (1638) die Orgel in der Marienkirche in Krakau um, später auch mit seinem Sohn Andrzej die Orgel in der Marienkirche zu Gdańsk (1672/73) – ein hervorragendes Instrument aus dem 16. Jahrhundert, ein Werk Julian Anton Lehmanns aus Bautzen. Andrzej Nitrowski baute eine Orgel im Dom von Sandomierz (1693–1698), der dritte aus dem Geschlecht der Nitrowski, Daniel, baute die Orgeln in den Domen von Pelplin und Frombork. Zu den hervorragendsten Instrumenten des 17. Jahrhunderts gehört die große Orgel in Leżajsk, die mit reichen Vergoldungen und kunstvollen Verflechtungen von Ornamenten verziert ist. Stanisław Studzieński hatte sie, übrigens ohne Erfolg, zu bauen begonnen, die endgültige Form verlieh ihr jedoch Jan Głowiński aus Krakau.

Als hervorragende Orgelbauer des 18. Jahrhunderts sind zu nennen: Piotr Kosmowski, mit dem ruhmvollen Titel eines königlichen Orgelbauers bedacht, ferner Szymon Sadkowski, Konstrukteur der noch heute in der St.-Anna-Kirche in Krakau existierenden Orgel (1724), sowie Wawrzyniec Harbutowski aus Kęty, der die Instrumente in Wilamowice, Tęczynek, Polanka Wielka und Piotrowice baute. Größten Ruhm erlangte jedoch Jan Wulf aus Orneta, der Schöpfer der monumentalen Orgel in der Zisterzienserkirche in Oliwa. Der Bau dieser herrlichen Orgel dauerte über 25 Jahre (1763–1788). Die Orgel in Oliwa, noch heute erhalten, imponiert durch ihr ungewöhnliches Klangvolumen und eine breite Farbskala. Neben den polnischen Meistern oder solchen, die sich in Polen eingebürgert hatten, entfalteten auch ausländische Meister eine lebhafte Tätigkeit, unter denen die schlesisch-lausitzische Familie der Casparini die hervorragendste Rolle spielte.

Von den uns heute bekannten Zeugnissen polnischer Orgelmusik ist die 1958 aufgefundene *Tabulatur von Pelplin* an erster Stelle zu nennen. Die Sammlung zählt sechs Bände, sie ist eine der umfangreichsten Handschriften dieser Art in Europa und die Frucht des arbeitsamen Lebens des Mönchs Feliks

Trzciński, der in den Jahren 1594–1649 in Pelplin lebte. Die *Tabulatur von Pelplin* gestattet es, das Repertoire kennenzulernen, das in der ersten Hälfte des 17. Jahrhunderts in der Zisterzienserabtei aufgeführt worden war. Besonders viel Raum nahmen darin Transkriptionen religiöser Vokalwerke von italienischen Meistern ein. Neben ihnen ist auch die Kammermusik des Frühbarocks reich vertreten – originale Orgelwerke und Transkriptionen von Canzonen der namhaftesten italienischen Komponisten: Giovanni Gabrieli, Tarquinio Merula, Claudio Merulo, Giano P. und Andrea Cima.

Unter den polnischen Autoren begegnen wir den Namen Adam Jarzębski als dem Verfasser von drei für Orgel transkribierten Canzonen sowie Andrzej Rohaczewski. Rohaczewski war Hoforganist des Fürsten Albert Radziwiłł in Ołyka und in Nieśwież. In der Tabulatur sind zwei seiner Kompositionen erhalten: die Motette *Crucifixus surrexit* (neunstimmig) sowie eine vierstimmige Canzone für Instrumente, den kompositorischen Normen der Epoche entsprechend in einer dreiteiligen Form gehalten, wobei die Rahmenteile die Anwendung einer imitatorischen Technik aufweisen, während der Mittelteil an die Choralakkordfaktur der Spätrenaissance anknüpft.

Feliks Trzcińskis Handschrift wurde in der zweiten Hälfte des 18. Jahrhunderts von einem anderen Zisterzienser, dem Bruder Maurycy, ergänzt. Dieser Teil der *Tabulatur von Pelplin* enthält Werke deutscher Komponisten, die der Musikwissenschaft bisher unbekannt waren: Heinrich Scheidemanns, Franz Tunders und Nikolaus Hasses.

Die zweite große Orgelmusiksammlung aus der zweiten Hälfte des 17. Jahrhunderts ist die sogenannte *Warschauer Orgeltabulatur*. Sie entstand wahrscheinlich in Masowien und wurde – wie eine gründliche Analyse erwies – von zwei verschiedenen Personen geschrieben. Ihr erster Teil enthält hauptsächlich Werke, die für Orgel oder für ein anderes Tasteninstrument komponiert waren: Präludien, Toccaten, Canzonen und Fugen; der zweite Transkriptionen lateinischer und polnischer Lieder, Hymnen, Sequenzen und Weihnachtslieder. Die im ersten Teil enthaltenen Instrumentalkompositionen weisen den Einfluß italienischer Musik auf, die die fortschrittlichste Strömung in der europäischen Musik jener Zeit repräsentiert. Nur eines ist unter diesen Werken mit dem Namen eines Komponisten versehen – das *Präludium* Jan Podbielskis. Sein Autor lebte in Masowien, vielleicht sogar in Ostpreußen. Das *Präludium*, seine einzige bekannte Komposition, ein handliches Werk voll virtuosen Elans, steht den Werken der italienischen Komponisten des 17. Jahrhunderts keinesfalls nach und erinnert vor allem an Bernardo Pasquinis Stil. Die anonymen Toccaten aus der *Warschauer Tabulatur*, die mit erhabener Akkordeinleitung beginnen, um danach in einen virtuosen figurativen Teil oder einen imitatorischen Abschnitt überzugehen, knüpfen deutlich an Girolamo Frescobaldis und Johann Frobergers Stil an. Die Präambeln, vorwiegend in massiver Akkordfaktur gehalten, seltener gefugt, besitzen gewöhnlich einen geringen Umfang, was von ihrem Gebrauchscharakter als Einleitungen oder Überleitungen zwischen den einzelnen Messeteilen zeugen könnte. Einige der in der Sammlung festgehaltenen Fugen besitzen lange, reiche und komplizierte Themen, die an Frescobaldis expressiven Stil gemahnen. Die Canzonen aus der *Warschauer Tabulatur* wahren nur zum Teil das für diese Form charakteristische, auf einer Wiederholung der Töne beruhende Leitmotiv, einige davon unterscheiden sich in nichts von den Fugen.

Außer den beiden großen Tabulaturen – der aus Pelplin und der Warschauer – sind uns auch Fragmente anderer Zeugnisse dieser Art überliefert. Eins davon, das in die Deckel des Manuskripts des *Unitariermeßbuchs* eingenäht und erst unlängst gefunden worden ist, zählt 64 Blätter. Neben Kirchenliedern, Fragmenten kirchlicher Kompositionen, weltlichen Liedern und Tänzen befindet sich darin auch eine große Gruppe von Werken (59), die für Orgel oder ein anderes Tasteninstrument bestimmt sind. Das interessanteste davon ist zweifellos die *Fantasia sopra primo tono* von Piotr Żelechowski, die im Einflußbereich der Schule Frobergers verbleibt. Ein längerer Abschnitt improvisierenden Charakters, von deutlichem virtuosem Zuschnitt, auf figurativen Tonfolgen und Tonleiterpassagen aufgebaut, leitet sie ein, dann folgt ein kunstvoller imitatorischer Teil, der einer regelrecht konstruierten Fuge nahekommt.

Im 18. Jahrhundert war ein deutlicher Niedergang des künstlerischen Niveaus der Orgelkompositionen zu beobachten. Die wenigen erhaltenen Manuskripte, von denen das umfangreichste nur fünf lose Blätter umfaßt, die zweifellos zu einer größeren Sammlung gehören, vermögen keine interessanteren neuen Einfälle zu bringen, sondern stellen lediglich die Fortsetzung der Orgelmusik aus dem 17. Jahrhundert dar.

Einen gesonderten Platz in der Musik des polnischen Barocks nahmen die Organisten ein: Adam Mosiążek, über den die Zeitgenossen begeistert schrieben, „er schmeichele mit seinem Spiel so sehr dem Ohr und spreche so gut die Herzen an, daß es scheine, als würde er mit seinem Geist tote Stimmen beleben", sowie Andrzej Nizankowski, ein Schüler des großen Frescobaldi, drei Jahre lang Organist der römischen Kirche Santa Maria sopra Minerva.

Aufklärung

Die üble Herrschaft der Könige aus der sächsischen Dynastie, die sechsundsechzig Jahre dauerte, führte das einst glanzvolle Polen in den Ruin. Der offenkundige Niedergang der Kultur, des Schulwesens und der Wissenschaft ging mit wachsendem Obskurantismus und Aberglauben sowie mit einer moralischen Zerrüttung einher. Die sich im Land ausbreitende Anarchie, in deren Gefolge jahrelang kein Sejm zustande kommen konnte, minderte die politische Autorität des Staates und seine militärische Kraft ernstlich. In einer solchen Situation wurde – nach dem Ableben des Königs August III. – Stanislaus August Poniatowski zum König gewählt (er herrschte von 1764 bis 1795), ein überaus intelligenter Mann, vielseitig gebildet, ein glühender Verfechter der Ideologie der Aufklärung, die er auf seiner Reise durch Frankreich und England kennengelernt hatte. Unter der Herrschaft Stanislaus Augusts verwandelte sich Polen von einer rückschrittlichen Ständemonarchie in einen wahrhaft neuzeitlichen Staat. Der König, der keinerlei diplomatische oder militärische Fähigkeiten besaß, war ein aufrichtiger Anhänger von Reformen wie auch ein großzügiger Mäzen von Wissenschaft und Kunst. Kein anderer polnischer Monarch hat einen so übermächtigen und zugleich so positiven Einfluß auf die Entwicklung des geistigen und kulturellen Lebens des Landes ausgeübt. Die rationalen, breit angelegten Pläne zur Reform des Staates mußte Stanislaus August unter außerordentlich schwierigen Bedingungen verwirklichen. Das sich aus der Rückständigkeit erhebende Land wurde durch die erste Teilung (1772) niedergeworfen, in deren Ergebnis Polen ein Drittel seiner Gebiete verlor.

Preußen, Rußland und Österreich begründeten diesen Akt der Gewalt mit dem „vollständigen Zerfall des Staates". Dieses tragische Ereignis, das in der gesamten Geschichte des Volkes keine Entsprechung hatte, vermochte jedoch nicht, den weiteren Prozeß der positiven inneren Wandlungen zu hemmen.

Das große Programm der Erneuerung des polnischen Staates, das Stanislaus

August und seine Mitarbeiter unternahmen, setzte eine grundlegende Reform des Landes voraus. Der König wollte vor allem die gesamte Bevölkerung im Geiste des Rationalismus und der Aufklärung erziehen. Der Sejm, der die Auflösung des Jesuitenordens durch Papst Klemens XIV. nutzte, nahm der Geistlichkeit die Verwaltung der Schulen, um sie der Obhut des Staates zu überantworten. Mit der Erziehung der Bürger befaßte sich eine eigens dazu berufene Kommission für Nationale Edukation, das erste Bildungsministerium in der Welt. Sie versammelte in ihren Reihen die aufgeklärtesten Geister dieser Zeit. Die Kommission, die der Schule ihren einstigen, mittelalterlichen Charakter nahm, organisierte unter anderem das Schulwesen der mittleren Stufe um, erweiterte den Unterricht, reformierte die Akademien und gab zahlreiche Lehrbücher heraus, die den Schüler zu selbständigem Denken anregen sollten, „um ihn zu einem vernünftigen und tugendsamen Bürger zu erziehen, zum Wohle seiner selbst und seiner Mitmenschen".

Der König maß auch der Verbreitung der Ideologie der Aufklärung im Volk große Bedeutung bei. Diesem Ziel dienten Zeitschriften wie *Monitor*, eine Schrift mit deutlich moralisierendem Einschlag, die gegen Obskurantismus und Vorurteile kämpfte, sowie *Zabawy Przyjemne i Pożyteczne*, eine eher elitäre Schrift, die den ästhetischen Geschmack der Leser mittels sorgfältig gewählter Prosa- und Poesiefragmente bildete. Stanislaus August unterstützte auch die Forschungen über die Vergangenheit des Landes, auf sein Betreiben begann Bischof Adam Naruszewicz die Arbeit an seiner *Geschichte der polnischen Nation*, einem Werk, das die Geschichte des Staates in kritischer und wissenschaftlicher Weise darstellen sollte.

Der König, ein großer Liebhaber der Literatur, versammelte die hervorragendsten Dichter jener Zeit an seinem Hofe und umgab sie mit fürsorglicher Obhut. Das zweifellos größte Talent unter ihnen war Bischof Ignacy Krasicki, ein vortrefflicher Satiriker und ironischer Beobachter der „verdorbenen Welt", der die überlegene Haltung eines authentischen Rationalisten, den die Torheit der Nächsten eher belustigt denn ärgert, gegenüber ihren Mängeln einnahm. Krasickis Poesie, in formaler Hinsicht bestechend, in einem knappen, sparsamen Stil geschrieben, strotzte vor ungemein treffsicheren, deftigen Formulierungen. Ein Günstling des Königs war ebenfalls der Dichter Stanisław Trembecki, ein gewandter Höfling, Verfasser von formvollendeten Versen, von Gelegenheitsoden, von Fabeln nach dem Vorbild La Fontaines und von freien Nachdichtungen. Mit dem Warschauer Hof waren überdies die damaligen Komödienschreiber Pfarrer Franciszek Bohomolec und Franciszek Zabłocki verbunden, die das Repertoire für das 1765 eröffnete erste öffentliche Theater in der Hauptstadt lieferten. Im Sinne der damals vorherrschenden Überzeugungen, die Bischof Krasicki treffend formulierte – „es genügt nicht, nur zu unterweisen, sondern es ist auch nötig, zu unterhalten" –, spotteten diese Komödienschreiber über die Fehler und Laster der Landsleute. Ihre Werke, die in der Wirklichkeit des Lebens im 18. Jahrhundert fest verankert waren, führten nicht nur adlige Herren auf die Bühne, sondern auch das polnische Volk, seine Mundart, seine Lieder und Tänze, und kamen auf diese Weise dem für die polnische Aufklärung ungemein charakteristischen Verlangen nach der nationalen Kunst nach.

Stanislaus August Poniatowski organisierte die königliche Hofkapelle von neuem. An der Spitze der Kapelle standen nacheinander hervorragende italienische Musiker: Gherardi, Pereschini, Gaetani und Albertini (die beiden letzten schrieben zahlreiche Opern). Der König unterhielt an seinem Hofe ebenfalls eine französische und eine italienische Operntruppe, doch widmete er dem Theater, in dem seit 1778 regelmäßig die Opern heimischer Komponisten aufgeführt wurden, seine größte Fürsorge.

Im Musikleben der zweiten Hälfte des 18. Jahrhunderts besaßen neben der

Warschauer Kapelle und der Warschauer Oper Kapellen und Operntheater an den Höfen der Magnaten große Bedeutung.

Erste polnische Opern

Die Musik in der Epoche der Herrschaft des letzten polnischen Königs Stanislaus August besaß ebenfalls ausgesprochen nationalen Charakter. Die repräsentativste Form dieser Zeit war die Oper, die in weit höherem Maße als die reine Instrumentalmusik den von den Menschen der Aufklärung an die Kunst gestellten Forderungen entsprach. Die Oper nämlich „unterhielt nicht nur das Ohr" als musikalisch-literarisches Werk, denn ihr Libretto, das meist eine moralisierende Aussage besaß, konnte „eine Sammlung fundamentaler Maximen enthalten" (wie der litauische Großhetman Michał Kazimierz Ogiński, ein Musiker und Autor zahlreicher Opern, schrieb). Das Komponieren heimischer Opernwerke war zu einer Zeit, da die nationale Existenz bedroht war, der Ehrgeiz vieler Literaten und Musiker. „Weshalb sollen wir einen so diensteifrigen Charakter auf uns nehmen, um für die Ausländer so viel Verständnis aufzubringen?... Wenn sogar andere Völker, die roh und für Melodien wenig tauglich, ihre eigene Sprache so schätzen, daß sie eigene Opern haben", schrieb der damalige Musiker Pfarrer Wacław Sierakowski.

Die ersten polnischen Opern entstanden etwa zur gleichen Zeit am königlichen Hofe in Warschau und an den Höfen der Magnaten: der Radziwiłłs in Nieśwież und der Ogińskis in Słonim. Förderer des Theaters in Słonim war Michał Kazimierz Ogiński (1728–1800), der litauische Großhetman, ein Dichter und Musiker aus Leidenschaft, der mehrere Instrumente spielen konnte. Als ein glühender Kunstliebhaber hatte er sich in seiner großartigen Residenz eine Theaterbühne geschaffen, auf der er italienische Opern zu Texten des damals berühmtesten Librettisten Metastasio, aber auch Bühnenwerke mit eigenem Text und eigener Musik aufführen ließ. Die Musik der fünf Opern Ogińskis ist in unsere Zeit nicht überliefert, dagegen blieben die Libretti erhalten. Aus ihnen können wir schließen, daß die Opern des litauischen Hetmans aus vielen Arien, Rezitativen und Gruppenszenen bestanden haben müssen, und zum Schluß trat ein Chor auf, der sich mit einer moralisierenden Maxime an das Publikum wandte. Michał Kazimierz Ogiński war ebenfalls Verfasser von Liedern, die dem arkadischen Stil der Liebesidyllen angenähert waren, was dem Geschmack der rationalistischen Epoche entsprach, die großen Leidenschaften abhold war und den aufrichtigen Regungen des Herzens eine künstliche, konventionelle Einfachheit vorzog.

Sieben Jahre nach der Aufführung der Oper Ogińskis *Der verwandelte Philosoph* (Filozof zmieniony) in Słonim (1771) fand im Warschauer Theater am 11. Mai 1778 die Premiere des *Glücks im Unglück* statt, das als die erste Nationaloper angesehen wird. Ihr Komponist, Maciej Kamieński, hatte die Komödie Franciszek Bohomolec' als Vorlage benutzt, die Wojciech Bogusławski entsprechend umgearbeitet hatte. Bogusławski, wegen seiner großen Verdienste später „Vater des polnischen Theaters" genannt, war damals kaum 21 Jahre alt, und das Libretto des *Glücks im Unglück* war einer seiner ersten literarischen Versuche. Der Schöpfer der polnischer Nationaloper, Maciej Kamieński (1734–1821), war seiner Herkunft nach ein Slowake. In Ödenburg geboren, hatte er seine musikalische Ausbildung in Wien erlangt. Gegen 1760 kam er nach Warschau, wo er Musiklehrer und Kapellmeister wurde. Die Aufführung des *Glücks im Unglück* besaß eine große Bedeutung in der Geschichte der polnischen Oper. Von dem Verlangen beseelt, daß – wie der Komponist auf der ersten Seite seiner Partitur vermerkte – „auch die Polen singen mögen", schuf er ein einfaches, zugängliches Werk mit heimisch klingenden Melodien. Kamieńskis Oper war eine von der damaligen Öffentlichkeit sehr geliebte Idylle, in der die Liebesperipetien eines jungen Paares, eben armer Dörfler, dank der großherzigen Freigebigkeit des guten Herrn ein glückliches Ende finden. Es treten darin effektvolle, breit ausgearbeitete Arien im italienischen Stil auf, ausgeschmückt mit einer reichen Koloratur, deren gekünstelte Art im Munde der Bauern damals niemanden störte. Wir finden darin auch komische Arien im Buffostil und schließlich einfache, schlichte Liedchen von ausgesprochen volkstümlichem Charakter. Das *Glück im Unglück*, das Bogusławski als ein „Wunder" bezeichnete, das „damals alle staunen ließ", wurde von der Warschauer Öffentlichkeit begeistert aufgenommen.

Das ermunterte Kamieński, neue Opern zu schreiben. Sie knüpften, ähnlich wie das *Glück im Unglück*, an die ländliche Thematik an, oder aber ihre Handlung spielte im bürgerlichen Milieu. Lediglich die zweite – *Dorfliebe* –, die die Motivik der polnischen Folklore nutzte, hatte einen großen Erfolg. Die folgenden Opern des Komponisten (im ganzen waren es sieben) riefen keine so lebhafte Reaktion beim Publikum hervor wie die denkwürdige Premiere des *Glücks im Unglück*. Ein Jahr nach der Uraufführung der Oper Kamieńskis führte das Theater die Oper *Nicht jeder schläft, der schnarcht* (Nie każdy śpi, co chrapi) von Gaetani auf. Gaetani (zweite Hälfte des 18. Jahrhunderts), ebenfalls Kajetani genannt, ein Musiker italienischer Herkunft, war der vorletzte Kapellmeister König Stanislaus Augusts. Er komponierte fünf Opern auf polnische Texte und eine auf einen französischen Text, der eine Bearbeitung der berühmten Oper *Le devin du village* von J. J. Rousseau war. Die interessanteste der Opern Gaetanis ist zweifellos *Gelbe Schlafmütze oder Das Lied zum Neuen Jahr* (Żółta szlafmyca albo Kolęda na Nowy Rok, 1788) auf einen Text des bekannten Komödienschreibers Franciszek Zabłocki. Die Handlung der Oper, die im bürgerlichen Milieu spielt, ist reich an verschiedenen belustigenden Szenen voll Elan, Humor und Leben. Gaetani hat sein Werk in einem weit höheren Maße als Kamieński mit Melodik und mit Rhythmen polnischer Tänze durchsetzt. Wir begegnen also in seiner Oper den Rhythmen des Obereks und der Polonaise und sogar Zitaten aus authentischen Melodien Masowiens.

Eine sehr wichtige Rolle bei der Gestaltung der polnischen Oper spielte das Theater der Fürsten Radziwiłł in Nieśwież. Die Anfänge seiner Tätigkeit reichen in das Jahr 1733 zurück, als die Fürstin Franciszka hier zahlreiche mit Musik untermalte Komödien aufführte, die sie selbst verfaßt hatte. Den Höhepunkt ihrer Blütezeit verdankte die Theaterbühne von Nieśwież Maciej Radziwiłł, dem großen Musikliebhaber und Autor von Instrumentalwerken und Opernlibretti. Im September 1784 empfing der Fürst den König Stanislaus August in seiner Residenz. Höhepunkt dieses feierlichen Besuchs wurde die Aufführung der Oper *Agatka* mit einem Text von Maciej Radziwiłł und der Musik von Jan Dawid Holland. Die vom König begeistert aufgenommene Vorstellung dauerte bis in die tiefe Nacht. Neben Berufsschauspielern beteiligten sich auch Dörfler daran, die zur fürstlichen Kapelle gehörten.

Jan Dawid (Johann David) Holland (1746–1827), ein Musiker deutscher Abstammung, war anfangs Kapellmeister an der Katharinenkirche in Herzberg, dann Dirigent an der Hauptkirche in Hamburg. Nach Polen kam er etwa 1780 und wurde Hofmusiker des Fürsten Radziwiłł, ein Dutzend Jahre später bekleidete er die Stellung eines Musiklektors und Orchesterdirigenten sowie eines Chorleiters an der Universität Wilna. Obwohl sich der Musiker kaum vier Jahre in Polen aufgehalten hatte, als er die *Agatka* komponierte, gelang es ihm, die wesentlichen Merkmale der polnischen Volksmusik zu erfassen und sie in einer geschickten Weise mit dem damals übermächtig herrschenden galanten Stil zu verbinden. Neben den beschaulichen, sentimentalen Liedchen, die das von den Schäferidyllen verbildete Publikum liebte, treten in Hollands Oper viele

Motive mit deutlich volkstümlichem Charakter auf. So erklingen im Duett des jungen Liebespaares vom Lande deutlich Rhythmen einer Polonaise, die komische Arie des alten Walenty hingegen, die der authentischen Volksmusik am nächsten kommt, bietet die schwungvollen Rhythmen und den tänzerischen Elan eines Krakowiaks. Andere Kompositionen Hollands nutzen ebenfalls die Rhythmik der polnischen Tänze – die 1792 in Warschau aufgeführte *Nationale Sinfonie* (Symfonia narodowa) besaß einen 2. Teil, der betitelt war: *Une polonaise de chasse.*

Maciej Radziwiłł (1749–1821), der Autor des Librettos der *Agatka*, schrieb ebenfalls Kammermusikkompositionen, von denen das bezaubernde *Divertimento D-Dur* besondere Beachtung verdient.

Eine noch größere Bedeutung maß der Fürst Adam Kazimierz Czartoryski, der Initiator und Protektor des Theaters in Puławy, dem heimischen Charakter der Opernmusik bei. Czartoryski, ein hervorragender Kunstkenner, umgab sich gern mit Künstlern – in seiner prachtvollen Residenz weilte Franciszek Dionizy Kniaźnin, ein Vertreter der Poesie des polnischen Sentimentalismus. Im Palast von Puławy lebte und komponierte auch Wincenty Lessel (1750 – etwa 1825), ein talentierter Musiker, der aus Böhmen stammte. Seine musikalische Ausbildung erwarb er sich in Wien und Dresden. Lessel war Kapellmeister der Puławer Kapelle und Hofkomponist des Fürsten, Verfasser von neun Opern, denen vorwiegend Kniaźnins Libretti als Vorlage dienten. Es waren darunter Werke historischen Inhalts (*Piast* auf einen Text von Niemcewicz), patriotischen Inhalts (*Die Spartanermutter* nach Kniaźnin) und dramatisierte Idyllen (*Zigeuner, Dreifache Hochzeit* – Cyganie, Troiste Wesele – beide nach Kniaźnin). Lessel, der ein begabter und gründlich ausgebildeter Komponist war, ließ sich von Haydns und Mozarts Musik befruchten und schätzte auch die Kunst J. S. Bachs über alle Maßen, was damals ebenfalls noch zur Seltenheit gehörte. Er interessierte sich überdies lebhaft für die polnische Folklore, indem er mehrfach authentische Mazurkas und Krakowiaks in seine Opern einführte. Von den Opern des Puławer Kapellmeisters sind lediglich kurze Fragmente erhalten. Lessel war ebenfalls Autor der hübschen *Ariette pour le clavecin ou pianoforte*, die einen Zyklus von 12 Variationen umfaßt. Der Komponist wandelt das Thema hauptsächlich mit figurativ-ornamentalen Mitteln ab, die in der Periode des Klassizismus besonders beliebt waren, ohne jedoch auf die Kontrapunkttechnik zu verzichten.

Das größte Ereignis im Bereich der Oper stellte jedoch in der Epoche Stanislaus Augusts die Premiere von *Das vermeintliche Wunder oder Die Krakauer und die Goralen* dar (1. März 1794) mit der Musik Jan Stefanis auf einen Text von Wojciech Bogusławski. Die Uraufführung dieses Werkes fiel mit Ereignissen zusammen, die für die gesamte polnische Nation von größter Tragweite waren.

Der in den Jahren 1788–1792 beratende Vierjährige Sejm faßte eine ganze Reihe wesentlicher Entscheidungen, die die innere Lage des Landes definitiv verändern sollten. Die kriegerischen Verwicklungen Rußlands mit der Türkei nutzend, verlangte der Sejm den Abzug der russischen Truppen vom Territorium Polens und stellte eine Armee von hunderttausend Mann auf. Der wichtigste vom Sejm gefaßte Beschluß war die Verfassung vom 3. Mai 1791 – das erste in Europa und zweite auf der Welt (nach den Vereinigten Staaten) schriftlich fixierte Grundgesetz. Die Verfassung, die in ihrem Charakter ungewöhnlich fortschrittlich war und in einigen ihren Entscheidungen weit in die Zukunft wies, brachte eine Gleichstellung des Adels und des Bürgertums, nahm die Bauern „unter den Schutz des Gesetzes und der Landesregierung", führte die religiöse Toleranz ein, setzte auch die genauen Kompetenzen der einzelnen Machtorgane fest. Die Annahme der Verfassung wurde von den

Sejmabgeordneten und von der gesamten Bevölkerung der Hauptstadt begeistert gefeiert.

Zu diesem Zeitpunkt gelang es Rußland, den Krieg gegen die Türkei zu beenden, was Katharina II. dann die bewaffnete Intervention in Polen ermöglichte. Den Vorwand für die Aggression gab die Konföderation von Targowica, die von einer Handvoll Verrätern gegründet worden war, von Magnaten, die den Reformen unwillig gegenüberstanden und sich an Katharina um Hilfe wandten. Der polnisch-russische Krieg, geführt um die Verteidigung der Maiverfassung, endete mit der Niederlage der polnischen Truppen und mit der Besetzung der Hauptstadt, was die zweite Teilung Polens einleitete. Die Antwort auf diesen Akt der Gewalt war der Kościuszko-Aufstand, ein grandioses Aufbegehren des ganzen Volkes unter Führung von Tadeusz Kościuszko, einem freisinnigen Staatsbürger und glänzenden Heerführer, einem Helden des Freiheitskampfes der Vereinigten Staaten von Amerika.

Zu jener Zeit, die dem Ausbruch des Aufstands unmittelbar vorausging, schrieb Bogusławski *Die Krakauer und die Góralen*. Der glühende Patriot wollte in seinem Werk, wie er schrieb, ein Bild „dieser fröhlichen und robusten Krakauer" geben, „die singend den Boden bestellen und singend um ihn kämpfen". Der Inhalt, der sich entsprechend den damals gültigen Konventionen um die Liebesgeschichte eines jungen Paares vom Dorfe dreht, war zudem reich an politischen Anspielungen, die für das Warschauer Publikum deutlich genug waren. Der Komponist – Jan Stefani (1746–1829), in Prag geboren, in Italien ausgebildet – hatte als Geiger am Wiener Hoforchester gewirkt. Im Jahre 1771 traf er auf Einladung Andrzej Poniatowskis, des Bruders König Stanislaus Augusts, in Polen ein und blieb dort bis zu seinem Tode. Er war Orchesterdirigent am Nationaltheater, leitete auch die Aufführungen religiöser Werke am Johannesdom. Als er die Oper komponierte, bemühte er sich, sie mit wahrhaft polnischem Geist zu erfüllen, daher suchte er für seine Musik Inspiration in der polnischen Folklore. „Jeden Sonntag reiste Stefani aufs Land, um sich Lieder anzuhören und die Tänze unseres munteren Volkes anzusehen", beschrieb Wójcicki den Prozeß der Komposition der Oper.

Keine andere Oper aus der Zeit Stanislus Augusts hat bei der Darstellung des Lebens des Volkes einen ähnlichen Realismus erreicht. Stefanis Musik, voll Schwung und Temperament und dann wieder von einer melancholischen Besinnlichkeit gefärbt, vermag die aufrichtige, gefühlvolle Natur der Bauern aus der Gegend um Krakau wiederzugeben.

Stefani bemühte sich überdies, Unterschiede zwischen den Gesängen der Dörfler aus der Umgebung von Krakau und der Goralen einzuführen. Die ersteren werden durch Motive eines temperamentvollen Krakowiaks und einer schwungvollen Mazurka charakterisiert, während die Goralenlieder Zitate authentischer Volksmelodien aus der Gegend von Babia Góra verwenden. Es fehlen in Stefanis Oper auch nicht die gleitenden Rhythmen der Polonaise, des repräsentativsten Nationaltanzes. Der von politischen Anspielungen strotzende Inhalt der Oper wie auch ihr wahrhaft nationaler Charakter bewirkten, daß sich die Premiere der *Krakauer und der Goralen* in eine stürmische patriotische Manifestation verwandelte. Nach etwa drei Vorstellungen wurde die Oper auf Geheiß der russischen Behörden vom Spielplan des Nationaltheaters abgesetzt.

Anfänge der Sinfonik

Ein wenig im Schatten der Oper, die in der Epoche Stanislaus Augusts als die höchste künstlerische Errungenschaft auf dem Gebiet der Musik galt, entfaltete sich das polnische sinfonische Schaffen. Sinfonien wurden sowohl an den Höfen der Magnaten gespielt (so wirkten z.B. am Hofe der Ilińskis in Romanowo zwei Ensembles: das vokal-instrumentale von etwa 120 Mitgliedern, das von Ignacy Dobrzyński geleitet wurde, und ein Ensemble von Blechhörnern verschiedener Größe, das ausschließlich aus Bauern bestand) wie auch in bürgerlichen Kreisen. Eine höchst bedeutsame Rolle bei der Entwicklung und Verbreitung der sinfonischen Musik spielten Kapellen, die an den Kirchen und Klöstern wirkten. Sie führten sowohl religiöse Musik als auch solche mit weltlichem Charakter auf. Ihr reiches Repertoire umfaßte viele Werke der hervorragendsten europäischen Komponisten (der deutschen, italienischen und böhmischen) sowie Werke heimischer Autoren.

Keiner der polnischen Zeitgenossen Haydns und Mozarts besaß zwar eine hervorragende Begabung, jedoch lassen sich in ihrem Schaffen gewisse individuelle Merkmale neben Elementen der gängigen Klangsprache des Klassizismus, die das gemeinsame Eigentum des gesamten musikalischen Europas darstellte, konstatieren.

Einer der ersten Komponisten, die Sinfonien schrieben, war A. Haczewski (zweite Hälfte des 18. Jahrhunderts), der Verfasser der *D-Dur-Sinfonie* aus dem Jahr 1771. Dieses Werk ist voll Leichtigkeit, Anmut und melodischer Eleganz, die dem galanten Stil eigen sind. Besondere Beachtung verdient der 2. Teil der Sinfonie – die *Polonaise*, die auf der Rhythmik des repräsentativsten Nationaltanzes beruht. Sie hat zwar noch nicht jenen schwungvollen, majestätischen Charakter, der die Polonaisen des 19. Jahrhunderts kennzeichnet, weist indes, entsprechend dem Geist der Epoche, höfische Anmut auf.

Der Schöpfer von fünf Sinfonien war Jakub Gołąbek (gest. 1789), ein Komponist schlesischer oder böhmischer Herkunft. Nach Krakau hatte ihn Pfarrer Wacław Sierakowski geholt. Die Melodik der Sinfonien Gołąbeks weist noch gewisse Rückstände des Barockstils auf. Der Komponist wendet in der Regel auch eine verkürzte Form der Reprise an, in der nur eins der Themen des Sonatenallegros auftritt.

Jan Wański (1762–1800), ein talentierter Komponist und Geiger, Verfasser dreier Sinfonien, war die hervorragendste Gestalt im musikalischen Leben der Stadt Poznań. Zwei seiner Sinfonien sind auf Motiven seiner verschollenen Opern aufgebaut: *Der Hirte an der Weichsel* (Pasterz nad Wisłą) und *Bauersmann* (Kmiotek). Wańskis Kompositionen, in einem heiteren, klaren Kolorit gehalten, zeichnen sich durch geschickte Instrumentation und lebhafte Melodik voll Elan und Anmut aus. Mit der Klosterkapelle in Czerwińsk bei Warschau stand wahrscheinlich Antoni Milwid (zweite Hälfte des 18. Jahrhunderts), der Verfasser von religiöser Musik (Messen, Litaneien, *Sub tuum praesidium*) und sinfonischer Musik, in Verbindung. Alle religiösen Werke Milwids waren für Sopran, Baß und ein Instrumentalensemble (Violinen, Klarinetten, Hörner, Orgel) geschrieben. Der Komponist hatte auf die polyphone Technik völlig verzichtet, sein von Grund auf lyrisches Talent äußerte sich am vollständigsten mittels breit angelegter, kantabler Phrasen, die von sanftem Lyrismus mit ausgesprochen slawischen Zügen erfüllt waren. Milwid nutzte mehrfach Motive, die der polnischen Volksmusik entnommen waren – in einem breit angelegten Zyklus aus zwölf Kantaten erscheinen Rhythmen der Polonaise und der Mazurka, in dem *Gloria* aus der *Messe in Dis* die Melodie des populären Weihnachtsliedes *Lulajże Jezuniu* (Chopin sollte sie viele Jahre später in seinem Scherzo h-Moll verwenden). Slawischen Charakter weisen ebenfalls die Sinfonien Milwids auf.

Wojciech Dankowski (geb. um 1760), Verfasser von rund sechzig religiösen Kompositionen und Sinfonien (von denen nur eine, *Sinfonie D-Dur*, erhalten ist), war anfangs mit Gniezno als Komponist der dortigen Kapelle verbunden.

Im Jahre 1792 siedelte er nach Lwow um, wo er sowohl als Komponist von Kirchenmusik wie auch von Theatermusik bekannt wurde und überdies im Opernorchester auf der Bratsche spielte. Bereits um 1800 hatte er Beziehungen zur Kapelle des Doms von Poznań. Dankowskis religiöse Werke (Messen, Offertorien, Vespern, Litaneien, Hymnen) sind im allgemeinen im homophonen Stil gehalten, obgleich der Komponist nicht gänzlich auf Polyphonie verzichtete, indem er stellenweise nicht sehr ausgesuchte kontrapunktische Mittel einführte. Dankowskis Schaffen stellt eine Synthese der gängigen Wendungen dar, die aus der italienischen Musik (besonders aus der neapolitanischen Opernschule) geschöpft sind, aus den Mitteln der Klangsprache des Klassizismus und aus echt polnischen Elementen. Diese letzteren werden nicht nur in gewissen abstrakten Motiven mit volkstümlicher Färbung erkennbar, sondern beherrschen geradezu größere Teile des Messezyklus, was selbst die Titel bezeugen: *Tempo di polonese* oder *Tempo di mazur*. Dankowskis Sinfonien besaßen ebenfalls nationale Züge – der langsame Teil der heute bereits verlorengegangenen *Sinfonie D-Dur* war eine Polonaise, mehr noch: die übrigen Teile des Werkes wiesen ebenfalls gewisse Einflüsse der Rhythmik dieses Tanzes auf.

Ihre reifste Gestalt erreicht die Sinfonieform im Schaffen Franciszek Ścigalskis, von dessen Leben wir nicht mehr wissen, als daß er in den Jahren 1821–1827 Organist und Dirigent der Kapelle in Grodzisk Wielkopolski und in Poznań war.

Seine *Sinfonie D-Dur*, im klassischen vierteiligen Schema gehalten, lebhaft und heiter, voll Anmut und subtilem Reiz, zeichnet sich durch eine grazile, durchsichtige Instrumentation aus. Besonders interessant ist der 2. Teil dieses Werkes, der durch seinen überströmenden, typisch slawischen Lyrismus die Aufmerksamkeit auf sich lenkt. Der Komponist zitiert hier keine authentische Volksmelodie, aber es gelingt ihm, ein emotionales Klima zu schaffen, das in seinem Charakter der wehmütigen Melancholie der polnischen Folklore nahekommt.

Ein hervorragender Komponist von Instrumentalmusik war Feliks Janiewicz (1762–1848), einer der größten Geiger seiner Zeit. In Wilna geboren, kam er als Fünfzehnjähriger nach Warschau, wo er Geiger in der königlichen Kapelle wurde. Da man ihn für ein vielversprechendes Talent hielt, bekam er sehr bald ein Stipendium für ein weiteres Studium in Nancy. 1785 begab er sich nach Wien, um bei Joseph Haydn Stunden in Kompositionslehre zu nehmen. Der polnische Künstler genoß damals große Anerkennung als Geiger. Mozart, der von seinem Spiel begeistert war, schrieb eigens für ihn das *Andante a-Dur* (KV 470). In den weiteren Jahren reiste Janiewicz durch Europa, gab viele Konzerte in Florenz, Rom, Mailand und Paris. 1792 ließ er sich in London nieder, wo er bald zu großem Ruhm gelangte. Er nahm an den berühmten Konzerten Salomons teil, war auch einer der Organisatoren der Londoner Philharmonischen Gesellschaft und Dirigent der Edinburgher Festspiele. Janiewicz' Musik zeugt von einer gründlichen Kenntnis des kompositorischen Handwerks, ebenso von großem Geschmack und reicher melodischer Invention. Wir finden darin oft Motive und Rhythmen polnischer Tänze – das Finale des *2. Violinkonzerts* Janiewicz' ist eine in Form eines Rondos gehaltene Polonaise, wir finden auch in vielen Trios die Rhythmik dieses Tanzes und ebenso Zitate authentischer Volksmelodien. In Janiewicz' Schaffen überwiegen entschieden die Violinwerke (fünf Konzerte, Sonaten, Trios). Der Künstler, der einer der hervorragendsten Virtuosen seiner Epoche war, nutzt in meisterlicher, wahrhaft moderner Weise die klanglichen und technischen Möglichkeiten dieses Instruments.

An der Schwelle zur Romantik

Der Ausbruch des Kościuszko-Aufstandes und der erste große Sieg der polnischen Truppen in der Schlacht bei Racławice weckten beim Volk die Hoffnung auf die Wiedergewinnung der Unabhängigkeit. Das außergewöhnliche Heldentum der Aufständischen vermochte jedoch nicht, die beträchtliche Übermacht der Besatzungsheere – Rußlands und Preußens – auszugleichen. Am 10. Oktober 1794 erlitten die polnischen Truppen eine Niederlage bei Maciejowice, Kościuszko geriet in Gefangenschaft. Im Jahre 1795 erfolgte die dritte Teilung des Landes, in deren Ergebnis der polnische Staat zu existieren aufhörte. Für die breite Masse der Patrioten begannen die langen Jahre der Emigration in viele Länder Europas. Einer dieser Emigranten war Michał Kleofas Ogiński (1765–1833), ein begabter Komponist, allgemein als Verfasser von Polonaisen bekannt. Der letzte litauische Großschatzmeister hatte eine sorgfältige musikalische Ausbildung erhalten. Sein erster Lehrer war Józef Kozłowski, Hofmusiker der Fürsten Ogiński. Während seiner zahlreichen Auslandsreisen machte sich der junge Aristokrat mit den Strömungen der europäischen Musik bekannt, nahm auch Violinunterricht bei dem berühmten italienischen Virtuosen Giovanni Battista Viotti. Ogiński beteiligte sich an den Beratungen des Vierjährigen Sejms, und dann – wie er schrieb – befand er sich „in den Reihen derer, die um das Vaterland kämpften". Er stellte auf eigene Kosten ein Regiment berittener Schützen auf, das er in mehreren Schlachten befehligte. In der Emigration unterließ er es nicht, um Polens Unabhängigkeit weiter zu kämpfen, fuhr als Agent nach Konstantinopel und nach Kopenhagen, schrieb flammende Denkschriften an Napoleon, zu dessen Ehren er die Oper *Zélis et Valcour ou Bonaparte au Caïre* komponierte. Dieses Werk, voll unzweideutiger politischer Anspielungen, stützte sich auf ein französisches Libretto (ebenfalls aus der Feder Ogińskis), das ein wenig dem Inhalt von Mozarts *Entführung aus dem Serail* gleicht. Besonders interessant an dieser Oper sind die Motive, die an die arabische und die türkische Musik erinnern. Ogiński hegte die Hoffnung, sein Werk werde Napoleons Aufmerksamkeit auf Polen lenken, doch gelang es ihm nicht, irgendein Pariser Theater für seine Aufführung zu gewinnen, und so gelangte *Zélis et Valcour* niemals auf die Bühne.

Ogiński, der in die politische Tätigkeit stark engagiert war, vernachlässigte auch nicht sein Klavierschaffen. „Wenn ich im Ergebnis meiner Wanderungen manchmal auf ein Klavier stieß, setzte ich mich unwillkürlich daran und entrang ihm traurige, herzzerreißende, mitunter ungestüme Weisen, die gleichsam durch irgendwelche Träume inspiriert zu sein schienen", schrieb er. Auf diese Weise sind Ogińskis Polonaisen entstanden, die dem Komponisten Ruhm einbrachten und für lange Zeit ein Symbol der nationalen Kunst waren. Diese kleinen lyrischen Stimmungsbilder, oft von einer melancholischen Note gefärbt, zeichnen sich durch eine sorgfältige Form und feinen Geschmack aus. Ihr Stil, bar aller virtuosen Elemente, sowie ihr zutiefst persönlicher Ton stellten eine erste, noch zaghafte Ankündigung der Romantik in der polnischen Musik dar.

In der zweiten Hälfte des 18. Jahrhunderts gab es in Polen viele vorzügliche Instrumentalisten, von denen einige auch außerhalb der Grenzen ihres Landes Ruhm erlangten. Neben Janiewicz war auch Jan Kleczyński (1756–1828) ein bekannter Violinsolist; in Großpolen geboren, lebte er seit 1780 in Wien, wo er die Funktion eines Konzertmeisters der Hofkapelle ausübte. Kleczyński war auch Verfasser zahlreicher Violinwerke. Ein Ausnahmetalent war der jung verstorbene Mikołaj Zygmuntowski (um 1771–1786), der schon als siebenjähriges „Wunderkind" ganz Paris mit seinem Spiel begeisterte.

An der Schwelle zur Romantik

Henryk Swolkień

Von Chopin bis Szymanowski

Anfänge des 19. Jahrhunderts

An der Schwelle des 19. Jahrhunderts konnte die polnische Musik bereits auf die reiche Tradition mehrerer Jahrhunderte zurückblicken. Ungeachtet des Umstands, daß Polen als ein politisch selbständiger Staat von der Landkarte Europas verschwunden war, entwickelte sich die polnische Kultur um so üppiger, da sie als eine Waffe im Kampf um die Bewahrung der nationalen Andersartigkeit und um die Wiedererlangung der Freiheit Bedeutung gewann. Auf dem Boden des 1807 von Napoleon geschaffenen Herzogtums Warschau und später, bereits nach dem Wiener Kongreß 1815, auf dem Boden des Königreichs Polen, das sich einer relativen Autonomie erfreute, erlangte Warschau allmählich die Bedeutung eines kulturellen Zentrums zurück, in dem auch das musikalische Leben in elementarem Pulsschlag vibrierte. Namhafte Solisten und Virtuosen, u.a. Hummel, Paganini und Liszt, mieden auf ihren Konzertreisen auch Warschau nicht, sondern gastierten dort sehr gern und schätzten die Anerkennung, die ihnen das polnische Publikum zollte, hoch ein.

Als höchste musikalische Form, als Ausdruck der höchsten Kompetenz eines jeden Komponisten, wurde damals die Oper angesehen. Die erste Hälfte des 19. Jahrhunderts war eben die Periode einer gesteigerten Tendenz, der kosmopolitischen Oper nationale Inhalte zu verleihen. In Polen wurden diese Bestrebungen durch die patriotischen Gefühle geschürt, die die polnische Sache nach der politischen Katastrophe auch auf dem Boden der nationalen Kunst zu stützen suchten. Bevor Chopin ihr erster Botschafter in fremden Ländern wurde, bevor Moniuszko die ersten wahrhaft nationalen polnischen Opern zu komponieren begann, waren in Polen viele Opern entstanden, deren Thematik, der alten Geschichte Polens entnommen, vielsagend von den damals herrschenden Stimmungen zeugte. Diese Opern entsprangen der Feder zweier Komponisten: des Lehrers von Chopin, Józef Elsner (1769–1854), und Karol Kurpińskis (1785–1857). Der in Schlesien – im südwestlichen Gebiet des einstigen und jetzigen Polens – geborene Elsner besäße gewiß schon in der Geschichte der polnischen Musik einen Ehrenplatz allein auf Grund dessen, daß er das Genie seines Schülers Chopin sehr früh erkannt hatte. Elsner jedoch war nicht nur ein gewissenhafter Pädagoge und ein verdienter Organisator des polnischen Musiklebens und Schulwesens, sondern auch ein fruchtbarer Komponist. In den Jahren 1799–1824 schuf er, als er Operndirigent in Warschau war, neben einer Vielzahl religiöser Kompositionen und Gelegenheitsmusiken 20 Opern. Schon ihre historische polnische Thematik war damals eine kühne Neuheit.

Einige von ihnen, die die polnischen Könige wie Leszek der Weiße, Ladislaus Ellenlang oder Ladislaus Jagiello zum Thema hatten, errangen eine gewisse Popularität. Übrigens kamen damals neben den im Opernschaffen ganz Europas dominierenden italienischen und französischen Einflüssen immer deutlicher Elemente der nationalen Musik in Elsners Opern zum Durchbruch. Der um das polnische dramatische Theater an der Wende vom 18. zum 19. Jahrhundert verdiente Wojciech Bogusławski äußerte über Elsner, „es gehört sich, seine Verdienste und seine Arbeiten in doppelter Beziehung, das heißt sowohl für das Theater wie auch für das Allgemeinwohl des Volkes, gebührend zu würdigen".

Hätte Karol Kurpiński nur patriotische Lieder hinterlassen, etwa solche wie *Olszynka* oder *Chłopickis Mazurka* (dem Napoleonischen General, einem Anführer des bewaffneten polnischen Aufstands von 1830 gewidmet) oder *Die Litauerin (Litwinka)* und die vor allem während dieses Aufstands gesungene und auch heute noch unvergessene *Warschauerin* (Warszawianka), dann müßte er schon deshalb in der Geschichte der polnischen Musik einen Ehrenplatz einnehmen. Kurpiński machte sich jedoch überdies durch das Komponieren von Opern und Vaudevilles verdient. Er schrieb ihrer vierundzwanzig. Sofern Elsner Kurpiński durch sein musikalisches Wissen überragte, so übertraf ihn Kurpiński an kompositorischem Talent. Er war übrigens ein ebenso guter Dirigent und Organisator. Es stimmt zwar, daß die Mehrzahl seiner Bühnenwerke nach einer geringen Anzahl von Vorstellungen wie ein Feuerwerk verpuffte, übrigens häuptsächlich wegen des zweifelhaften Wertes ihrer Texte. Die Mängel bei der auf eigene Faust errungenen musikalischen Ausbildung, die er wegen der leicht erzielten Erfolge wenig selbstkritisch betrachtete, verhalfen Kurpiński trotz seiner großen Begabung kaum, Werke zu schaffen, die dem Einfluß der Zeit standhielten. Die Flut der dem Modestrom folgenden italienischen und französischen Opernproduktion, und dies meist in ihrer billigen Ausgabe, verdarb den Geschmack des Publikums und, was daraus folgt, entstellte die schöpferischen Talente der Komponisten, die sich der Verlockung eines leichten, schillernden Erfolgs nicht zu erwehren vermochten.

In Großpolen als Sohn eines Dorforganisten geboren, gelangte Kurpiński 1810 nach Warschau, nachdem er sich zuvor mit vielen italienischen und deutschen Opern bei der Opernbühne in Kiew oberflächlich vertraut gemacht hatte. Ein besonders glücklicher Zufall brachte ihn mit Wojciech Bogusławski zusammen, der gerade einen zweiten Dirigenten neben Elsner für die Warschauer Oper suchte. Der junge Kurpiński erschrak nicht vor dem mächtigen Rivalen in der Person Elsners, sondern ließ sich von seiner Ambition hinreißen, die Kräfte mit ihm zu messen. Nach dem ersten, nicht sehr gelungenen Versuch, der Musik zu dem Stück *Zwei Katen* (Dwie chatki), aus der die gefällige Ouvertüre auch heute noch mit Erfolg gespielt wird, folgten wie aus einem Füllhorn Operetten, Vaudevilles und Opern. Allein die Titel zeugten nicht immer günstig von ihrem künstlerischen Wert: *Der Palast des Luzifer*, *Die Marcinowa im Serail*, *Der Scharlatan*, *Die kleine Schule der Väter*. Es fanden sich auch, wie bei Elsner, Opern mit historischer Thematik: *Hedwig, Königin von Polen* (Jadwiga, królowa Polski), *Jan Kochanowski in Czarny Las*, *Fürst Popiel* (Książę Popiel), *Die Belagerung von Gdańsk* (Oblężenie Gdańska). Zu Kurpińskis besten Werken kann man neben *Der Aberglaube oder Die Krakauer und die Goralen* (Zabobon czyli Krakowiacy i Górale) auf einen Text von Bogusławski auch die Opern *Das Schloß von Czorsztyn* (Zamek w Czorsztynie), *Kalmora* und *Förster im Urwald von Kozienice* (Leśniczy w Puszczy Kozienickiej) zählen.

Als Direktor der Warschauer Oper machte sich Kurpiński dadurch besonders verdient, daß er Werke des Weltrepertoires aufführte. Neben Mozartschen Opern inszenierte er, manchmal sogar nur wenige Jahre nach ihrer Uraufführung, Opern von Rossini, dem Schöpfer des unsterblichen *Barbiers von Sevilla*. Man kann in Kurpińskis Musik unschwer Beweise für seine genaue Kenntnis der Musik Mozarts und Rossinis finden. Aber man begegnet in seiner Musik einer spezifisch polnischen Note, was die polnischen Hörer bei der Wiederaufführung vieler zu Unrecht vergessener Opern Kurpińskis in den Nachkriegsjahren frappierte. Eine charakteristische Verbindung des Mozartschen Stils mit der polnischen Thematik ist z.B. die Ouvertüre zu Kurpińskis komischer Oper *Die Marcinowa im Serail*, die die Sonatenform mit der Rhythmik und der Thematik eines unbeschwerten polnischen Volkstanzes, des Obereks, verbindet. Kurpiński gelang es auch, entsprechend der Mode seiner Epoche die Anerkennung des Publikums durch gefällig komponierte Klavierwerke mit Programmusikcharakter zu erringen, der in den Titeln deutlich wird: *Der Moment eines schrecklichen Traums oder Das Erwachen Jean-Jacques Rousseaus im Frühling*. Großer Anerkennung erfreuten sich Kurpińskis Polonaisen. Von seinen Instrumentalwerken wäre auch das heute noch gespielte *Klarinettenkonzert* zu erwähnen.

Trotz des bereits angeführten unterschiedlichen Werts seiner Werke gehörte Kurpiński sicherlich zu den hervorragendsten polnischen Komponisten vor Chopin. Seine vielseitige Tätigkeit trug, ähnlich wie Elsners Schaffen, in bedeutendem Maße dazu bei, dem damaligen Warschau den Rang eines wichtigen Zentrums des musikalischen Lebens zu geben. Es unterliegt keinem Zweifel, daß die Atmosphäre, in der der junge Chopin in Warschau aufwuchs, ihm gestattete, einen beträchtlichen Wissensschatz zu erlangen, der sich bereits in seinen ersten Jugendwerken manifestierte. Als Chopin an jenem denkwürdigen Abend, am 17. März 1830, kurz bevor er Warschau für immer verließ, im Saal des Nationaltheaters zum ersten Mal sein *Klavierkonzert f-Moll* spielte, wurde der ehemalige Elsnerschüler von einem Orchester unter Kurpińskis Leitung begleitet.

Fryderyk Chopin

„Der Geburt nach ein Warschauer, dem Herzen nach ein Pole, seinem Talent nach Weltbürger." Es trifft häufig zu, daß das, was den Forschern und Wissenschaftlern Mühe bereitet, einem Dichter, der sich nur von der Intuition leiten läßt, leichtfällt. Niemand vermochte bisher den Sinn allen Wissens über Chopin treffender zu formulieren, als dies in der zitierten Äußerung einem der hervorragendsten Dichter der polnischen Romantik, einem Zeitgenossen Chopins, Cyprian Kamil Norwid, gelang.

„Der Geburt nach ein Warschauer..." Genau genommen, wurde Chopin nicht in Warschau, sondern in dem nahe gelegenen Ort Żelazowa Wola geboren. Und dennoch war er seit seinen frühesten Lebensjahren so fest mit Warschau verbunden, daß man ihn für einen Warschauer halten darf. Mehr noch – man darf ruhig Warschau mit dem Begriff „Chopinstadt" bezeichnen. Hier hat Chopin gelebt, hier wurde er zuerst als glänzend begabtes Kind und später als ein durch seine Frühreife verblüffender Pianist und Komponist bekannt, und er konnte schließlich auch, als er die Stadt mit zwanzig Jahren verließ, bereits als ein vollständig ausgebildeter Künstler angesehen werden. Als er Warschau 1830 verließ, nahm er nicht an, daß er nicht mehr dorthin zurückkehren würde. Nur sein Herz kehrte dorthin zurück, das mit der gebührenden Pietät in einer der Warschauer Kirchen aufbewahrt wird. Denn Chopin selbst wurde auf dem Pariser Friedhof Père-Lachaise beerdigt. Chopins Vater, Mikołaj Chopin, ein gebürtiger Franzose, war aus dem fernen Lothringen nach Polen gekommen, um sich dort für immer niederzulassen. Er war in einer für Polen schweren Zeit gekommen, als das polnische Volk einen verzweifelten Kampf um seine politisch bedrohte Existenz führte. Mikołaj Chopin dokumentierte seine Gefühle für das neue Vaterland, indem er aktiv an dem Kościuszko-Aufstand teilnahm. Seine erhaltenen Briefe sind in einem korrekten Polnisch geschrieben.

1802 siedelte Mikołaj Chopin nach Żelazowa Wola um, wo er Hauslehrer des Grafen Fryderyk Skarbek wurde. Hier heiratete er eine polnische Adlige, Justyna Krzyżanowska, die bei den Skarbeks den Haushalt führte. Fryderyk Skarbek, der später sehr geschätzte Verfasser der Geschichte des Herzogtums Warschau, stellte seinem Lehrer in seinen Memoiren folgendes Zeugnis aus: „Er war ein moralischer und aufrichtiger Mensch, der sich der Erziehung der polnischen Jugend widmete, sich aber nie darauf versteifte, sie in Franzosen zu verwandeln und ihr die in Frankreich vorherrschenden Grundsätze einzuprägen. Er achtete die Polen und war dem Land und den Menschen dankbar, unter denen er eine gastliche Aufnahme und einen geeigneten Lebensunterhalt fand, indem er ihnen seine aufrichtige Dankbarkeit dadurch bezeigte, daß er ihre Nachkommen zu nützlichen Bürgern erzog. Durch seinen langjährigen Aufenthalt in unserem Land, durch seine freundschaftlichen Beziehungen, die er zu polnischen Familien unterhielt, vor allem aber dadurch, daß er eine Polin heiratete, wurde er in der Tat ein Pole."

Am 22. Februar 1810 kam Fryderyk Chopin im Hinterhaus der gräflichen Residenz zur Welt.

Im Herbst 1810 verließ Mikołaj Chopin zusammen mit seiner Familie Żelazowa Wola, um am Warschauer Gymnasium als Lehrer für Französisch und Literatur eine Stellung anzunehmen. Zwei Jahre später erhielt er die Nominierung zum Professor an der Schule für Ingenieurwesen und Artillerie, später die Ernennung zum Gymnasialprofessor, und schließlich wurde er Mitglied des Komitees für die Revision von „Bibliotheks- und Schulbüchern". Die Chopins hatten in der ersten, ziemlich geräumigen Wohnung im Sächsischen Palais eine Pension für Gymnasiasten aus wohlhabenden Familien eingerichtet. Im Hause der Chopins herrschte ein kultiviertes Klima, und einige der Pensionsgäste Mikołaj Chopins wurden später hervorragende Gelehrte, die sich Verdienste um die polnische Kultur erwarben. Ohne Zweifel mußte eine solche Umgebung großen Einfluß auf die Gestaltung der Psyche Fryderyks haben, und die Freundschaft mit den Altersgenossen, den Zöglingen der väterlichen Pension, bewährte sich über lange Jahre hinaus.

Erwähnenswert ist, daß Fryderyks Vater Geige und Flöte spielen konnte und daß seine Mutter ihren Pensionsgästen Klavierstunden gab. Den ersten Unterricht im Klavierspiel erteilte Fryderyk seine drei Jahre ältere Schwester Ludwika, die damals neun Jahre alt war. Im Chopinschen Hause gab auch der renommierte Warschauer Pädagoge Wojciech Żywny Klavierstunden. Die Fortschritte, die Fryderyk machte, waren verblüffend. Vor allem erweckte das Improvisationstalent des kleinen „Chopinek", wie man ihn damals nannte, allgemeine Bewunderung.

Im November 1817, als Fryderyk also sieben Jahre alt war, erschien seine erste Komposition, die *Polonaise g-Moll*. Mit acht Jahren spielte er auf einem Wohltätigkeitskonzert das *Klavierkonzert* von Gyrowetz, und zwar mit einem so großen Erfolg, daß er in allen Warschauer aristokratischen Salons als Attraktion sehr gefragt war. Neben seinem musikalischen Talent machte der Knabe auch durch seine Intelligenz auf sich aufmerksam. Seinen Lehrer schätzte er sehr, obwohl man verschiedener Meinung über ihn war, und er erzählte noch Jahre später, „daß selbst ein Esel beim Herrn Żywny spielen gelernt hätte". In der schönen Barockkirche der Visitantinnen in der Krakowskie-Przedmieście-Straße spielte Fryderyk während des Gottesdienstes, den die Studenten des Gymnasiums besuchten, die Orgel. Als er fünfzehn war, erschienen seine ersten zwei Mazurkas im Druck: G-Dur und B-Dur sowie das mit der Nummer 1 bezeichnete Opus *Rondo c-Moll*. Seinen Unterricht in Musiktheorie und Komposition begann Fryderyk im Herbst 1826 an der Warschauer Hauptschule für Musik in der Klasse ihres Rektors Józef Elsner. Die Fächer, die er belegte, umfaßten „Musiktheorie, Generalbaß und Komposition in grammatischer, rhetorischer und ästhetischer Hinsicht". Elsner beurteilte seinen Schüler sehr hoch: „besonders begabt – ein musikalisches Genie".

Zweifellos waren die Variationen über ein Thema aus Mozarts *Don Giovanni* für Klavier und Orchester unter Elsners Auge entstanden. Als das Opus 2 im Druck erschien, lernte Robert Schumann es kennen; er war davon begeistert. Es könnte scheinen, daß es so einfach sei, sich auf Chopins Kunst zu verstehen... Und dennoch übertraf Schumann, der sogar ein paar Monate jünger war als Chopin, in dieser Beziehung mehrere damals bekannte Rezensenten. Wieviel

Enthusiasmus und zugleich prophetischen Instinkt verrät sein Ausruf: „Hut ab, ihr Herren, ein Genie!" Als Schumann das schrieb, fügte er noch hinzu, daß Chopin in dieser Zeit zum ersten Mal als Komponist aufgetreten sei und ihn tief bewegt habe. Schumann war wohl der erste, der in einem größeren Artikel in dem damals einzigen Organ, das Musikkritiken veröffentlichte, in der *Allgemeinen Zeitung*, auf diesen kühnen Kopf verwiesen hat. Die Äußerung Schumanns – jenes berühmte „Hut ab, ihr Herren, ein Genie! – ist allgemein bekannt. Weniger bekannt sind seine anderen Äußerungen über Chopin:

„Eine entschieden originelle Nationalität, nämlich die polnische... Denn wüßte der gewaltige selbstherrschende Monarch im Norden, wie in Chopins Werken, in den einfachen Weisen seiner Mazurkas, ihm ein gefährlicher Feind droht, er würde die Musik verbieten. Chopins Werke sind unter Blumen eingesenkte Kanonen."

„Was neuerdings von polnischen Kompositionen aufgetaucht, läßt sich mehr oder weniger auf Chopin zurückführen. Durch ihn hat Polen Sitz und Stimme erhalten im großen musikalischen Völkerbund; politisch vernichtet, wird es vielleicht noch lange in unserer Kunst fortblühen."

„Er ist und bleibt der kühnste und wagemutigste poetische Geist der Epoche... Und dies ist hoch genug, seinen Namen den unvergänglichen in der neueren Kunstgeschichte anzureihen, so beschränkt sich seine Wirksamkeit doch nur auf den kleineren Kreis der Klaviermusik..."

Man könnte noch mehr solcher Chopinzitate Schumanns anführen. In seiner Jugend hatte er Chopin „entdeckt", und später lieferte er mit jeder seiner Äußerungen den Beweis, daß er das Neue seiner Musik vollkommen begriff. Und wie bezeichnend, daß er bezüglich des Polentums Chopins und seiner Musik nicht den geringsten Zweifel hegte. Um die Wahrheit zu sagen, hatten auch die Nazibesatzer in dieser Beziehung keine Zweifel. Sonst hätten sie nicht in Warschau das Denkmal Chopins zerstört und nicht verboten, seine Musik aufzuführen...

Chopin, der John Field und Johann Nepomuk Hummel in Warschau spielen hörte, stand in gewisser Weise unter dem Einfluß dieser so berühmten Komponisten. Man braucht jedoch nur die erste Warschauer *Nocturne e-Moll* Chopins – die nach seinem Tode als Opus 72 herausgegeben wurde – mit Fields Nocturnes zu vergleichen, um festzustellen, wie banal sie erscheinen. Ebenso unvorteilhaft für die heute fast vergessenen Klavierkonzerte Hummels fiele der Vergleich mit den beiden Konzerten Chopins aus seiner Jugend aus, die immer wieder nicht nur aus Wertschätzung für ihren Schöpfer gespielt werden.

Noch vor dem Verlassen Warschaus komponierte Chopin und gab viele Werke heraus, darunter seine erste *Sonate c-Moll* (op. 4), das *Trio g-Moll* für Klavier, Violine und Violoncello (op. 8), die *Fantaisie A-Dur* über polnische Volkslieder (op. 13), das *Rondo à la Krakowiak F-Dur* (op. 14). Bereits in diesen frühen Werken wird ihr spezifisches Kolorit offensichtlich.

Während der zahlreichen Ausflüge in die Umgebung Warschaus hatte Chopin oft Gelegenheit, sich die Musik der Dorfkapellen anzuhören. Aber er hörte sie sich nicht nur an. Mit dem ihm eigenen Sinn griff er die Szenen aus dem Dorfleben auf und verarbeitete sie. Chopins Mazurkas sind – wie es der bekannte Musikologe Zdzisław Jachimecki treffend bezeichnete – „in ihrer Originalität eine einzigartige musikalische Epopöe des polnischen Volkes".

Dann kamen die ersten Auslandsreisen. 1828 besuchte er in Begleitung eines väterlichen Freundes Berlin, im darauffolgenden Jahr Wien. Hier gelang es, ein Konzert zu organisieren, in dem Chopin die bereits erwähnten *Variationen über „Là ci darem la mano"* aus Mozarts *Don Giovanni* spielte. Er hatte einen großen Erfolg, was der für ihn veranstaltete zweite Auftritt beweist. Unter denen, die ihn dazu beglückwünschten, fehlten auch nicht Czerny, Lachner, Würfel, Schuppanzigh, Gyrowetz. Es fanden sich ebenfalls zahlreiche sachliche

Berichte in der Wiener Presse. Man las darin, daß Chopin alle in Erstaunen versetzt habe; daß er ein in der Tat sehr hervorragendes Talent besitze, dem man eine gewisse Genialität zusprechen müsse; daß er einer der glänzendsten Pianisten sei, der die größten Schwierigkeiten mit Genauigkeit und Präzision bewältige; daß er ein Meister sei, der seine Geläufigkeit in hervorragender Weise bewiesen habe; daß er schließlich ein junger Mann sei, der seinen Weg völlig allein gehe. Im März 1830 spielte er in Warschau sein erstes *Klavierkonzert f-Moll* (das später als sein zweites mit der Opuszahl 21 bezeichnet wurde). Im selben Jahr komponierte und spielte er auch sein zweites Konzert – *e-Moll* (op. 11). Man war allgemein der Ansicht, daß er für längere Zeit ins Ausland reisen solle, um in Wien, Mailand und vor allem in Paris Opern und Sinfonien zu schaffen, was, wie man damals glaubte, eines Komponisten einzig würdig war.

Mikołaj Chopin bemühte sich schon seit langem darum, eine Subvention für die Reise seines Sohns ins Ausland zu erwirken. Die Antwort des Ministers des Königreichs lautete jedoch unmißverständlich: „Die Regierungskommission für innere Angelegenheiten und Polizei kann nicht der Auffassung sein, daß die öffentlichen Fonds zur Förderung dieser Art von Künstlern bestimmt sein können (in der ersten Redaktion hieß es: vergeudet werden können)."

Dennoch kam auch ohne diese Subvention die Reise zustande. Die Diligence, in der Chopin fuhr, wurde am Stadttor angehalten, wo Józef Elsner seinen Schüler verabschiedete, indem er seine eigene *Kantate für Männerstimmen zur Gitarrenbegleitung anläßlich der Abreise Chopins* dirigierte. Es wurde ihm auch ein silberner Pokal mit heimatlicher Erde überreicht, und er ahnte nicht, daß er nie mehr in die Heimat zurückkehren und daß diese Erde auf dem Pariser Friedhof auf seinen Sarg geschüttet werden würde.

Chopin verließ die Heimat als ein voll ausgereifter Künstler mit ausgeprägter Individualität. Sein Weg führte über Wien und Paris nach London – so lautete der Paß. In Wien hatte man bereits Chopins ersten von Erfolg gekrönten Aufenthalt vergessen. Die Verleger speisten ihn mit Komplimenten ab, die organisierten Konzerte riefen kein größeres Echo hervor. Aus der Heimat, in der ein bewaffneter Aufstand ausgebrochen war, kamen beunruhigende Nachrichten. Auch gesundheitlich war er stets anfällig. Die Reise führte über Linz und Salzburg nach München, wo er zwei Monate blieb, um schließlich Ende September 1831 nach Paris zu gelangen.

Die Absicht, beim berühmten Friedrich W. M. Kalkbrenner weiteren Klavierunterricht zu nehmen, gab Chopin auf und ging daran, sein erstes Pariser Konzert zu organisieren. Es fand Mitte Januar 1832 im Pleyelsaal statt. Im Saal befanden sich Liszt, Mendelssohn, Heine und der einflußreiche Kritiker, der Redakteur der „Revue Musicale", François Fétis, den Chopin bereits kennengelernt und mit dem er sich befreundet hatte. Fétis schrieb nach diesem Konzert:

„Ein junger Mann, der seiner angeborenen Veranlangung folgte und sich niemanden zum Vorbild nahm, fand – wenn schon nicht eine vollständige Erneuerung der Klaviermusik, so doch in jedem Fall einen Teil dessen, was seit längerer Zeit vergebens gesucht worden war, nämlich: eine Überfülle an originellen Einfällen, deren Herkunft man nirgends nachweisen kann. Ich will nicht behaupten, daß Herr Chopin mit der gewaltigen Organisation eines Beethoven begabt ist, daß sich in seiner Musik so titanische Würfe wie in den Werken dieses Meisters befinden. Wenn man diesen Maßstab anlegt, so sehe ich in den Werken Herrn Chopins Anzeichen eines wirklichen Fortschritts, der mit der Zeit auf diesem Gebiet einen bedeutenden Einfluß ausüben kann." Und nach Jahren gedachte Liszt dieses ersten Pariser Chopinkonzerts und schrieb: „Ich erinnere mich sehr gut an sein erstes Konzert im Pleyelsaal. Der donnernde Applaus, mit dem man ihn bedachte, erschien mir noch nicht als eine hinreichende Anerkennung für dieses originäre Talent, das auf dem Gebiet der poetischen Empfindung so wunderbare Entdeckungen gemacht und die Kunst auf bisher so unbekannte Bahnen geführt hat." Und es war auch Liszt, der sich gewissermaßen für mehrere Wochen von der Welt zurückzog, als die ersten Etüden Chopins (op. 10) im Druck erschienen waren, um sich in diese Musik zu vertiefen und sie in sein Repertoire aufzunehmen. Bis auf den heutigen Tag gelten diese Etüden mit den später herausgegebenen (op. 25) als eine der höchsten Errungenschaften in der Geschichte des Klavierschaffens.

Es war indes für Chopin unmöglich, in Paris nur von Kompositionen zu leben. Chopin war auch nur ungern zu öffentlichen Konzerten bereit; das Publikum schüchterte ihn ein. Es blieb also noch der Klavierunterricht, und die Stunden vermittelten ihm die Familien der polnischen Emigranten, die sich in Paris zahlreich niedergelassen hatten.

1835 erschien das erste Scherzo (*h-Moll*, op. 20) von Chopin. Entgegen ihrer italienischen Bezeichnung waren Chopins Scherzi, ebenso wie die Scherzi Beethovens, Poeme voller Dynamik. Er hat ihrer vier komponiert. Das erste, das ein rührender Beweis seiner Sehnsucht nach der Heimat ist, knüpft in seinem Mittelteil – dem Trio – an die Melodie eines gefühlvollen polnischen Volksliedes an. Eine noch größere Neuheit waren die Balladen, ebenfalls vier. Chopins erster Biograph, Friedrich Niecks, schrieb: „In keiner Compositionsgattung hat Chopin an Meisterschaft der Form, an Schönheit der Poesie des Inhalts mehr geleistet als in seinen Balladen – hier erreicht er, wie ich meine, den Höhepunkt seiner künstlerischen Kraft." Und der amerikanische Chopinforscher James Huneker bezeichnete die Balladen als „Odyssee der Seele Chopins".

Im September 1836 stattete Chopin Robert Schumann einen Besuch in Leipzig ab. Über diesen Besuch berichtete Schumann dann in einem Brief an seinen einstigen Lehrer: „Eben als ich vorgestern Ihren Brief erhalte und antworten will, wer tritt herein? – Chopin. Das war große Freude. Einen schönen Tag lebten wir, den ich gestern noch nachfeierte... Von Chopin habe ich eine neue Ballade [*F-Dur*, *op. 38*]. Sie scheint mir sein genialischstes Werk; auch sagte ich es ihm, daß es mir das liebste unter allen. Nach einer langen Pause Nachdenken sagte er mit grossem Nachdruck – ‚das ist mir lieb, auch mir ist es mein Liebstes'. Ausserdem spielte er mir eine Menge Etüden, Notturns, Masureks – Alles unvergleichlich. Wie er am Clavier sitzt, ist rührend anzusehen."

Und in der von ihm redigierten Zeitschrift bemerkte er noch in einer besonderen Notiz über diesen Besuch: „Er spielte seine himmlischen Werke sehr unvergleichlich." Als Schumann später seine Rezension über die zwölf Etüden Chopins (op. 25) schrieb, fügte er folgende Bemerkung hinzu: „Bei diesen Etüden kömmt mir noch zustatten, daß ich sie meist von Chopin selbst gehört... Denke man sich, eine Äolsharfe hätte alle Tonleitern und es würfe diese die Hand eines Künstlers in allerhand phantastischen Verzierungen durcheinander, doch so, daß immer ein tieferer Grundton und eine weich fortsingende höhere Stimme hörbar, – und man hat ungefähr ein Bild seines Spieles."

Ein seltenes Beispiel, daß ein Komponist und Pianist mit einer so ungewöhnlichen Begeisterung über einen anderen zeitgenössischen Komponisten schreibt. Aber Schumann war ebenso außergewöhnlich als Künstler wie als Mensch. Eine große Rolle in Chopins Pariser Zeit spielte die bekannte Schriftstellerin Aurore Dudevant, die unter dem Pseudonym George Sand auftrat. Chopins gesundheitliches Befinden, das sich immer mehr verschlimmerte, erschwerte es ihm, so viele Klavierstunden wie früher zu geben. Mit großer Mühe zwang er sich dazu, einmal im Jahr im Pleyelsaal aufzutreten. Sein letztes öffentliches Konzert gab er in Paris im Februar 1848. Das war bereits das Jahr des Vormärz. Chopin verfolgte die europäischen Ereignisse, die er – wie es sich für einen Polen geziemt – durch das Prisma der „polnischen Sache" betrachtete. In einem Brief an seinen Freund Julian Fontana schrieb er: „Es wird nicht ohne furchtbare Dinge abgehen, aber zu guter Letzt wird es ein Polen geben, herrlich, groß, mit einem Wort: Polen."

Im April folgt er einer Einladung und entscheidet sich für eine Reise nach London. Das bei dieser Gelegenheit gemachte Daguerreotyp – das einzige erhalten gebliebene von zwei authentischen Photos Chopins – zeigt einen sehr erschöpften Menschen. Er rechnet damit, seine finanzielle Lage verbessern zu können und durch Konzerte Erfolge zu erringen. In der Tat tritt er mehrmals öffentlich auf, ebenso bei privaten Empfängen. Gewiß, er verdient etwas, jedoch die Kosten des Unterhalts sind hoch, und die Kräfte verlassen ihn immer mehr. Im Sommer reist er auf Einladung von Miss Jane Stirling und ihrer Schwester Mrs. Erskine nach Schottland.

Ende Oktober gelangt er nach Edinburgh, um in dem polnischen Haus von Doktor Łyszczyński Logis zu beziehen. Hier setzt er eine Art Testament auf, das er „Verfügung darüber, welche Ordnung mit meinen Sachen zu treffen ist, wenn ich irgendwo krepieren sollte" nennt.

Er hält sich nicht lange in dem kalten Schottland auf und erscheint im November erneut in London. Man muß ihn fast aus dem Bett holen, damit er am 16. November öffentlich zugunsten der polnischen Emigranten spielt. Er bezahlt diesen Auftritt mit einem längeren Ohnmachtsanfall. Das war sein letztes öffentliches Konzert.

Gegen Ende November kehrt er nach Paris zurück. Er fühlt sich bereits sehr schwach. Mickiewicz besucht ihn mehrmals, er hat ihn einst dazu überreden wollen, eine Nationaloper zu komponieren. Auch der berühmte Maler Delacroix besucht ihn, der sich in seinem Tagebuch die Gespräche mit Chopin über die Musik notierte und ein glänzendes Porträt von ihm schuf. Da Chopin keine Stunden mehr geben konnte, komponierte er, um etwas Geld zu verdienen. Aber dennoch hielt die Not Einzug in seine Wohnung. Miss Stirling unterstützte ihn diskret. Nur seine einstigen polnischen Verehrer in Paris, die über erhebliche Mittel verfügten, schienen ihn nicht zu bemerken.

Große Freude bereitet ihm der Besuch seiner Schwester, der Ludwika Jędrzejewicz. Sie trifft im August in Paris ein, um den dahinsiechenden Bruder bis an sein Lebensende nicht mehr zu verlassen. Und das Ende naht unerbittlich. Die Ankunft der Schwester erweckt in Chopin gleichsam neue Hoffnungen. Er wechselt die Wohnung und zieht in ein schönes sonniges Appartement an der Place Vendôme. Doch bereits im Oktober muß man alle Hoffnungen fahrenlassen. Sein Organismus unterliegt im Kampf mit der Krankheit, und am 17. Oktober 1849 stirbt Chopin. Während des feierlichen Trauergottesdienstes in der Madeleine-Kirche wird das *Requiem* von Mozart unter Beteiligung hervorragender Pariser Künstler aufgeführt. Auf der Orgel erklingen auch zwei Präludien von Chopin: e-Moll und h-Moll. Sein Grab liegt in der Nachbarschaft der Gräber Cherubinis und Bellinis. Sein Herz wurde in einem Reliquienschrein aufbewahrt und in einen der Pfeiler der Heiligen-Kreuz-Kirche in Warschau eingemauert; auf die Gedenktafel wurde ein Zitat aus dem Evangelium geschrieben: „Denn wo euer Schatz ist, da ist auch euer Herz."

„Chopin's kunsthistorische Bedeutung liegt darin, der Musik neue Elemente zugeführt, eigenartige Mittel zum Ausdruck und zur Darstellung von Stimmungen und Empfindungen sowie deren feinster Schattierungen gefunden zu haben, welche bis zu seiner Zeit dem Bereiche des Unausgesprochenen und Unaussprechbaren angehört hatten", schrieb Friedrich Niecks. Den Stil Chopins zu definieren, ist schwierig, ebenso wie übrigens den eines jeden genialen Schöpfers. Und dennoch spürt man in jedem Werk Chopins, selbst in einem, das man zum ersten Mal hört, untrüglich die Andersartigkeit seines Stils, erkennt im Fluge die Originalität des Werkes. Es unterliegt keinem

Zweifel, daß Chopin eine neue musikalische Sprache geschaffen und die Gesetze eines neuen Typs der Vollkommenheit festgelegt hat.

Chopins Neuerertum auf dem Gebiet das Klavierschaffens reicht weit. Viele vertreten die Auffassung, daß sich die ganze Geschichte der Klaviermusik in zwei Perioden einteilen läßt: in die vor Chopin und die nach Chopin. Noch zu Beginn des 19. Jahrhunderts ahnte man ungeachtet der Errungenschaften Beethovens nicht, wie viele Möglichkeiten in der Ausnutzung der Farbnuancen des Klavierklanges liegen. Erst Chopin hat diese Farben in seine Werke gebracht. Auf dem Gebiet des Klanges und der Dynamik des Klaviers entdeckte Chopin bisher ungekannte Möglichkeiten.

Ebenso ingeniös ist er auf dem Gebiet der Harmonik. Er verlieh dem delikaten Organismus des Klaviers eine völlig neue und erstaunlich reiche harmonische Sprache. Durch einen keinesfalls geringeren Reichtum zeichnen sich seine melodischen Einfälle aus, die denen Mozarts und Schuberts gleichkommen und zum Beispiel die Einfälle Schumanns in bedeutendem Maße überragen, ganz zu schweigen von den anderen. Einerseits ließen ihn die in seiner Melodik überwiegende Diatonik, das darin herrschende Gleichgewicht und die Vollkommenheit für einen Klassiker halten, wäre nicht die Poesie seiner Musik, die sich nicht in Worten ausdrücken läßt. Man könnte ihn vielleicht für den größten Klassiker unter den Romantikern halten, zumal wenn man berücksichtigt, wie groß seine Abneigung dagegen war, seinen Werken Titel und literarische Bezüge zu geben. Jedoch ist die Behandlung der von den Klassikern übernommenen Formen, mit der Sonate an der Spitze, bei Chopin völlig andersartig und neu. Ohne auf die Geschlossenheit des Aufbaus und die sogenannte thematische Durchführung zu verzichten, komponiert Chopin seine Sonaten, indem er ihnen die Gestalt improvisierter Fantasien verleiht. Der beste Beweis ist, daß die Form seiner Sonaten selbst bei den romantischen Komponisten Unruhe erweckte. So bezeichnete Schumann die vier Teile der *Sonate b-Moll* Chopins als die „vier seiner tollsten Kinder".

Wie wir wissen, kannte Chopin sehr gut die polnische Volksmusik. In seinem Schaffen beschränkt er sich jedoch bewußt nur darauf, ihre formalen Elemente zu übernehmen, wie die Vielfältigkeit der Rhythmen mit ihren charakteristischen Akzenten, die Andersartigkeit der Tonarten mit den häufigen lydischen, phrygischen und äolischen Wendungen. Eben in den über 50 Mazurkas Chopins lenkt der Reichtum der harmonischen Einfälle, abgesehen von der Meisterschaft der Form und dem Zauber der Melodie, die Aufmerksamkeit auf sich. Bereits Schumann hatte bemerkt, daß jede Mazurka Chopins etwas enthält, was sie von den anderen unterscheidet, sei es im Hinblick auf die poetische Zeichnung, die Form oder den Ausdruck. Nur in einer der Mazurkas Chopins läßt sich ein authentisches Zitat finden. Man kann an den Mazurkas am leichtesten nachweisen, wie Chopin, der durch und durch ein nationaler Komponist blieb, in einer übernationalen, allgemeinmenschlichen Sprache zu reden vermochte. Er wurde auch in dieser Beziehung ein Vorbild für andere. Wie Karol Szymanowski es so schön auszudrücken verstand, wollte Chopin „das ewig schlagende Herz der Rasse in die Hand nehmen und in der Form eines vollkommenen, allgemein verständlichen Kunstwerkes aufs neue das wiedergeben, was sich im Volk als eine selbständige, in keine Fesseln der Disziplin zu schlagende schöpferische Kraft manifestiert". Nicht ohne Grund konnte der hervorragendste norwegische Komponist Edvard Grieg bekennen, daß Chopin ihn norwegisch zu schreiben gelehrt habe, und als der böhmische Komponist Bedřich Smetana an Liszt schrieb, gestand er, daß ihm die Mazurkas und die Polonaisen Chopins beim Komponieren der nationalen böhmischen Tänze ein Wegweiser gewesen seien. Unabhängig von solchen Bekenntnissen ist es nicht schwer, den Einfluß der Chopinschen Musik auf alle nationalen Richtungen in der europäischen Musik des 19. Jahrhunderts aufzuzeigen. Mehr noch! In seiner

Musik steckt viel von den Besonderheiten der Harmonik Richard Wagners, einschließlich des berühmten „Tristanakkordes", und zugleich auch so manche Entdeckung des französischen Impressionismus. Man kann in Chopins Balladen die Inspirationen zu den sinfonischen Dichtungen Liszts finden. „Nichts, was nach ihm in den vergangenen hundert Jahren geschaffen worden ist", schreibt Zdzisław Jachimecki, „nichts, was heute geschaffen wird, kommt ihm gleich, noch vermag es den ewigen Wert der Kunst Chopins zu mindern, ebensowenig wie die Bedeutung Homers, Dantes oder Shakespeares durch das geschmälert werden konnte, was andere Dichter und Schriftsteller nach ihnen geschaffen haben."

Vor dem Hintergrund einer solchen Ausnahmeerscheinung, wie sie Chopin darstellt, verblassen andere zeitgenössische polnische Komponisten. Außer Elsner und Kurpiński, von denen bereits die Rede war, errang Maria Szymanowska (1789–1831), eine Komponistin von Etüden, Präludien, Mazurkas, Polonaisen, Romanzen, Variationen und Capricen für Klavier, Berühmtheit im Ausland. Den größten Ruhm brachte ihr die Miniatur *Murmure* ein. Als Komponist von Klaviermusik ragte noch ein Schüler Haydns, Franciszek Lessel (um 1780–1838), hervor. Virtuose Klavierkonzerte schrieb Józef Deszczyński (1781–1844). Autor der ersten Musik zu Goethes „Faust" war Fürst Antoni Radziwiłł (1775–1833), der enge Beziehungen zu Chopin unterhielt. Von den Schülern Elsners zeichneten sich Józef Nowakowski (1800–1865) und Tomasz Napoleon Nidecki (1807–1852) aus. Im Ausland wirkten: der Freund Chopins Julian Fontana (1810–1869), Autor der in Polen verbreiteten Lieder und Werke für Klavier, sowie Edward Wolff (1816–1880), ein geschätzter Pianist und Komponist. Der ständig in Warschau lebende Ignacy Dobrzyński (1807–1867) komponierte eine Sinfonie, die bei einem Wettbewerb in Wien ausgezeichnet wurde, sowie viele Werke der Kammermusik und auch zwei Opern.

Als Chopin seine letzten Jahre in Paris verbrachte, hatte ein anderer polnischer Komponist, der sich in Wilna niedergelassen hatte, in seiner Mappe bereits eine fertige Oper. Diese Oper war *Halka*, und ihr Schöpfer sollte den verdienten Namen „Schöpfer der polnischen Nationaloper" tragen.

Moniuszko – der Schöpfer der polnischen Nationaloper

„Daß jemand so töricht ist, sich nach dem Verlust Chopins mit mir trösten zu können, ist nicht meine Schuld, und ich habe mich niemals neben irgendeine europäische Berühmtheit stellen wollen", schrieb Stanisław Moniuszko in einem seiner Briefe, womit er, wie in seinem ganzen Leben, Takt und Bescheidenheit bewies. Und dennoch, obwohl es ihm nicht beschieden war, sich mit Chopin zu vergleichen, denn wer konnte ihm übrigens schon gleichkommen, sollte er sich nicht nur den Namen des Schöpfers der polnischen Nationaloper verdienen, sondern auch den des Schöpfers des polnischen Kunstliedes.

Er wurde am 5. Mai 1819 im Dorf Ubiel bei Minsk, dem Erbgut der Familie Moniuszko, geboren. Wie sein Vater, Czesław Moniuszko, ein ehemaliger Napoleonischer Offizier, der 1815 dimittierte Hauptmann eines berittenen litauischen Schützenregiments, in seinem Tagebuch erwähnt, war die Geburt Stanisławs schwer, denn seine Mutter„quälte sich fünf Tage lang in ihren Wehen". Es ist geradezu nicht auszudenken, was der polnischen Oper und dem polnischen Lied, der polnischen Kultur, ja sogar der polnischen „Sache" drohte, wenn man damals aus der „großen Not" nicht dennoch glücklich herausgekommen wäre.

Chopin und Moniuszko... Der erste blickte in seiner Musik in die Zukunft, wobei er seiner und der künftigen Generation weit vorauseilte. Der zweite kristallisierte den Stil der jüngsten Vergangeheit heraus, indem er darin alles, was in der polnischen sowie in der Musik der anderen Länder am besten war, vereinte. Er hielt sich für den Nachfolger und Schüler Karol Kurpińskis und knüpfte bewußt an dessen Opernschaffen an. Weil er aber mehr Talent als Kurpiński besaß, ganz zu schweigen von seiner vielseitigeren und gründlicheren Ausbildung, vermochte er Werke zu schaffen, die dem Einfluß der Zeit siegreich widerstanden. Er konnte auch von den Zeitgenossen leichter verstanden und aufrichtiger empfunden werden, konnte sogar seine Generation in einer für sie tragischen Zeit – zwischen dem Novemberaufstand 1830 und dem Januaraufstand 1863 – unmittelbarer als Chopin ansprechen.

Man darf nicht vergessen, daß Polen, das gegen Ende des 18. Jahrhunderts seine selbständige politische Existenz verloren hatte und von den drei aggressiven Nachbarn Rußland, Preußen und Österreich zerrissen worden war, für keinen Augenblick die Waffen streckte. Die beiden größten kämpferischen Aktionen des polnischen Volkes waren der Novemberaufstand 1830 und der Januaraufstand 1863. Beide wurden trotz Mannesmut und heldenhaften Kampfes blutig niedergeschlagen, sie schwächten jedoch bei der Bevölkerung nicht das Bewußtsein der nationalen Andersartigkeit und Einheit und schürten den Willen zu weiterem Kampf. Jeder der Tonschöpfer hielt es für seine höchste patriotische Pflicht, mit seiner Kunst der Gesellschaft zu dienen. Eben in der Zeit zwischen den beiden Aufständen entfaltete sich das Schaffen Moniuszkos. Eine besonders schwierige Periode waren die Jahre, die dem Ausbruch des Januaraufstandes vorausgingen, und die Jahre unmittelbar nach seiner Niederwerfung.

Chopin wirkte in der Emigration, fern von der Heimat, in die er nicht zurückkehren konnte. Moniuszko fiel eine schwierigere Rolle zu: im Lande zu wirken, gewissermaßen an der ersten Frontlinie seinem Volk unter Bedingungen zu dienen, die ja nicht die leichtesten waren.

Das Leben zwang Moniuszko einen bescheidenen Rahmen auf. Der Vater wirtschaftete auf seinem Gut nicht in der besten Weise, es wurde mit jedem Pfennig gerechnet. Von längeren künstlerischen Reisen, die sein Wissen und seine Erfahrung vertieft hätten, konnte Stanisław kaum träumen. Man braucht nur zu erwähnen, daß er, ein Opernkomponist, niemals in Italien gewesen ist. Und dennoch konnte er nach Abschluß seines Unterrichts vier Jahre lang in Berlin unter der Leitung des recht pedantischen Carl Rungenhagen sein Studium vervollständigen. Von den großen Musikzentren besuchte er nur Petersburg und Paris. Er heiratete und ließ sich in Wilna nieder. Hier hatte er durch seine Position als Dirigent am hiesigen Theater sowie durch schlecht bezahlte Musikstunden ein gewisses Auskommen. Vorübergehend versah er auch die Pflichten eines Organisten in einer der Kirchen Wilnas. Oft litt er finanzielle Not, zumal in seiner sehr glücklichen Ehe die Familie immer größer wurde. Die Moniuszkos hatten zehn Kinder, und von einem bestimmten Moment an saßen im Hause der Moniuszkos mit den Gouvernanten für die Kinder und mit den alten, verdienten Dienstboten 18 Personen am Tisch.

Es lohnt vielleicht, einen äußerst charakteristischen Brief Moniuszkos zu zitieren, als er im Zusammenhang mit seiner Reise nach Petersburg – und das war in der vollen Bedeutung dieses Wortes eine Kunstreise – gezwungen war, Schulden zu machen.

„Seit meiner Rückkehr aus der Hauptstadt habe ich so viele ständige Sorgen und Kümmernisse, als sollte ich für die angenehme Zeit in Petersburg büßen. Am ärgerlichsten indes ist, daß sich meine Geldeinkünfte beträchtlich verringert haben, sogar die, mit denen ich mit aller Bestimmtheit rechnete. Und mir setzt nicht so sehr die Not zu, als vielmehr die Unaufrichtigkeit, zu der ich unerwartet gezwungen bin. Möge der Herr Graf mich nicht seiner guten Meinung über mich und des Zutrauens berauben, die ich so entsetzlich, obwohl wider Willen, enttäuscht habe. Ich flehe den Herrn Grafen an, er möge geruhen, mir zu antworten, zum Beweis, daß er mich für einen ehrlichen Menschen hält, dessen Ruf mehr als der künstlerische Lorbeer gilt.

Meine Muse schlummert wie die ganze Musik in Wilna... Der Bereich meines Wirkens beschränkt sich darauf, die unerträglichsten Stunden jungen Fräuleins zu geben, die die Musik so wenig lieben, als sollten sie nie die Absicht haben, zu spielen."

Soweit der 1850 in Wilna geschriebene Brief, der ausgelöst war durch das Unvermögen, die Schulden fristgemäß zu bezahlen. Ein herzbeklemmendes Bild der materiellen Lage des Komponisten, der damals bereits viele Jahre zuvor seine erste Oper verfaßt hatte und dessen *Liederbuch für den Hausgebrauch* im Lande den besten Ruf genoß und der damals bereits in Petersburg eine anerkannte Autorität war.

Seine erste Oper, *Halka*, schrieb Moniuszko nach seinen Vaudevilles und Operetten in Wilna, in einer Provinzstadt, die damals von der musikalischen Bewegung Europas abgeschnitten sowie der besseren Sänger und eines bedeutenderen Orchesterensembles beraubt war. Nach dem Erfolg der *Halka*, die ohne Dekorationen auf der Theaterbühne in Wilna aufgeführt worden war, bedurfte es zehnjähriger Bemühungen, damit diese erste polnische Nationaloper, die für diese Gelegenheit vom Komponisten von zwei auf vier Akte ausgebaut wurde, endlich am 1. Januar 1858 auf der Bühne des Großen Hauses in Warschau einen triumphalen Erfolg errang. Der schüchterne, leicht humpelnde Musiker mußte an diesem Abend mit einer langen Serie von Verbeugungen für den nicht verstummenden Beifall danken.

Gefiel seine *Halka* sogleich allen? Gewiß – sie eroberte die Herzen des Publikums von den Rängen und Galerien, während die Reicheren aus den Logen und dem Parterre sich nicht gleich damit abzufinden vermochten, daß ein „Dorfmädchen" zur Titelheldin einer Oper erhoben wurde. Mit eben diesem Epitheton bedachte einer der Rezensenten *Halka*, bedauernd, daß Moniuszko es nicht vermocht habe, ein besseres Thema für sein Talent zu finden. Insgesamt jedoch war es ein bedeutender Erfolg. Der Anerkennung der *Halka* liegt, wie bei jeder Oper, die sich im Repertoire hält, ein gutes Libretto zugrunde, dessen Verfasser Włodzimierz Wolski, ein junger, talentierter Dichter war. Die geschlossene, logisch entwickelte Handlung, mit großem Gespür für die Gesetze der Bühne durchgeführt, schildert die Geschicke eines von einem jungen Adligen verführten und dann verlassenen Goralenmädchens. Unempfänglich für die Liebe des Goralen Jontek, begeht sie in dem Moment Selbstmord, als der unwürdige Verführer ein Fräulein seines Standes heiratet.

Das Thema des verlassenen Dorfmädchens tauchte damals oft in den slawischen Opern auf wie zum Beispiel in der *Rusalka* von Alexander Dargomyshski; der Bauer als Hauptheld – eine in den westlichen Ländern dieser Epoche noch nie notierte Erscheinung – war zugleich ein dramatischer Held der Oper *Iwan Sussanin* von Michail Glinka. Heute hat sich Glinka in der Musikgeschichte den verdienten Namen des „Vaters der russischen Musik" erworben, damals jedoch bezeichnete man in Kreisen, die dem Zarenhof nahestanden, seine Oper als „Musik für Kutscher". Bevor jedoch der offizielle italienische Opernverismus 1890 mit Mascagnis *Cavalleria rusticana* startete, bevor Dvořak die beste seiner Opern, *Rusalka*, aufführte – eine weitere musikalische Fassung des Motivs des entwürdigten und im Stich gelassenen Mädchens – trat Moniuszko bereits 1848 mit einem wahrhaft veristischen Opernthema auf.

Die Musik der *Halka* zeichnet sich durch einen äußerst dramatischen Nerv aus, durch eine psychologisch vertiefte Charakteristik der Personen, sie ist schön, bezaubernd durch ihre ungewöhnliche melodische Invention. In dieser Hinsicht gleichen weder Glinka noch Dargomyshski Moniuszko, wie auch nicht der Schöpfer der *Verkauften Braut*– Smetana. Wenn schon von ihm die Rede ist, so lohnt es zu erwähnen, daß er Moniuszko viel wohlwollende Hilfe bei der Aufführung der *Halka* in Prag erwiesen hat. Enge Bande vereinten Moniuszko auch mit Dargomyshski.

Es lohnt, darauf zu verweisen, daß die Geschichte der Oper selten ein Beispiel dafür bietet, daß ein Liedschöpfer – und Moniuszko komponierte über dreihundert davon–, der sich der Natur seines Talents nach eher in den kleinen Formen mit lyrischer Stimmung äußert, Werke von erstrangigem Wert auf dem ihm fremden Feld des Dramas zu geben vermochte. Diese Werte gehen mit der Zeit nicht verloren. Die echte Invention, die Urwüchsigkeit und die Attraktivität der *Halka* als Schauspiel mit starken gesellschaftlichen Akzenten sprechen auch heute noch die Zuhörer mit nicht erlahmender Kraft an.

Moniuszko komponierte für seine *Halka* eine schöne Ouvertüre, die einige Opernthemen verarbeitete. Neben Halkas Arie *Könnt' ich gleich der Lerche in den Lüften schweben*, der Dumka des Jontek *Alte Weisen hör' ich wieder*, der Arie des jungen Adligen Hanusch lenken die Massenszenen die Aufmerksamkeit auf sich. So ist die Polonaise, die die erste Verlobungsszene eröffnet, dementsprechend feierlich und bombastisch, die den ersten Akt beschließende Mazurka – gewiß die beste der sinfonischen Mazurkas in der polnischen Musik – auf sarmatische Art übermütig. Ein ebenso gelungenes musikalisches Bild der spielenden Dörfler sind die Goralentänze. Für die Rezitative sind eine unkonventionelle Behandlung und – wie stets bei Moniuszko – eine frische Melodik kennzeichnend. Das Orchester beschränkt seine Rolle, wie in vielen italienischen Opern der Epoche, nicht auf eine Begleitung als „große Gitarre". Eben die große Unabhängigkeit der Musik Moniuszkos von den damals übermächtigen italienischen und französischen Einflüssen stellt seinen Opern das beste Zeugnis aus. *Halka*, die in letzter Zeit immer häufiger auch außerhalb der Grenzen Polens aufgeführt wurde, erfreut sich unter den Opern Moniuszkos der größten Beliebtheit. Das soll jedoch nicht heißen, daß nicht auch andere, später komponierte Opern ihr im Hinblick auf den musikalischen und dramatischen Wert gleichkämen.

Der Erfolg der Warschauer Premiere der *Halka* bildete im Leben Moniuszkos einen Wendepunkt. Man kann behaupten, daß Warschau ihm alles gab, was damals möglich war. Zum Dirigenten des Großen Hauses mit einem annehmbaren Gehalt berufen, konnte er sich mit seiner vielköpfigen Familie in Warschau niederlassen. Er bekleidete auch die Stellung eines Dozenten am Warschauer Musikinstitut.

Zwei Jahre nach der Premiere der *Halka* fand im Warschauer Großen Haus die Premiere der nächsten Oper Moniuszkos statt, der ebenfalls auf ein Libretto Wolskis komponierten *Gräfin*.

„Schön war der gestrige Tag", schrieb der Berichterstatter einer Warschauer Zeitung, „schön für Moniuszko... *Die Gräfin*, jenes gehätschelte Kind der Imagination des Komponisten, wurde mit einer fast noch größeren Begeisterung als die *Halka* bei ihrer ersten Aufführung aufgenommen..."

Die neue Oper Moniuszkos war eine Satire auf jene, die in Warschau an der Schwelle zum 19. Jahrhundert, also gleich nach den Teilungen Polens, sich der Pariser Mode und den Pariser Sitten hingaben und sich in ihren gesellschaftlichen Beziehungen hauptsächlich der französischen Sprache bedienten. Ihnen widersetzten sich die patriotisch denkenden, die alten nationalen Trachten und Bräuche bewahrenden Menschen. Der im Prinzip heitere Inhalt der Oper bewog Moniuszko, eine zugängliche Musik zu komponieren, voll melodischen Reichtums. Bereits die Ouvertüre, in die Moniuszko, ebenso wie Schumann in seinen *Faschingsschwank aus Wien* die in Metternichs Österreich verbotene Marseillaise, eine Melodie der Aufständischen, einzuschmuggeln vermochte, stellt die beiden oben geschilderten Haltungen der Gesellschaft in glänzender Manier einander gegenüber. Diese Kontraste offenbaren sich in der Folge in der gesamten Oper. Jede der Gestalten wurde durch Musik deutlich charakterisiert. Ungeachtet ihres Gehalts an Patriotismus und an nationalen Gefühlen ist Moniuszkos *Gräfin* eine komische Oper, die jedoch nicht in die Trivialitäten der italienischen Opera buffa verfällt. Die Begeisterung für die den letzten Akt eröffnende elegische Polonaise zeugt davon, wie das Publikum auf die Akzente der patriotischen Melodie reagierte. Der die Premiere dirigierende Komponist wurde durch einen nicht erlahmenden Beifall gezwungen, diese Polonaise fünfmal zu wiederholen! Ebenso deutlich wurde den nationalen Akzenten in der Musik der salonmäßige, geradezu intime Boudoirton gegenübergestellt, dem einfachen Lied die Koloraturarie, den farbigen, in ihrer Fassung kosmopolitischen Ballettszenen die bereits erwähnte Polonaise.

Als wahre Perlen des Talents Moniuszkos erwiesen sich zwei seiner Einakter: *Verbum Nobile*, das die Bräuche des Kleinadels auf sympathische Weise verspottet, und *Der Flößer* (Flis), eine bürgerliche Idylle, die sich am Ufer der Weichsel abspielt.

1849, also noch vor der Warschauer Premiere der *Halka*, fand Moniuszkos Reise nach Petersburg statt, wo er seine Kantate *Milda* und die phantastische Ouvertüre *Märchen* (Bajka) aufführte, die Dargomyshski gewidmet war. Die nächste Reise nach Petersburg im Jahre 1856 brachte Moniuszko neue Erfolge: ein Konzert mit seinen Werken und die enthusiastische Rezension des namhaften Kritikers Serow.

1858, also bereits nach dem Warschauer Erfolg der *Halka*, reiste Moniuszko in den Westen. In Weimar besuchte er Liszt, den Herausgeber seiner Polonaisen, und lernte Smetana kennen. In Paris, dem Hauptziel seiner Reise, vermochte er nicht, die gewünschten Kontakte anzuknüpfen, hauptsächlich weil er dort in der Sommersaison ankam. Er traf dort also keine renommierten Musiker an, die er mit Empfehlungsbriefen hätte bestürmen können. Was sollte er tun... Er schloß die Fensterläden, zündete eine Kerze an und entwarf binnen einigen Tagen die Musik zu der arkadischen Oper *Flis*. Untätigkeit lag nämlich nicht in seiner Natur.

Mehr Glück hatte er bei seiner zweiten Reise nach Paris im Jahre 1862. Die Bemühungen um die Auffürung einer der eigenen Opern führten zwar zu keinem Ergebnis, doch lernte er Rossini und Auber kennen, befreundete sich mit Gounod. Damals auch, dank der Unterstützung des Pianisten Józef Wieniawski, des Bruders des berühmten Geigers, erschienen in Paris 34 Lieder Moniuszkos im Druck sowie seine *3. Litania Ostrobramska*.

In den Jahren unmittelbar vor dem Januaraufstand 1863 verlieh Moniuszko seinem Patriotismus mehrfach Ausdruck und nahm aktiv an öffentlichen Manifestationen teil.

Nach der Niederschlagung des Januaraufstands brach über die gequälte Nation eine Reihe von Repressalien herein. Darunter befand sich auch die Entscheidung über die Schließung des Großen Hauses. Die materiellen Schwierigkeiten, unten denen Moniuszko stets litt, trafen ihn jetzt doppelt so stark.

Der Komponist begriff jedoch, daß das Volk ungeachtet der politischen Niederlage lebte und weiter leben müsse. Es galt also, ihm Mut zu machen, jene zu bestärken, die zusammenbrachen, und den patriotischen Geist zu festigen. Und eben da komponierte Moniuszko zur „Stärkung der Herzen" seine beste Oper: *Das Gespensterschloß*.

Der Plan zur Komposition dieser Oper, der sich noch vor dem Ausbruch des Aufstands abgezeichnet hatte, erschien ihm jetzt überaus aktuell. 1864 war die Oper im Prinzip fertig. Der mit Moniuszko befreundete Regisseur des Großen Hauses, ein talentierter Verfasser von Theaterstücken, Jan Chęciński, schrieb in Anlehnung an volkstümliche Stoffe das Libretto zum *Gespensterschloß*. Und Moniuszko komponierte eine schöne und sehr polnische Musik dazu.

Das Gespensterschloß ist im Prinzip eine komische Oper. Es lohnt, an die Rolle zu erinnern, die Bedřich Smetanas komische Oper *Die verkaufte Braut* bei den um ihre Freiheit kämpfenden Böhmen gespielt hatte. Dort waren die Dörfler die Helden. *Das Gespensterschloß* kann in mancher Hinsicht mit der Adelsepopöe von Mickiewicz, *Pan Tadeusz*, verglichen werden. Es ist wahr, daß Moniuszko, obwohl selbst ein Adliger, in seinen Opern gern über die schnurrbärtigen Schlachtschitzen spöttelte, die gern mit dem Säbel rasselten. Jedoch in der Epoche nach dem Aufstand hatte die – wie immer – von echter lyrischer Stimmung erfüllte Musik Moniuszkos ebenso wie der Inhalt des *Gespensterschlosses* dem politisch gequälten Volk, in dem viele Familien frische Trauer trugen, besonders viel zu sagen. Jeder auch heute noch für die polnischen Zuhörer nicht hinreichend klare politische Akzent, der wegen der Wachsamkeit der zaristischen Zensur moderiert werden mußte, war vor hundert Jahren dem um seine Freiheit kämpfenden Volk durchaus verständlich. Bereits der Prolog zur Oper, der die Adligen, die Waffen gegürtet, vor dem Hintergrund der Lagerzelte zeigte, erinnerte an die unlängst vergangenen Tage des Kampfes. Als in der berühmten Glockenspiel-Arie – wohl eine der schönsten Arien Moniuszkos – die Worte ertönten: *Mutter, teure Mutter, seit du von uns gegangen*, wischte sich das Publikum die Tränen ab und niemand zweifelte daran, daß sich hinter dieser durchsichtigen Metapher das Bild der besiegten Heimat verbarg. Obwohl die Polen heute Freiheit und soziale Gleichheit errungen haben, rührt die Musik des *Gespensterschlosses* Moniuszkos sie nicht durch ihre einst aktuelle politische Aussage, sondern durch ihre Unmittelbarkeit und ihre Schönheit. Als Moniuszko zwanzig Jahre nach der *Halka Das Gespensterschloß* komponierte, verfügte er über eine weit größere Erfahrung, die er sich als Operndirigent erworben hatte. In der Partitur des *Gespensterschlosses* fehlt es auch nicht an Szenen, die von großer Ungezwungenheit beim Operieren mit dem Orchester, mit den Chören und den Massen zeugen, es fehlen auch nicht geschickt gebaute Terzette, Quartette, ganz zu schweigen von den Arien, die voll Melodik sind.

Das Gespensterschloß ist ähnlich wie die frühere *Gräfin* eine Oper, die sehr sinnreich die nationale Aussage mit der Komik verbindet. Die Polonaise-Arie des Schwertträgers ist gleichsam eine Lektion im polnischen Patriotismus, die Mut und ritterliche Tugenden des Geistes preist und fremde Kleidung und Bräuche verspottet. Die Oper ist eine weitere adlige Idylle. Nicht in der Handlung selbst, sondern vielmehr in der Darstellung der Sitten und Bräuche, die das Bild des alten, unabhängigen Polen zeigen, lag die politische Aussage des *Gespensterschlosses*. Die Zensur hatte dies schnell herausbekommen, und die Oper wurde vom Spielplan abgesetzt.

Wie nahm die Warschauer Presse 1865 die Premiere des *Gespensterschlosses* auf? Das waren auch für sie schwere Tage, denn über Kunst wurde nur spärlich geschrieben.

Im „Tygodnik Ilustrowany" war die Rezension zwar schmeichelhaft, jedoch zurückhaltend. Lediglich die „Gazeta Muzyczna i Teatralna" schätzte den Eindruck treffend ein, den *Das Gespensterschloß* auf die Besucher der Premiere ausgeübt hatte. „Unser erster Eindruck", heißt es in der Rezension, „war das Gefühl besonderer Genugtuung, einer Art Seligkeit. Irgendeine innere Wärme, wenn es gestattet ist, dies zu sagen, bemächtigte sich unser, als wir diese so heimische, so eigene Musik hörten, daß wir uns unwillkürlich zu einer gewissen Solidarität mit dem Komponisten bewogen fühlten, der – wie es schien – uns, den Zuhörern, gleichsam ein Teilchen aus der Seele genommen und dieses geschmückt und verschönert, gewissermaßen zu einem wunderbaren Ganzen geordnet und uns all das zur Bewunderung vorgestellt hatte. Kurz, es war etwas, was uns von Anbeginn in dieser Komposition anzog und mit ihr verband, nur können wir das nicht besser erklären."

Und auch heute noch wird keine andere Opernarie Moniuszkos, selbst nicht die Dumka des Jontek in der *Halka*, mit der gleichen Herzlichkeit aufgenommen wie die Glockenspiel-Arie. Zwar steht die Mazurka der aus der *Halka* nach, aber wieviel romantische Stimmung herrscht dafür im Quartett der beiden verliebten Paare, wieviel Humor in der Arie des Skołuba über die alte Uhr, wieviel sentimentaler Reiz im Terzett „Stille Stube", wieviel Streitsucht in der Polonaise des Schwertträgers, wieviel lyrische Wärme schließlich in der Szene des Wachsgießens. Andererseits, welche Meisterschaft in der Behandlung der Szene mit dem Streit der Jäger: Der Komponist hat hier den Dialog des streitenden Maciej und des Skołuba mit dem Solistensextett zusammengestellt und das alles vor den Hintergrund des gleichzeitig ertönenden Männerchores und dann des gemischten Chores gesetzt.

Nach dem *Gespensterschloß* – und das waren bereits die letzten Lebensjahre Moniuszkos – beendete er die seit langem komponierte Oper *Paria*. Selbst wenn er sich nicht am wohlsten im Klima der östlichen Exotik fühlte, wie ihm das übrigens mit Übertreibung nach der Premiere 1869 vorgehalten wurde, schuf er dennoch ein Werk, das sich durch erstrangige melodische Werte, kühne Harmonik und interessante Behandlung des Orchesters auszeichnete. Die gegenwärtig nach hundert Jahren aufgeführte Oper gibt diesem Werk seinen eigenen hohen Rang wieder.

Neben den Opern spielten die Lieder Moniuszkos bei der Hebung und Aufrechterhaltung des nationalen Bewußtseins eine rühmliche Rolle. Sie wirkten außerhalb der Salons, die damals eher der italienischen und französischen Mode huldigten. In den Liedern fand das Moniuszko eigene lyrische Temperament seinen vollen Ausdruck. In vielen von ihnen erklingt eine herzbewegende polnische Note. Bereits während seines Berliner Studiums gab Moniuszko drei Lieder auf Gedichte von Mickiewicz heraus. Später begann er auf eigene Kosten und Bemühungen noch in Wilna die Herausgabe der *Lieder für den Hausgebrauch* (Śpiewniki domowe). Die Bezeichnung „domowe", für den Hausgebrauch, mußte das von der Zensur verbotene Wort „national" ersetzen. Im ersten Liederbuch stellte Moniuszko Lieder mit ziemlich weitreichenden künstlerischen Ambitionen zusammen. Und das wurde bezeichnenderweise nicht durch allgemeine Anerkennung honoriert. Józef Ignacy Kraszewski, der hohe Autorität bei der Gesellschaft genoß, Verfasser ungezählter historischer Romane und solcher mit gesellschaftlichem Hintergrund, richtete 1842, nach dem Erscheinen der ersten Liedersammlung Moniuszkos, in einer Zeitschrift die folgende Bitte an den Komponisten: „Wir wünschten, daß die inspirierten Werke des Herrn Moniuszko den Platz jener blassen, farblosen Warschauer Liedchen einnähmen, von denen wir so viele auf jedem Klavier sehen und so viele in stets der gleichen Weise hören, die an der Oberfläche der Seele dahinplätschern und nicht in die Tiefe eindringen können. Darum b i t t e n wir den Herrn Moniuszko, daß er sich zum Verständnis der Allgemeinheit herablassen und dieses leichter machen möge. Später, wenn er seine Leser damit vertraut gemacht hat, wird er sich allmählich zu schwierigeren Kompositionen aufschwingen dürfen."

Vielleicht hat Moniuszko die Ratschläge des ihm übrigens sehr wohlgesinnten Schriftstellers allzu wörtlich genommen. Tatsächlich bemühte er sich nämlich in den nachfolgenden Liedersammlungen – und er gab in seinem Leben ihrer sechs heraus – deutlich darum, Schwierigkeiten sowohl in der Vokalpartie als auch in der Klavierfaktur zu glätten. Der Meinung Kraszewskis beipflichtend, daß „die Einfachheit weder Anmut noch Kraft noch die Kunst selbst ausschließt", vermochte er sich in den so eingängigen Liedern wie *Die Spinnerin* (Prząśniczka), *Die Morelle* (Morel), *Das Triolett* (Triolet), *An die ferne Geliebte* (Do oddalonej) oder *Kennst du das Land* (Znasz-li ten kraj) – auf einen Text von Goethe in der poetischen Übertragung von Mickiewicz – bis zu den Höhen der Meisterschaft Schuberts aufzuschwingen. In vielen Liedern greift Moniuszko auf die Rhythmen der nationalen polnischen Tänze zurück. Den Klavierpart behandelt er mehrfach äußerst ambitiös. Das läßt sich vor allem in Liedern vom Typ der Ballade feststellen, die auf den strophischen Aufbau verzichten und in denen der Klavierpart reich an Effekten ist, die den Textinhalt illustrieren, wie zum Beispiel *Die Świteźmaid* (Świtezianka) auf den Text Mickiewicz', *Der alte Mann und die alte Frau* (Dziad i baba) auf die Worte Kraszewskis oder *Magda, die Schankwirtin* (Magda karczmarka) auf die Worte von Eleonora Sztyrmer.

Welchen Erfolges sich Moniuszkos Lieder erfreuen mußten, davon zeugt der Umstand, daß die Herausgeber, die ja nicht dazu neigen, ein Risiko einzugehen, nach seinem Tode die nächsten sechs Liedersammlungen veröffentlichten, so daß ihre Zahl insgesamt zwölf betrug. Neben den Liedern komponierte Moniuszko auch Werke in Kantatenform, Litaneien, Chorwerke. Mit besonderer Pietät verhielt er sich gegenüber den Gedichten Mickiewicz', wobei er seine besten Lieder dazu schrieb. Er schuf zu seinen Texten auch größere Formen: die Kantate *Gespenster* (Widma), die sich auf den zweiten Teil des Poems *Die Totenfeier* stützt, und den Zyklus der *Krim-Sonette*, die als Eindrücke von der Reise des Dichters auf die Krim entstanden waren. Geringere Bedeutung besitzen Moniuszkos Klavierwerke sowie seine beiden Streichquartette.

Eine wertvolle Position Moniuszkos, die davon zeugt, daß er auch auf sinfonischem Gebiet viel zu sagen hatte, ist seine Konzertouvertüre *Das Märchen* (Bajka), der der Komponist den programmatischen Untertitel *Wintermärchen* gab. Sie errang beim Konzert mit Moniuszkos Werken in Petersburg einen ungeheuren Erfolg und besaß mit Sicherheit alle Chancen, sich in der europäischen Musik einzubürgern. Leider jedoch begünstigte die politische Lage Polens dies nicht. Es genügt, darauf zu verweisen, daß die Partitur des *Märchens* nicht zu Lebzeiten ihres Schöpfers im Druck erschienen ist. Auch die Ouvertüren zu den Opern Moniuszkos, die in so mancher Hinsicht selbst die Opernouvertüren Verdis an Schönheit und Meisterschaft der Form übertreffen, zeugen recht vorteilhaft von seinem sinfonischen Genie.

Obwohl Moniuszko sein gesamtes Schaffen der „Stärkung der Herzen" seines Volkes widmete und obwohl er sich bewußt bemühte, eine eingängige Musik zu schreiben, die keinerlei avantgardistische Ambitionen besaß, darf man ihn nicht für einen provinziellen Komponisten halten, der von allem abgeschnitten war, was damals in der europäischen Musik geschah. Im Gegenteil, seine Interessen waren umfassend. Er besaß zum Beispiel in seiner Bibliothek die Schriften Richard Wagners, und in der Ouvertüre zu seiner Oper *Paria* bewies er Verbindungen zum Stil Wagners.

Viel Zeit beanspruchte seine pädagogische Arbeit, die mit der Herausgabe eines Lehrbuchs für Harmonielehre gekrönt wurde. Zu seinen Schülern gehörte unter anderem einer der russischen Neuerer aus dem „mächtigen Häuflein", Cesar Cui.

Der zweite Weltkrieg und die Repressalien der Okkupanten verschonten nach der Niederschlagung des Warschauer Aufstands 1944 auch Warschau nicht. Das, was die Geschosse und Bomben nicht beschädigt hatten, fiel einer systematischen Zerstörung anheim. Auch das Warschauer Opernhaus, das Große Haus, wurde zerstört, lediglich der wunderschöne Frontgiebel dieses Theaters, ein Werk des berühmten italienischen Architekten Antonio Corazzi, blieb zum Glück erhalten. Als im bereits befreiten Polen im Jahre 1965 das wiederaufgebaute Große Haus als eins der technisch am modernsten ausgestatteten Opernhäuser Europas feierlich eröffnet wurde, wurde Moniuszkos *Gespensterschloß* anläßlich der hundertjährigen Wiederkehr der Premiere dieses Meisterwerks aufgeführt. Dieselbe Oper wurde in einer neuen Inszenierung Mittelpunkt der Feierlichkeiten im Jahre 1972, das offiziell als das „Moniuszkojahr" zum hundertsten Todestag des Komponisten proklamiert worden war. Die in diesem Jahr ausgerufenen Sängerwettbewerbe wiesen die große Vitalität der Moniuszkolieder auch unter der Jugend nach.

Gegenwärtig steht vor dem Großen Haus in Warschau Moniuszkos Denkmal, einem Künstler zum Gedenken, der alle Bemühungen seines Lebens auf den Dienst für sein Volk konzentriert hatte. Moniuszkos Verdienste sowohl als Schöpfer der polnischen Nationaloper als auch als der eigentliche Schöpfer des polnischen Kunstliedes sind so groß, daß sie nicht hoch genug eingeschätzt werden können.

Die Erben Chopins und Moniuszkos

In der besonderen politischen Lage, in der sich das polnische Volk im 19. Jahrhundert befand, hegte keiner der polnischen Komponisten Zweifel daran, daß er vor allem eine in Form und Inhalt polnische Musik komponieren sollte. Vorbilder waren natürlich Chopin und Moniuszko. Es fällt in der Geschichte der Musik nicht schwer, nachzuweisen, daß die wahrhaft hervorragenden Komponisten keinerlei Nachfolger besaßen, die Beachtung verdienten. Wenn diese nur als Ausgangspunkt nach den Vorbildern ihrer großen Vorgänger griffen, um ihren eigenen Weg weiterzugehen, wenn ihnen das Talent für diesen Weg ausreichte, vermochten sie neue Kapitel in der Geschichte der Musik zu schreiben. Wenn sie jedoch, wie sich das bei vielen Komponisten nach Chopin beobachten ließ, die Krakowiaks, die Polonaisen und vor allem die Mazurkas der Chopinschen Vorbilder mit banalem Inhalt ausfüllten, stiegen sie ausschließlich zur Rolle von Epigonen herab.

Andererseits begünstigte die politische Lage selbst das nationale Schaffen nicht. Die Regierungen der Teilermächte betrachteten jede lebhaftere Regung zur Hebung der nationalen Kultur unwillig und duldeten kaum die Tätigkeit der nationalen Musikgesellschaften. Davon, daß das polnische Schaffen unterstützt würde, konnte nicht die Rede sein. Auch die Propagierung der polnischen Musik außerhalb der Landesgrenzen erwies sich als schwierig, wenn die Komponisten und die Musikschaffenden nicht unter der russischen, österreichischen oder deutschen Fahne auftreten wollten. Chopin wurde zwar überall gespielt, für gewöhnlich jedoch vergaß man sozusagen seine Beziehung zur Heimat.

Zwar hatte auch Moniuszko selbst, wie wir gesehen haben, unter ausnehmend schwierigen Bedingungen gewirkt. Doch vermochte er dies, zumindest teilweise, durch die Kraft seines großen Talents wettzumachen. Seine Lieder zeichneten sich durch Einfachheit aus. Bei seinen Zeitgenossen, ebenso wie bei seinen Nachfolgern, führte jene Einfachheit zur Schaffung einer weitgefächerten Musikliteratur, in der sich das Völkische und Nationale nur durch den

Rhythmus der Mazurka, des Krakowiaks und einer meist rührseligen und banalisierten Dumka auszeichnete.

Sofern es sich um das sinfonische Schaffen handelt, befand sich eigentlich ganz Europa im 19. Jahrhundert angesichts der hervorragenden Errungenschaften der großen Wiener Klassiker – Haydn, Mozart und Beethoven – und auch der Sinfoniker der Romantik – Schubert, Schumann und Brahms – im Rückstand. Erst um die Jahrhundertwende begann man die deutsche Sinfonik einzuholen, und das bisweilen bezeichnenderweise gerade unter der Losung, sich der deutschen Musik im Sinne der Akzentuierung des nationalen Elements gegenüberzustellen. Chopins Schaffen wurde in dieser Hinsicht Vorbild und Anreiz. So entstanden also erst nach der Niederlage Frankreichs im Krieg mit Preußen die ersten französischen Sinfonien von Camille Saint-Saëns.

In Polen wird man von sinfonischem Schaffen im europäischen Sinne erst nach 1901 sprechen können, als die Warschauer Philharmonie ihre Tore öffnete. Es ist interessant, daß – wie wir uns überzeugen werden – das Schaffen mehrerer hervorragender polnischer Komponisten, darunter auch Karol Szymanowskis, damals das neue sinfonische italienische Schaffen zeitlich bedeutend überholen sollte, das nach mehreren Jahrhunderten der Herrschaft der italienischen Oper an die hervorragende Tradition der alten italienischen Instrumentalmusik anzuknüpfen trachtete.

Da es in dem dreigeteilten Polen des 19. Jahrhunderts eigentlich keine festen Orchester, Philharmonien und Konzertsäle gab, da in den Operntheatern neue polnische Positionen nur ungern gesehen wurden, verloren die Komponisten die Lust, große sinfonische Formen anzustreben. Fügen wir noch hinzu, daß sie im allgemeinen keine günstigen Bedingungen hatten, um ein reelles kompositorisches Wissen zu erringen, und sich nur mühsam mit den Errungenschaften der neueren Stile vertraut machen konnten: dem Neoklassizismus oder der Neuromantik. So ist es nicht verwunderlich, daß das damalige polnische Schaffen Klavier- und Vokalformen bevorzugte.

Jene, die sich unter so wenig günstigen Bedingungen entschlossen, ihre schöpferischen Kräfte der Komposition zu widmen, führten einen schweren Kampf ums Dasein, zumal damals die unheilbare Tuberkulose reiche Ernte hielt. Ein Opfer der Tuberkulose, Antoni Stolpe (1851–1872), ein hervorragendes und frisches Talent, der vornehmlich sinfonische Ouvertüren komponierte, lebte nur 21 Jahre. Die polnischen Sinfoniker sahen damals vor allem in Mendelssohn ihr Vorbild, was in der zweiten Jahrhunderthälfte schon von großer Rückständigkeit zeugte. Die technischen Errungenschaften, die Berlioz, Liszt und Wagner in die sinfonische Musik einbrachten, vermochten sie nicht anzuregen. Im übrigen konnte bekanntlich das Schaffen der drei erwähnten Komponisten, das damals als extrem modernistisch angesehen wurde, sich auch im Westen nur mühsam den Weg bahnen. Es genügt, daran zu erinnern, daß der bedeutendste polnische Vertreter des sinfonischen Schaffens in der ersten Hälfte des 19. Jahrhunderts, Chopins Schulfreund Ignacy Feliks Dobrzyński (1807–1867), 1834 bei dem Wettbewerb in Wien unter den 50 eingereichten Partituren eine „Mention honorable" für seine *Sinfonie c-Moll* erringen konnte, während die *Phantastische Sinfonie* von Berlioz bei diesem Wettbewerb nicht einmal diese Auszeichnung hatte gewinnen können.

Als hervorragendste Vertreter der polnischen Komponisten in der zweiten Hälfte des 19. Jahrhunderts sowie um die Jahrhundertwende, noch vor dem Aufkommen des „Jungen Polen in der Musik", muß man Władysław Żeleński, Zygmunt Noskowski und Ignacy Jan Paderewski ansehen. Władysław Żeleński (1837–1921) wirkte nach seinem Studium in Krakau, Prag und Paris zunächst in Krakau, dann in Warschau und erneut in Krakau. Er war der nach Moniuszko bedeutendste Opern- und Liederkomponist. Auf diesem Gebiet seines Schaffens kann man ihn für einen Vertreter der polnischen Neuromantik halten, hingegen verband Żeleński in der Instrumentalmusik Traditionen der klassischen Musik mit Elementen der polnischen Folklore. In seinen Liedern knüpfte er vornehmlich an die besten Traditionen Moniuszkos an, wobei er freilich eine geringere melodische Invention, dagegen eine exquisitere Behandlung des Klavierparts bewies.

Will man Żeleńskis Ausnahmestellung in der polnischen Musik der zweiten Hälfte des 19. Jahrhunderts besser verstehen, dann darf man nicht vergessen, daß sich diese damals unter einem beträchtlichen Einfluß der deutschen Musik, vor allem der von Mendelssohn, befand. Chopins Traditionen kamen nur schwach und oberflächlich zur Geltung. Die von Chopin entdeckten neuen Welten der Harmonie fanden keine Nachfolger. Das Fehlen einer gehörigen musikalischen Ausbildung erzeugte einen Dilettantismus und einen „heimischen" Stil im schlechten Sinne dieses Wortes. Neue Strömungen, die aus dem Ausland kamen, fanden in der polnischen Musik keinen Widerhall.

Vor dem Hintergrund dieser provinziellen Verhältnisse errang Żeleńskis Schaffen in jener Zeit einen erstrangigen Platz. Er war neben Noskowski und Paderewski der begabteste und am allseitigsten gebildete Komponist. Er wurde 1837 geboren, als Chopin noch in Paris lebte und Erfolge verbuchte. Żeleński begann sein Studium in Krakau unter Leitung Franciszek Mireckis, eines Komponisten, der unter anderem viele Opern und die Operette *Nachtlager in den Apenninen* (Nocleg w Apeninach) schrieb, die sich großen Zuspruchs erfreute. In Prag setzte er sein Studium unter Leitung Alexander Dreyschocks (Klavier) und Josef Krejčis (Orgel und Kontrapunkt) fort, alsdann in Paris (Komposition). An der Krakauer Universität erwarb er den Grad eines Doktors der Philosophie.

Nach Beendigung seines Studiums ließ sich Żeleński in Krakau nieder, wo sich sein musikalisches Schaffen hauptsächlich entfaltete. 1871 siedelte er nach Warschau um, wo er nach Moniuszkos Tod die Klasse der Komposition am Musikinstitut und später die Leitung der Musikalischen Gesellschaft übernahm. 1881 kehrte er nach Krakau zurück und übernahm dort die Leitung der Musikschule, die dank seinen Bemühungen in ein Konservatorium umgewandelt wurde. Hier starb er im Jahre 1921.

Die Suche nach einem eigenen und selbständigen schöpferischen Weg war für Żeleński – ungeachtet seines fundierten Wissens und seiner großen Begabung – keine leichte Sache. Von Hause brachte er eine große Liebe zur Musik Chopins mit. Er mußte auch, ebenso wie Moniuszko, eine gewisse Ehrfurcht vor der ungeheuren Bedeutung der damals noch so frischen und unerreichten Vorbilder der Kunst Chopins empfinden. Der gewaltige Erfolg der Opern Moniuszkos stellte an Żeleńskis schöpferische Bemühungen auf diesem Gebiet hohe Anforderungen. Dem Erbe der Vergangenheit verpflichtet, den zeitgenössischen Strömungen eher fremd, war Żeleński nicht der Typ eines progressiven Musikers, obwohl er sich über die ehrenvolle Sendung eines polnischen Komponisten unter den schwierigen politischen Bedingungen der Nation bewußt war. Mehrere Jahrzehnte seiner pädagogischen, publizistischen und organisatorischen Arbeit vermochten der polnischen Kultur viele beständige Werte zu geben.

In seinem schöpferischen Werk nehmen seine vier Opern den wichtigsten Platz ein. Er griff darin bewußt Themen auf, die mit der Dichtung und Literatur der Romantik verbunden waren. Seine Neigung, Opern zu komponieren, war bei ihm mit dem lyrischen Temperament nicht leicht zu vereinbaren. Es erwies sich für ihn als sehr schwer, seine Opernmusik mit einem lebhafteren dramatischen Nerv zu erfüllen. Und dennoch darf man sein Opernschaffen nicht zum Rang eines Epigonentums herabwürdigen.

Bereits in der ersten seiner Opern, im *Konrad Wallenrod*, griff Żeleński auf das Thema des Poems von Adam Mickiewicz zurück. In seinem *Konrad*

Wallenrod wollte Mickiewicz den von den Okkupanten unterdrückten Landsleuten ein Beispiel für List und Schlauheit im Kampf mit dem übermächtigen Feind geben.

Die zweite von Żeleńskis Opern, *Goplana*, geht auf die Handlung von Słowackis *Balladyna* zurück. Auch heute noch mit großem Erfolg aufgeführt, zählt *Goplana* mit Sicherheit zu seinen besten Opern.

Żeleńskis dritte Oper, *Janek*, deren Handlung wie in der *Halka* in Podhale spielt, ist wohl am stärksten der Tradition Moniuszkos verhaftet. Leider gereichte das schwache Libretto dieser Oper zum Schaden, obwohl sie mit ihrer reichen lyrischen Invention Moniuszko gleichkommt.

In seiner letzten Oper schließlich, der *Alten Mär*, griff der Komponist auf Ignacy Kraszewskis populärsten Roman zurück. Żeleński bewies seine technische Meisterschaft im Operieren mit Vokalpartien, in der Leichtigkeit des kontrapunktischen Verflechtens mehrerer melodischer Linien sowie in der farbigen und einfallsreichen Instrumentierung. Sofern in Moniuszkos Opern die Arien entsprechend der Tradition nach dem Prinzip einzelner „Nummern" in den Vordergrund treten, so dominiert bei Żeleński das Rezitativ vor dem Hintergrund einer breiter betonten Rolle des Orchesters. In der Darstellung der Natur, die die Handlung untermalt, beweist Żeleński einen großen Einfallsreichtum.

Ein unbestrittenes Verdienst Żeleńskis ist es auch, daß er die Tradition Moniuszkos im Liedschaffen fortführte. Bei der Gestaltung der expressiven Linie seiner Lieder verfährt er etwas strenger als Moniuszko; weil er aber der geborene Lyriker ist, schwingt er sich bisweilen zu ebenso schönen Einfällen auf. Dagegen ist, wie bereits erwähnt, der Klavierpart in Żeleńskis Liedern, der zuweilen als selbständige stimmungsvolle Untermalung behandelt wird, gewöhnlich reichhaltiger. Żeleński pflegte überdies viele Formen: Er schrieb Klavierwerke, darunter auch ein herausragendes Konzert, sowie kammermusikalische und sinfonische Werke. Polnische Zuhörer mußte man damals, ebenso wie in anderen Ländern, erst daran gewöhnen, sinfonische Musik zu hören. Und eben auf diesem Gebiet spielte Żeleńskis Schaffen eine wichtige Rolle.

In den letzten Jahren des vergangenen Jahrhunderts wurde in Polen ein besonderes Interesse für die Tatra und das Podhale wach, sowohl in der Publizistik wie in der Literatur, in der Malerei und in der Musik. Zakopane wurde „entdeckt".

So huldigte auch Żeleński den polnischen Bergen und komponierte die Ouvertüre *In der Tatra*. In diesem Werk ordnet sich das illustrative Element den Grundlagen der traditionellen Form etwas pedantisch unter. Eine ziemlich akademische Fuge soll das musikalische Bild eines Gewitters sein. Żeleński hinterließ auch 2 Sinfonien, 7 Gelegenheitskantaten, 2 Streichquartette, über 100 Lieder und zahlreiche Chorwerke. Obwohl Żeleńskis Schaffen nicht unmittelbar an die Wende anknüpfte, die die Errungenschaften des „Jungen Polen in der Musik" an der Schwelle des 20. Jahrhunderts darstellen sollten, unterliegt es dennoch keinem Zweifel, daß die bei Żeleński so typische große Sorge um die Makellosigkeit der musikalischen Werkstatt seinen Nachfolgern die besten Vorbilder bot.

Sosehr Żeleński seine Kompositionen mit pedantischer Genauigkeit ausarbeitete, sosehr sündigte bisweilen das ihm zeitgenössische zweite hervorragende Talent in der polnischen Musik der zweiten Hälfte des 19. Jahrhunderts, Zygmunt Noskowski (1846–1909), der sich durch eine ungeheure Leichtigkeit im Komponieren auszeichnete, durch Mangel an Sorgfalt bei der Ausarbeitung der Einzelheiten. Einmal, als der Herausgeber in Krakau die Auszahlung des Honorars von der Lieferung eines fertigen Liedes abhängig machte, setzte sich Noskowski in der Buchhandlung an den Schreibtisch und verfaßte in einem

Federzug das Lied *Die Lerche singt* (Skowroneczek śpiewa) im Rhythmus eines Krakowiaks, das auch heute noch für eins seiner besten Lieder gehalten wird. Als er ein Liederbuch für Kinder zu den Versen der namhaften Dichterin Maria Konopnicka komponierte, schrieb er die ersten zehn Lieder im Laufe weniger Stunden. Dieses Liederbuch wird immer von neuem aufgelegt, und man kann es zu den besten und beliebtesten Werken Noskowskis zählen.

Ähnlich wie Żeleński erwarb sich Noskowski eine allseitige musikalische Ausbildung in Warschau und Berlin. Viele Jahre lang spielte er Violine im Orchester des Großen Hauses in Warschau, trat auch als Sänger, Pianist und Dirigent auf. Mit großem Eifer befaßte er sich sein Leben lang mit musikalischer Publizistik, Pädagogik und mit dem Verfassen von Lehrbüchern. Als Direktor der Warschauer Musikgesellschaft führte er sie zu voller Blüte, indem er das von ihm geleitete Orchester dieser verdienten Institution auf ein hohes Niveau hob. Seinen Bemühungen ist es auch zu verdanken, daß 1901 in Warschau die Philharmonie ins Leben gerufen wurde, und dieses Datum sollte einen Wendepunkt im polnischen sinfonischen Schaffen darstellen. In der Warschauer Philharmonie hatte Noskowski die Stellung des zweiten Dirigenten inne.

Als begabter und gebildeter Komponist folgte Noskowski eher den traditionellen Wegen. Da er mehr melodische Invention als Żeleński besaß, suchte er seine Ausdrucksmittel nicht so sehr im kontrapunktischen Geflecht als vielmehr im Operieren mit farbiger Orchestrierung unter Wahrung geradezu klassischer Formgrundlagen. Er bemühte sich sowohl in seiner Tätigkeit als auch in seinem Schaffen, das Polnische hervorzuheben. Gegen Ende seines Lebens, als ihn seine Gesundheit und die von allen bewunderte unermüdliche Energie verließen, pflegte er zu seinen Schülern zu sagen: „Wenn ich sterbe, dann zählt meine Titel oder Stellungen nicht auf, sondern schreibt nur; ‚polnischer Musiker' ".

Diese ehrenvolle Bezeichnung verdiente er sich auch durch seinen glühenden Patriotismus. Bereits als Halbwüchsiger beteiligte er sich aktiv am Januaraufstand 1863, was ihm die Regierungen der Teilermächte nicht vergessen wollten. Den ersten kompositorischen Lorbeer brachten ihm die *Krakowiaks* (für Klavier vierhändig), die Liszts Begeisterung hervorriefen, als er sie zusammen mit Noskowski während dessen Besuchs in Weimar spielte. In den Jahren 1876–1880 wurde Noskowski Direktor der Singgemeinschaft „Bodan" in Konstanz. Die erste seiner drei Sinfonien wurde bei einem der Berliner Konzerte uraufgeführt. Außerdem komponierte er noch zwei Programmsinfonien: *Die Elegische* und *Von Lenz zu Lenz* – entschieden polnisch in ihrem Ausdruck. Die größte, bleibende Bedeutung erlangte von seinen sinfonischen Werken die Konzertouvertüre *Die Steppe*, eigentlich neben Moniuszkos *Märchen* die erste polnische sinfonische Dichtung, lange Jahre hindurch die repräsentativste Position der polnischen Sinfonik. Die programmatische Grundlage dieses Werkes wurde die Beschreibung der ukrainischen Steppe in dem Roman des Nobelpreisträgers Henryk Sienkiewicz *Mit Feuer und Schwert*. Am Anfang der Partitur schrieb Noskowski selbst den folgenden programmatischen Kommentar: „Herrliche Steppe, ich grüße dich mit einem Lied! Inmitten deiner unermeßlichen Weiten hörte man das Rauschen von Flügeln und das Getrappel der Reiterei, es tönte die Hirtenschalmei und das sehnsuchtsvolle Kosakenlied, von Trommeln begleitet, es erscholl Kriegsgeschrei und das Rasseln zusammenstoßender Säbel. Die Kämpfe und das gewaltige Ringen sind beendet, die Krieger liegen im Grab. Nur du allein, große Steppe, bleibst ewig schön und ruhig!..."

Noskowskis Opernschaffen besaß geringere Bedeutung. Die erste Oper, *Livia Quintilla*, brachte keinen Erfolg. Einige Jahre später entstand die Oper *Das Urteil* (Wyrok). Noskowskis Tod unterbrach die Arbeit an der *Rache* nach der Komödie des hervorragenden polnischen Komödienschreibers Aleksander Fredro. Das Werk wurde jedoch vollendet und in Warschau aufgeführt, aber ohne größeren Erfolg.

Auf den Konzertpodien erscheint neben der *Steppe* auch die Ouvertüre *Meerauge* (Morskie Oko), die ähnlich wie Żeleńskis *In der Tatra* ein musikalischer Ausdruck des bereits geschilderten Interesses für die Tatra ist. Aber auch viele seiner Kunstlieder und Kammerchorwerke bewahrten ihre Vitalität.

Noskowski zeichnete sich vor allem als Pädagoge aus. Da er Professor der Komposition, des Kontrapunkts und der Musiktheorie am Warschauer Konservatorium war, das damals Musikinstitut genannt wurde, hob er den Unterricht in diesen Fächern auf ein so hohes Niveau, daß ihn sogar die Konservatorien von Petersburg und Moskau beneiden konnten, in denen an die Pianisten keine so hohen Anforderungen wie in Warschau gestellt wurden. Die Frucht dieser Tätigkeit waren künstlerische Preise, die von Noskowskis Schülern bei Wettbewerben im Ausland errungen wurden, wie z. B. von Henryk Melcer für sein Klavierkonzert in Berlin trotz großer Beteiligung aus ganz Europa.

Dank Noskowskis unermüdlicher Aktivität erlebte das Musikinstitut in Warschau um die Jahrhundertwende eine Periode glanzvoller Entwicklung. Neben Noskowski wirkten hier Pädagogen vom Range eines Aleksander Michałowski, der ein Klaviervirtuose und glänzender Interpret Chopins war, oder Stanisław Barcewicz, eines hervorragenden Geigers. Noskowski führte den Grundsatz ein, daß der Unterricht in den theoretischen Fächern einschließlich des Kontrapunkts ebenfalls für Studenten obligatorisch sein müsse, die zu Virtuosen ausgebildet wurden; jeder mußte eine Fuge schreiben können. Nach Noskowskis Auffassung erwies sich die vertiefte Kenntnis der Theorie als unerläßlich für das Verständnis und die richtige Interpretation der Musik. Erst nach Beendigung des sog. allgemeinen Kontrapunkts trugen sich die Kandidaten für Komposition für das Fach „besonderer Kontrapunkt" ein und studierten unter der Anleitung von Professoren weiter Kompositionslehre. Obwohl Noskowski von seinen Schülern eine hervorragende Beherrschung der klassischen Technik der Komposition verlangte, schätzte er die schöpferischen Individualitäten und war der Meinung, daß jeder von ihnen nach Erreichen des entsprechenden Wissensgrades den Weg gehen sollte, den er selbst gehen wolle. Und vielleicht gingen deshalb aus seiner Klasse so ausgeprägte Individualitäten wie Karol Szymanowski, Eugeniusz Morawski, Piotr Maszyński, Piotr Rytel, Henryk Melcer, Juliusz Wertheim, Ludomir Różycki, Adam Wieniawski, Grzegorz Fitelberg und viele andere talentierte Komponisten hervor.

Ungeachtet seiner so nutzbringenden Tätigkeit in Warschau hatte Noskowski hier kein leichtes Leben. Zwar war er sehr beliebt, jedoch viele Neider und Böswillige warfen ihm sprichwörtliche Knüppel zwischen die Beine. Gegen Ende seines Lebens kamen materielle Schwierigkeiten hinzu. Ein schweres Herzleiden machte eine Kur erforderlich. Erst als sich die Lage als bedrohlich erwies, wurde die Gesellschaft aktiv. Sie organisierte ein Konzert mit Noskowskis Werken als Benefizveranstaltung, die ein großer Erfolg wurde. Zwar war das eher ein moralischer als ein finanzieller Erfolg, denn die Einnahmen erwiesen sich als unerheblich. Zu dem Zeitpunkt schickte der stets sehr freigebige Ignacy Paderewski aus dem Ausland eine größere Summe, um dem Komponisten die Reise zu einer Kur ins Ausland zu ermöglichen. Leider war es zu spät: Der Gesundheitszustand des Kranken erlaubte keine weite und anstrengende Reise mehr. Im Juli 1909 hörte Noskowskis Herz für immer zu schlagen auf.

„Dieser Zarębski – hol ihn der Teufel! – ist ein ebenso begabter Pianist wie Komponist!" schrieb der russische Komponist Alexander Borodin in einem seiner Briefe. Und er schrieb so unter dem Eindruck seines Besuches bei Liszt, bei dem er Zarębski näher kennengelernt hatte. Borodin schrieb auch von der starken Erschütterung, die die Interpretation seiner Sinfonie auf zwei Klavieren durch Zarębski und Liszt bei ihm hervorgerufen hatte. Damals auch präsentierte Zarębski ihm die Partitur seiner *Fantasie für Klavier und Orchester* und befragte ihn – mit einer ihn ehrenden Bescheidenheit – bezüglich der Einzelheiten der Instrumentation. Dieses Werk des jungen Zarębski rief eben Borodins Bewunderung hervor. Juliusz Zarębski (1854–1885) litt an der Lungenkrankheit, die im vergangenen Jahrhundert unter den begabten polnischen Komponisten eine reiche Ernte hielt. Denn Zarębski war außer Zweifel ein Talent ersten Ranges. Mehr noch, sein Schaffen trug Merkmale, die in die kommende Epoche wiesen. Nach der Beendigung der Konservatorien in Wien und in Petersburg mit goldenen Medaillen war er für eine gewisse Zeit ein Schüler Liszts. Mit neun Jahren war er in Kiew und Odessa mit seinen ersten Konzerten aufgetreten. Liszt – damals mit Sicherheit die größte musikalische Autorität Europas – schätzte seinen jungen Schüler sehr, sowohl wegen seines Talents als auch wegen seiner Charakterzüge. Unter seinem Einfluß begann Zarębski zu komponieren. Er schrieb vor allem für Klavier und führte in der Folge öffentlich seine Werke auf. Im Herbst 1876 gastierte Zarębski viermal in Warschau und erweckte mit seiner phänomenalen Technik und seinem großen Talent Bewunderung. Der Rezensent unterstrich vor allem die hervorragende Aufführung der *Variationen über ein Thema von Paganini* von Brahms, eines Werkes, das auch heute noch der Prüfstein höchster spielerischer Möglichkeiten ist. Er bemerkte jedoch, daß die Programme der vier Auftritte Zarębskis für das damalige Publikum zu schwierig gewesen seien, so daß der Saal nicht gerade überfüllt war. Zarębski konnte damals nur mit Mühe die Kosten seines monatlichen Aufenthalts in Warschau decken und kehrte nach Weimar, zu Liszt, seinem geliebten Meister und Freund, zurück.

Zwei Jahre später konzertierte Zarębski erneut in Warschau, diesmal auf dem damals berühmten „Piano Mangeot" – einem Klavier mit zwei Tastaturen, von denen die zweite die Umkehrung der ersten, der normalen, war. Für dieses Instrument komponierte Zarębski eigene Werke und paraphrasierte bekannte Orchesterkompositionen. Diesmal bekundete das Warschauer Publikum größeres Interesse. In demselben Jahr konzertierte Zarębski auf dem „Piano Mangeot" auf der Pariser Weltausstellung, danach in England und Rußland. Bald jedoch ließ er von seinem Klavier mit den zwei Tastaturen ab, hauptsächlich wegen des umständlichen und teuren Transports. Es lohnt darauf hinzuweisen, daß dieses Instrument, das im Gebäude des Warschauer Konservatoriums aufbewahrt wurde, das Schicksal des im Druck herausgegebenen Manuskripts von Zarębskis *Klavierkonzert* teilte und während der Kampfhandlungen in Warschau im zweiten Weltkrieg verbrannt ist.

Zarębskis Kompositionen für Klavier verbanden die Stilmerkmale Chopins und Liszts. Sein *Klavierquintett* wächst jedoch über seine nur für Klavier bestimmten Werke hinaus. Die herrliche, breit ausgebaute Form, die reiche Koloristik, der virtuos behandelte Klavierpart und vor allem die große Originalität – das sind die Vorzüge dieser hervorragenden Position des polnischen Kammermusikschaffens. In seiner Entstehungszeit war das *Quintett* zweifellos etwas Neuartiges. Von den vier Teilen zeichnet sich vor allem der dritte aus – das *Scherzo*, in dem das Klavier vor dem pulsierenden Hintergrund der Streicher ein ungemein originelles Thema spielt. Zarębski widmete Liszt diese Schöpfung. Die Aufführung des Werkes unter Beteiligung Zarębskis fand des Meisters höchste Anerkennung. Von Krankheit befallen, mußte er jedoch noch im selben Jahr seine Stellung als Dozent für Klavierspiel am Konservatorium in Brüssel, die er seit einigen Jahren bekleidete, aufgeben und in sein heimatliches Shitomir in der Ukraine zurückkehren. Obwohl man ihm die größte Fürsorge angedeihen ließ, starb er hier im zweiunddreißigten Lebensjahr. Wieviel das polnische Musikschaffen dabei verlor, läßt sich nur schwer abschätzen.

Polen gilt bei vielen als das Land der Pianisten. Jedoch ebenso hervorragend sind die polnischen Traditionen des Violinspiels. Es genügt nur zu sagen, daß der polnische Geiger Karol Lipiński (1790–1861), ein Zeitgenosse Paganinis, als ein großer Rivale des Zauberers aus Cremona galt. Und der berühmte Virtuose und begabte polnische Komponist Henryk Wieniawski (1835–1880) war es, der in seinem Spiel und in seinem Schaffen die Spieltechnik Paganinis bedeutend weiterentwickelte. Wieniawskis Tätigkeit fiel in die Zeit der höchsten Blüte des Violinspiels. Die damalige Epoche stand noch unter dem Eindruck, den der 1840 verstorbene Paganini ausgeübt hatte. Es erschienen auch Nachfolger, die dem Meister nicht nur gleichkamen, sondern ihn an Virtuosität der Technik und an Ideen übertreffen wollten. Auf den Konzertbühnen glänzten Violinvirtuosen wie Ole Bull, Henri Vieuxtemps, Joseph Joachim, Apolinary Kątski. Was gab unter diesen Bedingungen den Ausschlag für die große Karriere und den Ruhm Wieniawskis? Worin bestand die Besonderheit seines Spiels, die ungeachtet der Konkurrenz so vieler Virtuosen über seine triumphalen Erfolge entschied? Aus den zahlreichen, in der gesamten europäischen Presse verstreuten Rezensionen kann man sich ein Bild von dem Spiel Wieniawskis machen. Vor allem zeichnete es sich durch ein urwüchsiges Temperament und eine geradezu außergewöhnliche Kühnheit sowie durch Finesse bei der Überwindung größter technischer Schwiergkeiten, einen äußerst weichen, kantablen Ton und eine unvergleichliche Anmut aus. Mit seinem Spiel – wie einer der Kritiker schrieb – „versetzte er die Zuhörer in Ekstase, in einen echten Rausch".

Wieniawski war ebenfalls mit einem überdurchschnittlichen kompositorischen Talent begabt. Seine Werke, die er für den eigenen Konzertgebrauch schrieb und die sich außer durch hohen künstlerischen Wert auch durch den höchsten Schwierigkeitsgrad auszeichneten, bieten ein Bild der spielerischen Möglichkeiten ihres Schöpfers.

Er hatte als „Wunderkind" debütiert. Seit seinen jüngsten Jahren verriet er geradezu phänomenale Fähigkeiten, womit er allgemeine Bewunderung erweckte. Nach kurzem Studium in seiner Heimatstadt Lublin wurde er am Pariser Konservatorium aufgenommen, obwohl er erst acht Jahre alt war und ihm somit im Sinne des Statuts dieser Anstalt vier Jahre zur Aufnahme fehlten. Über diese Aufnahme entschied ein Experiment: Man ließ ihn ein Violinkonzert von Kreutzer nach dem Gehör auswendig lernen, ohne das Instrument zu gebrauchen, lediglich mit Hilfe der Notenschrift. Die Probe seiner Musikalität fiel glänzend aus. 1846 beendete der damals elfjährige Junge das Pariser Konservatorium mit einer großen Goldmedaille.

Während seines Studiums traf Henryks Mutter mit seinem jüngeren Bruder Józef, der ebenfalls mit hohen musikalischen Fähigkeiten begabt war, in Paris ein. Nachdem Józef seine pianistischen Studien beendet hatte, konzertierte er fast zehn Jahre mit Henryk als dessen idealer Begleiter. In Frau Wieniawskas bescheidenem Pariser Salon verkehrten viele Berühmtheiten der Künstlerwelt, darunter auch der Dichter Adam Mickiewicz.

Die ersten Konzerte der Brüder Wieniawski in Petersburg, der damaligen Hauptstadt Rußlands, wurden mit großer Begeisterung gefeiert. Der Erfolg war danach bei allen weiteren Auftritten in Rußland der gleiche. Innerhalb von zwei Jahren gaben die Brüder Wieniawski dort 194 Konzerte. Man empfing sie überall mit Ovationen. Die Kunde von „einem geheimnisvollen Geiger, der die Zauberkunst des Violinspiels von Paganini geerbt habe", drang bis in die entferntesten Winkel.

Das zweite Land, in dem Wieniawskis Auftritte sich in eine Serie von Triumphen verwandelten, war Belgien. Hier wurde ihm zur Akzentuierung seiner bravourösen Virtuosität die Bezeichnung „Liszts Geiger" verliehen. Nach dem ersten Konzert im Haag bereitete man ihm gewaltige Ovationen. Es wurden Lithographien, Zeichnungen und Kupferstiche mit seinem Porträt verkauft, der Bildhauer Lacombe modellierte seine Büste, die dann im Königlichen Museum im Haag ausgestellt wurde.

Die europäischen Königshöfe, deren Gast Wieniawski oft war, überboten sich darin, den Künstler mit ehrenvollen Auszeichnungen und wertvollen Geschenken zu überhäufen. Wilhelm, König der Niederlande, ein großer Melomane, den Wieniawskis Spiel begeisterte, ernannte ihn zweimal zum Ritter des Ordens der Eichenrinde und schenkte dem Virtuosen einen mit Brillanten besetzten Ring mit dem königlichen Monogramm. Der König von Schweden verlieh ihm den Wasa-Orden, der preußische König zeichnete ihn mit einer großen Goldmedaille für „Kunst und Wissenschaft" aus, und am Petersburger Hof empfing Wieniawski den hohen Orden der hl. Anna.

Diese hohen Auszeichnungen konnten jedoch Herrn Thomas Hempton nicht davon überzeugen, dem Künstler die Hand seiner Tochter zu geben. Wie die Anekdote besagt, vermochte erst das Anhören der eigens für diese Gelegenheit komponierten *Legende*, die unter dem Einfluß der Liebe zu Miss Isabell Hempton entstanden war, den Widerstand des künftigen Schwiegervaters des Künstlers zu überwinden.

Unabhängig von seinem großen Talent zeichneten Wieniawski besondere Vorzüge im geselligen Umgang aus, vornehme Manieren und die faszinierende Gabe, die Symphathie der Menschen zu gewinnen. Als ein interessantes Dokument kann Wieniawskis Brief an seinen Begleiter, Anthony Door, dienen: „Ich bin an einer heftigen Halsentzündung erkrankt und werde längere Zeit nichts Konkretes sagen können als das, daß mich meine Frau zum Neuen Jahr mit Zwillingen beschenkt hat. Du siehst also, lieber Door, daß ich zwar keine solch klassischen Duette wie Spohr komponiert habe, aber dafür Werte schuf, deren er sich nicht rühmen konnte."

Das Schicksal war Wieniawski jedoch nicht immer hold. Das Glück verließ ihn oft beim Roulett, und er spielte mit der gleichen Leidenschaft wie auf der Violine. Als er einmal alles verspielt hatte, verpfändete er sein wertvolles Instrument. Unter den Geigern machte die Legende die Runde, daß Wieniawski sich verpflichtet habe, als er einmal gegen den bekannten belgischen Geiger und Komponisten Henri Vieuxtemps beim Kartenspiel verloren hatte, als Gegenleistung dafür ein Werk zu komponieren. So soll die Polonaise mit Orchester entstanden sein, die Vieuxtemps darauf als sein eigenes Werk herausgab.

Wieniawskis virtuose Karriere, die fortwährenden Reisen und Vorbereitungen zu seinen Aufführungen brachten es mit sich, daß ihm nicht viel Zeit für sein Schaffen übrigblieb. Deshalb konnte Wieniawski denn auch erst während seines fast zwölfjährigen Aufenthalts in Petersburg, wo er die Funktion eines kaiserlichen Hofgeigers ausübte, dem Komponieren mehr Zeit widmen. Hier entstanden auch seine besten Werke wie die *Études-Caprices*, die *Fantasie über Themen aus Faust*, die *Große Polonaise A-Dur* und das *2. Violinkonzert*. Dank seiner unvergänglichen Werte zählt dieses Konzert zu den besten in der Violinliteratur, und es gehört noch heute zum Repertoire.

Während seines Aufenthalts in Petersburg übernahm Wieniawski die Violinklasse am Petersburger Konservatorium, und während seines Urlaubs machte er zahlreiche Konzerttreisen. So besuchte er mehrmals England, Frankreich, Deutschland, Schweden, Norwegen und selbst die Türkei, wo er auf Einladung des Sultans in dessen Palast spielte. Keine geringeren Erfolge verzeichnete er auch während seiner Tourneen in Nordamerika, bei denen er im Laufe von acht Monaten 215 Konzerte gab.

Der äußerst intensive Lebenswandel sowie die ungemein erschöpfende Arbeit bei ständiger Nervenanspannung hatten einen nicht geringen Einfluß auf Wieniawskis Gesundheit. Trotz immer häufigerer Symptome einer Herzerkrankung erschlaffte jedoch seine Aktivität nicht. Er nahm am Konservatorium in Brüssel seine Arbeit auf, machte viele Konzertreisen nach Ungarn, Rumänien und Südrußland. Ende 1879 reiste er nach Moskau, um auf Nikolai Rubinsteins Einladung an einem Konzert der Musikgesellschaft teilzunehmen. Bei einem seiner letzten Konzerte fühlte er sich so schlecht, daß er gezwungen war, im Sessel sitzend zu spielen. Seine Krankheit machte Fortschritte. Die fürsorgliche Obhut der Ärzte und die Bemühungen seiner Freunde erwiesen sich als wirkungslos. Er starb im Alter von 45 Jahren.

Henryk Wieniawskis Schaffen, das mit der Tätigkeit des Virtuosen eng verbunden war, sicherte ihm eine feste Position in der Geschichte der Musik. Wieniawskis Werke, die „sehr violinmäßig" sind und den Künstlern große Möglichkeiten bieten, ihre interpretatorische Kunst auszuüben, erfreuen sich bis heute einer nicht erlahmenden Beliebtheit. Jedoch vermögen die virtuosen Werte ihre Bedeutung nicht vollends zu erschöpfen.

Ebenfalls als „Wunderkind" begann der fünfjährige Apolinary Kątski (1826–1879) seine Karriere als Geiger. Eine Zeitlang war er Paganinis Schüler. Und auch er wurde nach vielen Erfolgen an ausländischen Bühnen Solist am Zarenhof in Petersburg. 1862 gründete er in Warschau das Musikinsitut, das später (1919) in das Staatliche Musikkonservatorium umbenannt wurde. Es fiele schwer, den Einfluß dieser Wirkungsstätte auf die weitere Hebung des Musikwissens und der Musikkultur in Polen zu überschätzen.

Diesen Umstand vermerkte die Geschichte auf der Liste der Verdienste Kątskis vor seinen heute vergessenen Kompositionen, unter denen die *Capricen-Etüden* ihren pädagogischen Wert jedoch bewahrt haben.

Nach Apolinary Kątskis Tod übernahm Aleksander Zarzycki (1834–1895), ein begabter Pianist und Komponist, die Leitung des Musikinsituts in Warschau. Er konzertierte auch in Köln, Leipzig und Wien. Seine Werke gab er in Paris heraus, und bei einem Sinfoniekonzert in Warschau im Jahre 1868 spielte er mit großem Erfolg sein eigenes Klavierkonzert. Interessant ist, daß Zarzycki seinen Namen durch ein einziges Werk, eigentlich seiner Widmung, unvergeßlich gemacht hat. Es ist die *Mazurka G-Dur* für Violine und Klavier gemeint, die er Pablo de Sarasate, dem berühmten Violinvirtuosen der Epoche, zueignete und die dieser in sein Repertoire aufnahm.

Sofern sich Żeleńskis und Noskowskis Namen und Werk trotz des unleugbaren Wertes ihrer Leistungen außerhalb der Grenzen Polens nicht durchsetzen konnten, wurde Ignacy Jan Paderewskis Name (1860–1941) bereits zu Lebzeiten dieses Künstlers ebenso berühmt wie der Chopins. Zweifellos wirkte sich hier auch der Umstand aus, daß dieser hervorragende Virtuose, ein begabter Komponist, der als Brücke zwischen der polnischen Musik des 19. Jahrhunderts und dem Schaffen des Jungen Polen angesehen werden kann, ebenfalls, oder sogar vor allen Dingen, ein hervorragender Mensch war, der wie kaum ein anderer Sympathie und Anerkennung zu erringen verstand. Camille Saint-Saëns, dadurch bekannt, daß er sich gegenüber fast allen Musikautoren, darunter auch Wagner, Verdi und Mussorgski, feindselig verhielt und niemanden in seinen Äußerungen verschonte, sagte folgendes über Paderewski: „Das ist ein Genie, das zufällig auch Klavier spielt."

Heute fiele es schwer, all die Huldigungen aufzuzählen, die Paderewski von höchstgestellten Persönlichkeiten, einschließlich der gekrönten Häupter und der Staatspräsidenten, erhalten hat, und die Auszeichnungen zu erwähnen, die Ehrendoktorate sowie die anderen Beweise der Anerkennung, mit denen man während der langen Jahre seiner großen Karriere nicht sparte. Wenn man Chopin – und das mit Recht – den „ersten Botschafter der polnischen Sache" nannte, so verdiente Paderewski gewiß mit Recht durch seine Stellung und durch seine Tätigkeit den Namen seines Nachfolgers. Chopin hatte ausschließlich durch seine Kunst gewirkt. Paderewski schaltete sich neben seinem künstlerischen Schaffen aktiv in den Dienst seiner um die Wiedererlangung der

Unabhängigkeit kämpfenden Heimat ein, wobei er seine weitläufigen Beziehungen ausnutzte und, als die historische Stunde schlug, nicht zögerte, auf seine Karriere als Virtuose zu verzichten, um höchste politische Ämter zu bekleiden. Erwähnenswert ist auch der Umstand, daß er seine Stellung als Künstler, Politiker und Staatsmann lediglich und ausschließlich dank dem Charme seiner Persönlichkeit und der Autorität als Mensch und Künstler errang.

Es ist jedoch nicht zu bestreiten, daß ihm auch die Legende dazu verhalf, von der er bereits zu seinen Lebzeiten umgeben war: die geradezu aristokratische Lebensweise in der Villa am Genfer See in der Schweiz, die phantastischen Honorare, die er für seine virtuosen Auftritte in Amerika erhielt, wo er in eigenem Waggon reiste. Es riß das Publikum von den Sitzen, wenn er sich auf der Bühne zeigte.... Man wußte, daß er sehr oft seine riesigen Einnahmen vollständig für karitative Zwecke bestimmte.

Und dabei war Arbeit das größte Geheimnis der Erfolge Paderewskis, eine alltägliche, gewaltige Arbeit. „Meinen Erfolg verdanke ich", sagte er einst, „zu einem Prozent dem Talent, zu neun Prozent dem Glück und zu neunzig Prozent der Arbeit. Arbeiten, arbeiten, arbeiten – das ist das größte Geheimnis meines Erfolgs." Er überschätzte sein Talent also nicht, vielleicht unterschätzte er es sogar. Das „Glück", von dem er sprach, das war nicht nur sein Aussehen, die großartige Präsenz, die männliche Haltung, der kluge Kopf mit dem goldschimmernden Haarschopf, das waren nicht nur die herrlichen Hände des Pianisten, sondern auch seine Rednergabe, die feinen Umgangsformen, die hervorragende Beherrschung mehrerer Sprachen, die Kunst, geistreiche und vornehme Gespräche zu führen. Paderewski gestattete es selbst den in der sozialen Hierarchie am höchsten Stehenden nicht, einen allzu vertraulichen Umgang mit ihm zu pflegen, wahrte stets Distanz und schenkte seine Freundschaft nur für einen sehr hohen Preis.

Am 6. November 1860 in Kurylowka in Podolien geboren, stammte er aus einer Familie, in der schöne patriotische Traditionen gepflegt wurden. Nach Beendigung seines Klavierstudiums am Musikinstitut in Warschau übernahm er an dieser Lehranstalt die Klavierklasse. Er ließ sich jedoch dazu überreden, sein Kompositionsstudium bei Friedrich Kiel und Heinrich Urban in Wien fortzusetzen. Dieses Studium hatte er noch in Warschau unter Leitung von Gustaw Roguski begonnen.

Damals glaubte er, es sei seine Bestimmung, den Beruf eines Komponisten auszuüben. Als er sich in Wien Theodor Leszetycki, dem berühmten Schüler Karl Czernys, einem Pianisten und hervorragenden Pädagogen polnischer Abstammung, vorstellte, präsentierte er ihm seine *Variationen für Klavier a-Moll*, ein schön geschriebenes Jugendwerk. Leszetycki lobte die Komposition des jungen Polen, war jedoch vor allem über die pianistische Begabung seines Gastes überrascht. Und so kam es zu einem Wendepunkt in Paderewskis Leben: Bisher hatte er sich für einen Komponisten gehalten, der auf dem Klavier spielte, ja sogar konzertierte. Jetzt begriff er, daß die Klavierkunst seine hauptsächliche Berufung bleiben müsse. Er wurde also ein Schüler Leszetyckis, und zwar ein Ausnahmeschüler, der sich durch geradezu außerordentlichen Fleiß auszeichnete. Da er keine angeborenen technischen Dispositionen in dem Maße wie Józef Hofman oder Arthur Rubinstein besaß, mußte Paderewski täglich üben. „Wenn ich nicht einen ganzen Tag lang spiele", sagte er später zu seinen Schülern, „wissen das nur die Hausbewohner, spiele ich eine ganze Woche lang nicht, weiß es die ganze Welt." Das verblüffendste Merkmal von Paderewskis Klavierspiel war nicht so sehr die bezaubernde, obschon ausgefeilte Fingerfertigkeit, als vielmehr die tiefgehende und in diesem Maße bei anderen selten anzutreffende Musikalität und Empfindlichkeit, die aus jeder Interpretation eine schöpferische Kreation machten, durchdrungen von sublimierter Emotionalität und einem spezifisch romantischen Subjektivismus. In Verbindung mit der ungewöhnlichen Silhouette des Künstlers erschien sein Spiel, das sich bisweilen zu Höhen ekstatischer Emphase erhob, als etwas ebenso Nichtalltägliches wie das Spiel anderer, größter Virtuosen, darunter Paganini, Liszt und Sarasate.

Wie sah Paderewskis pianistische Karriere aus? Er debütierte 1887 in Wien und trug dabei seinen ersten glänzenden Erfolg davon. Damals war er 27 Jahre alt. Ende 1891 begann er eine Reihe von Konzerten in Amerika. Jeder seiner Auftritte wurde eine Sensation der Saison, und der Ruhm des genialen Pianisten wuchs ständig, wobei er bisher ungekannte Ausmaße erreichte.

Es lohnt, an Paderewskis Auftritt 1883 in Krakau zu erinnern, gewissermaßen also noch vor dem offiziellen Beginn seiner Weltkarriere. Dies geschah nach seinem Berliner Erfolg, dessen Echo lediglich in einem schwachen Grade in die Heimat gedrungen war. Als er neben dem damals geschätzten Geiger Władysław Górski in Krakau auftrat, war Paderewski dort fast unbekannt. Bei seinem Auftritt sollte er damals sein noch völlig unbekanntes kompositorisches Schaffen vorstellen. In der Krakauer Zeitschrift *Czas* erschien nach diesem Auftritt folgende Rezension von Władysław Żeleński:

„Herr Paderewski hat durch seine wundervolle Interpretation der *Ballade As-Dur* von Chopin alle begeistert. Das anfängliche Pianissimo, sodann die Gradation der Kraft waren ausgezeichnet gehalten. Die lichte Phrasierung ließ alle pathetischen Intentionen des Komponisten klar hervortreten. Herr Paderewski hat als Pianist eine große Zukunft vor sich und als Komponist eine vielleicht noch größere... Die polnische Seele kommt überall zum Vorschein, Herrn Paderewskis Talent ist eine glänzende Prophetie der künftigen polnischen Musik... Geb's Gott, daß er auf seinem Wege weiter so fortschreiten möge, und wir werden einen Künstler in ihm begrüßen, dessen Name der polnischen Kunst zum Ruhme gereichen wird..."

Mehrere Monate später trat Paderewski wieder in Krakau auf. Blicken wir diesmal in sein Tagebuch:

„Ich bin auf einen kurzen Urlaub in die Tatra gefahren, um an der regionalen Volksmusik zu arbeiten... Dort lernte ich Helena Modrzejewska kennen, die berühmte polnische Schauspielerin... Sie war noch immer schön. Sie galt als die hervorragendste dramatische Künstlerin unserer Theater... Meine Begegnung mit ihr in Zakopane – als ich noch ein armer, unbekannter Student war – wurde in meinem Leben zu einem Wendepunkt... Die Modrzejewska begegnete mir mit unerhörtem Wohlwollen... Ich wurde in ihrem Haus ein häufiger Gast. Sie unterhielt sich viel mit mir über meine Pläne und meine Zukunft... ‚Sie sollten jetzt endlich die Karriere eines Pianisten beginnen, länger dürfen Sie nicht zögern, davon bin ich zutiefst überzeugt', sagte sie. ‚Auch ich bin dieser Meinung', antwortete ich, ‚mir scheint jedoch, daß ich noch nicht über das entsprechende Repertoire verfüge und daß mir die für einen Pianisten entsprechende Vorbereitung fehlt'... Wir sprachen immer häufiger darüber. Ich sagte ihr auch, daß ich vor meiner Abreise ins Ausland in Krakau konzertieren möchte. Krakau, eine bezaubernde und interessante Stadt, eine der schönsten in Europa, einst polnische Hauptstadt, voll herrlicher historischer Denkmäler und sehr alter, interessanter Häuser, besaß viel Reiz für mich. Deshalb wollte ich gern dort mit einem Konzert auftreten. Als ich der Modrzejewska davon erzählte, war sie begeistert. ‚Eine glänzende Idee', sagte sie, ‚Sie müssen ein Konzert in Krakau geben, ich werde Ihnen dabei behilflich sein.' Ich war über ihre Güte ehrlich gerührt, denn sie garantierte mir einen ausverkauften Saal. Ich selbst war als Musiker noch so wenig bekannt, daß der gemietete kleine Saal gewiß nicht ausgefüllt sein würde. Die Modrzejewska fuhr also mit mir nach Krakau und half mir beim Arrangieren des Konzerts. Ihr Name, im Programm enthalten, besaß eine magische Kraft. Sie deklamierte ein paar Gedichte und erweckte Furore wie immer. Der Saal war überfüllt, und die Konzerteinnahmen beliefen sich auf 400 Gulden – etwa rund 200 Dollar, was für mich eine ungeheure Summe bedeutete! Dieses Konzert in Krakau ermöglichte mir die Reise nach Wien und das weitere Studium bei Leszetycki."

Paderewski trat 1889 zum dritten Mal in Krakau auf, verklärt durch seinen Weltruhm nach seinen Triumphen in Wien, Paris, London und Berlin. Die Äußerungen der ausländischen Rezensenten, die Paderewski als einen Genius des Klavierspiels priesen, waren bereits in breitem Echo ins Land gedrungen. Für Paderewskis Auftritt in Krakau wurde aus Wien ein besonderer Konzertflügel von Bösendorfer eingeführt. Der Konzertsaal des Teatr Stary war überfüllt. Die Preise der Eintrittskarten wurden erhöht, und Paderewski bestimmte die gesamten Einnahmen für soziale Zwecke. Er ließ auf der Bühne dicht neben sich ein Dutzend Stühle für mittellose Studenten aufstellen.

Schließlich sollte man auch nicht das denkwürdige Ereignis vergessen, das die feierliche Enthüllung des von Paderewski gestifteten Denkmals zur fünfhundertjährigen Wiederkehr des polnischen Sieges über den Deutschen Orden in der Schlacht bei Grunwald am 15. Juli 1410 für Krakau und für die ganze Nation gewesen ist. Werfen wir noch einen Blick in das Tagebuch des Meisters:

„Als kaum zehnjähriger Junge hatte ich zum ersten Mal von der Schlacht bei Grunwald im Jahre 1410 gehört. Meine Reaktion auf dieses historische Ereignis war so emphatisch, daß ich schon damals überlegte: Wie glücklich wäre ich, könnte ich diesen glänzenden Sieg feiern und reich werden, um den fünfhundertsten Jahrestag dieser berühmten Schlacht durch ein Denkmal ehren zu können... Von diesem Augenblick meiner Kindheit an wurde dies der Traum meines Lebens und blieb in meinem Herzen und meinem Sinn für immer haften. 1910 folgte der Moment der Verwirklichung – und mein Traum hatte sich erfüllt... Mein ganzes Leben lang habe ich Geld für diesen Zweck gesammelt und von jeder Summe, die ich verdiente, einen bestimmten Teil beiseite gelegt. Bereits 1908 bestellte ich das Denkmal, beschloß jedoch, die Enthüllungsfeier solle am fünfhundertsten Jahrestag, am 15. Juli 1910, erfolgen."

„Dieser Tag wurde", wie Jerzy Parzyński, ein zeitgenössischer Autor, erwähnt, „für alle Polen, die unter fremder Herrschaft im dreigeteilten Land lebten, ein nationales Ereignis. In Krakau hatten sich vieltausendköpfige Scharen versammelt, fanden glanzvolle Manifestationen statt, ein Treffen der Falkenjugend, Feste, Reden... Meister Paderewski erschien persönlich zur feierlichen Denkmalsenthüllung, und er sprach in einer schönen Rede auch von der Notwendigkeit, die Einheit der polnischen Nation gegenüber den schweren Schicksalsschlägen, die sie erwarteten, zu wahren, mit dem Glauben an eine bessere Zukunft, so wie das die im Denkmalssockel eingemeißelten Worte verkündeten: ‚Den Urvätern zum Ruhm, den Brüdern zum Ansporn' ".

Nicht zum ersten Mal hatte sich der Künstler Paderewski da in den Politiker Paderewski verwandelt, der den Dienst am Vaterland und an der Nation für seine patriotische Pflicht hielt. Das Denkmal von Grunwald, das die ganze Nation an die Tage des Ruhmes erinnern und sie gewissermaßen auf den nahenden Kampf um die politische Befreiung vorbereiten sollte, besaß beispielhafte Bedeutung. Kaum vier Jahre nach der Enthüllung dieses Denkmals sollte der erste Weltkrieg ausbrechen, der allen drei Teilermächten die Niederlage und Polen die Wiedererlangung der Unabhängigkeit bringen sollte. Paderewski unterbrach während dieses Krieges seine politische Tätigkeit nicht.

1919 verzichtete Ignacy Paderewski im bereits unabhängigen Polen auf seine künstlerische Laufbahn, übernahm das Amt des Regierungschefs und des Ministers für Auswärtige Angelegenheiten, unterstützt von der National-Demokratischen Partei. Seine Unterschrift steht neben der Roman Dmowskis auf dem Dokument des Versailler Vertrages, der auch dem neuen polnischen Staat die rechtlichen Grundlagen für seine Existenz gab.

Paderewski verzichtete später auf seine politischen Ämter und kehrte zur künstlerischen Tätigkeit zurück, zu der auch die pädagogische Arbeit gehörte. In seiner Schweizer Villa in Morges hielten sich Pianisten wie Stanisław Szpinalski, Henryk Sztompka, Zygmunt Dygat, Aleksander Brachocki, Witold Małcużyński auf und vervollkommneten unter den Blicken des Meisters ihre Fähigkeiten.

Die Zeiten änderten sich. Neue Sterne stiegen am Himmel der Klavierkunst auf, und es wandelte sich der Stil des Spiels. Paderewski hatte alles aufmerksam beobachtet, ohne jedoch etwas an seiner Persönlichkeit zu ändern. Grammophonplatten bespielte er ungern und betonte, er liebe es nicht, „für die Maschine" zu spielen. Jene, die sich seines Spiels erinnern, preisen den großartigen Konzertton, die vorzügliche Ausfeilung jeder Einzelheit sowie die Klarheit der Disposition. Er wahrte die Kontinuität der interpretatorischen Linie in den großen Formen. In kleineren verband sich bei ihm Ernst mit Eleganz. Kleinlichkeit war ihm fremd, fremd auch ein billiger Kompromiß zugunsten des Publikumsgeschmacks. Andererseits jedoch hatte sein erhabener Begriff von der Kunst nichts von kalter Monumentalität, seine Kunst blieb immer lebendig.

Paderewski war weder in senem Leben noch in seiner Musik ein Kosmopolit. Seine Kunst bewahrte und betonte mitunter sehr ostentativ ihren polnischen Charakter. Das betrifft auch sein Schaffen. Das Leben als Pianist ließ Paderewski wenig Zeit zum Komponieren, ungeachtet seines auch in dieser Richtung ausgeprägten Talents. Er schrieb hauptsächlich Klavierminiaturen, von denen sich vor allem das *Menuett G-Dur* großer Beliebtheit erfreute. Ebenso komponierte er Lieder. Am originellsten klingt die polnische Note in seinen Liedern auf Gedichte von Adam Mickiewicz. Paderewskis schöpferischer Stil reichte nicht über die Strömungen der letzten Woge der Romantik hinaus, knüpfte in der Harmonik an Chopin und in der Instrumentation an die Errungenschaften Wagners an. Um die Klarheit der Form besorgt, komponierte Paderewski interessante Variationszyklen, darunter auch die glänzend aufgebaute *Klaviersonate*.

Unter Paderewskis Werken ragt vor allem sein *Klavierkonzert* hervor, das zum ersten Mal 1889 in Warschau aufgeführt wurde. Geschlossen im Aufbau, deutlich in seiner Thematik und farbig instrumentiert, ist dieses Konzert auch heute noch auf den Bühnen zu hören.

Als Paderewski seine einzige Oper *Manru* komponierte, hatte er Alfred Nossigs Libretto zur Verfügung, das nach der Handlung des Romans von J. I. Kraszewski *Die Hütte hinterm Dorf* geschrieben war. Die Helden dieses Romans sind Zigeuner, die die Gefühle der Liebe, des Neides und der Rache sehr emotional empfinden. Leider zeichnete sich das Libretto weder durch Kompaktheit noch durch dramatische Ausdruckskraft aus, was sich in gewissem Sinne auch auf die Musik auswirkte. Neben italienischen Einflüssen finden wir auch Wagners Einfluß darin, ja selbst den von Bizet. Denoch fehlt es der Oper *Manru* nicht an Schönheit, sie zeichnet sich durch eine reiche Melodik, durch harmonische Einfachheit sowie eine meisterhafte Instrumentation aus. Die Arie des Titelhelden gehört gewiß zu den schönsten polnischen Arien.

Die Premiere der Oper *Manru* fand 1901 auf der Bühne der Königlichen Dresdener Oper statt. Das Publikum nahm sie gut auf, und der Komponist strahlte damals ja auch als Pianist in einem geradezu legendären Ruhm. Nach der Dresdener Premiere erschien die Oper auf den Bühnen von Lwow, Prag, Warschau und Kiew. 1902 brachte die Metropolitan Opera sie unter Beteiligung eines polnischen Soprans von Weltruf, der Marcelina Sembrich-Kochańska, heraus. Danach wurde *Manru* in fast allen amerikanischen Opernhäusern gespielt.

Paderewski komponierte ebenfalls eine Sinfonie h-Moll und ist zugleich Verfasser mehrerer Arbeiten, unter anderem über Chopin. Als Pianist schuf er einen individuellen Stil, wobei er die zeitgenössischen Virtuosen vor allem auf dem Gebiet der Interpretation Chopins stark beeinflußte.

Als der zweite Weltkrieg ausbrach und Polen nach heldenhaftem Widerstand den Naziaggressoren unterlag, eilte Paderewski erneut nach Amerika, ohne auf sein vorgerücktes Alter und seine angegriffene Gesundheit Rücksicht zu nehmen, um seinen ganzen Einfluß für die polnische Sache auszunutzen. 1941 betrat er amerikanischen Boden, wo der Präsident der USA die feierliche Ehrung des Jahrestags seines ersten Erscheinens vor fünfzig Jahren in diesem Land verfügte. Leider verließen den Pianisten sehr rasch die Kräfte, und er starb am 29. Juni 1941 in New York. Man bestattete ihn auf dem Friedhof der Verdienten in Arlington.

Das Grunwald-Denkmal in Krakau wurde von den faschistischen Besatzern zerstört. Die Behörden Volkspolens ließen es aus gesellschaftlichen Fonds jedoch wiedererrichten. Auf diese Weise wurde einem der größten Patrioten, der seine Kunst und sein ganzes Leben dem Vaterland gewidmet hatte, die Huldigung dargebracht.

Eine für die frühe und spätere Romantik überaus typische Form in der Musik war das Lied. Wo, wenn nicht im Lied, hatte der romantische Komponist und Dichter es leichter – und jeder Komponist dieser Epoche war ein wenig Poet–, das Wort mit der Musik zu verbinden und die rasch vergängliche Stimmung festzuhalten? Konnte nicht eben diese Form den neuen Zuhörer am unmittelbarsten ansprechen? Und wer war dieser neue Zuhörer? Er war vor allem ein bürgerlicher Zuhörer, der bei der Möblierung seiner Wohnung – wenn nicht schon den Flügel, so doch wenigstens das unerläßliche Requisit des Sezessionsalons – das Klavier nicht vergaß. Auch wenn er nicht selbst spielte – die ständige Jagd nach dem Geld raubte ihm zuviel Zeit – so spielte doch gewiß seine gebildete Tochter darauf, was zum guten Ton gehörte.

Es gab auch andere Anlässe, derentwegen das Lied in eben dieser Epoche Verbreitung fand. In allen Ländern Europas erwachte und stärkte sich das Gefühl der nationalen Besonderheit. Die neue besitzende Klasse suchte sich einen Bundesgenossen im Volk, das Interesse an Volksmusik erwachte. Im übrigen schürten es auch die Dichter und Maler. Die Oper wurde noch immer von italienischen Künstlern beherrscht. Auf den Konzertpodien wurden nur modische, ausländische Romanzen aufgeführt. Und daheim? Eben hier wurden zunächst zaghaft und dann immer mutiger neue Lieder gespielt.

In dem dreigeteilten Polen hatte das sich auf heimische Texte stützende und ans Volksliedschaffen anknüpfende Lied besondere Bedeutung. Nach Chopin und Moniuszko versuchte sich jeder polnische Tonschöpfer im Komponieren von Liedern. Um die Jahrhundertwende hatten Musiker wie Żeleński, Noskowski, Karłowicz, Różycki und Szymanowski – um nur die hervorragendsten zu nennen – in immer stärkerem Maße „sinfonischen Sehnsüchten" Ausdruck verliehen. Ohne Übertreibung kann man jedoch das vergangene Jahrhundert als das des polnischen Liedes bezeichnen. Ganz gewiß wirkte hier auch noch der Umstand, daß die fremde Herrschaft die Konzerttätigkeit, die eine große Zuhörerschaft in den Sälen versammelte, unterdrückte. Die Bildung sinfonischer Orchester wurde somit erschwert, es fehlten die entsprechenden Räume und die ständigen Ensembles.

So war das 19. Jahrhundert also in Polen hauptsächlich das Jahrhundert des Liedes. Diese Kunstgattung vermochte am ehesten dankbare Abnehmer zu finden, und die Komponisten neigten ständig dazu, das zu komponieren, was man von ihnen erwartete.

Józef Sikorski, ein verdienter Musikkritkier, der Begründer der ersten polnischen Musikzeitschrift *Ruch Muzyczny*, begrüßte Muniuszkos Lieder mit folgenden Worten: „Ihr Ähren der auf heimischem Acker gemähten Garbe, welcher von euch den Vorrang geben? O ihr Liebhaber von trägen Melodien italienischer Komponisten, kommt, um das Leben aus voller, erwachender Brust zu hören, belebt das von Weichheit verbrauchte Fühlen mit dem Atem heimischer Luft."

Es wuchs ein Schneeballstrauch mit üppigem Laub,
Überm blauen Bach im Hain.
Sammelte Tau, trank Regen fein,
Badete in der Maisonne sein Laub...

Eben diesen Text eines Dichters mittleren Formats, Teofil Lenartowicz', legte der Komponist Ignacy Komorowski (1824–1857) seinem Lied *Schneeball* (Kalina) zugrunde. „Hätte Komorowski nichts weiter als diesen ‚Schneeball' geschaffen", schrieb der damalige Kritiker Maurycy Karasowski, „stünde er immer noch in der Reihe der von höchster Inspiration gesalbten Komponisten."

In der Tat muß man zugeben, daß der *Schneeball* Komorowskis Namen in der Erinnerung seiner Landsleute verewigte. Eine ihm zeitgenössische Literatin schrieb am Todestag des 33jährigen Künstlers folgende Worte in ihr Tagebuch: „Heute nacht starb Ignacy Komorowski, unser nationaler Barde, der so wunderbare Töne zu Lenartowicz' Leier zu wählen verstand. Er verschied so früh, doch sein Leben ist in der Heimat nicht ohne Spur geblieben." Komorowskis Leben ist ein trauriges, obwohl damals leider sehr typisches Beispiel für einen begabten Musiker, der in jener Zeit lediglich auf seine eigenen Kräfte zählen mußte. Und diese Kräfte waren schwach: Sein Organismus wurde früh ein Opfer der Schwindsucht. Ungeachtet der schwierigen Bedingungen nahm Komorowski privat Klavierstunden, er lernte ferner das Geigen- und das Cellospiel und gelegentlich auch Musiktheorie. Er spürte übrigens ständig Mängel in seinem theoretischen Wissen, und sein Traum war eine Reise ins Ausland zur Vervollständigung des Studiums. Als er sich jedoch in Italien befand, war das Ziel seiner Reise nicht die Wissenschaft, sondern der letzte Versuch, sein bereits bedrohtes Leben zu retten. Er lebte von zahlreichen Lektionen, ebenso vom Cellospiel im Orchester des Großen Hauses in Warschau. Er komponierte hauptsächlich Lieder, von denen – außer dem heute noch gesungenen *Schneeball* – viele zu Unrecht vergessen wurden.

1857, zwei Monate nach dem Tode des Schöpfers des *Schneeballs*, kam Eugeniusz Pankiewicz (1857–1898) zur Welt. Zu seinen Lebzeiten hatte er zu den am wenigsten bekannten polnischen Liederkomponisten gehört, obwohl die künstlerischen Vorzüge seiner Lieder ihn in die Reihe der größten Schöpfer der Zeit nach Moniuszko stellten.

Bekanntlich entwickelte sich das polnische Sololied in der zweiten Hälfte des vorigen Jahrhunderts unter dem Zeichen von Moniuszkos Schaffen. Selbst so hervorragende Komponisten wie Żeleński und Noskowski setzten sich in einem solchen Maße seinem Einfluß aus, daß sie nicht die Errungenschaften zu bemerken schienen, die das Liedschaffen im zeitgenössischen Europa brachte. Um so klarer erscheint die schöpferische Silhouette Eugeniusz Pankiewicz', den eine hervorragende Individualität und ein eigenwilliger, vor dem Hintergrund des damaligen Liedschaffens geradezu pionierartiger Stil auszeichnet. Die Frische der melodischen Einfälle, die ungewöhnlich sorgfältige Ausarbeitung des Klavierparts, das ständige Streben nach Vertiefung des Ausdrucks erlauben es, Pankiewicz vielleicht für den einzigen polnischen Komponisten des vorigen

Jahrhunderts zu halten, der nicht nur ein Nachahmer, sondern auch ein Fortsetzer des Chopinschen Schaffens war.

All dieses auf dem damaligen polnischen Boden novatorische Beginnen Pankiewicz' vermochte ihm jedoch keine Anhänger zu gewinnen. Seine Zeitgenossen warfen ihm Kälte, übermäßiges Kalkül und sogar Wunderlichkeiten vor. Sie waren sich nicht klar darüber, daß der junge Komponist nicht wie viele andere in die Vergangenheit, sondern mit großer Intuition in die Zukunft blickte. Leider gestattete es die Lungenkrankheit Pankiewicz nicht, ebenso wie Komorowski, sein Talent voll zu entfalten.

Viele Lieder Pankiewicz' entstanden aus seinem Interesse für das Volksschaffen. Er war nicht der einzige der polnischen Komponisten, die Volksthemen aufgriffen. Es genügt jedoch, Pankiewicz' Bearbeitungen mit den Bearbeitungen solcher Komponisten wie Noskowski, Gall, Niewiadomski oder Nowowiejski zu vergleichen, um die Kühnheit und Originalität seiner künstlerischen Stilisierung besser einzuschätzen. Die erlesene, von der Schablone abweichende Melodik, der einfallsreiche und originelle harmonische Gleichklang, die oft angewendete Vielstimmigkeit, der selbständig behandelte Klavierpart verrieten eine hervorragende, schöpferische Individualitat.

„Ich bin mit allem einverstanden, aber wenn man mir sagt, die Melodie soll verschwinden... dann würde ich meinen, daß ich umsonst gelebt habe", hat einst Jan Gall (1856–1912) gesagt, ein Komponist, der fast ausschließlich Lieder schrieb. Er schrieb deren 89, ohne einige hundert Chorbearbeitungen zu zählen. Die Melodik seiner Lieder ist natürlich, breit fließend, ausdrucksvoll, die Prosodie sorgfältiger als bei anderen. Die Stimmung ist eher eintönig: die Texte sprechen in der Mehrzahl von Liebe, Frühling, Blumen... Sie entstanden spontan, und der Komponist gab sich keine besondere Mühe, um den Klavierpart kunstvoller auszuarbeiten. Er suchte auch keine Texte mit tieferem emotionalem Ausdruck. Er nahm solche, die es ihm gestatteten, leicht auf den Wellen der Melodie zu segeln, ohne sich übermäßig um den Rest zu kümmern. Und dennoch spielte sein Liedschaffen eine große Rolle, denn es setzte ihn an die Spitze der polnischen Liederkomponisten in der Zeit nach Moniuszko.

Die größte Popularität seit der Zeit Moniuszkos errangen in Polen die Lieder Stanisław Niewiadomskis (1859–1936). Seine Werke stellen die Fortsetzung des vom Schöpfer der *Halka* initiierten „häuslichen Liedstils" dar. Die von einer heimischen Note durchdrungenen Lieder vermochten dank jenen Elementen zu rühren, von denen Moniuszko einst gesagt hatte: „Das Nationale, Heimische, was ein Echo unserer kindlichen Erinnerungen ist, wird den Bewohnern der Erde, auf der sie geboren und aufgewachsen sind, niemals aufhören zu gefallen."

Niewiadomski hinterließ mehr als hundert Lieder, in denen der Melodienreichtum, die Mustergültigkeit der Form, die sorgsame Behandlung des Klavierparts und der reiche emotionale Ausdruck des Ganzen auf sich aufmerksam machen.

Einer der verdientesten Verbreiter des Chorgesangs in Polen war Piotr Maszyński (1855–1934). Er schrieb vor allem für Chöre, jedoch errangen viele seiner Lieder große Popularität. Zu den erfolgreicheren Nachahmern Moniuszkos kann man Henryk Jarecki (1846–1918) zählen. Einflüsse der besten deutschen Lyriker bei einem verhältnismäßig geringen Einfluß Moniuszkos verrät Wilhelm Troszel in seinen Liedern (1823–1887). Größeren Zuspruchs erfreuten sich einst die Lieder Kazimierz Kratzers (1844–1890), der indes Schwierigkeiten mit der Klavierbegleitung hatte. Als „Erinnerungen", aber auch als „Jugendsünden" bezeichnete Mieczysław Karłowicz (1876–1909) seine 24 Lieder. Da er sehr selbstkritisch war, erlaubte er nur einige wenige davon zu seinen Lebzeiten zu drucken. Obwohl Karłowicz' Schaffen, das bereits einer anderen Epoche angehört, im nächsten Kapitel behandelt wird, soll es bereits an dieser Stelle erwähnt werden. Es fiele nämlich schwer, die Bedeutung der Lieder Karłowicz' selbst in der Zusammenstellung mit seinen sinfonischen Dichtungen, die für das polnische Schaffen geradezu epochale Bedeutung besitzen, zu mindern.

Die Lieder waren das kompositorische Debüt Karłowicz'. Sie enthalten noch viele Kompromisse mit dem Vergangenen, besonders in gewissen melodischen Wendungen. Jedoch bereits in diesen frühen Werken erklingt jene zutiefst fühlbare, spezifische Note à la Karłowicz, eine verzauberte Trauer, Melancholie, etwas von einem Blick auf die Welt mit den Augen eines über das Rätsel des Daseins versonnenen Einsiedlers. In der Zusammenstellung mit dem gewaltigen polnischen Liedschaffen des vergangenen Jahrhunderts nehmen Karłowicz' Lieder einen besonderen Platz ein. Man begegnet bei ihnen hie und da einem Hauch von Wagnerismus, spürt auch die hervorragende Kenntnis der europäischen musikalischen Literatur aus der Zeit, in der der Komponist lebte. Neben einer bisweilen sehr persönlichen Note und einem klar umrissenen Stil weht aus einigen Liedern der Atem der Größe. Karłowicz fühlte sich vor allem als Sinfoniker. Man spürt das ein wenig auch in seinen Liedern, deren ungewöhnlich vertiefter Klavierpart in gewisser Weise die künftigen glänzenden Leistungen auf dem Gebiet rein instrumentaler Musik ankündigt. Die musikalische Begleitung verleiht den Liedtexten Karłowicz' einen tieferen, von innen ausgehenden musikalischen Kommentar. Diese Lieder stellen sowohl an die Interpreten als auch an die Hörer größere Anforderungen. Das sind nicht mehr die Lieder Galls oder Niewiadomskis, in denen man sich nur an der Schönheit der Melodie und der Unbekümmertheit des Textes zu erfreuen brauchte...

Immer ist es mir traurig zumute, und überall ist es gleich,
Und überall ist es mir schlecht, und ich weiß, schlecht wird es sein!

Dieser Zweizeiler Juliusz Słowackis, der sein Gedicht *Woher die ersten Sterne* beschließt, ist sozusagen die Lebensdevise Karłowicz', die jene für seine Musik so typische Trauerstimmung ausdrückt, die an Pessimismus grenzt.

Generation des „Jungen Polen"

Das Ende des 19. Jahrhunderts ist in der polnischen Literatur der Beginn einer neuen Periode, die bis zum ersten Weltkrieg dauerte. Am häufigsten bezeichnet man jene Periode als „Junges Polen". 1898 verkündete der junge Publizist Artur Górski in einer Krakauer Zeitschrift eine Artikelserie, die auf die geistig-kulturelle Unruhe hinwies, die die junge Generation der damaligen schöpferischen Intelligenz erfüllte. Dieser Zyklus war betitelt: *Das junge Polen.* Sehr bald begann man mit dieser Bezeichnung die gesamte Literaturperiode Ende des 19. und Anfang des 20. Jahrhunderts zu benennen. Ähnliche Erscheinungen traten damals auch in anderen Ländern auf, in denen die Bezeichnungen „Junges Belgien", „Junges Deutschland", „Junges Skandinavien" entsprechend verwendet wurden. Auch die späteren polnischen Kritiker und Literaturhistoriker gebrauchten diese Bezeichnung, und das berühmte kritische Werk dieser Zeit aus der Feder des Kritikers und Publizisten Stanisław Brzozowski ist betitelt: *Die Legende vom Jungen Polen.*

Aus der Auflehnung gegen die herrschenden Verhältnisse geboren, schützte die neue Literatur die Freiheit des Künstlers und sein Recht auf eine andersartige Sicht und Darstellung der Welt. Einige Schriftsteller begannen die Losung „L'art pour l'art" zu verkünden, andere – darunter Stanisław Wyspiański und Stefan Żeromski – verbanden sich, obwohl sie ihre künstlerische Unabhängigkeit verteidigten, dennoch mit den patriotischen Bestrebungen der Gesellschaft und den nationalen Empfindungen, indem sie gegen das gesellschaftliche Unrecht protestierten. Bezeichnend dafür war die Stimme Stanisław Szczepanowskis, der schrieb: „Mich interessiert die Literatur als Kunst nicht. Vielleicht gibt es glücklichere Nationen, die sich einen solchen Luxus leisten können. Wir, die wir um unser Leben, um die nationale Existenz kämpfen, wir sollten bei jeder Manifestation fragen: Stärkt das, was geschieht, unsere Kräfte, hilft es uns in unserem Kampf? Und deshalb ist die Literatur für mich nur insofern von Bedeutung, als sie den Geist der Nation festigt."

Ebenso verwarfen auch die Komponisten die traditionalistische Haltung ihrer Vorgänger aus der zweiten Hälfte des 19. Jahrhunderts. Indem sie um die Jahrhundertwende unter der gemeinsamen Losung „Junges Polen in der Musik" auftraten, setzten sie sich bereitwillig neuen Strömungen aus, belebt von dem Bestreben, alles Zeitgenössische kennenzulernen und zu ergründen und das restliche Europa in möglichst kurzer Zeit einzuholen.

Als erste und unerläßliche Bedingung allen Schaffens wurde die ständige Vervollkommnung des musikalischen Handwerks, die Hebung des technischen Niveaus als Bedingung für die Hebung des künstlerischen Ranges betrachtet. Aus der Anerkennung für das Handwerkliche entfaltete sich dank der allgemeinen Anstrengungen des „Jungen Polen" unter ständigen Kämpfen und Reibereien mit der Rückschrittlichkeit der heimischen musikalischen Traditionen der Prozeß der Modernisierung des gesamten polnischen Musikschaffens in den ersten Jahrzehnten des 20. Jahrhunderts.

Unter welchen Bedingungen hatte die Renaissance der polnischen Musik im 20. Jahrhundert begonnen? Wer waren die Menschen, die jene große Anstrengung auf sich genommen hatten, das polnische Musikschaffen auf ein hohes Niveau zu heben, und welches waren die Einflüsse, die auf sie eingewirkt haben?

Die Schar der polnischen Komponisten, die sich um die Jahrhundertwende mit einem Radikalismus des Stils und der Technik der traditionellen Musik widersetzte, baute auf den Vorbildern der Neuromantiker mit Liszt und Wagner an der Spitze auf, und auf den russischen Neuerern, besonders auf Skrjabin, sowie auf dem Orchesterstil von Richard Strauss. Wie bereits erwähnt, bestand sie aus den Schülern Zygmunt Noskowskis. Sie führten in die polnische Musik die sinfonische Dichtung ein, die Form des auf Hugo Wolf zurückgehenden deklamatorischen Liedes, und suchten nach neuen harmonischen Mitteln und nach einer neuen Instrumentation.

Bevor die im Jahre 1901 teilweise aus privaten Fonds ins Leben gerufene Warschauer Philharmonie ihre systematische Tätigkeit begann, war der Boden für die Rezeption der sinfonischen Musik durch neue Werke vorbereitet worden. Gewaltige Verdienste auf diesem Gebiet erwarb sich Emil Młynarski (1870–1935), ein hervorragender Dirigent und ein keineswegs unbegabter Komponist. Er hatte sich Anerkennung erworben, die durch Erfolge in England, Schottland und Amerika bestätigt worden war. In den Jahren 1898–1899 organisierte er ständige sinfonische Konzerte unter Beteiligung des Orchesters der Warschauer Oper, in dem er die Funktion eines Dirigenten innehatte. Im Jahre 1904 wurde er Direktor des Warschauer Musikinstituts und übte zugleich die Funktion eines künstlerischen Direktors der Warschauer Philharmonie aus.

Im ersten Weltkrieg hielt er sich in Moskau, London und in Schottland auf. Nach dem Kriege übernahm er die Stellung eines Dirigenten und künstlerischen Leiters der Warschauer Oper. Unter seiner Intendantur (1919–1929) wurden auf der Bühne dieses Theaters unter anderem viele zeitgenössische Opern polnischer Komponisten aufgeführt.

Die Eröffnung der Warschauer Philharmonie und der Beginn ihrer ständigen Tätigkeit gestattete einerseits die Aufführung vieler Positionen der zeitgenössischen Musikliteratur und machte das Publikum mit ihnen vertraut, andererseits spornte sie die Gruppe junger polnischer Komponisten zu schöpferischen Bemühungen an.

Mieczysław Karłowicz, nach Szymanowski zweifellos das größte schöpferische Talent, stand den Losungen der als „Junges Polen" bezeichneten Komponistengruppe am nächsten. Was für ein Verlust, daß dieser so hervorragende Komponist von einer Schneelawine in der Tatra verschüttet worden ist. Die Bedingungen, unter denen Karłowicz aufwuchs, waren für die damaligen polnischen Verhältnisse außergewöhnlich. Er wurde in Wischnewo im Gebiet von Wilna in einer begüterten und äußerst gebildeten Familie geboren. Als Karłowicz fünf Jahre alt war, ließ sich der Vater, ein bedeutender Wissenschaftler, in Warschau nieder. Er war zugleich auch ein guter Cellist und trat sogar öffentlich auf. Überdies spielte er Klavier und Orgel. Zu Hause organisierte er Kammermusikensembles, an denen sich sein Sohn schon frühzeitig beteiligte. Auch die musikalischen Fähigkeiten der Mutter Karłowicz' reichten über den Rahmen des Laienschaffens hinaus. Die Eltern führten ein offenes Haus, in dem fast alle hervorragenden Persönlichkeiten des damaligen intellektuellen Milieus verkehrten. Die häufigen Reisen und längeren Aufenthalte im Ausland ermöglichten es dem jungen Karłowicz schon frühzeitig, Kontakte mit der Musik Westeuropas aufzunehmen, vor allem mit der zeitgenössischen deutschen Musik, und ersetzten ihm das, was er damals in der Heimat nicht haben konnte. Sein Violinspiel hatte er in Heidelberg begonnen und setzte es bei verschiedenen Pädagogen fort, in erster Linie bei Stanisław Barcewicz. Längere Zeit schien es, daß er sich der Karriere eines Virtuosen widmen würde. Die Begabung als Komponist manifestierte sich nämlich bei Karłowicz erst verhältnismäßig spät. Die Ausbildung des künftigen Violinvirtuosen verlief seit dem ersten Moment auf der soliden Basis des Erwerbs allgemeinen musikalischen Wissens. Außer im Klavierspiel wurde er auch in Harmonielehre und Kontrapunkt unterwiesen. Erst auf dieser Grundlage begann Karłowicz 1895 sein Studium der Komposition bei Heinrich Urban in Berlin und vervollkommnete es dann durch das Dirigentenstudium bei Arthur Nikisch in Leipzig. Überdies studierte er an der Berliner Universität Musikologie im Bereich der Geschichte der Musikinstrumente und betrieb praktische Studien der Instrumentenkunde auf Konferenzen mit den Konzertmeistern der Berliner Philharmonie.

Karłowicz' musikalische Ideologie formte sich vor allem in Anlehnung an die deutsche Musik. Die erste jugendliche Begeisterung für die Opern Goldmarks, Mascagnis und Leoncavallos verwandelte sich im Laufe der Zeit in einen Widerwillen gegen die Oper. Lediglich für die Opern von Richard Strauss, vor allem dessen *Salome*, empfand Karłowicz aufrichtige Anerkennung (eine Reihe späterer Werke dieses Tonschöpfers sollte er nicht mehr erleben).

Das Interesse für das Schaffen des „mächtigen Häufleins", sein Sentiment für Grieg und Tschaikowski führten Karłowicz dazu, sich die sinfonischen Partituren von Richard Strauss und Bruckner mehr zu Herzen zu nehmen. Von den neueren französischen Komponisten schätzte er Vincent d'Indy und vor allem Paul Dukas. Wagner erkannte er ausschließlich als Komponisten an, denn das gesamte literarisch-philosophische Fundament seiner Musik war ihm fremd. Ganz entschieden liebte er Berlioz und Brahms nicht (eine Ausnahme machte er nur für das *Violinkonzert*), der für ihn die konservative Richtung in der deutschen Musik repräsentierte, die von „akademischer Kühle" angehaucht war. Er fühlte auch keine Sympathie für die vorklassischen Meister und für die Klassiker vor Beethoven. Er war nicht der Auffassung, daß „nach der Befreiung der Musik durch die Romantiker aus den Fesseln eines starren Konventionalismus und ihrer Bereicherung durch das neue emotionale Element die klassischen Werke einen echten Widerhall hätten erwecken können". So formte sich Karłowicz' schöpferische Persönlichkeit fast ausschließlich in Anlehnung an die neuromantische Ideologie und verblieb im völligen Einvernehmen mit der in seiner Musik ausgedrückten Weltanschauung.

Historisch gesehen, beruht Karłowicz' Rolle vor allem darauf, die Lücke ausgefüllt zu haben, die infolge der konservativen Einstellung der Mehrzahl der polnischen Komponisten aus der zweiten Hälfte des 19. Jahrhunderts entstanden war. Dieser Umstand zog nicht nur den Mangel an Kontakt mit der allgemeinen Entwicklungslinie der europäischen Musik in der zweiten Hälfte des 19. Jahrhunderts nach sich, insbesondere mit ihrer fortschrittlicheren Richtung, sondern machte es im Augenblick der Liquidierung dieses Sachverhalts durch das „Junge Polen" erforderlich, irgendein Bindeglied zu schaffen. Es ging darum, ein Kettenglied zu finden, das durch die fortschrittlichere Ideologie der Neuromantik bereits unmittelbar in das 20. Jahrhundert einmünden ließ. Dieses Bindeglied, das an die progressive Kunst aus der zweiten Hälfte des 19. Jahrhunderts und zugleich an ihre letzte Entwicklungsphase anknüpfte, die von Richard Strauss repräsentiert wurde, fand die Geschichte der polnischen Musik eben in Karłowicz. Daher seine heute bereits historische Bedeutung für diese Musik.

Es fehlt in Karłowicz' ersten Werken nicht an einer Anlehnung an klassische Vorbilder. Dazu gehört auch seine *Sinfonie c-Moll*, die den Titel *Auferstehung* (Odrodzenie) trägt, und auch das in seiner Melodik und in der Form glanzvolle *Violinkonzert*. Die typische Form der Musik Karłowicz' ist die sinfonische Dichtung, in der er seine herrlichen schöpferischen Ideen einschließt. Ungeachtet der Einflüsse von Liszt, Wagner, Tschaikowski und Richard Strauss, die sich übrigens nur in rein technischen Einzelheiten manifestieren, kommt Karłowicz' eigenwillige Individualität zum Ausdruck, die von dem tiefen Lyrismus einer melancholischen Besinnlichkeit, einer Trauer, einer „unterdrückten Klage" durchdrungen ist.

Karłowicz' Musik birgt neben der kristallenen Schönheit der Inspiration eine slawische Melodiekomponente und die mystische Stimmung der Kontemplation. Während in seiner ersten sinfonischen Dichtung *Wiederkehrende Wellen* (Powracające fale) noch Reminiszenzen enthalten sind, haben die nachfolgenden *Drei ewigen Lieder* (Trzy odwieczne pieśni), die *Litauische Rhapsodie*, *Stanisław und Anna Oświecim* und die *Traurige Erzählung* (Smutna opowieść) ihren besonderen, eigenen Stil.

Als Siebzehnjähriger hatte Karłowicz auf einer Gemäldeausstellung das Werk eines Schülers Jan Matejkos, Stanisław Bergman, gesehen, das die Heldin einer altpolnischen Legende, Anna Oświecim, auf der Totenbahre darstellt. Lange Jahre reiften in Karłowicz dann schöpferische Ideen, die mit diesem Thema zusammenhingen. Und schließlich, im Jahre 1907, konnte er die sinfonische Dichtung mit dem Titel *Stanisław und Anna Oświecim* beenden, die für sein hervorragendstes Werk gehalten wird.

Nach der ersten Aufführung von *Stanisław und Anna Oświecim* in der Warschauer Philharmonie im April 1908 schrieb der Komponist an seinen Freund, den namhaften Musikologen Adolf Chybiński:

„Ich habe völlig unverhofft in Warschau die erste Aufführung der ‚Oświecim' erleben können. Ich hatte die erforderliche Orchesterbesetzung und ein mir sehr wohlgesinntes Orchester. Und, was am merkwürdigsten ist, ich habe vortreffliche Rezensionen erlebt. Fürwahr merkwürdige Dinge, die von dem stetigen Lauf des Lebens in seinen ewigen Verwandlungen zeugen."

Es muß hier erläutert werden, daß Karłowicz' Schaffen ungeachtet einer Reihe von Erfolgen im Ausland in der Heimat eine Zeitlang keine Anerkennung und kein Publikum fand und stark unterschätzt wurde. Das letzte seiner Poeme, die *Episode auf dem Maskenball*, hat Grzegorz Fitelberg vollendet. Karłowicz war ein Meister der Instrumentation, der mit dem Orchesterkolorit vortrefflich operierte. Er verwendete keine Effekte ohne eine künstlerische Begründung. Selbst die leiseste Klangnuance besaß in seinen sinfonischen Dichtungen ihre psychologische Rechtfertigung.

Die Natur spielte in Karłowicz' Schaffen eine große Rolle, besonders die Berge. Stets nach Einsamkeit lechzend, zur Kontemplation neigend, fühlte er sich bei einsamen Bergwanderungen am wohlsten. Er ging auch in die Berge, um ästhetische Empfindungen zu genießen. Sein Verhältnis zur Naturwelt der Tatra vermag ein kleines Fragment der Beschreibung einer solchen Wanderung zu charakterisieren:

„Es herrschte wundervolle, feierliche Stille. Auf der duftenden Au ruhend, es war ein herrlicher Julitag, erlebte ich Empfindungen, die den Bewohnern der Ebenen so fremd sind: das Gefühl unbegrenzter Freiheit. Ich vergaß die Kleinigkeiten des Alltags, vergaß die schwachen Hoffnungen, Träume und Enttäuschungen. Hier, inmitten der mich umgebenden Berge, fühlte ich mich als ein so kleines Staubkorn, daß mich der Wille nach großen, edlen Dingen beseelte. In dieser merkwürdigen Stille schöpfte ich Kraft für das künftige unvermeidliche Ringen mit dem Schicksal und spürte, daß jeder, der der Ruhe und Erholung nach der Arbeit bedurfte, in einem einzigen Moment hier zu sich zurückfinden würde."

Karłowicz weilte am liebsten in Zakopane. Da er eines der eifrigsten Mitglieder der Tatragesellschaft war, veröffentlichte er die Schilderungen seiner Ausflüge in der Zeitschrift *Taternik*. Seine Vorliebe für einsame Bergwanderungen sollte leider tragisch enden. Am 10. Februar 1909 wurde Karłowicz bei einer Skifahrt auf dem Wege von Zakopane nach Czarny Staw von einer Schneelawine erfaßt und verschüttet. Die Tragik seines vorzeitigen Todes steigerte noch der Umstand, daß er ihn im Aufblühen seines großen Talents fortgerissen hatte, in einem Augenblick, als seine Werke die Mauer der Gleichgültigkeit bei seinen Landsleuten siegreich zu durchstoßen begannen.

Ludomir Różycki (1884–1953), ein Schüler der Klasse für Komposition bei Zygmunt Noskowski, hatte das Musikinstitut in Warschau 1904 mit einer Goldmedaille für die *Ballade* für Klavier und Orchester absolviert. In demselben Jahr wurde in der Warschauer Philharmonie sein sinfonisches Scherzo *Stańczyk der Hofnarr* aufgeführt, das unter dem Eindruck eines Gemäldes von Jan Matejko entstanden war. Im Jahre 1905 studierte Różycki an der Musikakademie in Berlin unter Leitung von Engelbert Humperdinck, dem Komponisten der Oper *Hänsel und Gretel*. Er begann 1907 seine selbständige künstlerische Tätigkeit, als er in Lwow die Stellung eines Operndirigenten und Professors der Klasse für Klavierspiel am dortigen Konservatorium übernahm. Angewidert von den Verhältnissen im Lwower Künstlermilieu, kehrte er nach Warschau zurück.

Noch während seines Berliner Studiums war Różycki unmittelbar mit Richard Strauss und mit dessen sinfonischen Dichtungen in Berührung gekommen, und er hatte auch die Möglichkeit, Richard Wagners Musikdramen auf der Bühne zu sehen. Das blieb nicht ohne Einfluß auf sein Schaffen. In Berlin, danach in Lwow, schrieb er seine erste sinfonische Dichtung *Boleslaus der Kühne* nach dem Drama von Stanisław Wyspiański, das das Leben des polnischen Königs aus dem 11. Jahrhundert zum Inhalt hat, der mit den kirchlichen Gewalten in Konflikt geriet und, nachdem er den Krakauer Bischof ermorden ließ, in die Verbannung gehen mußte. Aus diesem strengen Poem mit stark dramatischen Zügen entstand eine Oper in drei Akten.

Als Zygmunt Noskowski einmal gefragt wurde, welche Zukunft er den begabtesten Schülern der von ihm geführten Klasse für Komposition prophezeie, antwortete er, daß er drei Zöglinge habe, von denen viel zu erwarten sei. Einer von ihnen sei ein wahrhaft phänomenales Talent, von dem die Welt mit Sicherheit einmal laut reden werde – es handelte sich um Apolinary Szeluto. Der zweite, vielleicht nicht so begabt wie jener – hier war die Rede von Różycki – habe ebenfalls die Chance, ein vortrefflicher Komponist zu werden, denn er zeichne sich durch große melodische Invention und eine glanzvolle Instrumentierung aus. Der dritte schließlich – es handelte sich um Karol Szymanowski – könne sich zwar nicht mit den beiden anderen messen, aber auch aus ihm werde etwas werden, zumal er mit besonderem Talent die Geheimnisse des Kontrapunkts beherrsche. Doch wie das mitunter geschieht, hatte sich der erfahrene Musiker und Pädagoge geirrt. Dieser dritte, der sich angeblich mit jenen beiden anderen nicht messen konnte, errang mit der Zeit den verdienstvollen Ruf des nach Chopin größten polnischen Komponisten. Szeluto hatte die in ihn gesetzten Hoffnungen nicht erfüllt. Und Różycki? Ungeachtet seiner starken Persönlichkeit, trotz des großen schöpferischen Potentials und der zunächst großen Ambitionen war er sehr rasch auf die Positionen eines gemäßigten Traditionalismus übergewechselt und hatte auf die Rolle eines „Erneuerers der Kunst" zugunsten sicherer und leichterer Erfolge verzichtet.

Das vermag die Tatsache nicht zu ändern, daß die polnische Opernmusik nach Moniuszko und Żeleński in Różyckis Opern mehrere hervorragende Positionen gewonnen hat. Nach dem Zyklus sinfonischer Dichtungen wie *Pan Twardowski*, *Warszawianka*, *Anhelli*, *Mona Lisa Gioconda* und schließlich *König Kofetua*, der bei dem anläßlich des 10. Jahrestags der Eröffnung der Warschauer Philharmonie veranstalteten Komponistenwettbewerb den 1. Preis gewann, befaßte sich Różycki mit dem Opernschaffen. Nach dem bereits erwähnten *Boleslaus dem Kühnen* entstand die nächste Oper, *Medusa*, und danach die beste Oper Różyckis, *Eros und Psyche*, die sich auf Juliusz Żuławskis Drama stützte und mit großem Erfolg auf vielen deutschen Bühnen und danach auch 1918 in Warschau aufgeführt wurde. Größte Beliebtheit sollte von Różyckis Opern die komische Oper *Casanova* erlangen, die auf den Aventüren des berüchtigten italienischen Abenteurers aufbaute, der bei seinen Reisen auch Warschau nicht übergangen hatte. Ungeheure Beliebtheit errang das Ballett *Pan Twardowski*, das auf dem Roman J. I. Kraszewskis fußte, der die legendäre Geschichte des polnischen Faust schilderte, welcher sich mit der Hölle ins Benehmen setzte und seine Jugend wiedergewann sowie in beträchtlichem Maße von ihren Attributen profitierte. Eine bedeutendere Position stellt die Oper *Beatrix Cenci* (1927) dar – eines der besten Werke Różyckis, dem Juliusz Słowackis Drama zugrunde liegt. Die Oper *Frau Walewska* hat Różycki nicht vollendet.

Ein hervorragender Schüler Noskowskis war Grzegorz Fitelberg (1879–1953), der unter Stanisław Barcewicz' Leitung auch Violinspiel studierte. Als Komponist zweier Sinfonien – der *Polnischen Rhapsodien*, die sich auf Volksthemen stützten, und der sinfonischen Dichtung *Das Lied vom Falken* nach Maxim Gorki – bereicherte Fitelberg die polnische sinfonische Literatur um Werke von hohem Wert. Ungleich größere Verdienste erwarb er sich jedoch als hervorragender Dirigent und glühender Verfechter der neuen polnischen Musik. Seit 1908 war er Dirigent der Warschauer Philharmonie und seit 1912 der Wiener Oper. 1913 kehrte er auf seinen alten Posten in Warschau zurück. Die ganze Zeit über führte er eine unermüdliche Kampagne für die Ausführung der polnischen Musik. Er achtete nicht darauf, daß er leichter Erfolg gewönne, würde er wie andere Dirigenten gängige Positionen in seine Konzerte aufnehmen, die vom Publikum besonders geliebt wurden. Er lancierte die Werke von

Karłowicz, Różycki, Szymanowski. Während des ersten Weltkrieges wirkte er als Dirigent in Rußland.

Später arbeitete er mit dem berühmten Ensemble Sergej Djagilews zusammen und dirigierte bei der Uraufführung von Igor Strawinskys Oper *Mawra*. 1921–1934 übte er erneut die Funktion eines Dirigenten der Warschauer Philharmonie aus und seit 1935 des Orchesters des Polnischen Rundfunks in Warschau. Den zweiten Weltkrieg erlebte er in Portugal und in Amerika. 1947 übernahm er die künstlerische Leitung des Großen Sinfonieorchesters des Polnischen Rundfunks in Katowice und machte daraus ein Ensemble von Weltrang. Man kann auch unmöglich die Verdienste Fitelbergs übersehen, die er sich um Szymanowski erwarb, dem er zum Beispiel half, der *2. Sinfonie* in der Instrumentation den letzten Schliff zu geben.

Fitelberg war als Künstler ein unerbittlicher Feind jeglicher Oberflächlichkeit und betonte stets, daß nur gute Musik propagiert werden sollte, und dies nur in hervorragender Interpretation. Schon das Programm jedes von Fitelberg dirigierten Konzerts konnte ein Hinweis darauf sein, was sich durch einen echten unvergänglichen Wert auszeichnete.

Apolinary Szeluto (1884–1966), Noskowskis bereits erwähnter Schüler, vermochte alle Gefährten der jugendlichen Kämpfe unter den Losungen des „Jungen Polen" zu überleben, doch er überlebte auch seinen eigenen Ruhm. In den Jahren 1909–1931 ist er in der Heimat sowie im Ausland als Pianist aufgetreten. Obwohl Szeluto auf modernere Mittel zurückgriff, ging sein kompositorisches Schaffen in seinen ästhetischen Grundlagen und seinem Instrumentarium nicht über die Traditionen des 19. Jahrhunderts hinaus. Viele Jahre arbeitete Szeluto als Jurist. Gegen Ende seines Lebens widmete er sich ausschließlich der kompositorischen Arbeit. Einen gewissen Wert bewahrten Szelutos frühe Werke, vor allem seine Lieder.

Ein schmerzlicher Verlust für die polnische Musik war der Tod von Jerzy Gablenz (1888–1937) bei einem Flugzeugunglück; er war Komponist und Instrumentalist, ein Schüler Władysław Żeleńskis und Feliks Nowowiejskis. Aus seinem vielfältigen Schaffen ragt die Oper *Der Zauberkreis* (Zaczarowane koło) heraus, die auf einem szenischen Märchen Lucjan Rydels basiert.

Unter den Komponisten sind auch noch solche zu erwähnen, die mit den Losungen des „Jungen Polen" sympathisierten, die schöpferische Werkstatt erneuern und Schlußfolgerungen aus der raschen Entwicklung der europäischen Musik im 19. Jahrhundert ziehen wollten. Es fiele indes schwer, hier von irgendeiner geschlossenen Gruppe sprechen zu wollen.

Bevor wir Karol Szymanowski unsere Aufmerksamkeit widmen, gilt es, die Namen einiger zweifellos begabter polnischer Komponisten zu erwähnen, die bereits an der Schwelle des „Jungen Polen" schöpferische Reife erreicht hatten. Obwohl sie sich keinen neuen Losungen verschrieben, entfalteten sie sowohl auf schöpferischem wie auch pädagogischem Gebiet eine wertvolle Tätigkeit.

Henryk Melcer Szczawiński (1869–1928), Pianist, Komponist und ein überaus verdienter Pädagoge, ebenfalls Schüler Noskowskis, wurde 1918 Professor und 1922 Direktor (bis 1925) des Warschauer Konservatoriums. In dieser Position machte er sich besonders verdient, sowohl als Pädagoge wie auch als Organisator. Sein Schaffen, aus dem zwei Klavierkonzerte herausragen, beide bei ausländischen Wettbewerben ausgezeichnet, hat er im neuromantischen Stil gehalten. Roman Statkowski (1859–1926), ein Schüler W. Żeleńskis, erhielt 1903 für die Oper *Philaenis* beim Wettbewerb in London den 1. Preis und für die Oper *Maria* nach A. Malczewski ebenfalls den 1. Preis bei einem Landeswettbewerb. Er war in seiner Stellung als Konservatoriumsdirektor ein Nachfolger Henryk Melcers, und es sind viele hervorragende Schüler aus seiner Klasse für Komposition hervorgegangen.

Eugeniusz Morawski (1876–1949), ein Schüler Noskowskis, setzte in Paris sein Studium auf dem Gebiet der Komposition fort. Aus seinem Schaffen ragen sinfonische Dichtungen heraus, in denen der Einfluß der französischen Décadence und des Schaffens von Edgar Allan Poe (*Ulalume, Nevermore*) unverkennbar ist, ebenso die Ballette (*Liebe, Świtezianka*). Als er nach der Revolution von 1905 gezwungen war, Warschau zu verlassen, ließ sich Morawski für längere Zeit in Paris nieder. Nach seiner Rückkehr in die Heimat übernahm er 1930 die Leitung des Konservatoriums in Poznań, und seit 1932 übte er die Funktion des Rektors am Warschauer Konservatorium aus.

Piotr Rytel (1884–1970), ein Schüler von Noskowski und Statkowski, konnte als Komponist nicht über die Traditionen der Romantik und Neuromantik hinausgehen, vor allem nicht in seinen sinfonischen Dichtungen, die sich durch keine reiche Invention auszeichnen, denn es herrscht darin noch ein verspäteter Wagnereinfluß vor. Dasselbe gilt auch für seine Oper *Ijola* (1927).

Zygmunt Stojowski (1870–1946), ein Schüler Żeleńskis, vorübergehend auch Paderewskis, vervollständigte seine Studien in Paris. Aus seinen Werken ragt die *Sinfonie d-Moll* heraus, ferner 2 Klavierkonzerte, das *Violinkonzert*, das *Cellokonzert* sowie die *Polnische Rhapsodie* für Klavier und Orchester. Nachdem er sich 1906 in Amerika niedergelassen hatte, unterhielt Stojowski bis an sein Lebensende enge Beziehungen zur Heimat und war vor allem als ein guter Pianist und Pädagoge bekannt.

Juliusz Wertheim (1880–1928), Komponist, Dirigent, Pianist, Pädagoge und Musikkritiker, Schöpfer der *Sinfonie e-Moll* und der sich im Repertoire haltenden *Sonate* für Violine und Klavier sowie einer Reihe von Liedern, suchte erfolgreich nach einem eigenen Weg, ohne den modernistischen Losungen viel Bedeutung beizumessen.

Desselbe kann man auch von Franciszek Brzeziński (1867–1944), einem Juristen, Komponisten und Musikpublizisten, behaupten. Er errang als Rezensent des *Kurier Warszawski* große Popularität, denn er bewies für die neuen Strömungen in der Musik eine weitreichende Objektivität. Entschiedene Vorbehalte gegen die neuen Strömungen in der Musik, besonders gegen das spätere Schaffen Szymanowskis, hegte der zweifellos begabte Komponist, Dirigent und Pädagoge Witold Maliszewski (1873–1939). In seinem Schaffen, das 5 Sinfonien, 2 Ballette, ein Klavierkonzert, ein Requiem, Suiten, Lieder und Kammermusik umfaßt, kann Maliszewski, ein Schüler Nikolai Rimski-Korsakows und u.a. langjähriger Direktor des Konservatoriums in Odessa, als ein Bindeglied zwischen der russischen und der polnischen Musik angesehen werden. Seit 1921 als Professor am Warschauer Konservatorium tätig, wirkte er als Pädagoge, der die Phantasie seiner Schüler zu entfachen verstand.

Karol Szymanowski – Erneuerer der polnischen Musik

„Zum Herzen der eigenen Nation vermag ein Künstler lediglich auf dem Wege der Schaffung allgemeinmenschlicher Werte zu gelangen... Man soll in meiner Musik keinen Kosmopolitismus suchen... Man findet darin lediglich Europäisches, und das widerspricht dem Polentum nicht."

In diesen beiden Äußerungen Szymanowskis verbirgt sich nicht nur der Schlüssel zum Verständnis seiner Ästhetik, sondern auch alles, was man braucht, um das Wesen von Chopins Kunst, das Wesen der Bestrebungen des „Jungen Polen", das Wesen jeglicher ehrgeizigen und erneuernden Kunst zu begreifen.

Das Ziel eines jeden Tonschöpfers, das Szymanowski selbst so gut begriff und in seinem Schaffen so konsequent anstrebte, sei es nicht, sich in engen regionalen Grenzen einzuschließen, sondern allgemeinmenschliche Werte im Gewand des eigenen, vom Künstler ausgearbeiteten Stils auszudrücken. In diesem Stil spiegele sich das Antlitz der Nation wider, die den Schöpfer hervorgebracht habe, und die Epoche, in der er zu leben habe.

Die Bedingungen, unter denen der am 6. Oktober 1882 im Dorf Tymoszówka, Kreis Tschechryn, in Podolien geborene Karol Szymanowski aufwuchs, erinnerten in mancher Hinsicht an jene Bedingungen, in denen der junge Karłowicz aufgewachsen ist: Die kulturelle Umgebung, die die heimischen Traditionen pflegte, der Ort ständiger Begegnungen interessanter Menschen, die sich für die neusten Ausgaben der Werke der polnischen und ausländischen Literatur interessierten. Im Hause fehlten nicht die Werke Kasprowicz', Tetmajers, Wyspiańskis, Żeromskis, Przybyszewskis. Am Klavier lagen neben den Noten von Mozart, Beethoven und Chopin auch Werke von Wagner und Richard Strauss. Man diskutierte, musizierte, inszenierte Vorstellungen und künstlerische Kabaretts. Die Atmosphäre im Hause der Szymanowskis war von Musik gesättigt. Karols Vater war in ihrer Wahl streng und stellte hohe Anforderungen. Er unterwies auch seinen Sohn zu Hause, so daß Karol sein Abitur im Jahre 1900 als Externer ablegen konnte. Als er zwölf war, ging er auf seine erste Reise mit den Eltern in die Schweiz. Unterwegs machte man in Wien Station, wo der junge Bursche bei der Vorstellung des *Lohengrin* in der Wiener Oper eine Erleuchtung hatte. Er begann auch selbst früh zu komponieren.

Nachdem Karol seine Reifeprüfung abgelegt hatte, beschloß man, ihn nach Warschau zu schicken. Eben damals brach in dieser Stadt auf dem Gebiet der Musik eine neue Ära an.

Die Warschauer Philharmonie öffnete in ihrem Prachtbau die Tore. Die Leitung des Großen Hauses übernahm der energische Emil Młynarski. Szymanowski wurde Privatschüler Zygmunt Noskowskis, des Professors am Musikinstitut. Er war sehr fleißig. Lange Stunden verbrachte er am Klavier, auf dem er sehr gut spielen konnte. Er besuchte Konzerte der Philharmonie, wo er sich mit zwei Musikern befreundete: mit Paweł Kochański, dem ersten Orchestergeiger und späteren Violinvirtuosen von Weltruf, und dem Geiger Grzegorz Fitelberg, dem späteren berühmten Dirigenten.

Bald jedoch veranlaßte die Programmgestaltung der Philharmonie die führenden Musiker Warschaus, unter ihnen Mieczysław Karłowicz, zu einem öffentlichen Protest: Sie forderten ebenfalls Aufführungen der neu entstehenden polnischen Musik. Im Herbst 1905 faßten Grzegorz Fitelberg und Ludomir Różycki den Plan, eine „Verlagsgesellschaft Junger Polnischer Komponisten" zu gründen. Es fand sich auch ein freigebiger Mäzen, Fürst Władysław Lubomirski, ein Melomane mit Ambitionen als Amateurkomponist, bereit, die Tätigkeit der Vereinigung finanziell zu unterstützen. Szymanowski schloß sich der „Gesellschaft" an, und mit ihm auch Apolinary Szeluto. Aufgabe der „Gesellschaft" war es – wie das Statut lautete –, „die neue polnische Musik mit Hilfe von Konzerten und durch die Herausgabe der Werke ihrer Mitglieder zu unterstützen, sich also mutig den Weg der künstlerischen Zukunft nach dem Prinzip umfassender Selbsthilfe zu bahnen und sich damit von der so häufig schwierigen Abhängigkeit von den Herausgebern einerseits und den Impresarios andererseits zu befreien".

So kam es in der Warschauer Philharmonie schließlich zum ersten Konzert mit Werken der assoziierten Mitglieder. Szymanowski trat mit seiner *Konzertouvertüre* für großes Sinfonierorchester und mit *Klaviervariationen über ein polnisches Volksthema* auf. Die Variationen spielte ein Vetter Karols, der hervorragende Pianist Harry Neuhaus. Das Orchester dirigierte der zuverlässige Fitelberg. Im Programm befanden sich noch Werke Fitelbergs, Różyckis, Szelutos wie auch Lubomirskis. Das Konzert, bei dem Szymanowski zum Komponisten gekürt wurde, war ein Erfolg. Aber niemand nahm damals an, das Datum dieses Konzerts stelle den Anfang einer neuen Periode in der Geschichte der polnischen Musik dar. Seither nämlich näherte sich die polnische Musik dem europäischen Niveau. Dies war hauptsächlich das Verdienst Szymanowskis.

Interessant, daß sich auch die gewöhnlich vorsichtigen Kritiker sehr wohlwollend über dieses Konzert äußerten und die jungen, vielversprechenden Talente in dem „allgemeinen Grau, das seit dem Beginn der Saison herrschte", begrüßten.

Der damals führende Warschauer Kritiker Aleksander Poliński schrieb: „Als ich mir gestern die Aufführung der Werke Herrn K. Szymanowskis anhörte, zweifelte ich keinen Augenblick, daß ich es mit einem außergewöhnlichen Komponisten, vielleicht sogar mit einem Genie zu tun habe. Denn allem, was er bisher geschaffen hat, prägte er den Stempel der Genialität auf. Sowohl in seinen ‚Klaviervariationen über Volksthemen' als auch in der wundersamen ‚Etüde b-Moll', die selbst Chopin hätte komponiert haben können, wie auch in der ‚Ouvertüre', erklingen schöne Melodien, bisher ungebräuchliche Harmonien, die vorzüglich tönen, und all diese Schönheiten verklärt die Poesie, belebt die jugendliche Phantasie, und das Ganze verbindet harmonisch eine gesunde Leitidee."

Das Konzert wurde nach einigen Tagen wiederholt. Ebenso freundlich wurden die jungen polnischen Komponisten in Berlin aufgenommen, wo sie einen Monat später mit demselben Programm auftraten.

Szymanowski war mit seiner *Ouvertüre* jedoch nicht zufrieden und gewahrte darin Mängel in der Instrumentierung sowie gewisse Schwächen in der Form. Er ging also daran, sie zu überarbeiten. Heute finden wir in der *Ouvertüre* Szymanowskis den Beweis für seine damalige Faszination für die Partituren von Richard Strauss, von dessen Einfluß er sich jedoch rasch befreien sollte.

Zu Karols Freunden zählte neben dem Vetter Neuhaus auch ein anderer berühmter Pianist, Arthur Rubinstein. Karol schrieb für beide Klavierwerke, und sie nahmen sie in die Programme ihrer Konzerte auf. Auf diese Weise erklang Szymanowskis Musik in Leipzig, Dresden und Wien.

Die „Gesellschaft" wirkte mehrere Jahre lang aktiv, organisierte in Warschau und Berlin mehrere Konzerte, veröffentlichte durch die Vermittlung eines Berliner Herausgebers die neuen Werke. Es bestand kein Zweifel, daß die „Gesellschaft" durch ihre Tätigkeit Unruhe herbeiführte. Auch Poliński selbst hatte seinen Ton geändert:

„Die Komponisten stecken im Bannkreis eines bösen Geistes, der ihr Schaffen korrumpiert, sie ihrer individuellen und nationalen Originalität zu berauben und sie in Papageien zu verwandeln trachtet, die die Stimmen von Strauss und Wagner unbeholfen nachahmen!"

In ihrer Antwort veröffentlichten Fitelberg und Szymanowski in der Presse einen offenen Brief, in dem sie gegen die beleidigenden Formulierungen des Kritikers protestierten. Ein solcher Standpunkt der Kritik war auch später typisch: Griff ein Komponist auf fremde Neuheiten zurück, schimpfte man ihn einen „Papagei", wenn er alte, verbrauchte Muster vervielfältigte, konnte er der Bezeichnung „national" sicher sein. Wenige Jahre später bezeichnete Szymanowski folgendermaßen die Schwächen der heimischen Musikkritik:

„Unsere Musikkritik hat zweifellos das Recht, mehr oder weniger richtige oder falsche Urteile über die einzelnen Werke zu fällen, die auf den Konzertpodien oder in der Oper gespielt werden. Sie besitzt des Recht dazu, hat aber nicht den Charakter eines Sprechers der öffentlichen Meinung. Und sie besitzt ihn nicht, weil die öffentliche Meinung in musikalischen Dingen bei uns überhaupt nicht existiert. Oder vielmehr, sie existiert in einem so ursprünglich nebelhaften Zustand, daß das erstbeste mit einer gewissen Autorität zur Unzeit geäußerte Urteil, selbst von einem Kritiker minorum gentium, sie völlig desorientieren kann..."

Seine erste Sinfonie zog Szymanowski als mißlungen zurück. An der zweiten arbeitete er zwei Jahre.

„Ich habe schreckliche Angst, ob ich dieser fürchterlichen Maschine gewachsen sein werde. Ich tue, was ich kann, um verschiedene Idiotismen in der Instrumentation zu vermeiden."

Später instrumentierte er selbst den ersten Teil der Sinfonie um und vertraute die Instrumentierung des zweiten Teils Fitelberg an. Mit Sicherheit ist die *2. Sinfonie* das erste große Werk Szymanowskis. Fast gleichzeitig mit ihr entstand seine *2. Klaviersonate*. Beide Werke gelangten sogleich auf die europäischen Konzertpodien.

Kehren wir für einen Augenblick zu dem von der „Gesellschaft" im Druck herausgegebenen Werk Szymanowskis, den *Neun Präludien* op. 1, zurück.

„Der erste, freudige Eindruck, den das Kennenlernen dieser Werke hervorrief", schrieb Zdzisław Jachimecki 1927, „erinnerte an den Ausruf, mit dem Robert Schumann die jugendlichen Kompositionen Chopins begrüßt hatte. Wir verneigten uns mit Ehrerbietung und Rührung vor der neuen schöpferischen Persönlichkeit der polnischen Kultur, deren edles, schönes geistiges Profil sich deutlich vor dem Hintergrund dieser ‚Präludien' wie auf einer fein geschnittenen Kamee abzeichnete."

In den erwähnten *Präludien* knüpfte Szymanowski bewußt an Chopin an, über dessen Kunst er mit gründlicher Kenntnis schrieb: „Er war einer der größten Revolutionäre in der Musik, weil er nämlich den formalen und geistigen Traditionalismus zerstörte und ihr den Weg in die Freiheit bahnte... Fryderyk Chopin ist ein ewiges Beispiel dafür, was die polnische Musik sein kann, und zugleich auch eines der höchsten Symbole des e u r o p ä i s i e r t e n Polen – das, ohne etwas von seinen rassischen Besonderheiten zu verlieren, auf dem höchsten Niveau der europäischen Kultur steht."

Als er die *Etüden* (op. 4) mit der heute so populären *Etüde b-Moll* komponierte, stand Szymanowski zweifellos unter dem Einfluß Skrjabins. In der *Etüde b-Moll* steigt jedoch die Skala seiner Kunst um vieles höher als in Skrjabins *11. Etüde*. Man vernimmt darin gleichsam das Echo eines melancholischen ukrainischen Liedes aus dem Gebiet hinter dem Dnepr, wo auch das heimatliche Tymoszówka lag.

Auf Szymanowskis ersten Klavierwerken lastet Noskowskis Einfluß, bei dem er seinen Unterricht nahm. Aber weder in den Kammermusikwerken noch in den sinfonischen Werken seines Lehrers fand Szymanowski Beispiele zur Nachahmung. Das, was Szymanowski in den Konzerten der Warschauer Philharmonie gehört hatte, bewies ihm, wie weit man in der modernen europäischen Musik sowohl hinsichtlich der technischen Mittel als auch in den künstlerischen Ausdrucksmöglichkeiten vorwärts gekommen war. Er beschloß also, bei aller Verehrung für den Lehrer, auf eigene Faust einen schöpferischen Weg zu suchen.

In den Jahren vor dem ersten Weltkrieg reisten Szymanowski und Fitelberg häufig nach Wien. Es handelte sich natürlich darum, Kontakte mit Persönlichkeiten des Wiener Musiklebens anzuknüpfen.

„Eine Menge neuer Persönlichkeiten schart sich um uns und raubt uns viel

Zeit, zum Teil mit Nutzen für uns. Wir überzeugten uns, daß es nicht viel schwerer ist, den Menschen in Wien zu imponieren als in Warschau. Besäßen wir beide mehr von der Natur eines Mimen und Reklamefachmanns, hätten die Ergebnisse größer sein können, aber oft haben wir zu etwas keine Lust, und das entscheidet über diesen oder jenen Schritt. Natürlich macht Ficio [Fitelberg] alles – ich bin vornehmlich eine leicht zu lenkende Marionette. Ihr habt keine Ahnung, wie mir meine Hilflosigkeit und mein Unvermögen, die Situation zu nutzen, im Halse steckenbleiben. Meine künstlerische ‚Karriere' quält mich manchmal so sehr und läßt mir alles abstoßend erscheinen..."

Ein großer Erfolg Szymanowskis war ein Konzert in Leipzig, bei dem ausschließlich seine Werke vor ausverkauftem Hause gespielt wurden. Allgemeine Aufmerksamkeit erweckte die Tatsche, daß der vom Publikum vergötterte Dirigent von Weltruf, Arthur Nikisch, in einer der Logen erschienen war. Seine Anwesenheit beim Konzert mit Werken eines damals wenig bekannten Musikers war eine erstaunliche und äußerst bezeichnende Tatsache. Nach der *Ouvertüre* betrat Nikisch Szymanowskis Loge, um ihn zu beglückwünschen. Er blieb dort bis zum Schluß des Konzerts.

Ein Maßstab für die wachsende internationale Anerkennung Szymanowskis wurde der Vertrag, den er 1912 mit der bekannten Wiener Verlagsfirma Universal Edition unterzeichnete. Aufgrund dieses Vertrages konnten alle seine Werke in den nächsten zehn Jahren herausgegeben und propagiert werden.

Am besten konnte Szymanowski, besonders in den Sommermonaten, im heimatlichen Tymoszówka arbeiten, wenn er aus dem Haus in das Gärtnerhäuschen in einer entfernten Ecke des Parks umzog, das als „Kompositorium" bezeichnet wurde. Als Karols Vater 1906 starb, verwaltete sein älterer Bruder Feliks das Gut der Szymanowskis. Das Wirtschaften verlief nicht aufs beste, die Familie hingegen war recht groß. Es fiel Karol immer schwerer, die Reisen zu unternehmen, von denen er träumte. Zum Glück lernte er einen Melomanen und Mäzen kennen, den begüterten Industriellen Stefan Spiess, mit dem er ganz Italien bereisen konnte, wobei er sich länger auf Sizilien aufhielt.

„Gäbe es Italien nicht, könnte auch ich nicht existieren. Ich bin kein Maler und kein Bildhauer, aber wenn ich durch die Museumssäle, durch die Kirchen und Straßen gehe und wenn ich schließlich auf diese erhabenen, stolzen, über alles, was dumm, niedrig und seelenlos ist, lächelnden Werke blicke – wenn ich mir all diese Generationen von schönen, genialen Menschen vergegenwärtige, spüre ich, daß es lohnt, zu leben und zu arbeiten!"

Noch in Wien hatte Szymanowski mit Igor Strawinskys Musik Bekanntschaft geschlossen. Dort traten gerade die Ballets Russes Sergej Djagilews mit *Petruschka* auf (1913).

„Strawinsky ist genial (mit seinen russischen Balletten), ich bin sehr für ihn eingenommen und beginne darum, die Deutschen zu hassen (ich spreche natürlich nicht von den Alten!). Überhaupt ekelt mich schon der Gedanke an Wien an."

Im Frühjar 1914 reist Szymanowski nach Italien und nach Nordafrika. Die wunderbare Natur, die Ruinen der römischen und altgriechischen Bauten, die Exotik der Umgebung – all das sollte auf das Gefühlsleben des Komponisten einen unauslöschlichen Eindruck machen und das Profil seines Schaffens entschieden beeinflussen. Er begegnet erneut Strawinsky, den er bereits kennt, und bewundert seine neuen Werke. Den europäischen Horizont überziehen jedoch Wolken. Der erste Weltkrieg bricht aus. Szymanowski eilt aus London nach Warschau und Kiew. Der letzte normal verkehrende Zug bringt ihn nach Hause. Da er schon seit dem dreizehnten Lebensjahr auf einem Bein hinkte, wurde er jetzt für militärdienstuntauglich befunden. Mit um so größerem Eifer machte er sich an das Komponieren.

In dem stillen Gärtnerhäuschen entstehen reife Werke wie das *1. Violinkonzert* und die *3. Sinfonie*. Die sizilianischen Eindrücke spiegeln sich in dem Zyklus von drei Poemen für Violine und Klavier wieder, der unter dem Titel *Mythen* zusammengefaßt ist. Vor allem das erste Werk dieses Zyklus, *Die Quelle der Arethusa*, gelangt ins Repertoire der hervorragendsten Geiger. Im Klavierpart kann man bereits bei den ersten Takten der Einführung leicht den Einfluß Debussys wiederfinden. Aber die Skala der Mittel des Impressionismus wurde hier erweitert, die Dissonanzen sind schärfer, eine betonte Farbigkeit herrscht vor. In dieser Musik liegt etwas Bezauberndes, sie ist zugleich von Poesie, von einer plastischen Vision von Licht und Schatten durchdrungen, verwickelt in ein subtiles Formgewebe. Im *Narziß* – dem zweiten Glied des Zyklus – herrscht die für das Gesamtschaffen Szymanowskis so charakteristische Atmosphäre der Erotik. Und schließlich im letzten Glied, dem orgiastischen Gemälde *Dryaden und Pan*, treten über einen längeren Zeitraum Polytonalität, Vierteltonkonflikte, prachtvolle virtuose Effekte bei den Partien beider Instrumente auf. Wenn man hier von Impressionismus reden will, dann ist das mit Bestimmtheit ein Szymanowski eigentümlicher polnischer Impressionismus. Dem Violinzyklus *Mythen* entsprechen die *Metopen* für Klavier: *Die Insel der Sirenen*, *Calypso*, *Nausikaa*. In der *Insel der Sirenen* gemahnt das Klavier, das fast in der gesamten Skala der Klaviatur ertönt, an den Klang eines Orchesters. Die Kaskaden der Passagen, die Arpeggios, die Triller, die Tremolos – das sind nur Mittel, die dem neuen Klavierstil Szymanowskis dienen, der sich bereits in den *Mythen* abzeichnet.

Auch der nächste Zyklus von drei Klavierwerken besitzt Programmcharakter: die *Masken*, die die *Scheherezade*, den *Narren Tantris* und die *Serenade des Don Juan* umfassen. Der Komponist scheint hier den tragischen Konflikt ausdrücken zu wollen, der zwischen dem psychischen Zustand der Helden dieser Poeme und ihrer Rolle gegenüber den Menschen besteht.

1925 schrieb der hervorragende Musikwissenschaftler Guido Pannain folgendes über die *Serenade des Don Juan*: „Sie beginnt explosiv und überschwenglich, mit kühnen Gitarrenarpeggios. Dann fliegt von innen ein Echo der Bitterkeit und der Melancholie, Lachen und Tränen herzu. Das Lachen geht über in ein spöttisches Kichern. Es fällt schwer, in der modernen Klavierliteratur etwas Flammenderes, eine kompaktere und zugleich beweglichere, an Klangfülle reichere und durch den Ausdruck der Menschlichkeit anziehendere Musik zu finden." Zdzisław Jachimecki konstatiert: „Von Debussys Impressionismus ausgehend, durchlief Szymanowski in äußerst kurzer Zeit den gesamten Weg, den Debussys Talent in der modernen Musik vorgezeichnet hatte, und konnte die eigenen Errungenschaften und den eigenen Weg, den er in seinem Schaffen weitergehen wollte, Debussy entgegensetzen."

Eine Potenzierung der Stilelemente der *Mythen*, *Metopen* und *Masken* stellt das *1. Violinkonzert* dar. Szymanowski hatte es seinem ersten Interpreten, Paweł Kochański, dem Autor der Kadenzen, gewidmet. Kurz nach dem *Konzert* entstand auch das *1. Streichquartett*, ein Werk, in dem sich der Komponist gleichsam absichtlich der traditionellen Sonatenform, der ungetrübten rhythmisch-metrischen Harmonie und Tonalität zuwandte. Aufhorchen läßt das Finale, in dem die vier Instrumente in vier verschiedenen, beim Schlüssel gekennzeichneten Tonarten spielen, die einem verminderten Septakkord entsprechen (c, es, fis, a). Zu den drei selbst gewählten Capriccios Paganinis hat Szymanowski einen Klavierpart hinzugeschrieben.

Im Jahre 1922 charakterisierte Aleksander Tansman, ein Komponist polnischer Abstammung, der sich in Frankreich niedergelassen hatte, Szymanowskis Schaffen folgendermaßen:

„Selten trifft man einen Künstler wie Szymanowski, bei dem der Entwicklungsablauf so klar und geradlinig wäre, ohne Erschütterungen und ohne

Suche... Die feinste Sensibilität, die tragische Zeichnung des Melos, die unaufhörliche Beweglichkeit der Ideen, die horizontale harmonische Konzeption traten hier sogleich auf... Ein humoristisches Element ist Szymanowski völlig fremd. Seine Natur ist eher träumerisch, poetisch, den emotionalen Höhenflügen zugänglich, empfänglich für Akzente einer erschütternden Tragik. Szymanowski gehört zweifellos zur Phalanx der Größten unserer Epoche."

Nach Tymoszówka gelangte anfangs nur das Echo des Krieges. Bei den ständigen Kammerkonzerten wurden auch Szymanowskis Werke aufgeführt. In Kiew spielte Kochański mit Begleitung des Komponisten.

Es kam jedoch der Augenblick, da die Szymanowskis ihr Gut verlassen mußten, das in den Besitz der Bauern überging, und nach Jelisawetgrad umsiedelten.

„Wir rühren uns fast gar nicht aus dem Haus, denn wir wüßten auch nicht, wohin wir gehen sollten, und am späten Abend ist es auch nicht sehr sicher – obwohl bisher nichts Schreckliches passiert. Es ist nur traurig hier, so farblos und gewissermaßen hoffnungslos. Das Schlimmste ist, daß ich vorläufig nicht komponieren kann, also schreibe ich ein wenig – natürlich ohne jeden literarischen Anspruch."

Als die revolutionäre Woge das Städtchen erfaßt hatte, wurde Szymanowski Mitglied des Musikkomitees beim Volkskommissariat für Bildung.

In ungeheizten und schwach beleuchteten kleinen Sälen wurden Konzerte veranstaltet, die sich Arbeiter und bewaffnete Soldaten anhörten. In dieser unruhigen Zeit, als sich der Hunger bemerkbar machte, sollte noch eine seiner sizilianischen Reminiszenzen in die Phase der Verwirklichung treten: Szymanowski begann an einer Oper zu arbeiten, deren Handlung im mittelalterlichen Sizilien spielt und für die sein jüngerer Vetter, der Schriftsteller und Poet Jarosław Iwaszkiewicz, ein Libretto schrieb. Diese Oper war *König Roger*.

Im Jahre 1919 marschierten deutsche und österreichische Truppen in die Ukraine ein. Wohin Szymanowski fahren sollte, darüber bestand kein Zweifel: in die Hauptstadt der Heimat, die gerade nach den Jahren der Unfreiheit ihre Unabhängigeit wiedererlangt hatte – nach Warschau.

Szymanowski erinnerte sich der noch nicht so weit zurückliegenden Zeit, als das Publikum seine Musik dankbar aufgenommen hatte. Nun war er mit Paweł Kochański, mit seiner Schwester Stanisława, einer Sängerin, und mit seinem Bruder Feliks, einem Begleiter, hier. Man rührte sich, und sehr bald erschienen Plakate, die ein Szymanowski-Konzert ankündigten. Wie es ausfiel, kann man einem Brief Szymanowskis an einen seiner Freunde entnehmen.

„Stell dir vor, der Saal war nicht ausverkauft. Das heißt, es fanden sich in Warschau nicht einmal 600 Personen, die es interesierte, was ich in den letzten fünf Jahren getan habe! Du wirst zugeben, daß das wenig erquicklich ist!"

In dieser Lage war es schwer, sich den brieflichen Aufforderungen Arthur Rubinsteins, eines Virtuosen von Weltruf, zu widersetzen, der ihn nach Amerika einlud. Im Januar 1921 bestiegen Szymanowski und Kochański mit seiner Frau neben dem sie sehr herzlich empfangenden Rubinstein in London ein Schiff, das sie nach Amerika brachte.

„Ungeachtet der verschiedenen ausländischen Verlockungen, mit denen mich Arturek umgibt, spüre ich, daß ich in die Heimat werde zurückkehren müssen! Das brauche ich unbedingt für meine seelische Atmosphäre."

Und er kehrte unverzüglich zurück, da er sich der Pflichten, die auf ihm als Künstler in der wiedergeborenen Heimat lasteten, bewußt war. Seiner Meinung nach mußte man, damit Polen wieder ein vollwertiges Glied der europäischen Gemeinschaft werden konnte, auch in der Kunst Rückstände aufholen. Die polnische Musik müsse, um groß zu werden, „das Joch der gestern geschaffenen Normen und Gebote abschütteln. Mag sie national in ihrer rassischen Andersartigkeit sein, mag sie jedoch ohne Angst dorthin streben, wo die von ihr errichteten Werte allgemeinmenschlich werden. Mag sie national, aber nicht provinziell sein. Mögen alle Strömungen, die in der Weltkunst entstehen, auch unsere Kunst ungehindert durchströmen", forderte er in einem Presseinterview.

Im Mai 1922 führte das Große Haus in Warschau die Jugendoper Szymanowskis *Hagith* auf. Auf dem Wege nach Paris machte Szymanowski in Prag Station, wo er sein *Violinkonzert* unter der Leitung Fitelbergs hören konnte. In Paris fand ein Komponistenkonzert mit seinen Werken statt, dem umfassende Rezensionen folgten.

„Meine Lieben", schreibt Szymanowski an seine Familie in Warschau, „ärgert Euch nicht, daß ich erst heute schreibe. Das Konzert ist vortrefflich gelungen und hatte einen großen Erfolg. Die Atmosphäre war sehr angenehm und freundlich.

Aber hier, in Paris, kann ich nur mühsam einen Augenblick Zeit finden, so viele Menschen gibt es hier, und so schrecklich quälen sie mich. Ich befinde mich in einem Wirbel von Personen, Dejeuners, Diners, Theatervorführungen, Konzerten etc. Hier lädt mich eine Milliarde von Bekannten verschiedener Rassen und Farben ständig irgendwohin ein – und das langweilt mich entsetzlich, aber was soll man tun, man muß das ertragen."

Den wohlwollenden Stimmen der Pariser Kritik schließen sich die Kritiker Wiens, Prags und Venedigs an. Szymanowskis Werke gelangen in die Festivalprogramme der Internationalen Gesellschaft für Neue Musik in Rom, Venedig, Frankfurt, Salzburg, Leipzig und Brüssel.

Bei geselligen Anlässen riß man sich geradezu um Szymanowski. Er war elegant, witzig, beherrschte mehrere Sprachen, war ein unersetzlicher Gesprächspartner, der durch seinen Geist verblüffte. Aber dieser Weltmann sehnte sich insgeheim nach der Heimat, was er in einem Brief an seine Schwester ausdrückte: „Weißt du, Zioka, dort war Wald ringsherum, Korn, ganz wie bei uns. Ich war recht gerührt, als ich die Büsche sah und die geradezu riesigen Weizenfelder mit Mohn."

Die Anerkennung, die Szymanowski genoß, ging keineswegs Hand in Hand mit der Sicherung erträglicher materieller Existenzbedingungen. Das quälte ihn um so mehr, als er – wie er es selbst bezeichnete – „lebensuntüchtig, eine absolute Null bezüglich praktischen Sinns und Lebensschläue", die Hauptstütze für seine Familie sein mußte. Er vermochte es auch nie, an Bedürftigen gleichgültig vorüberzugehen.

Im Juni 1926 wurde *König Roger* in Warschau aufgeführt. Die Handlung dieser Oper spielt in Wirklichkeit in der Tiefe der menschlichen Seele. Die Dispositionen für die Oper hatte der Verfasser des Librettos, Jarosław Iwaszkiewicz, wie folgt zusammengefaßt: „Der erste Akt ist die Erstarrung der byzantinischen Formen... und vor ihrem Hintergrund die lichte Gestalt des Hirten, der zu einer anderen Freude aufruft, in der sich die Seele und der Leib zu jenem magischen und unerreichbaren E i n e n verschmelzen – dem Ziel so vieler religiöser, künstlerischer und philosophischer Bemühungen. Der zweite Akt – das ist der Osten, grell, die Augen blendend, jedoch unter der Hülle der körperlichen Verwirrung ein Echo verbergend, den fernen Ruf der göttlichen Stimme. Der dritte Akt – das ist die Erfüllung der größten Sehnsüchte: das Erkennen der Gottheit und das Wiederfinden des Weges zu ihr, symbolisiert durch die abschließende Apostrophe König Rogers an die Sonne über den Ruinen des griechischen Theaters des Dionysos."

Der Reichtum, die Kontraste, die Phantasie und die Farbe dieser Musik zeugen von einer absoluten Konkretheit des Hörens, die dem Komponisten gestattet, große Opernszenen unter Entfaltung des ganzen Apparats von Chören, Solisten und Orchesterstimmen prachtvoll zu realisieren.

„Wenn man mit Hilfe von Vergleichen", schreibt Zdzisław Jachimecki, „irgendein Kunstwerk klassifizieren kann, so darf man ‚König Roger' nur ‚Tristan und Isolde' gegenüberstellen. Die dionysische Idee hat in dem genialen Komponisten unserer Epoche einen in der Form ähnlich vollkommenen künstlerischen kreativen Reflex hervorgerufen wie jene persönliche erotische Erschütterung bei Wagner, dem genialen Vertreter der Romantik."

Mehrere Monate nach der Uraufführung *König Rogers* erhielt Szymanowski einen Brief von einem Wiener Freund, einem Pianisten und Komponisten, dem Professor am Konservatorium, Joseph Marx.

„Teurer Freund! In Kairo suchen sie nach einem Leiter für das Konservatorium, einem hinreichend bekannten Komponisten, der mehrere Sprachen beherrscht und sich für orientalische Musik interessiert. Sie garantieren ausgezeichnete Bedingungen. Ich habe Dich vorgeschlagen, ich sehe keinen geeigneteren Kandidaten. Du paßt für die ägyptischen Anforderungen wie kaum einer. Ich hörte kürzlich von Deiner nicht gerade besten Gesundheit – dort wirst Du ein ideales Klima haben, wirst vergessen, was Krankheiten sind, wirst endlich von den materiellen Sorgen befreit sein. Überlege es Dir, oder vielmehr entscheide Dich und laß es mich wissen."

Wie viele Lebensprobleme Szymanowskis konnte die Annahme dieses Vorschlags lösen: die Gesundheit, die materielle Lage, die Hilfe für die Familie, die Möglichkeit, in Ruhe komponieren zu können, und letztlich bedeutete sie auch eine gewisse Auszeichnung. Aber Szymanowski überlegte nicht lange: „Wenn man mir z.B. in Amerika Millionen in irgendeiner Stellung anböte, würde ich das sicherlich nicht annehmen und in Polen weiter Not leiden."

Das tat er auch: Er lehnte ab. Er tat es auch deswegen, weil er gerade eine neue, nationale Mission in Aussicht hatte, deren Erfüllung, wie er zutiefst glaubte, er nicht ausweichen durfte. Hätte er damals gewußt, mit welch großen Opfern er diese seine Entscheidung bezahlen würde, wieviel Bitternis er erfahren und wie viele seiner edelsten Absichten und Bemühungen zunichte gemacht werden würden!

Das Musikkonservatorium in Warschau bedurfte seit den ersten Tagen im wiedererstandenen Polen einer Reform, um den Rang einer Hochschule zu erhalten. Damals wurden die Ministerialbehörden auf Szymanowski aufmerksam und schlugen ihm die Stellung eines Direktors des Warschauer Konservatoriums vor. Szymanowski willigte ein und übernaham 1927 diesen Posten. Es muß bemerkt werden, daß die mit dieser Position verbundenen materiellen Vorteile geradezu unbedeutend waren. Freunde rieten ihm ab, aber er blieb taub für ihre Warnungen. Mit vollem Eifer ging er an die Arbeit.

„Entgegen allem Anschein bin ich schrecklich ehrgeizig, sitze manchmal über acht Stunden im Konservatorium oder in irgendeinem Ministerium. Die besseren Schüler freuen sich über mich, der Rest – die graue Masse – fürchtet mich, denn ich bin ruhig und höflich, aber auch entschlossen und streng... Ich habe eine Verwaltung eingeführt, habe eine Reihe neuer, junger, fähiger Professoren engagiert, habe schließlich eine Klasse für Kapellmeister aufgestellt, die bisher nur auf dem Papier bestanden hat, habe in einer sehr sinnvollen Weise eine Opernklasse organisiert. Das Orchester unter Ficio spielt besser als die Philharmonie. Einen Teil des Gebäudes habe ich bereits etwas aufräumen und instand setzen lassen, ich habe auch die Mittel und Kredite für eine gründliche Renovierung im Sommer erlangt. Meine Schüler sind persönlich von meinen Lektionen begeistert und machen gewaltige Fortschritte...

Es hat sich erwiesen, daß alles, was ich tat, richtig und notwendig gewesen ist. Die Hebung des Niveaus des Konservatoriums ist offenkundig, und auch die ärgsten Feinde können das nicht bestreiten!"

Und dieser Feinde gab es immer mehr. Sie ließen sich keine Gelegenheit entgehen, schlossen ihre Reihen und vermehrten ihre Angriffe. Das war doch dieser verhaßte Szymanowski, desto mehr gehaßt, je größere Erfolge seine Musik zu verzeichnen hatte. Bisher konnte man nur in Rezensionen über ihn herfallen, nun aber hatte sich das Feld der Kritik erheblich erweitert: Er schone alte, verdiente Pädagogen nicht, amtliche Papiere unterschreibe er im Stehen, er sei selbstherrlich, vergeude öffentliche Gelder, erscheine im Mantel zum Unterricht.

„Es gab keinen Schlamm, den man nicht auf mein Haupt geschüttet hätte. Man startete eine Haßkampagne gegen mich. Und nur darum, w e i l e s m i r w i r k l i c h g e l u n g e n i s t, e t w a s z u t u n!"

Szymanowski war sich klar über die Größe seines Opfers: Seit er die Leitung des Konservatoriums übernommen hatte, hörte er auf, sich mit dem eigenen Schaffen zu befassen. Und dennoch versuchte er noch zu kämpfen.

„Ich weiß ganz bestimmt, daß diese Arbeit mich als Künstler umbringt. Andererseits tut mir das so schön begonnene Werk ein wenig leid. Überdies fühle ich heute auf mir eine gewaltige Verantwortung lasten, und das nicht ausschließlich gegenüber meinen Kompositionen, sondern, sagen wir, gegenüber meiner gesellschaftlichen und über die Mauern des Konservatoriums hinausreichenden Rolle." Die Schulvorführungen nach dem zweiten Jahr Szymanowskis Tätigkeit waren ein gewaltiger Erfolg. Leider fühlte er immer weniger Kräfte in sich zu weiterem Kampf. Unerwartet kamen die Ärzte den Feinden zu Hilfe. Sie forderten Erholung, Pflege im Sanatorium, Heilbehandlung. Die modernen Ideen Szymanowskis drangen tief in die Herzen der jungen Zöglinge des Konservatoriums ein, ebenso in die Schar junger Professoren. Er konnte ihnen vertrauen, so wie sie seinen Ideen vertrauten. Und plötzlich ließ sich die entsetzliche Wahrheit nicht länger verheimlichen. Das Urteil der Ärzte lautete: schwere Lungentuberkulose! Es galt, die Leitung des Konservatoriums den zuverlässigen Händen Zbigniew Drzewieckis zu übergeben und abzureisen.

Anfangs war das nur eine mehrwöchige Erholung in einem Sanatorium bei Wien. Doch bereits im August 1929 mußte er nach Davos in die Schweiz zur weiteren Behandlung reisen. Die Ärzte geboten völlige Arbeitsruhe. Szymanowski fügte sich dem mit Mühe und diktierte der zu Besuch erschienenen Schwester, wie er das nannte, „eine kleine Broschüre über den erzieherischen Wert der Musik". Auch heute noch begeistert diese Arbeit durch die Schönheit der Form und des Stils, verblüfft durch die Tiefe der darin enthaltenen Gedanken, die nichts von ihrer Aktualität eingebüßt haben.

In Davos hörte Szymanowski nicht auf, an das Konservatorium zu denken, in das er soviel Arbeit investiert hatte. Auf halbem Wege stehenbleiben? – Das war nicht seine Art. Es erwies sich, daß man auch in Warschau ähnlich dachte. Man beschloß nämlich, eine Hochschule unter dem Namen Musikakademie mit einem Rektor an der Spitze zu schaffen. Dieses Amt wurde Szymanowski angeboten. Die feierliche Eröffnung der Anstalt erfolgte am 7. November 1930 in Gegenwart des Präsidenten der Republik. Die Eröffnungsansprache hielt der Rektor.

Er erinnerte daran, wie man nach dem Novemberaufstand die Musikhauptschule in Warschau geschlossen habe, deren Schüler Fryderyk Chopin gewesen war. Er freute sich, daß sich heute diese Tür wieder öffnete, um immer größere Scharen von jungen Menschen aufzunehmen. Zum Schluß seiner schönen Rede knüpfte er wieder an Chopin an:

„Das unschätzbare Erbe, das uns, den polnischen Musikern, in seinem unsterblichen Werk hinterlassen wurde, verpflichtet uns in gewisser Weise und verweist auf die hohen Gipfel, denen wir zustreben müssen. Mag also der große Name Fryderyk Chopin – ein Name, den ich mit höchster Verehrung und größter Liebe ausspreche – hier als die uns einigende Losung auf der Wacht über unsere Arbeit und unsere Bemühungen stehen, die wir heute für das Wohl, die schönste Entwicklung und zum Ruhm der polnischen Musik gemeinsam unternehmen."

Es müßte scheinen, daß die Existenz der einzigen höheren Musikschule im Staat auf akademischem Niveau niemandes Zweifel erwecken sollte. Leider blieb für viele der Kampf gegen Szymanowski die „einigende Losung". Er selbst sagte zu Zofia Kochańska:

„Man verfolgt mich hier geradezu in der letzten Zeit. Du hast keine Ahnung, Zosieńka, was für ein wilder Haß gegen mich herrscht. Ich habe meine besten Jahre verloren, um hier etwas zu tun, etwas voranzutreiben, etwas zu errichten, alles umsonst. Würde ich wenigstens gegen eine andere, jedoch wahre Idee kämpfen, aber ich kämpfe geradezu gegen die menschliche Niedertracht."

Zofia Kochańska reagierte denn auch mit der ihr eigenen Leidenschaft:

„Was wollen diese Halunken von dir! Das ist der Neid all dieser Lumpen! Mich empört das – sie können es nicht achten, daß sie einen großen Mann an der Spitze der Institution haben." Die Stellung eines Kultusministers bekleidete damals Janusz Jędrzejewicz unseligen Angedenkens, der ebenso inkompetent wie eigenmächtig war. Man faßte den Beschluß, die Musikhochschule aufzulösen. Mit dem 1. Mai 1932 wurde Szymanowski seiner Stellung enthoben.

„Eine Niederlage?" fragt Teresa Chylińska in ihrem Szymanowski-Buch für die Jugend. „Ja, eine fühlbare, unmittelbare, empfindliche. Ein Sieg? – Jawohl, mittelbar, in den Köpfen und Herzen der in diesen wenigen Jahren erzogenen Jugend, ein Sieg der Idee, des Geistes, des kühnen Denkens. Die polnische Musik, einmal in die breiten Räume der europäischen Kunst hinausgeführt, kehrte zu den alten Formen nicht mehr zurück. Die Idee erwies sich stärker als die unvernünftige Macht der Behörden. Die jungen Musiker wußten bereits, wohin sie gehen sollten." Sehr bald nach diesen traurigen Vorfällen sagte Szymanowski in einem Presseinterview unter anderem:

„Bald müssen diese jungen Leute zu Worte kommen. Sie besitzen nicht nur Talent, sondern beweisen auch Initiative und schließlich auch das Gefühl für die moderne Wirklichkeit. Sie wissen bereits, zu welchem Zweck ich das staatliche Konservatorium mehrere Jahre lang ‚desorganisiert' habe. Dann wird die Rehabilitierung meiner ganzen Arbeit und meiner Anstrengungen erfolgen, die heute vergeblich, für immer verloren zu sein scheinen."

Es lohnt, etwas länger bei dieser Episode im Leben Szymanowskis zu verbleiben, weil sie alle Schwierigkeiten, auf die die fortschrittliche polnische Musik stieß, wie in einer Sammellinse zeigt und das feindselige Tun der in ihren Mitteln nicht wählerischen Widersacher entlarvt. Der Preis, den Szymanowski für dieses Ringen zu zahlen hatte, war überraschend hoch: Sein Gesundheitszustand verschlimmerte sich noch mehr. Er suchte Rettung und eine möglichst vollständige Isolierung in Zakopane. Es gab natürlich auch freudige Momente: die Auszeichnung mit dem Orden der französischen Ehrenlegion oder die Verleihung des Ehrendoktortitels durch die Jagiellonen-Universität in Krakau. In der Atmosphäre von Zakopane fand er gegenwärtig etwas Reinigendes, das ihm sein seelisches Gleichgewicht und die Ruhe wiedergab.

Wir verdanken der Begegnung des Komponisten mit der Folklore der Bergbauern Werke, die in den letzten Jahren seines Lebens entstanden sind. Für jene, die alles in Perioden einzuteilen lieben, ist das seine „nationale" Schaffensperiode. Diese Bezeichnung ist im gleichen Maße irreführend, wie wenn wir als „nationale" Werke Chopins nur seine Polonaisen und Mazurkas bezeichnen würden. Wollte man Szymanowski unbedingt in eine Richtung der europäischen Musik des 20. Jahrhunderts einordnen, so gilt es festzustellen, daß er ein Expressionist war. Dieser Expressionismus entsprang der großen Spannung der emotionalen Musik Szymanowskis. Was die Ähnlichkeit mit Skrjabin in der ersten Phase von Szymanowskis Schaffen betrifft, so beruht sie darin, daß sie gemeinsam von den modernen Errungenschaften der späten

Romantik ausgingen. Indem die Dissonanz der Gleichklänge akzentuiert und ihnen ein immer autonomerer Sinn durch den Ausbau der Chromatik verliehen wurde, wurde die Spannung höchst potenziert. Sofern jedoch bei Skrjabin die ekstatische Euphorie zum Mystizismus führte, ist die emotionale Glut bei Szymanowski doch sinnlicher. Die „exotischen" Kompositionen mit der *3. Sinfonie* an der Spitze zeichnen sich neben ihren expressiven Werten durch einen sublimierten Ästhetizismus der Klangfarbe aus, durch eine wahrhaft orientalische Pracht, in der sich ergreifende Lyrik mit farbiger Phantastik mischt.

Debussys klangliche Entdeckungen nutzend, übertrug Szymanowski sie in seine expressive Sprache, indem er in der Verfeinerung und Neuerung bedeutend weiter ging als die französischen Komponisten. Man kann ihn also nicht für einen Nachahmer Skrjabins und Debussys halten, sondern für deren Nachfolger, der mit moderneren harmonischen Mitteln operiert. Neben der klanglichen Koloristik ist der eigenartige Ausdruckstyp Szymanowskis wesentlichster Beitrag zur Weltmusik. Ebenso ist Szymanowskis Violinstil auf seine Weise einzigartig. Es fehlt in seinem *1. Violinkonzert* nicht an Episoden, in denen anstelle der traditionellen melodisch-harmonischen Faktur ein Spiel von Klangflecken und -punkten auftritt. Seit der „Entdeckung" der Folklore der Goralen wie auch der Kurpen und Masowier fand Szymanowski, der in den Kulturen anderer Völker die Exotik suchte, diese in seinem eigenen Land. Der Komponist wendet sich hier dem Vitalismus zu und nähert sich auf diese Weise Strawinsky und Bartók. Jedoch dienen die Mittel des Vitalismus, wie die Klangschärfe und die starken rhythmischen Akzente Szymanowski dazu, seinen Ausdruck zu bereichern. Man kann das im Ballett *Harnasie* beobachten, wo die radikale Schärfe der Gleichklänge und der Instrumentation wie auch der vom Komponisten entwickelte andersartige, völlig eigene harmonische Stil die wertvollsten Errungenschaften der „nationalen" Periode ausmachen. Einerseits ist die Dissonanz hier aggressiver als in den *Metopen* und *Masken*, andererseits jedoch ist der Wohlklang wählerischer und besitzt einen größeren Gehalt an Expression. Der Klangfülle und der Üppigkeit steht hier Einfachheit, Strenge und Schroffheit gegenüber. Bisweilen, wie im Oratorium *Stabat mater* (1926) oder in den *Kurpischen Liedern* (1932), verbindet sich mit einer bis an die Grenzen des Asketischen geführten Einfachheit ein ergreifender Lyrismus.

„Szymanowskis Stil", schreibt Tadeusz Andrzej Zieliński, „ist somit eine reiche, komplizierte und verschiedenartige Erscheinung. Sein üppiger, origineller Expressionismus, zugleich sein farbiger Impressionismus, Vitalismus, Archaismus, die Kühnheit und Radikalität der verwendeten Mittel und dabei das in seinem ganzen Schaffen so deutliche Echo traditioneller, romantischer Emotionalität – erschweren eine exakte und fehlerfreie Lokalisierung seiner Musik auf der stilistischen Landkarte des 20. Jahrhunderts. Das ist jedoch nicht wichtig: Wichtig ist, daß sich uns unter diesen äußeren Merkmalen und stilistischen Verquickungen ein spezifischer, eindeutiger Ausdruck der Musik Szymanowskis zeigt – individuell, einmalig, unwiederholbar."

Die Entlassung Szymanowskis aus der Stellung des Rektors bedeutete, daß er seiner zwar bescheidenen, aber festen finanziellen Basis beraubt wurde.

Vom Komponieren allein konnte er nicht leben, außerdem rechnete die Familie, vor allem die kranke Mutter, weiterhin auf seinen Beistand. Szymanowski entscheidet sich für eine neue Methode, Geld zu verdienen: Er komponiert ein sinfonisches Werk, dessen Klavierpart er für sich bestimmt. So entsteht die *4. Symphonie concertante* für Klavier und Orchester. Die Uraufführung findet am 9. Oktober 1932 statt. Es dirigiert natürlich Grzegorz Fitelberg, am Klavier vor dem Orchester sitzt der Komponist.

Der Erfolg ist groß. Die Künstler werden gezwungen, den letzten Teil des Werkes zu wiederholen. Szymanowski selbst ist vom Erfolg seines Konzerts etwas überrascht:

„Alles ist glänzend gelungen, bis zu einem solchen Grade, daß ich das ganze Finale wiederholen mußte! Lacht mich nicht aus – ich spotte eigentlich selbst über meinen ‚Pianismus', aber ich bürge dafür, die Menschen wundern sich, wieso ich überhaupt spiele. Ich begreife selbst nicht so recht, wie ich dazu gekommen bin, daß ich überhaupt relativ korrekt und mit einem gewissen Schwung spielen konnte. Das Ganze klingt vollkommen, klar, durchsichtig."

So wurden also die Honorare für seine Beteiligung an der Aufführung der *4. Symphonie* in den Konzertsälen die Hauptverdienstquelle Szymanowskis. Im Verlaufe weniger Jahre konnte er dreißigmal in 24 Städten Europas auftreten, wobei er den Kontinent von Oslo bis Bologna, von Moskau bis London, von Riga bis Sofia durchmaß. In welchem Grade sich die Reisen und die mit den öffentlichen Auftritten verbundene Spannung auf seine Gesundheit ausgewirkt haben, braucht man nicht zu sagen. Heute, wo das Schaffen der talentiertesten polnischen Komponisten in Polen von der Fürsorge des Staates umgeben ist, kann man überhaupt schwer begreifen, wie man damals einen Komponisten von gefestigtem Rang sich selbst überlassen konnte, während er gegen eine tödliche Krankheit ankämpfte. Aber so war es.

Die Aufführung der Oper *König Roger* 1928 in Duisburg wurde von antipolnischen Krawallen deutscher Nationalisten gestört. Dafür erwies sich die Aufführung im Prager Operntheater 1932 als ein echter Triumph. Nach der Vorführung wurde der Komponist vierzehnmal auf die Bühne gerufen. Von diesem denkwürdigen Abend blieb ein bewegendes Dokument übrig: die auf Tonband aufgenommene Dankesrede Szymanowskis.

Von seinen Konzertreisen völlig erschöpft, kehrte der Komponist nach Zakopane zurück, in die Villa „Atma", die er vorher gemietet hatte und die er, wie einst sein heimatliches Tymoszówka, für sein Heim hielt.

„Ich schleppte mich halb tot bis Zakopane, wo ich mich einfach ins Bett legte. Ich wüßte Dir nicht zu sagen, wie sich jede Rückkehr des ‚verlorenen Sohnes' hierher immer düsterer darstellt."

Aber man muß reisen und konzertieren. Die Jahre 1933 und 1934 verbringt Szymanowski in Zügen, in Hotels und auf Konzertpodien von Paris, Bologna, Turin, Triest. Nach Moskau fährt er zusammen mit Fitelberg und der Sängerin Ewa Bandrowska-Turska. Auf dem Rückweg machen sie eine große Konzerttournee durch den Balkan. Später führt die Reise durch Paris, Amsterdam, Haag, London.

Wieder wird er mit Ehren überhäuft: Die königliche Accademia di Santa Cecilia in Rom beruft ihn zu ihrem Ehrenmitglied. Er wird mit dem Orden „Polonia Restituta" III. Klasse ausgezeichnet. In der Warschauer Philharmonie wird ein Jubiläumskonzert anläßlich des fünfzigsten Geburtstags des Komponisten veranstaltet. In Madrid findet unter dem Patronat des Völkerbundes ein internationaler Kongreß von Intellektuellen und Künstlern statt. Den Beratungen steht eine große Polin vor – die Entdeckerin des Radiums und des Poloniums Maria Skłodowska-Curie. An diesem Kongreß nimmt auch Karol Szymanowski als Delegierter Polens teil. In den Konzertprogrammen der Bühnen Europas und Amerikas figurieren seine Werke: das *1. Violinkonzert*, *Stabat mater*, die *3. Sinfonie*, die *Mythen*. Szymanowskis Ruhm wächst. Paweł Kochański führt in Warschau das *2. Violinkonzert* – das letzte Werk Szymanowskis – zum ersten Mal auf.

Und Szymanowski selbst? Er fühlt sich immer elender. Die nicht völlig ausgeheilte Tuberkulose befällt ihn mit doppelter Kraft. Wenn im Sommer die Konzertsaison abklingt, beginnt in der Villa „Atma" in Zakopane einfach Not zu herrschen.

1935 fehlen bereits die Mittel, um die „Atma" unterhalten zu können. Er muß in Hotels hausen oder die Gastfreundschaft der Verwandten in Anspruch nehmen. Mehrere weitere Konzertreisen, dann völlige Erschöpfung – ein Pariser Arzt verordnet ihm sofortige Ruhe. Szymanowski reist nach Grasse an die Côte d'Azur. Hier erreichen ihn Telegramme aus Paris. Denn dort kommen die langwierigen Verhandlungen mit der Oper über die Aufführung des Balletts *Harnasie* zu einem glücklichen Ende. Eine Menge Sorgen, zu denen der Ausführende der Hauptrolle, Serge Lifar, in beträchtlichem Maße beitrug. Szymanowski mußte zur Besänftigung dieser kapriziösen maskulinen Primaballerina die Musik für einen Soloauftritt Lifars dazukomponieren. Und schließlich fand am 27. April 1936 die Premiere statt. Ein Erfolg. Die Ballettaufführung wurde noch dreimal wiederholt. Glänzende Rezensionen, natürlich auch Empfänge, Parties, Bankette. Der Komponist erwartete weitere Vorschläge. Als jedoch die festliche Stimmung gewichen war, blieb nur noch die Krankheit in verschärfter Form zurück: eine Halstuberkulose. Die Ärzte sind mit einem Aufenthalt des Kranken in Zakopane nicht einverstanden. Sein Geld schmilzt zusammen, und er muß den Sommer im stickigen Warschau verbringen. Das Regierungsstipendium für die Kur ist sehr bescheiden. Im Herbst gelingt es jedoch, den Kranken nach Paris zu schicken, und von dort, den Anweisungen des Arztes folgend, wieder in die Pension in Grasse. Ob der Pariser Arzt durch übermäßigen Optimismus sündigte, indem er den Patienten in einem solchen Zustand nicht in ein Sanatorium, sondern zu einem Erholungsaufenthalt schickte, bleibt ein Geheimnis.

Der Zustand des Kranken verschlimmert sich von Tag zu Tag, seine Briefe atmen Hoffnungslosigkeit. Zuerst eilt die Sekretärin, die ehrbare Leonia Gradstein, dann auch die Schwester des Komponisten, Stanisława, nach Frankreich. Es gelingt, den Kranken dazu zu bewegen, daß er in ein Sanatorium umzieht. Ein Ambulanzwagen fährt ihn in die Clinique du Signal in Lausanne. Es ist nur noch eine Frage von wenigen Tagen. Am 27. März trifft die Schwester ein, am 29. März 1937 stirbt Karol Szymanowski. Der erste, der Blumen zu Häupten des Toten niederlegt, ist Ignacy Paderewski.

Im Jahre 1927, als die Asche des Dichters Juliusz Słowacki feierlich nach Polen überführt wurde, wo man sie in der Krypta auf dem Wawel bestattete, hatte Szymanowski bemerkt:

„Als ich mir jetzt unlängst die wundersame, ja fast mythische Bestattung Słowackis ansah, dachte ich, daß man vielleicht in hundert Jahren – natürlich nicht mit solch unerhörter Parade, jedoch mit der gleichen amateurhaften Leichenwagenschau – auch meine Gebeine in Polen herumfahren wird, aber was werde ich dann davon haben? Die Sache ist die, daß die Polen lebende Menschen nicht ertragen können, jedoch Leichen vergöttern, mit denen sie tun können, was sie wollen, darum streben sie stets danach, die Lebenden abzuservieren... Ich hätte heute gern nur einen Teil von dem Geld, das sie für meine Beerdigung ausgeben werden."

In der Tat war die Beerdigung ebenso feierlich wie aufwendig. Szymanowski wurde in einem Sarkophag in der Krypta der Verdienten in der Krakauer Kirche Na Skałce bestattet. Sein Herz blieb in Warschau, um in der Heiligen-Kreuz-Kirche neben dem Herzen Chopins zu ruhen. Leider teilte es während des Warschauer Aufstands 1944 das Schicksal so vieler Lebender und verbrannte.

„Szymanowski hat durch einsame schöpferische Bemühung die in ihrer Entwicklung verspätete polnische Musik dem zeitgenössischen Niveau angeglichen. Er riß sie aus der Sackgasse, in der sie seit längerer Zeit passiv der deutschen Musik gefolgt war, und hat ihr eine Richtung gewiesen, die eine weitere Entwicklung ermöglichte. Er führte seine Technik der Komposition auf vor ihm bei uns fast unerreichbare Höhen der Vollkommenheit. So wurde er denn ein Vorbild und der Lehrer der jungen Generation polnischer Komponisten, denen er den Weg in die Arena der Weltmusik bahnte. Wenn unsere

Komponisten heute Erfolge auf ausländischen Konzertpodien erringen, so liegt darin kein geringes Verdienst Szymanowskis."

So schrieb Stanisław Golachowski, der Autor der ersten vollständigen Monographie über Szymanowski.

Das Vorbild eines polnischen Komponisten, der einen eigenen und zugleich nationalen Stil schuf, war für Szymanowski Chopin. Auch Szymanowski nahm den Kampf um eine wahrhaft polnische nationale Musik auf. Wie so mancher echt progressive Schöpfer legte er einen langen Weg zurück und verwirklichte sein Ziel nur in Etappen. In den ersten Werken knüpfte er bewußt an Chopin an. Er überwand siegreich die Einflüsse von Richard Strauss, Skrjabin und die der französischen Impressionisten mit Debussy an der Spitze, begeisterte sich an der Musik Strawinskys, blieb gegenüber dem besonderen Verhältnis Bartóks zur Folklore nicht unempfindlich. Von Anfang an war Szymanowskis Musik jedoch von eigenen kühnen Experimenten und jede Etappe von einer Reihe hervorragender Werke gekennzeichnet. Jedes Werk Szymanowskis erstrahlt im Glanz technischer Vollkommenheit, die sich aus der meisterlichen Beherrschung des kompositorischen Handwerks ergibt.

Entgegen den in der europäischen Musik herrschenden Tendenzen, den emotionalen Inhalt allein durch Konstruktion und Technik zu ersetzen, folgte Szymanowski der Stimme der eigenen Ästhetik und rückte in all seinen Werken einen tiefen und aufrichtigen Emotionalismus in den Vordergrund. Mit Sicherheit ist das ein sehr typisches Merkmal der polnischen Musik aller Zeiten und wird es bleiben.

Szymanowskis Musik atmet seit seinen ersten Werken authentische Poesie, authentische Invention und musikalische Phantasie eines Menschen, der etwas Wichtiges zu sagen hat. Diese Sprache pflegt nicht immer leicht und zugänglich zu sein, ist jedoch immer wahr. Wahr immer dann, wenn sie echten Lyrismus ausdrückt, wahr auch dann, wenn sie mühsam durch das Dickicht der Suche nach einer neuen, eigenen musikalischen Sprache dringt. Szymanowski schuf nicht losgelöst vom Leben. Er lebte im gleichen Rhythmus mit den polnischen Schriftstellern und Dichtern, wobei er auch das in sich aufnahm, was in der Weltliteratur an Vorbildlichem erschien. Wir fühlen in seinem Schaffen den Kontakt zum Leben, zur Welt und zum menschlichen Schicksal, wir spüren, wie sehr er sich die Rolle zu Herzen nahm, die ein Künstler in dieser Welt im Gefühl der Verantwortung für das, was er sagt und gibt, spielen soll. Er besaß in seinem Schaffen die wertvolle Gabe, sich niemals selbst zu kopieren. Da er sich zutiefst als Künstler und Musiker fühlte, wollte er mit seinem Werk sich selbst seinem Land gegenüber und dieses Land der Welt gegenüber manifestieren. Daher die ständige Unruhe in ihm, der ständige Kampf um ein künstlerisches Ideal, der Kampf um die Atmosphäre großer Gesetze, die die Kunst ausdrückt, der Kampf schließlich gegen das Spießertum, das ihm geradezu das Recht auf Existenz verweigern wollte mit der Behauptung, daß das, was er schaffe, sein Talent negiere und lediglich eine ausgetüftelte Tonkonstruktion sei. „In diesem Land denken die Menschen, daß die Künstler nicht denken sollen", pflegte er zu sagen, besorgt um das Schicksal der polnischen Musik, um das Schicksal der jungen Menschen, die sich immer zahlreicher unter seine Fittiche drängten, da sie spürten, daß sie in ihm eine Stütze auf diesem dunklen, schwierigen Weg finden würden.

Der heutige Hörer hat bereits den langen Weg der Modernisierung und Musikalisierung zurückgelegt, und die musikalische Sprache Szymanowskis dürfte für ihn also keinerlei Schwierigkeiten bergen. Die Generation der zeitgenössischen polnischen Komponisten hat den Bereich des unmittelbaren Einflusses Szymanowskis verlassen, ist von dem Subjektivismus seiner früheren Periode abgegangen, übernahm jedoch das Bedürfnis nach weitestgehender Kenntnis des zeitgenössischen Handwerks und der Technik der Komposition.

Man kann also von einem Testament Szymanowskis, des Erneuerers der polnischen Musik und des Inspirators ihres seither ununterbrochenen Strebens in die Höhe, sprechen.

Polnische Virtuosen des 19. und vom Anfang des 20. Jahrhunderts

Viele polnische Künstler betrachteten es als ihre patriotische Pflicht, ihren Landsleuten zu dienen, ohne die Heimat zu verlassen. In der ersten Hälfte des 19. Jahrhunderts, da der Virtuosenkult in ganz Europa immer größer wurde, fehlte es auch unter den Polen nicht an hervorragenden Pianisten, Geigern und Sängern, aber nur wenige von ihnen verließen das Land und begaben sich auf Auslandstourneen. Trotz manchmal großen Talents und gewaltiger Verdienste gelang es ihnen jedoch nicht, ihren Ruf im Westen Europas zu festigen. Man kann hier das hervorragende Sängerpaar Paulina Rivoli und Julian Dobrski, die Interpreten der Hauptrollen in der ersten polnischen Nationaloper, der *Halka* von Moniuszko, als Beispiel nennen.

Andererseits gaben sich sowohl die Virtuosen und Solisten als auch die Dirigenten als Ausführende eigener Werke zu erkennen, ähnlich wie das mit Paganini, Liszt oder Wagner der Fall war. Wenn es sich um polnische Pianisten in der Ära der Romantik handelt, so hat Fryderyk Chopin alle durch sein ungeheures Talent übertroffen. Vielleicht war es nur Maria Szymanowska (1789–1831), von der weiter oben als vor allem von Robert Schumann hochgeschätzten Komponistin die Rede war, die sich als berühmte Pianistin auf den Bühnen von Paris, London, Leipzig, Dresden, Mailand, Rom, Neapel und vielen russischen Städten kennenlernen ließ. Man braucht nur zu erwähnen, daß selbst Goethe ihr zu Ehren Poeme geschrieben hat. Die Zeitgenossen unterstrichen den „polnischen Charme" ihres Spiels. Auch der oben erwähnte Komponist Karol Lipiński (1790–1861), der von vielen sogar höher als Paganini gestellt wurde, hatte einen polnischen Stil für das Violinspiel geschaffen. Der hervorragendste polnische Geiger und Virtuose des vergangenen Jahrhunderts jedoch war der begabte Komponist Henryk Wieniawski (1835–1880). Allein oder auch gemeinsam mit seinem Bruder Józef auftretend, einem wunderbaren Pianisten, und auch zusammen mit Anton Rubinstein, erntete er in beiden Hemisphären geradezu schwindelerregende Erfolge. Bedeutende Erfolge errangen auch die beiden hervorragenden polnischen Geiger Apolinary Kątski (1826–1879) und Izydor Lotto (1844–1936). Apolinarys Bruder, Antoni Kątski (1817–1899), der erste polnische Klaviervirtuose, der echten Weltruhm errang, erlangte mit seinem geschickt komponierten Werk *Le réveil du Lion* trotz des geringen künstlerischen Werts dieser Musik große Beliebtheit.

Juliusz Zarębski (1854–1885), einer der begabtesten Lieblingsschüler Liszts, ein hervorragender Komponist, wurde als Pianist bekannt, der auf einem Flügel mit zwei Klaviaturen Erfolge errang. Man bewunderte auch Pianisten wie Maurycy Rosenthal (1862–1946), Aleksander Michałowski (1851–1938), Józef Śliwiński (1865–1930) und vor allem Józef Hofman (1876–1957). Es gelang ihnen, ihre Namen in den Musikchroniken zu verewigen, obwohl die Gestalt Ignacy Paderewskis sie alle überragt. Um die Jahrhundertwende errangen der Geiger Bronisław Huberman (1882–1947) und auch Stanisław Barcewicz (1858–1929), der Warschau nur ungern verließ, Weltruhm.

Was hervorragende polnische Vokalsolisten des 19. Jahrhunderts betrifft, die ihre Namen auf den Bühnen der Welt verewigten, so waren das vor allem die Vertreter der Familie Reszke, vornehmlich der berühmte Tenor Jan Reszke (1850–1925). Marcelina Sembrich-Kochańska (1858–1935), die an der Londoner Covent Garden Opera engagiert war, trat auf den Bühnen Frankreichs, Rußlands, Deutschlands, Spaniens und Amerikas auf. Unter ihren Schülerinnen befanden sich solche Berühmtheiten wie Dusolina Giannini und Maria Jeritza.

Dem großen russischen Baß Fjodor Schaljapin stellte man den vortrefflichen polnischen Basso cantante Adam Didur (1874–1946), einen Solisten der Mailänder Scala, an die Seite. Zu den ebenfalls außerhalb der Grenzen Polens berühmten Tenören kann man Aleksander Bandrowski (1860–1913) zählen, der bei der Ausübung der Partie des Radames in der *Aida* auf der Opernbühne in Dresden starb, sowie Józef Mann (1883–1921). Von den Sopranen haben sich Janina Korolewicz-Waydowa, Helena Zboińska-Ruszkowska, Ewa Bandrowska-Turska, Wanda Wermińska, Matylda Polińska-Lewicka, Ada Sari, Maria Mokrzycka und Stani Zawadzka großen Ruhm erworben. Auch Namen polnischer Tenöre wurden berühmt, so Ignacy Dygas, Stanisław Gruszczyński, Józef Woliński und vor allem Jan Kiepura, der ebenfalls beim Film Anerkennung gewann. Bekannt wurden in der Zeit zwischen den beiden Weltkriegen auch die polnischen Pianisten Zofia Rabcewiczowa, Henryk Sztompka, Stanisław Szpinalski, Witold Małcużyński, Jan Ekier, Bolesław Woytowicz, Zbigniew Drzewiecki und Józef Turczyński, die Cembalistin Wanda Landowska, die Organisten Bronisław Rutkowski und Feliks Rączkowski, die Violinvirtuosen Irena Dubiska, Eugenia Umińska, Paweł Kochański und Henryk Szeryng, der Cellist Kazimierz Wiłkomirski und andere. Und schließlich gehören zu den polnischen Dirigenten, die auch auf vielen ausländischen Konzertpodien einen guten Ruf genossen, vor allem Emil Młynarski, Grzegorz Fitelberg, Artur Rodziński, Paweł Klecki und Mieczysław Mierzejewski. Man darf auch nicht vergessen, daß der berühmte Dirigent Leopold Stokowski wie auch der lange Zeit für den ,,König der Pianisten" gehaltene Arthur Rubinstein bei jeder Gelegenheit ihre polnische Abstammung unterstrichen.

Neue Musik

Grzegorz Michalski

Bis zum Ausbruch des zweiten Weltkrieges

Szymanowskis Tod beendete in der Geschichte der polnischen Musik ein wichtiges und schönes Kapitel. Zwar waren sich damals noch nicht alle der Bedeutung des Werkes des großen Komponisten bewußt, aber in der Musik – wie überhaupt in der Kunst – ist die Übereinstimmung beim Empfinden des Schönen nicht unerläßlich und nicht einmal erwünscht.

Karol Szymanowskis Beerdigung bot die Gelegenheit zu einer großen Demonstration und zur Huldigung an den Künstler und Menschen. Das Bewußtsein des unersetzlichen Verlustes, den die polnische Kultur erlitten hatte, wurde jedoch zum Teil durch den tatsächlich hohen Rang der polnischen Musik gemildert, die auf dem soliden Fundament des Schaffens Szymanowskis aufbaute. Der Versuch, Szymanowskis Einfluß auf die weitere Entwicklung der polnischen Musik genau zu bestimmen, stößt selbst heute auf nicht geringe Schwierigkeiten. Dieser hervorragende Tonsetzer befaßte sich nur kurze Zeit seines Lebens mit der pädagogischen Tätigkeit, obschon der Mut seiner Überzeugungen, sein Streben nach Erneuerung der Musiksprache sowie seine Charaktereigenschaften stets begabte junge Komponisten angezogen haben. Szymanowski erteilte den Jungen und Bedürftigen nicht nur ohne zu zögern Ratschläge, sondern half ihnen auch beim Eintritt in die „große Welt" der Kunst und unterstützte sie sogar finanziell. Jedoch wurde keiner seiner Schüler sein Epigone, keiner kopierte den bewunderten Meister... Eine verblüffende Tatsache.

Überzeugend und mit feinem Verständnis wurde dieses Phänomen von Stefan Kisielewski erklärt, einem begeisterten Anhänger Szymanowskis und zugleich einem von denen, die in ihrem Schaffen einen eigenen, völlig anderen Weg gegangen sind. Szymanowski, ein empfindlicher Beobachter der neuesten Musik, war sich über die allgemeine Reaktion auf die deutsche Neuromantik und den französischen Impressionismus in der Welt im klaren. Die Abkehr von den im 19. Jahrhundert entwickelten Ideen verlief jedoch nicht nach einem verbindlichen Plan. Die Auflehnung gegen die Tradition brachte sowohl das Schaffen Strawinskys, Schönbergs als auch Prokofjews oder der Gruppe „Six" hervor. Es gab jedoch einen Ort, wo – wie beim biblischen Turmbau zu Babel – die Vertreter der verschiedensten Richtungen einander begegneten. Dieser Ort war natürlich Paris.

„Szymanowski war ganz einfach ein Mensch einer anderen Epoche als seine Schüler", schrieb Stefan Kisielewski 1947, „er war ein in die Gegenwart übertragener Romantiker, aber sein scharfer Geist, seine großartige Intuition und Sensibilität wiesen ihm den unfehlbaren Weg, den die Musik gehen würde." Diesen Weg schlug eine beträchtliche Gruppe der Jugend ein, und man konnte in Paris in den Jahren vor dem Krieg fast alle Begabtesten antreffen.

Wenn man heute jene Jahre aus einer recht erheblichen Distanz betrachtet, kann man bereits mit Gewißheit sagen, daß Szymanowski der Hauptinitiator der Erscheinung war, die über den Charakter der polnischen Musik für die nächsten Jahrzehnte entschied. An den Vorbildern der Neuromantik erzogen, wurde er dennoch ein glühender Verfechter der Idee einer Annäherung an die französische Tradition – an Debussy und Ravel und später auch Strawinsky. Es ist gewiß kein Zufall, daß seine Werke seit 1922 den Hörern in Paris systematisch präsentiert wurden und eine sehr wohlwollende, bisweilen sogar enthusiastische Aufnahme fanden. In dem berühmten Artikel „My splendid isolation" schrieb er: „Die gesunde Entwicklung der polnischen Musik ist lediglich davon abhängig, in welchem Grade wir uns aus der starken Umarmung der traditionellen ‚guten', ‚besten' deutschen Musik zu befreien vermögen."

Volle Unterstützung Szymanowskis fand daher die Ende 1926 ergriffene Initiative seines Schülers Piotr Perkowski und Feliks Roderyk Łabuńskis, die „Vereinigung der Jungen Polnischen Musiker in Paris" zu organisieren. Erster Vorsitzender wurde Piotr Perkowski, und der Vereinigung gehörten u.a. an: Stanisław Wiechowicz, Michał Kondracki, Szymon Laks, Jan Maklakiewicz, Alfred Gradstein, Zygmunt Mycielski, Tadeusz Szeligowski, Tadeusz Kassern, Antoni Szałowski, Bolesław Woytowicz, Grażyna Bacewicz, Jerzy Fitelberg, Roman Palester, Michał Spisak, Stefan Kisielewski, Witold Rudziński, der Pianist Henryk Sztompka, die Geiger Wacław Niemczyk, Irena Dubiska, Eugenia Umińska, Roman Totenberg, die Sängerin Zofia Massalska. Bis 1939 registrierte die Vereinigung 140 Mitglieder.

Die jungen Künstler gingen mit großem Eifer an die Arbeit. Es gelang ihnen, sich die Unterstützung der führenden Persönlichkeiten des damaligen musikalischen Paris zu sichern: Nadia Boulangers, Arthur Honeggers, Maurice Ravels, Albert Roussels, Florent Schmitts, aber auch so hervorragender Polen wie Ignacy Paderewski, Karol Szymanowski, Leopold Stokowski, Aleksander Tansman. In der 1930 herausgegebenen Deklaration schrieben die Begründer der Vereinigung: „Die Atmosphäre von Paris... ist den jungen Komponisten überaus förderlich, sie gestattet es nämlich nicht, auch nur einen Moment lang in Schablonen zu verharren... sie zwingt zu einem ständigen Wettlauf der Ideen, bisweilen in halsbrecherischem Tempo. Wie nützlich ist dieser Wettlauf für den jungen, schöpferischen, unruhigen Geist, der stets neue Formen, neue Ausdrucksweisen, frische musikalische Eindrücke sucht – kurz, all das, was diese besondere Atmosphäre von Paris, in der jeglicher Fortschritt üppig reift und Früchte bringt, zu geben vermag."

Die „jungen Geister" beschränkten sich nicht nur darauf, Eindrücke und Kenntnisse zu sammeln. Die polnischen Künstler widmeten sich einer schwierigen und wichtigen Arbeit: Sie propagierten die polnische Musik in ganz Frankreich, strebten danach, die Mauer der Ignoranz zu durchbrechen, das polnische Schaffen in vollstem Umfang zu präsentieren. Dank ihren Bemühungen konnte die musikalische Welt zum ersten Mal erfahren, daß die polnischen Traditionen sich nicht auf Chopin beschränken, sondern bis in das 16. Jahrhundert zurückreichen (heute wurde diese Grenze bedeutend weiter verschoben) und auch in der postchopinschen Periode nicht nur die Namen Moniuszko und Szymanowski umfassen. Am breitesten wurde jedoch das Schaffen der zeitgenössischen Komponisten dargeboten. Von der Intensität der Propagandaaktion kann die Tatsache zeugen, daß in den Jahren 1922–1939 über 70 Konzerte in Paris stattfanden, die ganz oder in bedeutendem Maße mit Werken junger Polen ausgefüllt waren. Vor allem jedoch errangen die polnischen Künstler in Paris Wissen über die neue Musik, studierten unter Leitung Nadia Boulangers, Paul Dukas' und anderer hervorragender französischer Pädagogen und gingen in ihrem Schaffen den Weg, den ihnen Debussy, Ravel, Roussel, Szymanowski und Strawinsky wiesen. Man kann ohne jede Übertreibung feststellen, daß es im Hinblick auf die Effektivität und die Aktualität der kompositorischen Werkstatt in Polen niemals vorher eine so zahlreiche Gruppe talentierter Künstler gegeben hat. Ihre Tätigkeit und ihr lebhafter Kontakt zur Heimat nahmen einen entscheidenden Einfluß auf die Hebung des Wissensstandards und der Fähigkeiten aller Musiker und boten die Grundlage für eine Stabilisierung des erreichten hohen Niveaus.

Wenn man diese fast einmütige Abkehr der gesamten Komponistengeneration von der deutschen Musik und ihre Hinwendung zur französischen und russischen beobachtet, fällt es schwer, sich der sich hier aufdrängenden Assoziationen zur allgemeinen Lage der Kunst und auch – was bestimmt nicht ohne Bedeutung war – zur politischen Konstellation jener Zeit zu erwehren. Gewiß spielten in der ersten Phase dieses Umbruchs außerkünstlerische Rücksichten keine größere Rolle. Jedoch die in den dreißiger Jahren anwachsende Spannung in den polnisch-deutschen Beziehungen und die gleichzeitig erfolgende französisch-polnische Annäherung schufen günstige Voraussetzungen dafür, um den begonnenen Prozeß zu festigen und zu vertiefen. Der einzige polnische Vorkriegsmusiker, der Zwölftonmusik komponierte, Józef Koffler, errang im Land keine Popularität, und seine Werke waren besser im Ausland bekannt und wurden dort häufiger gespielt. Selbst die wenigen jungen Komponisten, die nicht das Bedürfnis verspürten, ihre Ausbildung in Paris zu vervollkommnen (Witold Lutosławski, Andrzej Panufnik, Bolesław Szabelski), gingen in ihrem Schaffen den Weg Ravels und Strawinskys.

Das Schaffen der Mitglieder der „Vereinigung Junger Polnischer Musiker in Paris" hat bisher keine synthetische Bearbeitung erfahren. Zweifellos trugen mehrere wichtige Gründe dazu bei: Im Krieg wurden viele Manuskripte vernichtet, einige hervorragend begabte Künstler (Spisak, Szałowski, Kassern, Maciejewski, J. Fitelberg, Laks) ließen sich für ständig außerhalb Polens nieder, nach 1945 interessierten sich die Musikwissenschaftler bereits für andere Probleme, und heute schließlich hat die Mehrzahl der damals entstandenen Kompositionen hauptsächlich historische Bedeutung als Beweis für das jugendliche Schaffen der durch ihre späteren Erfolge berühmten Autoren. Möglich ist jedoch eine allgemeine, obwohl notgedrungen auch oberflächliche Charakteristik der gemeinsamen Merkmale der im Kreise der „Pariser Schule" komponierten Werke. Auf dem Gebiet der Form dominierte das Streben nach klaren, lesbaren und klassisch ausgewogenen Zusammenstellungen. Die Vorbilder aus der Vergangenheit wurden hoch geschätzt, wovon auch die gepflegten Genres zeugen: Lieder, Sonaten, Sinfonien, Ouvertüren, Konzerte, Quartette. Verbindlich war eine Ästhetik des für das Ohr angenehmen Klanges und der verhaltenen Emotion, die gern mit Akzenten eines leichten musikalischen Scherzes gefärbt wurde. Diese maßvolle Beschränkung und Distanz zur Musik bildete wohl den wesentlichsten Unterschied zwischen den französischen und polnischen Neoklassizisten und den deutschen Dodekaphonisten sowie den Erben der Kunst Richard Wagners.

Paris bekannte sich auch zu der von Strawinsky in seiner „Poétique Musicale" formulierten Auffassung von der handwerklichen Natur des Komponistenberufes. Im Sinne dieses Prinzips war der Tonschöpfer dazu berufen, die Töne mit Verstand zu ordnen, und in der Musik sollten sein Wissen und die technische Fertigkeit, nicht aber innere Zustände der Seele ihre Widerspiegelung finden. Diese Empfehlung, die in der Praxis ziemlich elastisch befolgt wurde, prägte indes dem Schaffen der polnischen Komponisten einen deutlichen Stempel auf. Sie äußerte sich vor allem in der getreuen Anwendung der Regeln der korrekten Kompositionstechnik (Form und besonders die Instrumentation) und auch im Streben nach Objektivierung des emotionalen Ausdrucks der Musik. Diesem Ziel diente eine gewisse rhythmische Vereinfachung, die sich in raschem Tempo in Motorik umwandelte, sowie die Zerschlagung der funktionellen Spannungen der Harmonie und Melodie, die mit den verschiedensten Methoden (neue Skalen, Akkorde mit Nichtterzstruktur, Polytonalität usw.) erzielt wurden. Eine der hauptsächlichen Bestrebungen der Komponisten war das Schaffen von Werken, die lediglich im Hinblick auf ihren Klang interessierten, ohne Berufung auf außermusikalische Assoziationen, ohne jene Steuerung der Seele und ohne Reizung des Hörers durch gewaltsame Gefühlsausbrüche.

Der besonderen Pietät, mit der die Neoklassizisten die Qualität des Klanges, seine Schönheit und Originalität umgaben, stand der von Schönberg und anderen Dodekaphonisten eingeleitete Prozeß der Zerschlagung traditioneller Systeme und der Emanzipation der einzelnen Töne gegenüber. In beiden einander bekämpfenden Richtungen rückte die bisher zweitrangig behandelte Farbe in den Vordergrund, und eben dieses gemeinsame Merkmal übte später wohl den nachhaltigsten Einfluß auf die weitere Entwicklung der Musik aus. Die polnischen Komponisten beteiligten sich an diesem Öffnen der Perspektiven der Zukunft nun nicht mehr als Beobachter, sondern als Mitschöpfer, und ihre Errungenschaften waren nicht nur den Zuhörern in der Heimat bekannt.

Und in Polen entwickelte sich das Musikleben sehr rege. Die Warschauer Philharmonie lockte die Zuhörer zu glänzenden Konzerten der besten Künstler der Welt – in kurzen Abständen konnte man hier Fritz Kreisler, Wilhelm Kempff, Egon Petri hören und Meister des Taktstocks wie Hermann Scherchen und Hermann Abendroth sehen. In der Oper feierten hervorragende polnische Sänger Triumphe, darunter solche Stars wie Ewa Bandrowska-Turska, Stanisław Gruszczyński, Zygmunt Mossoczy u.a. Außer der Hauptstadt setzte eine ganze Reihe von Städten ihren Ehrgeiz darein, bedeutende Zentren des kulturellen Lebens zu werden: Krakau mit seiner Philharmonie, Poznań mit seiner auf hohem Niveau stehenden Oper, Lwow mit seinem Großen Haus, das ein gutes halbes Hundert Opernaufführungen in der Saison gab. Eine immer größere Rolle bei der Übermittlung von Musik spielte der Polnische Rundfunk, der am 1. September 1939 1 100 000 Abonnenten, d.h. etwa 5 Millionen Hörer, hatte. Um das Niveau der im Radio präsentierten Musik bemühte sich vor allem der 1934 berufene Chef der Musikabteilung Edmund Rudnicki und auch der berühmte Dirigent, ein Freund und Popularisator des Schaffens Szymanowskis, Grzegorz Fitelberg, der 1935 das Rundfunkorchester in Warschau organisierte.

Ziemlich umfassend ausgebaut und ständig vervollkommnet wurde das polnische Musikschulwesen. Die repräsentativste Lehranstalt – das Warschauer Konservatorium mit dem Rektor Eugeniusz Morawski an der Spitze – hatte in Lwow, Krakau, Katowice und Poznań ihre Entsprechungen, und in Wilna, Łódź und Gdańsk wirkten von gesellschaftlichen Organisationen unterhaltene Konservatorien; Statistiker ermittelten, daß 1939 in 135 Musikschulen in Polen 11 080 Personen ausgebildet wurden. Aus der Perspektive der späteren Entwicklung der polnischen Musikschulen sieht das 1936 vorbereitete Projekt der Reorganisierung des Schulwesens interessant aus, das drei Schultypen vorsah: Konservatorien, die mit ihrem Lehrplan und der Organisation den Hochschulen entsprachen; Institute mit einem Programm, das für die berufliche Bildung unerläßlich war, und Musikschulen nur im Bereich der Ausbildung und – wie man damals zu sagen pflegte – der „musikalischen Aufklärung".

Vor diesem Hintergrund sah die Situation der Musikverlage, die über eine bescheidene technische Basis verfügten und überdies ihre Aufmerksamkeit auf die alte Musik konzentrierten, unvorteilhaft aus. 1928 entstand der Verlag für Alte Polnische Musik unter Leitung des hervorragenden Musikwissenschaftlers Prof. Adolf Chybiński, des Direktors des Instituts für Musikwissenschaft der Universität Lwow; bis 1939 gab er 17 Hefte heraus, die hauptsächlich Werke von Komponisten aus der Epoche der Renaissance und des Barocks enthielten. Die zeitgenössischen Autoren mußten ihre Verleger meist im Ausland suchen – in Deutschland, Frankreich oder Österreich, was natürlich die Verbreitung der neuen polnischen Musik erheblich einschränkte.

In den letzten Jahren vor dem Kriege fanden zwei Ereignisse im polnischen Musikleben in der Welt breiten Widerhall. Das eine war der III. Internationale Chopin-Klavierwettbewerb, dessen Ergebnisse am 13. März 1937 nachts um 2 Uhr 39 im überfüllten Saal der Warschauer Philharmonie verkündet wurden.

Die Jury, der u.a. Emil Sauer, Magda Tagliaferro, Lazare Lévy, Wilhelm Backhaus, Emil Frey, Carlo Zecchi, Harry Neuhaus und die hervorragendsten polnischen Pädagogen und Pianisten angehörten, erkannte den ersten Preis Jakow Sak aus der UdSSR zu. Witold Małcużyński erhielt den dritten Preis, den siebenten Platz errang Monique de la Bruchollerie und den achten Jan Ekier.

Das zweite Ereignis, das der Chronist nicht vergessen darf, war das im April 1939 in Warschau organisierte XVII. Festival der Internationalen Gesellschaft für Neue Musik, das von ihrer polnischen Sektion mit Zbigniew Drzewiecki und Roman Palester an der Spitze vorbereitet worden war.

Die Jahre vor Ausbruch des zweiten Weltkrieges waren im allgemeinen vorteilhaft für die neue polnische Musik. Damals wirkten mehrere hervorragende Pädagogen mit Adam Sołtys, Witold Maliszewski (sein Schüler ist u.a. Witold Lutosławski), Eugeniusz Morawski, dem fanatischen Wagnerianer Piotr Rytel und schließlich dem Erzieher vieler Generationen junger Komponisten Kazimierz Sikorski an der Spitze. Die noch lebendigen und weiterhin von Ludomir Różycki, Grzegorz Fitelberg und dem immer seltener auftretenden Apolinary Szeluto verfochtenen Ideen des „Jungen Polen" sowie – was nicht weniger wichtig ist – die weitreichenden Kontakte mit allen Zentren der damaligen Musikwelt bildeten für die Komponisten den Anreiz zu einer ständigen Vervollkommnung ihrer Werkstatt, ließen sie ihr Schaffen mit den hervorragendsten Leistungen der zeitgenössischen Musik konfrontieren, spornten zu Polemiken und zur Suche nach eigenen originellen Lösungen der aktuellen schöpferischen Probleme an.

Wenn jedoch hier die dominierende Rolle des Neoklassizismus in der polnischen Musik der dreißiger Jahre konstatiert wurde, wenn wir überdies seine Bedeutung nach dem Kriege berücksichtigen, die sich eigentlich bis heute gehalten hat, so sollen wir uns auch darüber klarwerden, daß dieser Sachverhalt in bedeutendem Maße das Verdienst zweiter Leute ist, der Pädagogen großen Formats Nadia Boulanger (1887–1979) und Kazimierz Sikorski (geb. 1895). In gut einem halben Jahrhundert ihrer Tätigkeit haben sie mehrere Komponistengenerationen ausgebildet, darunter die hervorragendsten polnischen Neoklassizisten: Michał Spisak, Antoni Szałowski, Grażyna Bacewicz, Andrzej Panufnik und viele jüngere Künstler.

Unter den in Polen wirkenden Komponisten kann man jedoch zwei ästhetische Hauptströmungen unterscheiden. Die Neuromantik repräsentierten die älteren Autoren: Piotr Rytel, Adam Sołtys, Eugeniusz Morawski, in einigen Werken auch Ludomir Różycki. Die zahlreichste Gruppe jedoch bildeten die Vertreter verschiedener neoklassizistischer Tendenzen, und die führende Persönlichkeit unter ihnen war zweifellos Antoni Szałowski – seine noch während des Studiums komponierte *Ouvertüre* (1936) erlangte binnen kurzem Weltruf dank ihrer meisterhaften formalen Konstruktion, der Dynamik und Klarheit des Ablaufs und dank dem vortrefflichen Feingefühl für orchestrale Farben. Andere Repräsentanten des polnischen Neoklassizismus hatten ebenfalls bedeutende Erfolge: Michał Spisak, Autor u.a. der *Serenade für Orchester*, Artur Malawski, Jan Maklakiewicz, der in seinem Schaffen archaische Elemente mit volkstümlichen und orientalischen verband, Bolesław Woytowicz, Witold Lutosławski (*Sinfonische Variationen*), Bolesław Szabelski, der in der barocken polyphonen Technik Rückhalt suchte, Tadeusz Kassern, Autor einer Reihe origineller Konzerte (u.a. für Sopran und Orchester, für Flöte und Orchester, für Kontrabaß und Orchester). Eine besondere Stellung nahm Józef Koffler ein, der einzige polnische Dodekaphonist, Mitglied der Jury der Internationalen Gesellschaft für Zeitgenössische Musik (1934), Verfasser vieler äußerst origineller und schöner Werke, die dem polnischen Publikum leider wenig bekannt waren. Bereits in seinen ersten Kompositionen – der verlorengegangenen Sammlung von 40 polnischen Volksliedern für Klavier – bediente sich Koffler einer sehr modernen Technik, indem er die Harmonie und die Melodie auf demselben klanglichen Material aufbaute. In seinem ersten seriellen Werk – *Musique de Ballet* op. 7 – führte er in jedem Teil eine andere Serie ein, was allein schon durch die Kontrastierung der einzelnen Abschnitte begründet war (die Mittelteile sind der Walzer und der Tango). Jedoch beginnend mit Opus 9 nutzte der Komponist in jedem Werk – auch in den zyklischen – nur eine Serie. Genaue Analysen erlaubten es, über jeden Zweifel hinaus festzustellen, daß Józef Koffler in seinem weiteren Schaffen der Zwölftontechnik konsequent treu geblieben ist, obwohl er – wie man annehmen kann – daran keine stilschöpferischen Hoffnungen knüpfte, sondern lediglich Denkdisziplin, konstruktive Klarheit und auch eine wirksame Methode suchte, um sich von den Einflüssen der Tonalität des Dur-Moll-Systems zu befreien. Es gelang ihm, all diese Ziele voll zu verwirklichen.

Kofflers Werke heben sich von dem damaligen polnischen Schaffen durch einen äußerst bündigen Aufbau ab, der ziemlich getreu dem klassischen Schema der Sinfonie, der Suite oder der Variation folgt. Ein ebenfalls „klassisches" Merkmal der Kompositionstechnik des Meisters ist die allgemein thematische Behandlung der Serie, was jedoch niemals zu einer Assoziation mit dem Dur-Moll-System führt.

Ein interessantes Merkmal im Schaffen des polnischen Zwölftonkünstlers ist seine spezifische innere Zerrissenheit. Die komplizierte und exakt rationalisierte Technik, die moderne, kühne Behandlung der Harmonie und der Melodie gehen hier Hand in Hand mit einem gewissen Schematismus der Form und der Vereinfachung der Metrorhythmik. Der Komponist knüpfte auch unverkennbar an die Unterhaltungsmusik an (*Musique de Ballet*, *Variationen über ein Walzerthema von Johann Strauß*, op. 23), schrieb serielle pädagogische Werke (*Sonatina*, op. 12). Im gesamten Schaffen Józef Kofflers findet man sein Streben nach der goldenen Mitte zwischen dem Radikalismus der neuen Technik und der neuen Ästhetik des Klanges sowie dem Traditionalismus der perzeptiven Gewohnheiten und der beschränkten Elastizität der Hörer. Dennoch war Kofflers Schaffen in Polen nicht populär, obwohl der Komponist selbst eine hervorragende Position einnahm. Von 1928 bis zum Einmarsch der Hitlerfaschisten 1941 leitete er die Klasse für Komposition im Konservatorium der Polnischen Musikgesellschaft in Lwow, war jahrelang Chefredakteur der Zeitschriften *Orkiestra* und *Echo* und auch Rezensent mehrerer Lwower Zeitungen. Seine Werke wurden im Ausland mit großem Erfolg aufgeführt – auch auf den hochrangigen Festivals der Internationalen Gesellschaft für Neue Musik (Oxford 1931, Amsterdam 1933, London 1938). Es ist bekannt, daß Koffler rege Kontakte mit vielen hervorragenden Musikern unterhielt, u.a. mit Arnold Schönberg. Heute lassen sich leider nur schwer Dokumente finden, die diese Fakten bestätigen. Józef Koffler wurde mit seiner ganzen Familie 1943 (44?) von den Nazis ermordet, fast alle seine Manuskripte gingen verloren, sein Privatarchiv ist nicht erhalten. Von vielen wichtigen Werken, besonders denen für Orchester, ist heute nur soviel bekannt, was die Rezensenten der Vorkriegspresse übermitteln konnten, einige Werke sind nur dem Titel nach bekannt. Diese Lücke vermögen wahrscheinlich auch die gewissenhaftesten Nachforschungen der Historiker nicht mehr auszufüllen.

Interessant und überaus bezeichnend ist folgendes: Fast alle oben erwähnten Autoren griffen ungeachtet ihrer ästhetischen Orientierung und der angewandten Technik in vielen Werken auf die polnische Folklore zurück, da sie in der Volksmusik eine attraktive und unversiegbare Quelle der Inspiration sahen und auf diese Weise mehr oder weniger unmittelbar die Traditionen Szymanowskis und Chopins fortsetzten.

Es scheint, daß die polnische Musik Ende der dreißiger Jahre unseres Jahrhunderts ein technisches und künstlerisches Niveau erreicht hatte, das wohl seit den Zeiten... des Barocks nicht zu verzeichnen gewesen war. Eine der wichtigsten Ursachen dieser erfreulichen Erscheinung war zweifellos die Tatsache, daß das polnische Volk nach langen Jahren des Niedergangs und der Unterwerfung eine normale Existenz begonnen hatte. Nun erntete es die Früchte von zwanzig Jahren Freiheit...

Musik in der Unfreiheit

Der Kriegsausbrauch am 1. September 1939 eröffnete eine tragische, über fünf Jahre währende Periode verbissenen Kampfes, der an verschiedenen Fronten und mit den verschiedensten Waffen geführt wurde. Die militärische Niederlage im September und die Besetzung des Landes durch hitlerfaschistische Truppen schufen die Notwendigkeit, den zivilen Kampf gegen das „Herrenvolk" aufzunehmen, das sein Ziel und seine Mission darin sah, die slawische Kultur zu vernichten und im weiteren Verlauf die rassisch fremden „slawischen Elemente" biologisch auszurotten.

Bereits im September 1939 gingen durch Bombenabwürfe über Warschau u.a. die Gebäude der Philharmonie und der Oper mit der Mehrzahl der unschätzbaren Sammlungen von Büchern, Noten und Instrumenten in Flammen auf. Nach der Kapitulation der Hauptstadt (29. September) unternahmen die Musiker den Versuch, ein Sinfonieorchester zu organisieren, der jedoch von den deutschen Behörden unterbunden wurde. Buchstäblich von einem Tag zum anderen ihrer Unterhaltsquelle beraubt, befanden sich die polnischen Künstler in einer dramatischen Situation, die die Verordnung Ohlenbuschs, des Oberrats in der Abteilung für Volksaufklärung und Propaganda bei der Regierung des Generalgouvernements, über die Auflösung aller musikalischen Einrichtungen noch verschlimmerte. In dieser Lage unternahm der Dirigent, Musikwissenschaftler und Soldat in einer Person, Stefan Śledziński, gegen Ende des Jahres 1939 den von Erfolg gekrönten Versuch, ein Straßensinfonieorchester zu organisieren, das sich hauptsächlich aus ehemaligen Mitgliedern von Militärkapellen zusammensetzte. Zur gleichen Zeit entstanden auch die aus arbeitslosen Musikern bestehenden Straßenorchester Trzeciaks, Waleks und Jaworskis. Der strenge Winter 1939/40 begünstige jedoch diese Form der Musikpflege nicht, und alle erwähnten Ensembles lösten sich bald auf.

Eine wichtige, das Musikermilieu in den ersten Monaten der Besatzung konsolidierende Rolle spielte die von Piotr Perkowski im Café „Lira" in der Szpitalna-Straße geleitete Arbeitsvermittlungsstelle (1939/40). Sehr bald sammelte sich um Perkowski eine Gruppe aktiver konspirierender Künstler, die den Keim einer Organisation bildeten.

Eine andere wichtige Episode jener Zeit war die Tätigkeit der Warschauer Zelle des Polnischen Rundfunks, die während der Belagerung Warschaus bis zur Kapitulation unter Leitung des Chefs der Musikabteilung Edmund Rudnicki arbeitete. Er nahm auch gleich nach Auflösung des Rundfunks mit seinem gesamten Kollektiv von über einem Dutzend Personen eine konspirative Tätigkeit auf, indem er nach Möglichkeit die Sammlungen des Archivs rettete (u.a. die Manuskripte Szymanowskis), später auch sehr detaillierte Tätigkeitsprojekte für die Radiophonie nach der Befreiung ausarbeitete. Die polnischen Rundfunkleute vermochten sogar unter den Bedingungen des strengsten Terrors der Okkupanten eine Aufnahmeapparatur zu montieren und führten systematisch Aufnahmen mit einem 13köpfigen Orchester durch, wobei sie eine Turnhalle der SS als Studio benutzten. Die Tätigkeit Edmund Rudnickis, der recht bald mit Piotr Perkowski Kontakt und Zusammenarbeit aufnahm, trug zu einer erheblichen Konsolidierung und Stärkung des Milieus der polnischen Musiker bei.

Um die Jahreswende 1939/40 wurde also bereits eine recht stabile Organisation des Musiklebens geschaffen. Ihren Hauptpfeiler bildete der spontan entstandene geheime Musikerverband, in dem sich mit der Zeit sechs Kommissionen konstituierten: für Konzerte, für das Schulwesen, für den Wiederaufbau der Philharmonie, für den Wiederaufbau der Oper, für verlegerische Tätigkeit und für das Musikrepertoire der Partisanenensembles. Zur gleichen Zeit nahm eine Reihe Warschauer Cafés eine künstlerische Tätigkeit auf (auch Konzerte) – das war die einzige nicht vom Verbot der Okkupanten betroffene Form des öffentlichen Musizierens. Die ungehinderte Tätigkeit der gastronomischen Lokale währte jedoch sehr kurz. Am 8. März 1940 erließ der Generalgouverneur Hans Frank eine Verordnung folgenden Inhalts:

„Wer sich im Generalgouvernement öffentlich auf dem Gebiete der Musik, der bildenden Künste, des Theaters, des Films, des Schrifttums, der Presse und des Lichtbildwesens betätigt, unterliegt der Aufsicht der Abteilung für Volksaufklärung und Propaganda... Arbeitslose polnische Schauspieler, Sänger und Künstler sollen in zugelassenen Unternehmungen beschäftigt weden, um die Intellektuellenkreise von politischen Konspirationen fernzuhalten... Gemeinsame Auftritte polnischer und deutscher Künstler sind verboten... Wenn es sich um polnische Künstler handelt, so bestehen keine Vorbehalte gegen eine Herabsetzung des Niveaus oder gegen eine Erotisierung des Programms. Verboten sind alle Auftritte, die das Leben des polnischen Volkes darstellen."

Diese Verordnung stellte lediglich den ersten Schritt zur Verwirklichung eines umfassenderen, weiter reichenden Aktionsprogramms dar, das Heinrich Himmler im Mai desselben Jahres zynisch formulierte: „Für die nichtdeutsche Bevölkerung des Ostens darf es keine höhere Schule geben als die vierklassige Volksschule. Das Ziel dieser Volksschule hat lediglich zu sein: Einfaches Rechnen bis höchstens 500, Schreiben des Namens, eine Lehre, daß es ein göttliches Gebot ist, den Deutschen gehorsam zu sein und ehrlich, fleißig und brav zu sein."

Die Polen wollten jedoch nicht „brav" sein. Der geheime Musikerverband, der bereits unter dem Patronat des Delegierten für Angelegenheiten der Kultur und Kunst der polnischen Exilregierung in London, Prof. Stanisław Lorentz, wirkte, führte die ganze Okkupationszeit hindurch in enger Zusammenarbeit mit der weitverzweigten Organisation der bewaffneten Widerstandsbewegung einen unbeugsamen Kampf gegen den Hitlerfaschismus, einen Kampf um die polnische Musik, Kultur und um die Würde des polnischen Künstlers.

Erstes Gebot der Musiker war die Sorge darum, der Bevölkerung des besetzten Landes einen möglichst breiten Zugang zur polnischen Kunst zu verschaffen. Das Verbot, Werke von Chopin, Moniuszko und Komponisten jüdischer Abstammung wie auch jegliches Werk patriotischen Inhalts aufzuführen, wurde natürlich systematisch umgangen. Die von der deutschen Zensur genehmigten Programme bestanden meist nur auf dem Papier, in Wirklichkeit wurde auch verbotene Musik in die Konzertrepertoires eingeschmuggelt.

Die Cafés wurden für fast den ganzen Krieg über zu Kultureinrichtungen, die auf höchstem Niveau standen. Das ergab sich daraus, daß dort die besten polnischen Solisten, Dirigenten und Orchestermusiker auftraten, die nicht nur Erwerbsmöglichkeiten, sondern auch Kontakt zum Publikum suchten.

Am frühesten – am 7. Dezember 1939 – nahm das Sinfonieorchester des

Warschauer Cafés „Gastronomia" seine Tätigkeit auf. Sein Chef war Jan Dworakowski und später der erfahrene Operndirigent Zygmunt Latoszewski, der u.a. beliebte Opernpotpourris vorbereitete, wobei er häufig Adam Didur, den ehemaligen führenden Baß der Scala und der Metropolitan Opera, als Solisten engagierte.

Zwei Tage später – am 9. Dezember 1939 – begann das Sinfonieorchester Adam Dołżyckis im Warschauer Lardelli-Café seine offizielle Tätigkeit. Bald jedoch wurde es wegen der kompromißlerischen Haltung seines Chefs gegenüber den Besatzungsbehörden und des Schikanierens des polnischen Publikums und der polnischen Musik allgemein von der Bevölkerung boykottiert, und die geheime Organisation der Musiker erlaubte nur jenen Künstlern mit diesem Orchester zusammenzuarbeiten, die im Hinblick auf ihre familiäre Lage die Aufmerksamkeit der Nazis von ihrer eigenen Person ablenken und den Anschein von Loyalität gegenüber den Okkupanten wahren mußten. Die Ablehnung eines „Angebots" Dołżyckis war nicht gerade ungefährlich. Die berühmte Geigerin Eugenia Umińska mußte in einer solchen Situation unter falschem Namen als die niemandem bekannte Anna Kwiatkowska aus Warschau flüchten, um der Verhaftung durch die Gestapo zu entgehen.

Einfacher zu organisieren und zugleich schwerer zu kontrollieren waren Kammermusikkonzerte; so wurden denn zahlreiche Warschauer Cafés und auch Privatwohnungen (darüber gleich ausführlicher) zu echten Musiksalons, zu denen leider auch ungebetene „Gäste" Zutritt hatten. Hier war das Café „Salon Sztuki" Bolesław Woytowicz' eine wahre Perle, das einer Galerie wertvoller Kunstwerke und einem Salon für niveauvolle Kammermusik als Aushängeschild diente.

Bolesław Woytowicz, selbst ein vorzüglicher Pianist und Komponist, lud nur die besten Künstler in seinen Salon. Bei ihm spielten die Geigerinnen Eugenia Umińska und Irena Dubiska, die beiden jungen vielversprechenden Komponisten Witold Lutosławski und Andrzej Panufnik traten als Klavierduo auf, es sangen Ewa Bandrowska-Turska, Wiktoria Calma, Ada Sari und Adam Didur, auf dem Flügel konzertierten Zbigniew Drzewiecki und Paweł Lewiecki; man könnte die Liste der glanzvollen Namen noch fortsetzen. Das Resümee der Konzertprogramme im „Salon" fällt fürwahr imposant aus, um nur alle Klaviersonaten Beethovens in der Ausführung Woytowicz' zu erwähnen, die klassischen Quartette und die neuen Quartette Dvořaks, Grażyna Bacewicz', Roman Palesters, Kazimierz Wiłkomirskis und Bolesław Woytowicz', es wurden auch Werke Kisielewskis und Lutosławskis gespielt.

Der Salon Woytowicz' inaugurierte seine Konzerttätigkeit am 16. Dezember 1939; am gleichen Tage begannen die Konzerte im Café „Sztuka i Moda" (das populäre SiM), wo das bereits erwähnte Duo Lutosławski-Panufnik regelmäßig auftrat und eine Reihe von originalen Werken und Transkriptionen der ernsten Musik, aber auch über 200 „Unterhaltungspotpourris" in der Zusammenstellung dieser talentierten Komponisten aufführte. Am 20. Januar 1940 begannen zwei Kammerorchester ihre Auftritte: im Café von Lours, wo Bolesław Lewandowski dirigierte, und in der Konditorei Dakowski unter Beteiligung des berühmten Dirigenten Walerian Bierdiajew. Mit den Orchesterensembles in den Warschauer Cafés arbeiteten auch andere erfahrene Dirigenten zusammen: Olgierd Straszyński, Kazimierz Wiłkomirski, Tadeusz Mazurkiewicz, Karol Namysłowski und Jerzy Sillich.

Polnische Musik war jedoch am häufigsten bei den zahlreichen Konzerten zu hören, die illegal in Privatwohnungen veranstaltet wurden. Diese Aktion entfaltete sich spontan während der ganzen Besatzungszeit und besaß eine besondere Bedeutung, denn einerseits mobilisierte sie die Bevölkerung zum Widerstand gegen den Okkupanten, andereseits garantierte sie den Musikern eine geringe Entlohnung. Der Eintritt war nicht unentgeltlich, obwohl das

„Eintrittsgeld" nicht festgesetzt war und oft in Lebensmitteln entrichtet wurde, unter denen Speck und Mehl zu den am höchsten geschätzten zählten. Die Bedingungen der Konspiration gestatteten es selbstverständlich nicht, Programme zu drucken, es gab auch keine Adressenlisten der Gastgeber und der Künstler, daher fiel ein Teil der Veranstaltungen einfach der Vergessenheit anheim, von den anderen sind im unvollkommenen menschlichen Gedächtnis nur Bruchstücke geblieben. Einige Konzerte jedoch müssen im Hinblick auf ihren Ausnahmerang erwähnt werden. Natürlich waren auch hier die Aktivisten der geheimen Musikerorganisation die Hauptorganisatoren, obwohl sie oft – aus konspirativen Gründen – die Arbeit völlig unabhängig voneinander führten. Hier müssen Edmund Rudnicki, Tadeusz Ochlewski, Piotr Perkowski, Bronisław Rutkowski, Norbert Karaśkiewicz, Mirosław Dąbrowski, Zygmunt Szczepański, Zofia Rabcewiczowa und Jerzy Waldorff erwähnt werden.

Auf Betreiben Edmund Rudnickis wurde eine Reihe von „Konzerten des Kriegsschaffens" organisiert, bei denen – häufig zum ersten Mal – Kompositionen von Grażyna Bacewicz, Stefan Kisielewski, Witold Lutosławski, Konstanty Regamey, Roman Palester, Artur Malawski und vielen noch im Lande wirkenden Komponisten aufgeführt wurden.

Tief ins Gedächtnis eingeprägt haben sich die Konzerte, die anläßlich der Jahrestage der Geburt und des Todes Fryderyk Chopins und Karol Szymanowskis veranstaltet wurden und in denen u.a. Jan Ekier, Zbigniew Drzewiecki und Irena Dubiska auftraten.

Zygmunt Szczepański organisierte eine Reihe von Konzerten unter der Losung „Polnische Musik im polnischen Heim", gab insgeheim Musikunterricht in Mittelschulen (die offiziell als Berufsschulen fungierten) und trat auch mit seinem Chor in Kirchen auf.

Der Musikerverband organisierte auch regelmäßig sinfonische Konzerte im Rahmen der legalen Tätigkeit der karitativen Organisation RGO – des sog. Fürsorgehauptrats. Der offizielle Charakter dieser Konzerte erlaubte die Teilnahme einer großen Zuhörerzahl. Mit der Organisierung der Darbietungen befaßte sich Stanisław Kazuro, später Jerzy Waldorff. Sie hatten in den Jahren 1942–1944 ein Orchester zur Verfügung, das aus achtzig Personen bestand und das offiziell als kleines Kammerorchester registriert war. Ihre Uraufführung in den Konzerten des „Fürsorgehauptrats" hatten z.B. die *1. Sinfonie* und die *Tragische Ouvertüre* von Panufnik, Witold Rudzińskis *Divertimento für Orchester*, die *Suite* Bolesław Szabelskis; es wurden auch Werke Kisielewskis, Padlewskis, Szałowskis, Różyckis und Woytowicz' dargeboten, und die Konzerte dirigierten Tadeusz Wilczak, Kazimierz Wiłkomirski, Zygmunt Latoszewski, Andrzej Panufnik, Olgierd Straszyński und Zbigniew Dymmek.

Die Präsenz der Musik in der Gesellschaft gewährleisteten die Konzerte, jedoch für ihre Entwicklung und Kontinuität war ein auf hohem Niveau stehendes Schulwesen notwendig. Die Tätigkeit der polnischen Musikschulen war bereits im September 1939 desorganisiert worden, es wurden alle Konservatorien und die meisten Schulen niederen Grades geschlossen, ein bedeutender Teil, vor allem der kleineren Lehranstalten, mußte wegen finanzieller Schwierigkeiten die Tätigkeit aufgeben.

Im Gebäude des Warschauer Konservatoriums richteten die Nazis ein Paßbüro ein, nachdem sie die Archivsammlungen und eine Reihe kostbarer Instrumente vernichtet oder geraubt hatten. Die vom ehemaligen Rektor Eugeniusz Morawski unternommenen Versuche, die Lehranstalt zu reaktivieren, blieben erfolglos. Erst im Sommer 1940 erhielt Kazimierz Sikorski mit Unterstützung des Musikwissenschaftlers Julian Pulikowski die Erlaubnis, eine Musikschule zu eröffnen, die – in den Intentionen der Besatzungsbehörden – die einzige Schule dieses Typs im Generalgouvernement sein sollte, mit einem so beschränkten Lehrplan, daß sie nur Orchestermusiker ausbilden konnte. Nachdem Kazimierz Sikorski von der geheimen Musikervereinigung die Billigung seines Aktionsplans erlangt hatte, übernahm er die riskante Arbeit, eine Lehranstalt „mit doppeltem Gesicht” zu organisieren. Es ging darum, sich scheinbar den Anordnungen der Nazibehörden fügend, zugleich die Tätigkeit der Lehranstalt auf dem Niveau des Vorkriegskonservatoriums mit dem vollständigen Programm der akademischen Musikausbildung zu halten. In dieser „Schule für Orchestermusiker” gab es also Klassen für Dirigenten, Komposition, es wurde Kontrapunkt und höhere Harmonie gelehrt. In den meisten Fächern unterwiesen Professoren des Vorkriegskonservatoriums wie auch einige Musiker, die das Schicksal in die Hauptstadt verschlagen hatte. Eines solchen Pädagogenkollektivs hätte sich so manche der besten Hochschulen in der Welt nicht zu schämen brauchen: die Pianisten Drzewiecki und Lewiecki, die Geiger Irena Dubiska und Stanisław Jarzębski, der Cellist Dezyderiusz Danczowski, die Organisten Józef Chwedczuk und Bronisław Rutkowski, der Klarinettist Ludwik Kurkiewicz, der Oboist Seweryn Śnieckowski, die Theoretiker Sikorski und Śledziński und viele andere. Die Absolventen der Schule erhielten zwei Diplome: das offizielle, das den Abschluß der „Staatlichen Musikschule” bescheinigte, und das illegale, polnische Diplom des Warschauer Konservatoriums.

Die inoffizielle Tätigkeit der Schule beschränkte sich nicht auf die Erweiterung des Lehrplans. Dank dem deutschen Schild bildete der Schülerausweis der Staatlichen Musikschule für seinen Besitzer einen Schutz vor der Verschikkung zur Zwangsarbeit nach Deutschland und gestattete es häufig, den Straßenrazzien zu entkommen. Die polnischen Pädagogen nutzten diese Tatsache und trugen viele Personen, die mit der Musik nicht viel gemein hatten, in die Schülerlisten ein. Die offiziell registrierte Schülerzahl erreichte bisweilen achthundert, davon beteiligte sich nur die Hälfte an den Seminaren. Die konspirative Tätigkeit der Hochschule nahm zu, nachdem die Nazis den Bratschisten Albert Hösl aus München zum Schuldirektor ernannt hatten. Dieser Mann interessierte sich nicht im geringsten für die Arbeit der ihm unterstellten Schule, dafür vermochte seine Anwesenheit allein die Wachsamkeit und den Argwohn seiner Landsleute aus der Abteilung für Volksaufklärung und Propaganda einzuschläfern. Es fanden also im Konservatorium Versammlungen von Untergrundorganisationen statt, in den Kellern wurden gerettete Druckausgaben der alten polnischen Musik versteckt gehalten, die Hochschule diente auch als Waffenlager und als geheime Druckerei. All diese Funktionen übte das Konservatorium bis zum Ausbruch des Warschauer Aufstandes am 1. August 1944 aus; bei diesem Aufstand verbrannte das Gebäude mit den meisten darin noch befindlichen Sammlungen vollständig.

Von Niveau und Arbeitserfolgen der in der Konspiration tätigen Lehranstalt können die Namen ihrer hervorragendsten Absolventen zeugen: Zbigniew Chwedczuk, Andrzej Dobrowolski, Irena Garztecka, Jan Krenz, Tadeusz Paciorkiewicz, Konrad Pałubicki, Kazimierz Serocki, Krystyna Szczepańska oder Wanda Wiłkomirska.

Die einzige Schule in Warschau, die die ganze Okkupationszeit hindurch ununterbrochen tätig war, war die von Emil Zacharjasiewicz geleitete Musikmittelschule. Offiziell bestand sie zwar nur von August bis Dezember 1940, doch dank dem bürokratischen Schlendrian der deutschen Verwaltungsbehörden konnte sie trotz des amtlichen Tätigkeitsverbots weiterwirken.

Zacharjasiewicz' Schule führte den Musikunterricht auf dem Niveau der Grund- und Oberschule. Unter den Pädagogen figurierten viele hervorragende Namen: die Sänger Maria und Kazimierz Czekotowski, der Geiger Stanisław Jarzębski u.a. Ihre Unterhaltsquelle bildete das geringe Unterrichtsentgelt und ein Teil der Einnahmen von den an Sonntagen organisierten Konzerten (1939–1944 fanden ihrer insgesamt 169 statt), in denen die bekanntesten

Warschauer Solisten auftraten. Da die Konzerte illegal waren und nicht selten über 300 Besucher zählten, mußte das Publikum mit Rücksicht auf die eigene Sicherheit sich einzeln oder in kleinen Gruppen sammeln und auseinandergehen, was manchmal bis zu drei Stunden dauerte.

Im besetzten Warschau gab es noch eine weitere, exklusive Musikschule mit hohem Niveau. Eine Gruppe von Pädagogen realisierte unter Leitung des Dirigenten und Komponisten Stanisław Kazuro das Lehrplan eines Konservatoriums in den Bereichen Komposition, Dirigieren, Gesang, Theorie, Klavier und andere Instrumente. Die Dozenten waren Musiker höchsten Ranges: der Sänger Wiktor Brégy, die Pianistin und Cembalistin Margerita Trombini-Kazuro, der Dirigent Walerian Bierdiajew, der Komponist und Theoretiker Piotr Rytel u.a.

Eine wichtige Ergänzung der Schultätigkeit bildeten die Privatstunden, die von sehr vielen in Warschau weilenden Musikern erteilt wurden. Die größte Aktivität bewiesen auf diesem Gebiet die Sänger, unter denen Adam Didur, Ignacy Dygas und Ada Sari zu erwähnen wären.

Auch während des Aufstands 1944 konnte man in Warschau Musik hören. Die Konzertaktion war bereits ein Jahr früher vorbereitet worden, und so fanden in den 63 Tagen, als die Soldaten der Untergrundarmeen um die Freiheit der Hauptstadt kämpften, über ein halbes Hundert Konzerte statt, an denen sich u.a. Jan Ekier und Roman Padlewski beteiligten. Stefan Śledziński leitete im Aufstand ein Militärblasorchester von vierzig Personen, Stanisław Kazuro organisierte im Gebäude des Konservatoriums nachmittägliche „Augenblicke mit klassischer Musik". Das waren jedoch bereits die letzten Stunden im Leben Warschaus: Am 2. Oktober wurde der Kapitulationsakt der aufständischen Abteilungen unterzeichnet, und die Nazis gingen daran, alle Einwohner aus der Stadt zu entfernen und die wenigen Häuser zu sprengen, die den Herbst 1939 und den Sommer 1944 überdauert hatten.

Ein besonderes, schönes Blatt in der Geschichte dieses Zeitraums haben die polnischen und jüdischen Musiker geschrieben, die im Warschauer Ghetto eingeschlossen waren. Unter diesen unvorstellbar grausamen, unmenschlichen Bedingungen vermochten sie Oasen der Erhabenheit, des Guten und des Patriotismus zu schaffen, ohne ihre würdige und stolze Haltung selbst dann aufzugeben, als es völlig klar wurde, daß sie alle zum Tode verurteilt waren. Es wirkte also im jüdischen Ghetto ein jüdisches Sinfonieorchester mit einer sich ständig ändernden, jedoch stets zahlreichen Besetzung, es fanden Konzerte in Cafés und Privatwohnungen statt, wo häufig polnische Lieder aufgeführt und Chopins Musik gespielt wurden. In das Warschauer Ghetto gelangten Musiker aus ganz Polen, die im Zuge der Auflösung der jüdischen Viertel in anderen Städten hierhergebracht wurden. Daher ist es schwer, auch nur annähernd festzustellen, wie viele Künstler durch diese Hölle gegangen sind, aus der der einzige erlaubte Weg auf den Friedhof oder in die Gaskammer führte. Heute ist es also fast unmöglich, ein genaues Bild vom Musikleben im Ghetto zu vermitteln – nur die wenigen können davon ein Zeugnis ablegen, denen es gelang, aus dem jüdischen Viertel zu fliehen und sicheres Versteck zu finden. Einer dieser glücklichen Flüchtlinge war der ausgezeichnete Pianist und Komponist Władysław Szpilman, jedoch viele hundert andere starben durch die Hand der entarteten Landsleute von Bach und Beethoven.

Ähnlich, obschon aus vielerlei Gründen weniger intensiv, entfaltete sich das Musikleben im besetzten Krakau, dem Sitz des Generalgouverneurs. Dort wirkte seit 1942 das auf sehr hohem Niveau stehende Sinfonieorchester des Generalgouvernements, ein Ensemble, das aus polnischen Musikern bestand, jedoch unter Leitung deutscher Dirigenten arbeitete. Dieses Orchester diente den Deutschen als Aushängeschild und Propagandaargument für ihre „humanitäre und aufgeklärte Fürsorge" für das unterworfene barbarische Volk (eine ähnliche Funktion erfüllte in Warschau das „Theater der Stadt Warschau"). Die Polen gelangten jedoch zu der Überzeugung, daß angesichts des starken Terrors und der schwierigen Bedingungen der konspirativen Arbeit in Krakau das Orchester des Generalgouvernements als ein Asyl zu betrachten sei, das einer großen Gruppe ausgezeichneter Musiker das Überleben garantierte, die ja nach der Befreiung sehr notwendig sein würden – später erwies sich diese Entscheidung als richtig. Von polnischen Solisten hingegen wurde dieses Ensemble, wie auch die anderen deutschen Kultureinrichtungen, boykottiert.

Lange Zeit war des Café im Hause der Bildenden Künstler die Stätte von Begegnungen und Konzerten der polnischen Künstler. Dort traten Jan Ekier, Eugenia Umińska, Tadeusz Żmudziński und viele andere auf. Die Tätigkeit dieses Lokals endete tragisch am 10. April 1942, als die Deutschen das Café, das voller Gäste war, abriegelten und alle Anwesenden nach Auschwitz verschleppten. Es blieb somit nur die besonders gefährliche und schwierige konspirative Tätigkeit. Bei den illegalen Konzerten in Privatwohnungen wurden vor allem die Werke Chopins gespielt, deren unvergleichlicher Interpret Zbigniew Drzewiecki war.

In Krakau, wo alle Musikschulen im Januar 1940 von den Okkupanten geschlossen wurden, wirkte illegal die ganze Besatzungszeit hindurch die Musikschule „Władysław Żeleński", die auch Kurse auf dem Niveau eines Konservatoriums abhielt. Hervorgetan hat sich damals auch der Chor der Gesangsvereinigung „Echo", der die ganze Zeit hindurch in der Konspiration unter Leitung des Dirigenten, Komponisten und Pädagogen Bolesław Wallek-Walewski tätig war.

Es fällt ungemein schwer, nach so vielen Jahren ein Bild vom Musikleben im besetzten Polen zu geben. Die spärlichen und vereinzelten Informationen vermögen nur wenige Aspekte des Ringens um die Aufrechterhaltung der Aktivität, um die Wahrung der wertvollsten Traditionen der polnischen Kunst zu enthüllen; das Bild insgesamt ist jedoch recht unvollständig, nebulös und erlaubt es nicht, eine Synthese zu ziehen. Einige hervorragende polnische Künstler haben den Krieg auf dem Lande verbracht, wo sie von gastlichen und hilfreichen befreundeten Familien versteckt gehalten wurden. Andere suchten verschiedenerlei Beschäftigungen, die mit der Kunst nichts gemein hatten, die es ihnen jedoch ermöglichten, sich den Lebensunterhalt zu verdienen. Wiederum andere, die vor den einmarschierenden Nazitruppen ins Ausland geflüchtet waren, versuchten dort auf eigene Faust, sich möglichst normale Arbeitsbedingungen zu schaffen. Alle führten den Kampf um die polnische Musik, und viele sind in diesem Kampf gefallen. Allein in Warschau umfaßt die Liste der gestorbenen und ermordeten Musiker etwa 300 Namen, und es ist mehr als gewiß, daß sie sehr unvollständig ist. In Warschau wurde der ausgezeichnete Altbratschist Henryk Trzonek erschossen, im Aufstand fiel der junge, begabte Komponist Roman Padlewski, ein großer Verlust für die polnische Musik war der Tod Józef Kofflers, der 1943 (44?) in Ojców ermordert wurde. Ein tragisches Schicksal widerfuhr allen Mitgliedern des jüdischen Sinfonieorchesters aus dem Warschauer Ghetto. Im Ghetto kamen ebenfalls der Komponist, Cellist und Dirigent Marian Neuteich, der Komponist Dawid Laks, der Pianist Ignacy Rosenbaum und viele andere um. Die Liste der tragisch ums Leben gekommenen Künstler ist sehr lang.

Trotz so großer Verluste und Verfolgungen verstummte die polnische Musik jedoch nicht für einen Augenblick, es schwiegen auch nicht die polnischem Komponisten. Auf dem Gebiet des Orchesterschaffens erschienen in der schwierigen Zeit des Krieges viele Werke von hohem künstlerischem Wert, darunter die *1.* und *2. Sinfonie* (1940 und 1941) sowie die *Tragische Ouvertüre* von Andrzej Panufnik, zwei *Sinfonien* Grażyna Bacewicz', das *Klavierkonzert f-Moll* (1942) und das *Violinkonzert* (1944) von Ludomir Różycki, das *Divertimento für Streichorchester* (1940) und die *2. Sinfonie* (1944) von Witold Rudziński, die *1. Sinfonie* (1943) Artur Malawskis, die *1. Sinfonie* (1941–1947) Witold Lutosławskis, die *Serenade für Streichorchester* Tomasz Kiesewetters, die *Siegessinfonie* Michał Kondrackis, das *Intermezzo* und die *Ouvertüre* Wacław Lachmans, die sinfonische Dichtung *Grunwald* Jan Maklakiewicz', die *2. Sinfonie* Roman Palesters, die *Sinfonie* Piotr Perkowskis, das *Klavierkonzert* (1941) Tadeusz Szeligowskis, die verlorengegangenen und teilweise nach dem Krieg rekonstruierten Werke Stefan Kisielewskis.

Diese Werke bilden keine stilistisch geschlossene Gruppe. Es manifestieren sich darin mit verschiedener Intensität neoklassizistische Tendenzen (Bacewicz, Lutosławski, Rudziński) und neuromantische Strömungen (Maklakiewicz), deutlich zeichnen sich darin Einflüsse des Impressionismus und der etwas barbarischen, koloristisch rhythmischen Orgien Strawinskys ab (Palester). Einige der erwähnten Werke wurden bereits während des Krieges aufgeführt, die Mehrzahl jedoch – sofern sie nicht vernichtet wurden – erlebte erst nach der Befreiung ihre öffentliche Präsentation, und da konnte man ihre Bedeutung voll einschätzen.

Mit großem Applaus wurde vielfach die Aufführung des bis auf den heutigen Tag gespielten *Klavierkonzerts* Szeligowskis aufgenommen, eines Werkes mit dreiteiligem formalem Aufbau, das ziemlich traditionell in seinem Klang, jedoch ausnehmend graziös und effektvoll im Klavierpart ist. Neuer in ihren Mitteln und stilistisch einheitlicher ist die *2. Sinfonie* Palesters. Ihre traditionelle Form – Allegro non troppo, Molto lento, Scherzo (Vivace), Fuge – schließt ein reiches Klanggewebe von stark verdichteter Faktur der extremen Teile mit einem leichten, phantasievollen, etwas scherzhaften Ausdruck des Lentos und Scherzos in eine bündige und präzis durchdachte Gestalt ein. Die Fuge des Finales, thematisch mit dem ersten Teil verwandt, beschließt und verbindet zugleich den Zyklus zu einem Ganzen.

Ein durchaus originelles Werk ist die *Tragische Ouvertüre* Andrzej Panufniks. Man findet darin eine Reihe von Elementen, die für das spätere Schaffen des Komponisten charakteristisch sind. Panufnik schreibt klare, selektive Werke, bei der Instrumentation trennt er deutlich die einzelnen Instrumentengruppen voneinander, in der Melodik nutzt er hauptsächlich die einfachsten diatonischen Sequenzen, wobei er einen um so stärkeren Kontrast zur scharf dissonierenden Harmonie erzielt. Die *Tragische Ouvertüre* erweckt den Eindruck, ebenso wie die mit einer Fuge endende *2. Sinfonie* Palesters, als seien darin nur solche Klänge und nur in solcher Weise verwendet, die zur Realisierung eines von vornherein gefaßten und genau ausgearbeiteten allgemeinen Plans unerläßlich waren. Diese Sparsamkeit der Mittel und die übersichtliche Faktur ohne banale Ornamente, das sind die beständigen Stilmerkmale auch der späteren Werke Panufniks.

Wertvolle Positionen in dem nicht sehr reichen sinfonischen Schaffen der Kriegszeit stellen die beiden Sinfonien und die Ouvertüre von Grażyna Bacewicz dar, die offensichtlich in der Einflußsphäre des französischen Neoklassizismus verbleiben. Aus dem gleichen stilistischen Kern erwächst Tadeusz Kasserns *Konzert für Streichorchester* – ein Werk, das innerlich so weitgehend differenziert ist, daß von ihm behauptet wurde, es „bestehe eigentlich aus vier sehr verschiedenen Werken".

Ein etwas in die Zukunft vorauseilender Abschluß des sinfonischen Schaffens dieser Jahre war die *1. Sinfonie* Witold Lutosławskis, die im Krieg begonnen, aber erst 1947 beendet wurde. Nach dem verschollenen *Scherzo* (1930) und den *Sinfonischen Variationen* (1936–1938) ist dies das dritte Orchesterwerk des jungen Komponisten und zugleich das letzte, das die neoklassizistische Periode in seinem Schaffen beschließt. Die weitere künstlerische Entwicklung Lutosławskis, seine hervorragenden Errungenschaften und die heutige führende Position in der polnischen Musik bieten genügend Anregung, um diese Werke besonders aufmerksam zu studieren, obwohl sie mit Sicherheit auch die Kriterien der Beurteilung verschärfen. Die *Sinfonischen Variationen*, die urwüchsige, spritzige Elemente der Barockrhythmik mit romantischer Emotionalität und einem impressionistischen Verhältnis zur Farbe verbinden, zeugen am besten von dem... pädagogischen Talent Witold Maliszewskis. Die Individualität seines (damals 25jährigen) Schülers kommt hier noch nicht völlig zur Geltung, obwohl man bereits Effekte einer bewußten ästhetischen Wahl bei der Vermeidung allzu radikaler Lösungen, in der Enthaltsamkeit und der Suche nach der goldenen Mitte bei der Verbindung stilistisch verschiedenartiger Elemente erkennt. Das ist in der Tat ein schwer zu erreichendes Ziel, und seine Verwirklichung erfordert eine ausgezeichnete Beherrschung der verschiedensten Varianten der modernen Kompositionstechnik, vor allem aber eine große Phantasie und zugleich Denkdisziplin.

Die neun Jahre später komponierte *1. Sinfonie* ist in vieler Hinsicht mit den *Sinfonischen Variationen* verwandt. Die wesentlichsten Veränderungen betreffen die am schwersten faßbaren Elemente: das Klima und die emotionale Reife sowie die Proportionen beim Abwägen der Form. Das Werk scheint sich bereits dem vom Komponisten viele Jahre später formulierten Ideal einer „in die Tiefe ausgebauten" Komposition zu nähern, die – jedesmal, wenn man sie sich anhört – stets neue Züge enthüllt und durch den Reichtum und die Konsequenz in der Anhäufung von Einzelheiten frappiert. Die *1. Sinfonie* ist mehr als jedes andere Werk Lutosławskis neoklassizistisch durch ihr Streben nach Einheitlichkeit, Diszipliniertheit, eben nach der klassischen Schönheit der Proportion. Und dennoch wurde das Ideal des „Klassischen" auch in diesem Werk nicht erreicht, obwohl seine Gegenwart in jedem Takt spürbar ist. Vielleicht waren hier die allzu große Anhänglichkeit und die Achtung für die Tradition, die dem Künstler die ziemlich getreue Befolgung der alten Regeln des Sinfonieaufbaus gebot (Allegro, Adagio, Scherzo, Finale), das Hindernis. Vielleicht hat die unbarmherzige Zeit die vorher unmerkliche, heute aber Unbefriedigtsein verursachende Verwandtschaft mit Ravel und Strawinsky aufgedeckt? Diese Schwächen treten jedoch gegenüber der exzellenten, auch wenn etwas traditionellen Beherrschung der großen Form in den Hintergrund.

Während die Romantik das Dogma von der Vollkommenheit der Proportion gestürzt und das Primat des Inhalts oder des emotionalen Ausdrucks über die Form und die intellektuelle Disziplin anerkannt hat, versucht das 20. Jahrhundert auf verschiedene Weise, dieses Problem seiner Bedeutung zu entheben. Und dennoch, wenn man die Hauptentwicklungsströmung der neuen Musik beobachtet, läßt sich deutlich wahrnehmen, daß jene Dialektik des Ausdrucks, des Inhalts oder des Klanges und der Form, des Intellekts oder der technischen Norm weiterhin aktuell ist und stets von neuem gelöst werden muß. Witold Lutosławski suchte, wie übrigens die meisten polnischen Komponisten der mittleren und jungen Generation, sein Formideal bei den Klassikern des 18. und 19. Jahrhunderts.

Konstanty Regamey – der Herkunft und Staatsbürgerschaft nach ein Schweizer, in Kiew geboren, in Warschau und Paris ausgebildet und viele Jahre lang einer der aktivsten polnischen Musikkritiker – führte ziemlich unerwartet eine gewisse Beunruhigung in das einheitliche Bild der polnischen Musik ein. Seine Abhandlung über die Form und den Inhalt in der Musik (1933) und auch seine späteren Artikel postulierten für das Gefühl und den Inhalt die Wiederherstellung des ihnen in der Musik gebührenden Platzes, von dem sie durch die snobistische Komplizierung der Mittel und durch die Herrschaft des kühlen Intellekts leichtsinnig verdrängt worden seien.

In der Okkupationszeit unternahm Regamey anfangs nur theoretische, später aber auch praktische Studien über die Zwölftontechnik, wobei er dies – wie anzunehmen ist – nicht so sehr aus Sympathie für die Wiener Schule tat, als vielmehr getrieben von dem Willen, etwas kennenzulernen, was in der Tat seinem Temperament fremd war. Als Resultat dieser Analysen und Übungen entstanden die ersten Kompositionsversuche des hervorragenden Philologen und Kritikers, die auf einer spezifisch interpretierten seriellen Technik beruhten. Regamey konstatierte nämlich, daß man im Rahmen des Zwölftonsystems Tonsätze mit sehr verschiedener stilistischer Zugehörigkeit schaffen könne, somit die Serie nicht in entscheidendem Maße auf den Stil und den Charakter des Werkes einwirke, hingegen dem Komponisten eine präzis formulierte Denkdisziplin aufzwinge, der Organisation der Töne das logische Fundament gebe. Diese Überlegungen wurden zum Ausgangspunkt für eine interessante Konzeption der polystilistischen Musik, die Elemente der Kompositionstechniken verschiedener historischer Epochen und sogar verschiedener Kulturen verband. Umfassendes Wissen und die Kenntnis der orientalischen Zivilisationen gestatteten es dem Komponisten, mit Distanz an die europäischen Traditionen heranzugehen, obwohl er zugleich davon überzeugt war, daß es unmöglich sei, sich von den Gewohnheiten und Vorstellungen zu befreien, die die Gesellschaft dem Künstler, der von ihr erzogen wurde und der in ihr lebt, eingeprägt hat. Seine Musik blieb somit programmatisch europäische Musik, jedoch bereichert um gewisse stilistische (oder nur technische) Merkmale der Kunst des Orients. Das betraf vor allem die Rhythmik und die Temperierung der Skala, was in einer der ersten Kompositionen Konstanty Regameys – den *Persischen Liedern* für Bariton und Orchester auf einen Text Omar Chajjams (1943) und ebenfalls im *Quintett* für Violine, Klarinette, Fagott, Violoncello und Klavier (1944) deutlich wird.

Das Kammermusikschaffen entfaltete sich während der Okkupation natürlich üppiger als das sinfonische. In entscheidendem Maße wurde das durch die großen Schwierigkeiten bei der Aufführung von Werken mit starker Besetzung beeinflußt, andererseits bestand ein Bedürfnis nach zugänglichen Werken mit aktueller Thematik. Schließlich konnten die in kleinen Lokalen, besonders in Warschau auftretenden Solisten und Kammerensembles neue Kammermusikwerke präsentieren, und sie taten dies auch gern. Auf diese Weise entstand eine der heute bekanntesten Kompositionen dieser Periode: die *Variationen über ein Thema von Paganini* für zwei Klaviere von Witold Lutosławski. Sie wurden vielfach von Lutosławski und Panufnik im Café SiM gespielt.

Verfasser vieler wertvoller instrumentaler Kammermusikwerke waren damals Grażyna Bacewicz, Helena Dorabialska, Witold Friemann, Irena Garztecka, Stefan Kisielewski, Jan Krenz, Artur Malawski, Andrzej Panufnik, Roman Palester u.a. Die Okkupationsjahre bedeuteten somit für die polnische Musik keinen Stillstand. Es entstanden damals hervorragende Werke, obschon aus verständlichen Gründen in nicht allzu großer Zahl, es wurden junge Künstler ausgebildet und viele überdurchschnittliche Talente entdeckt, schließlich bereitete man sich darauf vor, nach der Befreiung des Landes eine normale Arbeit aufzunehmen. Die geheime Musikervereinigung hatte bereits 1940 begonnen, Lehrpläne für Musikschulen aller Stufen auszuarbeiten, sehr aktiv wirkten die Kommissionen für den Wiederaufbau der Philharmonie und der Oper. Dank der Mitarbeit der Architekten war das erste Projekt für das neue Gebäude des Großen Hauses (von Prof. Lech Niemojewski) bereits im Mai 1940 fertig. Es bestanden auch sehr detaillierte Aktionspläne für die künftigen Musikredaktionen des Warschauer Rundfunks, ebenso organisatorische und programmatische Grundsätze für einen künftigen Musikverlag. All diese Pläne wurden nach dem Kriege in bedeutendem Maße verwirklicht und trugen zur raschen Wiederherstellung des Musiklebens im Lande bei.

Jahre des Wiederaufbaus

Die Aufgaben der auf dem Gebiet der Kultur tätigen Menschen, der Künstler und Organisatoren im befreiten Staat bestanden nicht nur im Aufbau und der Rekonstruktion des Vorkriegsstandes. Die Musiker, und nicht nur sie, befanden sich in einer ähnlichen Situation wie die Architekten Warschaus: Die zerstörte Stadt mußte von Grund auf wiederaufgebaut werden, jedoch schöner, bequemer und moderner. Glänzende Visionen der Zukunft entstanden unter den primitivsten Bedingungen, und die ärmliche Wirklichkeit mobilisierte um so stärker zur Arbeit für ein besseres Morgen.

Das Signal für die Wandlungen, die in Kürze erfolgen sollten, war die Berufung des Ministeriums für Kultur und Kunst und darin der Abteilung für Musik unter Leitung Mieczysław Drobners. Nie zuvor war die Musik in der Republik Polen mit einem so hohen Amt honoriert worden. Eine Frucht der Arbeiten dieses Departements war die bereits im Mai 1945 proklamierte Reform des Musikschulwesens, die den Wiederaufbau sowie die Vereinheitlichung des Lehrsystems und vor allem die Ermöglichung eines Studiums für jeden einzelnen, ohne Rücksicht auf seine materielle Lage und die soziale Herkunft, schließlich auch die Hebung des Niveaus der professionellen Musiklehranstalten zum Ziele hatte. Autor des Projektes dieser ersten Reorganisation des Schulwesens war Janusz Miketta, der sich hauptsächlich auf das sowjetische Modell stützte und die Einteilung der Schulen in musikbildende und professionelle vorschlug, wobei er die letzteren in drei Typen unterteilte: in niedere (fünfjährige), die die Kinder für den weiteren Musikunterricht vorbereiteten und im Spiel auf Instrumenten ausbildeten, die eine längere Studienzeit erforderten; mittlere (sechsjährige), die Berufsmusiker im Spiel auf dem Klavier und allen Orchesterinstrumenten sowie in Gesang und einigen theoretischen Fächern unterrichteten; schließlich höhere, die virtuose Instrumentalisten, Sänger, aber auch Pädagogen, Komponisten, Dirigenten, Theoretiker und Gesangslehrer für allgemeinbildende Schulen unterwiesen.

Unter der Schirmherrschaft des Staates und gemäß den zentral ausgearbeiteten Programmen sowie der Organisationsstruktur begannen im ganzen Lande Musikschulen zu entstehen, deren Zahl recht bald den Vorkriegsstand erheblich übertraf. Als erste entstand in Lublin eine Schule, die als Musikinstitut bezeichnet wurde, bald darauf auch Schulen in Rzeszów und Białystok. In dem Maße, wie das Land befreit wurde, wuchs die Zahl dieser Lehrstätten sehr rasch an, um schließlich Ende 1945 auf 86 anzusteigen, darunter sechs höhere Lehranstalten (zwei Jahre später betrug die Zahl der Hochschulen bereits 7, und heute beläuft sie sich auf 8).

Bezeichnend für die ersten Nachkriegsjahre war die Koexistenz gewisser organisatorischer Formen des Musiklebens, die typisch für Vorkriegspolen gewesen waren, mit neuen Formen, die sich bereits auf die von den neuen Behörden eingeführten Grundsätze stützten. Die Bilanz des Standes des Musikschulwesens in Polen Ende 1945 weist aus, daß es damals nur 19 staatliche Musikschulen gab, die insgesamt über 2500 Schüler ausbildeten, während in 67 nichtstaatlichen – privaten und genossenschaftlichen – Schulen über 8700 Adepten der Musikkunst unterrichtet wurden. Diese Proportionen änderten sich in den folgenden Jahren sehr rasch, und bereits im Schuljahr 1954/55 gab es bei einer Gesamtzahl von 116 Musikschulen nur drei, die nicht staatlich waren. Es wurden auch die Kriterien für die Aufnahme der Kandidaten verschärft, wodurch zwar die Gesamtzahl der Schüler sank, jedoch die Effektivität der Ausbildung, gemessen am Verhältnis der Anzahl der Absolventen zu den angenommenen Kandidaten desselben Jahrgangs, beträchtlich stieg.

Im ersten Nachkriegsjahrzehnt wurden noch so manches Mal wesentliche Korrekturen an der Organisationsstruktur und den Lehrplänen der Musikschulen vorgenommen. 1949 traf man auf dem Festival der Musikschulen in Poznań, das eine Gelegenheit zur Konfrontation und zur Diskussion über die Arbeitsprobleme der verschiedenen Typen von Lehranstalten bot, die Entscheidung über die Durchführung einer weiteren Reform, die die Musikschulen in zwei Haupttypen einteilte. Zur ersten Gruppe gehörten die niederen sowie die musikbildenden Schulen, die in einem einzigen Organismus zusammengefaßt wurden, mit einer Kinder- und Jugendsektion; in der zweiten Gruppe befanden sich die Ober- und Hochschulen.

Das Bild des Musikschulwesens in Nachkriegspolen ist indes noch durch die Lehrstühle für Musikwissenschaft zu ergänzen, die an den Universitäten in Poznań, Krakau, Wrocław und Warschau wirkten. Die kleine und obendrein durch den Krieg dezimierte Schar der polnischen Musikwissenschaftler zeigte jedoch in den Jahren 1945–1955 – übrigens nicht nur auf wissenschaftlichem Gebiet – eine große Aktivität, indem sie sich an Diskussionen über Probleme ideologischer Natur beteiligte und sie sogar anregte, aber auch bei der Ausarbeitung von organisatorischen und programmatischen Konzeptionen des Musikschulwesens mitwirkte sowie – was die Hauptsache war – die früher begonnenen Arbeiten fortsetzte und neue Gebiete musikwissenschaftlicher Forschung erschloß.

Wenn man heute aus der Perspektive der Jahre das Bild der Anfänge des neuen Musiklebens im zerstörten Land betrachtet, fallen vor allem das ungeheure Tempo der Wandlungen auf, der Enthusiasmus und die Leidenschaft, die die Menschen zu unaufhörlicher Aktivität antrieben, zur Schaffung von Grund auf dessen, was vernichtet worden war, und auch dessen, was bisher nur ein Traum gewesen war.

Man kann die Statistik und die großartigen Leistungen bewundern, man darf jedoch nicht vergessen, um welchen Preis diese Erfolge errungen wurden. Es ist doch offensichtlich, daß die finanziellen Mittel des materiell ruinierten Staates mit seiner dezimierten Bevölkerung (fast 20% Verluste) nicht groß sein konnten, und daß das Notwendigste darin bestand, allen Bürgern Arbeits- und Lebensbedingungen zu schaffen. Die Tatsache, daß sich das Musikleben in Polen ungestüm entwickelte, gewinnt eine besondere Aussage, wenn man bedenkt, daß die Künstler und Organisatoren – im ersten Jahr nach dem Kriege größtenteils, und in den folgenden Jahren in bedeutendem Maße – für ein symbolisches Honorar gearbeitet haben. Die sehr niedrigen Gehälter der Lehrer, Orchestermusiker und Musiker an den Opernhäusern zwangen sie dazu, zusätzliche Einkommensquellen zu suchen – meist in Caféensembles, zuweilen auch in anderen Berufen, die mit der Kunst wenig gemein hatten.

Das grundsätzlich richtige und in der Perspektive vielversprechende staatliche Mäzenatentum für das künstlerische Schaffen und die Verstaatlichung – somit auch Stabilisierung – aller ständigen Musikinstitutionen stieß also auf Schwierigkeiten, die sich aus dem Fehlen materieller Mittel für deren volle Realisierung ergaben. Es fällt schwer, die Kunst des Musizierens zu lehren, wenn es in der Schule an Instrumenten und Klassenzimmern mangelt, man kann schwerlich spielen, wenn sich die Beschaffung einer neuen Saite zu einem ernsten Problem auswächst. Es wurde also geklagt, aber es verlangte auch niemand Unmögliches, und so schlossen denn die Musiker die Augen vor diesem unerfreulichen Bild der „nichtswürdigen Materie" und strebten um so angestrengter danach, die vollkommene Kunst zu entfalten und zu fördern – natürlich hauptsächlich die nationale, polnische, die nach den Jahren des Krieges um so teurer und schöner war.

In Warschau mußte der Wiederaufbau aus den gigantischen Ruinen lange dauern. Dennoch entstanden dort bereits in der ersten Hälfte des Jahres 1945 zahlreiche Musikstätten. Roman Jasiński organisierte die Musikabteilung des Polnischen Rundfunks, die anfangs – wie Jerzy Waldorff schrieb – „aus einem Zimmer, das gleichzeitig Studio, Büro der Abteilung und Schlafzimmer des Direktors war, der sich zur Ruhe... auf den Teppich legte, und aus einer kleinen Schar zufällig, meist auf der Durchreise in Warschau weilender Künstler sowie einem Klavier bestand". Unter Leitung Jerzy Wasiaks entstand auch das Warschauer Sinfonieorchester mit einer notgedrungen recht zufälligen Besetzung. Sehr bald nahmen solche Lehranstalten ihre Tätigkeit auf wie das Staatliche Konservatorium unter Leitung Stanisław Kazuros, die von Adam Wieniawski geleitete Musikhochschule und die Karol-Kurpiński-Schule mit Emil Zacharjasiewicz als Direktor.

In Anbetracht der großen Zerstörungen in der Hauptstadt wuchsen sich Łódź und Krakau, die verhältnismäßig wenig ruiniert waren, zu den wichtigsten Zentren des kulturellen Lebens aus. In Krakau weilten damals viele hervorragende Musiker: Zbigniew Drzewiecki, Zygmunt Latoszewski, die Musikwissenschaftlerin Stefania Łobaczewska, Artur Malawski, Roman Palester u.a. Eben dort entstand die erste staatliche Philharmonie, anfangs von Latoszewski und nach dessen Übergang zur Oper in Poznań von Maklakiewicz geleitet. Rektor des Konservatoriums wurde Zbigniew Drzewiecki. Im April 1945 berief das Ministerium für Kultur und Kunst den Polnischen Musikverlag mit Sitz in Krakau, wobei es die Organisierung und Leitung dieser Institution dem Direktor der einstigen Verlagsgesellschaft für Polnische Musik, Tadeusz Ochlewski, anvertraute. Auch diese Institution verfügte anfangs nur über eine sehr bescheidene materielle Basis, dennoch verhießen allein die Tatsache ihrer Entstehung und die ausgedehnten, bereits meist während der Kriegszeit ausgearbeiteten Aktionspläne die besten Erfolge.

Binnen kurzer Zeit entstanden viele wichtige Musikeinrichtungen im ganzen Land. Im Mai verwandelte sich das Lubliner Kammerorchester in ein Sinfonieorchester, Poznań hatte bereits eine Philharmonie, ein Opernhaus und ein Konservatorium, das Staatliche Konservatorium in Katowice war seit Februar tätig, im März entstand dort das Orchester des Polnischen Rundfunks, organisiert und geleitet von dem jungen Dirigenten Witold Rowicki. Dieses Ensemble erwarb sich bald – bereits unter Leitung Grzegorz Fitelbergs – den Rang des besten Sinfonieorchesters im Lande (das erste Konzert gab es am 25. März 1945 in voller Besetzung mit... 25 Musikern).

Im Mai wurde Katowice um eine Philharmonie reicher, bald danach entstand die Schlesische Oper. Man sollte hier auch das erste Konservatorium nach dem Kriege erwähnen, das von Kazimierz Wiłkomirski in Łódź gegründet wurde, wo bald danach auch ein Sinfonieorchester entstand. In dem Jahre, da der Krieg beendet wurde, entstanden noch ein Opernhaus und ein Sinfonieorchester in Wrocław, ein Orchester in Bydgoszcz, die Ostsee-Philharmonie in Sopot und der Polnische Phonographische Betrieb „Odeon", der Vorläufer von „Polskie Nagrania", der jedoch keine normale Produktion aufnehmen konnte, da er auf den Wiederaufbau der zerstörten Gebäude wartete.

Dieser organisatorische Schwung erlahmte auch in den folgenden Jahren nicht. 1948 bestanden bereits 6 Philharmonien, 8 Sinfonieorchster, 4 Opernhäuser; bis 1956 stieg die Zahl der Orchester auf 27 und der Opernhäuser auf 9 an, es entstanden auch 8 Musik- und Operettentheater.

Der Sommer 1945 brachte noch zwei wichtige Ereignisse. Mitte Juni fand in Warschau der I. Allgemeine Delegiertenkongreß der Gewerkschaft der Musiker der Republik Polen statt, der Piotr Perkowski zum Vorsitzenden wählte. Bei der Hauptverwaltung der Gewerkschaft entstand das Zentrale Konzertbüro, dessen Aufgaben darin bestanden, planmäßig Konzerte in ganz Polen zu organisieren,

Kontakte mit befreundeten Staaten zur Förderung des internationalen Austausches der Künstler zu knüpfen, junge Talente zu fördern, Musik unter den breiten Massen der Bevölkerung zu propagieren und polnische Künstler vor der Ausbeutung durch Privatagenten zu schützen. Dieses letzte Ziel verlor indes rasch jede Bedeutung, weil der Beruf des Privatunternehmers und Konzertagenten ausstarb. Das Zentrale Konzertbüro gründete in allen Wojewodschaftshauptstädten seine Bezirksbüros, es wurden auch mehrere Vertretungen in den größeren Kreisstädten geschaffen.

Das zweite Ereignis war der Ende August nach Krakau einberufene Komponistenkongreß. Seine Teilnehmer beschlossen, den Verband Polnischer Komponisten als eine Fortführung der Vereinigung Polnischer Komponisten aus der Vorkriegszeit zu gründen. Wieder wurde Piort Perkowski zu seinem Vorsitzenden gewählt, die Stellung des Sekretärs wurde Witold Lutosławski anvertraut. Zum Abschluß des Kongresses fand ein viertägiges Festival der polnischen zeitgenössischen Musik statt, dessen Programm u.a. Kompositionen von Szymanowski (*Litanei*), Szeligowski (*Epitaphium*), Szałowski, Grażyna Bacewicz, Padlewski, Perkowski, Kassern (*Konzert für eine Stimme*), Malawski, Lutosławski, Panufnik und Palester umfaßte.

Das Festival war kein großes künstlerisches Ereignis, es hatte hingegen wichtige propagandistische Bedeutung: Zum ersten Mal nach dem Kriege wurde der ernste Versuch unternommen, eine Übersicht über das neue Schaffen zu gewinnen, und jeder Zuhörer konnte sich persönlich davon überzeugen, daß die im Lande wirkenden Komponisten eine zahlreiche und sehr deutlich differenzierte Gruppe darstellten. Das Festival bot Gelegenheit, die Mannigfaltigkeit und Vielseitigkeit der polnischen Musik zu präsentieren, und mehrere damals aufgeführte Werke erweckten durch ihren überdurchschnittlichen künstlerischen Wert Aufmerksamkeit. Unter diesen Werken sind die Sinfonien Malawskis und Palesters zu erwähnen, das *Trio* Lutosławskis und die damals zum ersten Mal dargebotenen *Volkslieder* Panufniks, die ein Jahr später beim 20. Festival der SIMC in London sein internationales Debüt waren.

Heute, da man rückblickend die Bedeutung der Ereignisse und Erscheinungen im damaligen Musikleben einzuschätzen versucht, drängen sich immer heftigere und immer konkretere ideologische Diskussionen in den Vordergrund, die von den neuen Behörden inspiriert waren und die die Bestimmung der Funktion der Musik und der Künstler in der sozialistischen Gesellschaft anstrebten. Einer Lösung harrte hier ein Problem von kapitaler Bedeutung für alle Arten der Kunst, nämlich das der Befriedigung der Bedürfnisse und der künstlerischen Erziehung großer Massen von neuen Abnehmern: der Arbeiter und Bauern. Das Leben der gesamten Gesellschaft war ja mit der Absicht organisiert worden, nicht nur die bestehenden Schranken und Mechanismen der Diskriminierung aufzuheben, sondern auch der neuen regierenden Klasse eine Reihe von Privilegien zu verleihen, die sie an die Spitze stellten, da sie über die Form und die Zukunft des Staates entschied. Diese neuen Hörer waren in der Tat sehr schwach auf die Rezeption der Kunst vorbereitet, sie besaßen weder das Wissen noch die Gewohnheiten des traditionellen Konzertpublikums. Es war somit geboten, eine solche Art der Kunst zu schaffen, die einerseits für sie völlig verständlich war, andererseits aber durch ihre künstlerischen Werte die Empfindungsskala zu erweitern und neue Interessen und Bedürfnisse zu wecken vermochte.

Die ersten formulierten Postulate, die der aktuellen gesellschaftspolitischen Situation entsprachen, waren das Werk von Musikpädagogen. Dem Schulwesen, vor allem dem höheren, wurde damals die Aufgabe gestellt, „die Lehrmethoden, die die Herausbildung eines polnischen Musikstils anstreben, wissenschaftlich zu bearbeiten und zu verbessern". Die Quelle jenes Stils sah man in der Volksmusik: Der Nestor der polnischen Musikwissenschaftler, Prof. Adolf

Chybiński, initiierte die Einführung einer „Klanglehre über die polnische Folklore" in den Musikschulen aller Stufen, er postulierte auch eine Anreicherung der Gesangbücher für die Grundschulen und Lyzeen sowie für die Laienbewegung durch Volksmusik. Das sollte nicht nur bei den Komponisten, sondern auch beim Massenabnehmer ein bewußtes Bedürfnis nach dem polnischen Stil wecken.

Ein so starkes Streben nach der nationalen Kunst war – wie es scheint – vor allem eine Reaktion auf die Kriegsjahre und ging mit einem besonders intensiven Gefühl für die nationale Gemeinschaft und mit dem Patriotismus einher. Dieser Umstand verdient hervorgehoben zu werden, denn er hatte für die weitere Entwicklung der polnischen Musik große Bedeutung. Das von den Musikern gestellte Postulat, an die Folklore anzuknüpfen, war mit dem Verlangen der Politiker vereinbar, eine Kunst für die breitesten Massen der Gesellschaft zu schaffen. Man nahm nicht ohne Berechtigung an, daß gerade ein wertvolles, sogar bahnbrechendes Schaffen, das sich auf die Volksmusik stützte, jener gesuchte goldene Mittelweg sein würde, der die allgemeine Zugänglichkeit der Musik mit individuellen, originellen ästhetischen Werten verband.

Jedoch stellte die Kulturpolitik des Volksstaates den Künstlern größere Anforderungen. Man verlangte von den Komponisten ein ideelles Engagement zur neuen Macht, postulierte die Widerspiegelung der wichtigsten Probleme des Aufbaus des Sozialismus in der Kunst, also des Strebens nach Aufhebung der klassenmäßigen Aufspaltung der Gesellschaft (auch der Musik), nach einer ergiebigen und aufopfernden Arbeit für das Land sowie die Festigung der neuen Ordnung und Propagierung der gewünschten Verhaltensweisen und Haltungen.

In die in den Nachkriegsjahren geführte Diskussion schalteten sich viele Komponisten ein, u.a. Stefan Kisielewski als Verfechter der reinen Schönheit und Form des Kunstwerks und Konstanty Regamey als Verteidiger der Unabhängigkeit des Künstlers. Regamey schrieb 1949: „Der Künstler schafft nicht nur das Werk, sondern auch die Grundsätze, nach denen er dieses Werk schafft und die er selbst seiner Tätigkeit als Notwendigkeit aufzwingt. In dieser Identifizierung der Freiheit mit der Notwendigkeit haben wir nicht eine Beschränkung des Schaffens, sondern im Gegenteil: gleichsam seine Verdoppelung. Die größten Meisterwerke entstanden aus der Selbstbeschränkung des Künstlers."

Mit diesem Standpunkt polemisierten die Musikwissenschaftler und die Ideologen, die eine neue Form der Kunst suchten, welche den veränderten gesellschaftlichen Bedingungen entspräche. Gestützt auf die Marxsche Philosophie, stellten sie die sozialökonomische Determiniertheit jeglicher intellektuellen Tätigkeit des Menschen, darunter auch des künstlerischen Schaffens, in den Vordergrund. Gemäß dieser Auffassung sollte mit den neuen wirtschaftlichen Verhältnissen, der neuen Organisation der Gesellschaft auch ein Schaffen einhergehen, das mit dieser materiellen Basis verbunden war und andere Funktionen als bisher erfüllte.

Das stärkste Argument war hier das Zugänglichmachen der Kunstwerke für die breitesten Massen der Abnehmer. Dieser Umstand bot einerseits die Chance, hervorragende Werke in einem bisher ungekannten Maße zu popularisieren und zugleich die Empfindsamkeit und den Bereich der ästhetischen Wahrnehmungen selbst der am wenigsten ausgebildeten Schichten der Gesellschaft zu erweitern, andererseits erlegte er den Komponisten die Pflicht auf, diese neue und sehr verantwortungsvolle Situation zu meistern.

Bald jedoch wurden diese schwierigen und wichtigen Probleme des Schaffens und der Verbreitung der Musik definitiv und autoritativ entschieden, und zwar auf drei aufeinanderfolgenden Beratungen: dem Allunionskongreß der

Sowjetischen Komponisten in Moskau (April 1948), dem Internationalen Kongreß der Komponisten und Musikkritiker in Prag (Mai 1948) und schließlich dem Gesamtpolnischen Kongreß der Komponisten und Musikkritiker in Łagów Lubuski (August 1949). Eben damals hatten sich der Ton und der Charakter der offiziellen Äußerungen recht deutlich geändert. In dem auf dem Prager Kongreß einstimmig angenommenen Manifest wurde festgestellt: „Die Komponisten werden in ihrem Schaffen von der Tendenz des extremen Subjektivismus Abstand nehmen, und ihre Musik wird neue fortschrittliche Ideen und Gefühle der Volksmassen ausdrücken." Diesen allgemeinen Formulierungen folgten detaillierte Anweisungen, die einen radikalen Bruch mit dem sog. Formalismus, der hauptsächlich von Schönberg und seinen Anhängern repräsentiert wurde, vorschrieben.

Offizielle Unterstützung erhielt hingegen der sog. sozialistische Realimus, der eine allgemein verständliche Musik bezeichnete, die mit den Volksmassen verbunden war, sich auf die Folklore stützte und die menschliche Stimme als das einzige Instrument, das fähig sei, programmatische, ideelle Inhalte direkt zu vermitteln, umfassend nutzte, eine Musik, die populär war und mobilisierend und zugleich monumental in der Form.

Als typisch für den sozialistischen Realismus kann man Werke mit Produktionsthematik ansehen, die an die Problematik der Arbeit beim Wiederaufbau des Landes und der Festigung der neuen Gesellschaftsordnung anknüpften. Die Mehrzahl der Werke dieser Art zeichnete sich durch keinen großen künstlerischen Wert aus. Das ergab sich hauptsächlich daraus, daß sie sich sowohl in der musikalischen als auch der textlichen Schicht uninteressanter, stereotyper Formeln bedienten, die aus der bürgerlichen Tradition des 19. Jahrhunderts stammten. Dieses Schaffen gewann jedoch ungeachtet seiner unbestrittenen Einfachheit und Mitteilbarkeit keine große Zahl von Hörern aus dem Milieu der Arbeiter und Bauern, denn es hielt einen Vergleich mit der in diesen Kreisen verbreiteten authentischen Volksmusik nicht aus. Ähnliche künstlerisch mäßige Ergebnisse zeitigten Werke mit panegyrischem Charakter. Jedoch drückte die Doktrin des sozialistischen Realismus ebenfalls anderen Gattungen ihren Stempel auf, auch der instrumentalen Musik, wobei die offizielle normative Kritik ihre Einschätzungen recht bald auf zwei grundlegende Kriterien beschränkte: auf die Ausschaltung radikaler und allzu moderner (also unverständlicher) technischer Lösungen und die deutlichen Verbindungen mit der Volksmusik. Diese Postulate waren schwer oder geradezu unmöglich zu realisieren, sowohl für die Enthusiasten des Fortschritts und des damit verbundenen Experiments (Palester) als auch für die treuen Bekenner der Prinzipien des Neoklassizismus mit seinem Kult des reinen Klanges, der emotionalen Zurückhaltung und Eleganz der Form (Kisielewski, Mycielski). Allen übrigen Komponisten jedoch war das Korsett des Sozrealismus – obwohl von vernünftigeren Kritikern stark gelockert – zu eng, kein hervorragender Schöpfer konnte sich selbst beim besten Willen hineinzwängen. Und das Überschreiten der verbindlichen Rahmen setzte den widerspenstigen Delinquenten dem Vorwurf des Formalismus und den empfindlichen praktischen Konsequenzen dieses Vorwurfs aus.

Das erste Nachkriegsjahrzehnt brachte jedoch viele Werke von hohem Wert, wobei bemerkt werden muß, daß die meisten davon dank der Anknüpfung an die Folklore einen deutlich nationalen Charakter trugen. Volkstümliche Elemente tauchten damals im Schaffen der Komponisten aller Generationen auf: bei Stanisław Wiechowicz, Apolinary Szeluto, Jan Maklakiewicz, Artur Malawski, Witold Lutosławski, Andrzej Panufnik, Kazimierz Serocki u.a. Eine wertvolle Strömung bildeten auch Werke, die an die Ereignisse des letzten Krieges anknüpften. Hier ragen vor allem drei heraus: die *2. („Warschauer") Sinfonie*

Bolesław Woytowicz', die *2. („Olympische") Sinfonie* Zbigniew Turskis und die frühere *Tragische Ouvertüre* Andrzej Panufniks.

Die *„Warschauer" Sinfonie* (1945) von Woytowicz ist ein unmittelbares Ergebnis der Okkupationserlebnisse des Komponisten. Es ist ein monumentales Werk, bestehend aus vier Teilen (Largo, Moderato – Scherzo – Andante – Vivo), mit einer logisch geordneten Konstruktion. Der erste Teil in Sonatenform mit Durchführung in Form einer Fuge stellt gleichsam eine erhabene, feierliche Invokation dar und führt ein Klima voller Ernst mit deutlichen Anknüpfungen an den Gregorianischen Choral ein. Das Scherzo bringt die Fortsetzung, ja selbst eine Potenzierung der Dramatik des ersten Teils. Darüber entscheidet nicht nur die Verwandtschaft des thematischen Stoffes, sondern auch der starke emotionale Gehalt in den breit gefächerten Spannungsbögen, die zur Kulmination führen, in der das Motiv der *Warszawianka* erscheint. Das Andante bildet eine exakte Doppelfuge, die sich auf die Motive beider vorherigen Teile sowie auf Themen mit offen volkstümlichem Charakter stützt. Das Finale, in Form eines Rondos aufgebaut, knüpft an die bereits vorher verwendeten volkstümlichen Elemente an, auch das Thema der *Warszawianka* kehrt hier wieder, schließlich erscheint in der Koda das *Marschlied der Panzerbrüder*, das Woytowicz während der Okkupation eigens für das geheime Militärgesangbuch komponiert hatte.

Hinsichtlich ihrer Konstruktion ist die *2. („Warschauer") Sinfonie* von Bolesław Woytowicz ein vollkommenes Werk – die Meisterschaft der Kompositionstechnik stellt ihren Autor in eine Reihe mit reifen, bewußt ihre Ziele realisierenden Schöpfern.

Die *2. Sinfonie* Zbigniew Turskis ist ähnlich wie das Werk Woytowicz' stark in den Traditionen der Zeit zwischen den beiden Weltkriegen verwurzelt, obwohl sie aus etwas anderen Quellen schöpft. Der Titel dieses Werkes (die *„Olympische"*) besitzt keinen inhaltlichen Zusammenhang mit dem Charakter der Musik und rührt daher, daß die Sinfonie auf dem Internationalen Olympischen Kunstwettbewerb im Juli 1948 den ersten Preis und die Goldmedaille erhielt. Dieses Werk besitzt ebenfalls gewisse klassizistische Züge, die zum Beispiel aus der breiten Anwendung der polyphonen Faktur ersichtlich werden, jedoch verbindet sie ihre starke Emotionalität eher mit den Traditionen der Sinfonik aus der Spätromantik, obwohl sie natürlich hinsichtlich der angewandten technischen Mittel viel moderner ist.

Bei dem erwähnten Wettbewerb wurden noch zwei weiteren polnischen Komponisten Auszeichnungen zuerkannt: Grażyna Bacewicz für die *Olympische Kantate* und Stanisław Wiechowicz für die *Erntekantate*. Von diesen beiden einteiligen Werken errang Wiechowicz' Kantate größere Popularität, denn man findet darin eine Reihe interessanter Gedanken, die der Komponist auch in seinen anderen Chorwerken anwendet. Wiechowicz verlieh seinen Werken einen volkstümlichen polnischen Charakter, ohne die authentische Folklore zu zitieren, aber auch ohne auf die Bearbeitung origineller Melodien zurückzugreifen. Die ausgesprochen volkstümliche Färbung erzielte er dadurch, daß er gewisse allgemeine Prämissen des Volksschaffens nutzte, nämlich die charakteristischen melodischen Wendungen, rhythmischen Formeln, schließlich auch die tonalen Prinzipien. Ein solches Herangehen an die Folklore hatte der Komponist auch schon früher manifestiert (z.B. in den *Märchen vom Kater Murr* – Mruczkowe bajki – aus dem Jahre 1930), er gab es auch in den späteren Werken nicht auf. Wiechowicz' hervorragendes Talent auf dem Gebiet des Liedschaffens, das sich auf die Folklore stützte, entwickelte sich übrigens sehr rasch. In seinem Vorkriegsoeuvre befindet sich u.a. eine große Zahl von Chorbearbeitungen von Volksmelodien und auch originellen Kompositionen, die an die Folklore anknüpfen. Vor allem in diesem zweiten Genre erzielte Wiechowicz ausgezeichnete Resultate, indem er eine eigene Methode der

Konstruktion melodischer Linien und tonal-harmonischer Sätze ausarbeitete, die mit dem Wesen der Volksmusik aufs engste verbunden sind. Auf Grund dieser Ergebnisse konnte der Komponist die Form seiner Werke in einer neuen, individuellen Weise gestalten, indem er ihnen das künstlerische Gewand und die Dimensionen verlieh, die seinen Absichten entsprachen und nicht von den fixierten und unveränderlichen Systemen der Volksmusikwerke eingeschränkt waren.

In seinen hervorragendsten Nachkriegskompositionen konzentrierte sich Stanisław Wiechowicz auf technische Probleme von kapitaler Bedeutung für die Entwicklung der neuen Musik: auf Fragen der chorischen Faktur. Eben in der *Erntekantate* und in solchen Werken wie *Kujawiak-Ballade* oder *Beskidische Weihnachtslieder* präsentierte er viele neue Ideen für die Führung und Zusammenstellung der Stimmen, belebte und variierte er die melodischen Linien mit Hilfe eines reichen Apparats an sorgfältig ausgewählten Artikulationsmitteln. Kein neues Element, kein ungewöhnlicher technischer Kniff war jedoch für Wiechowicz ein Wert „an sich", dem Künstler war das Brillieren mit überraschenden Effekten völlig fremd. Selbst ein ausgezeichneter Dirigent, schuf er Werke, deren Aufführung Freude bereitet, und da er zugleich ein Komponist mit stark entwickeltem Verantwortungsgefühl war, achtete er in erster Linie auf die Reinheit und Schönheit der künstlerischen Form.

Stanisław Wiechowicz' Chorwerke fallen trotz all ihren Reichtums und der darin angewandten neuen Technik durch ihre Einfachheit, durch eine gewisse Strenge des Klanges sowie durch die Konsequenz und Klarheit ihres Aufbaus auf. Der beschränkte und seit langem genutzte Aufführungsapparat, wie es der Chor ist, wurde hier zu einem Instrument, das die zeitgenössische Klangsprache voll entwickeln kann. Große Bedeutung für die Evolution der Kompositionstechnik Wiechowicz' besaß gewiß das Schaffen Szymanowskis aus der letzten Periode (um nur die *Kurpischen Lieder* oder die früheren *Słopiewnie* zu erwähnen), jedoch ging er weiter als sein großer Vorläufer darin, was die Bereicherung der Farbskala und der Ausdrucksmittel betrifft. Es lohnt hier auf die interessante Methode der Bearbeitung von volkstümlichen Texten hinzuweisen, wo nicht selten im Ergebnis der Wiederholung einzelner Wörter, Silben und sogar Laute eine Verwischung des Satzsinns erfolgt und gleichzeitig die Klangschicht der Wörter und der einzelnen Phoneme exponiert wird. Damit ist auch eine Zerschlagung des klanglichen Ablaufs in Mikrostrukturen verbunden, die hauptsächlich Farbträger sind.

In den meisten seiner Chorwerke bediente sich Wiechowicz reiner, „ungeschminkter" volkstümlicher Skalen, indem er sich für eine radikale, aber auch natürliche Beschränkung des angewandten Klangmaterials entschied.

Das Vokalschaffen – vor allem das Chorlied, aber auch das Solo und die vokal-instrumentalen Werke – entwickelte sich im ersten Nachkriegsjahrzehnt sehr stürmisch. Die Komponisten schöpften aus der reichen Tradition des 19. und 20. Jahrhunderts auf diesem Gebiet, wobei auch die Unterstützung durch den Staat und die Bedürfnisse der ungestüm wachsenden Laienbewegung eine wesentliche Rolle spielten. Das Interesse der Komponisten konzentrierte sich auf solche Formen wie die Kantate, das Chorlied und das Sololied sowie die Sinfonie mit Vokalstimmen. Entsprechend der damals herrschenden Tendenz war der überwiegende Teil dieser Werke an einen breiten Kreis von Abnehmern gerichtet, was natürlich technische Experimente und die Suche nach neuen formal-expressiven Lösungen nicht begünstigte. Aus dem gleichen Grunde wurde das Anknüpfen an die Volksmusik im Vokalschaffen fast zum Prinzip. Es muß jedoch festgestellt werden, daß damals neben vielen eklektischen und unselbständigen Werken eine Reihe unbestritten wertvoller Schöpfungen entstand, die keinesfalls banal waren und ein hohes technisches Niveau besaßen. Zu erwähnen wären hier die Kantaten und Lieder Kazimierz Sikorskis,

Witold Rudzińskis, Alfred Gradsteins, Piotr Perkowskis, Witold Lutosławskis, aber auch von Komponisten, deren Karriere erst begann: Kazimierz Serocki, Jan Krenz, Stanisław Skrowaczewski und Tadeusz Baird.

Interessante Resultate brachten vor allem die vokal-instrumentalen Werke, die in formaler Hinsicht an der Grenze zur ausgebauten Kantate,. dem Oratorium und der Sinfonie standen. Solche Werke schufen Serocki (*Liedsinfonie* für Solosopran, gemischten Chor und Orchester auf volkstümliche Texte, 1953), Woytowicz (*Der Prophet*, Kantate für Baß, zwei Chöre und Orchester auf einen Text von Puschkin, 1950), Krenz (*Zwei Städte*, Kantate für zwei Chöre und Orchester auf einen Text Gałczyńskis, 1950), Malawski (*Alte Mär*, Kantate, die 1949 als Musik zur Bühnenbearbeitung des gleichnamigen Romans Kraszewskis entstanden ist). Die hervorragendsten Werke dieses Genres sind die *Liedsinfonie* Kazimierz Serockis und Artur Malawskis *Bergeshöhen*. Das letztere brauchte für seine Entstehung viel Zeit. Der wesentliche Teil entstand, wie der Komponist in einem Rundfunkinterview sagte, ,,gegen Ende der Okkupation... Ich schrieb sie in den letzten sieben Monaten in Czarny Dunajec und skizzierte die ganze Partitur – über 200 Seiten. Im Jahre 1950 habe ich sie völlig umgearbeitet und lediglich die Melodien gelassen, die zu den Texten geschrieben waren." Die literarische Vorlage für seine Ballett-Pantomime schöpfte der Autor aus der Gedichtsammlung des Goralendichters Jan Mazur. Aus den darin enthaltenen 28 Poemen wählte Malawski 11, die er nach einem mit seinem eigenen Libretto übereinstimmenden Plan ordnete.

Die Goralenthematik und die originelle Musikfolklore dieser Region interessierten den Künstler bereits seit langem. Ein Zeugnis dessen sind sein Bläserquintett *Elementarkräfte der Tatra* (Żywioły Tatr) aus dem Jahre 1934 und die sinfonische Skizze *Bergeshöhen* (1934). Es läßt sich nicht leugnen, daß diese ersten Stilisierungen unter dem Einfluß von Szymanowskis *Harnasie* (1923–1931) entstanden sind; Malawskis Entschluß, die Arbeit an den *Bergeshöhen* aufzunehmen, war also ebenfalls mit dem Versuch verbunden, sich von den Einflüssen der Vergangenheit zu befreien und eine zeitgenössische Lösung des stets aktuellen Problems des nationalen Schaffens zu bieten.

Im Vergleich zu Szymanowskis *Harnasie* repräsentiert Malawskis Ballett-Pantomime *Bergeshöhen* für Soli, Chor und Sinfonieorchester eine abweichende Methode, an die Volksmusik heranzugehen. Es ist im ganzen ein originelles Werk, frei von irgendwelchen Zitaten von Volksmelodien, jedoch in jeder Hinsicht organisch mit der Folklore verbunden. Diese genetische Verwandtschaft beruht in erster Linie auf der Durchsetzung des Kompositionsmaterials mit volkstümlichen Elementen. Man erkennt das deutlich an der Tonalität (originelle, bisweilen modifizierte Skalen), an der Harmonik (Terzakkorde, parallele Passagen von Durakkorden, die natürlich nicht den Relationen des Dur-Moll-Systems unterliegen), an der Melodik (charakteristische Wendungen und ganze Modelle mit periodischem symmetrischem Aufbau, die den ,,Goralenweisen" entsprechen), schließlich an der Rhythmik, die typische Formeln vor allem der Goralentänze nutzt. Malawski ordnete auch die Instrumentation der *Bergeshöhen* der Volksmusik in bedeutendem Maße unter, die häufig mit kleinen, aus dem Orchester ausgewählten Ensembles mit wechselnder Zusammensetzung operiert. Dadurch ist eines der wichtigsten Merkmale dieses Werkes die ständige Veränderlichkeit der Orchesterfarben, die sehr geschickt auch mit der Verschiedenartigkeit der Themen und der mit ihnen verbundenen emotionalen Inhalte verknüpft ist.

Die *Bergeshöhen* mußten ziemlich lange auf ihre öffentliche Darbietung warten. Ihre Uraufführung in der Konzertversion fand erst am 11. Januar 1952 in Krakau statt. Die szenische Uraufführung erfolgte zehn Jahre später, 1962 in Warschau unter Leitung Bohdan Wodiczkos. Artur Malawski war fünf Jahre früher gestorben. Diese monumentale Komposition wurde ein großer Erfolg und bewirkte eine „Rehabilitation" des Künstlers sowie eine Korrektur des von der offiziellen Kritik früher geäußerten Vorwurfs des Formalismus. Heute werden die *Bergeshöhen* neben Lutosławskis *Konzert für Orchester* und der *Liedsinfonie* Serockis zu den hervorragendsten aus der polnischen Folklore schöpfenden Werken gezählt, die im ersten Nachkriegsjahrzehnt entstanden sind.

Malawski hatte einen schwierigen Weg zurückzulegen, bevor er die *Bergeshöhen* komponierte. Die vorher erwähnten Werke, die von den folkloristischen Interessen des Komponisten zeugten, lagen im Grunde am Rande der Hauptproblematik seiner Arbeiten. In dem quantitativ bescheidenen früheren Schaffen des Künstlers (er begann seine Kompositionsstudien 1936 bei Kazimierz Sikorski am Warschauer Konservatorium mit 32 Jahren) ragen solche Werke wie die *Variationen* für Sinfonieorchester (1937), die *1. Sinfonie* (1938–1943), die *Toccata* für kleines Sinfonieorchester (1947), die *Sinfonischen Etüden* für Soloklavier und großes Sinfonieorchester (1948/49), die *Toccata mit Fuge in Form von Variationen* für Soloklavier mit großem Sinfonieorchester (1949) heraus. Diese Werke, die bereits so manches Mal musikwissenschaftlichen Analysen unterzogen wurden, bieten reichen Stoff für Erörterungen über die Technik und die Musikästhetik der ersten Hälfte unseres Jahrhunderts, doch allein den Titeln kann man schon entnehmen, daß Malawski im Banne der Einflüsse des Neoklassizismus blieb. Für eine solche Klassifizierung spricht vor allem der Rang, den der Komponist der formalen Konstruktion verlieh, aber auch sein Verhältnis zur Rhythmik und zur Instrumentation. Malawskis Klassizismus war jedoch von besonderer Art, denn er war mit postimpressionistischen Merkmalen verbunden. Davon zeugt die starke Sensibilität des Komponisten für die Klangfarbe, der andere Werkelemente wie Harmonik, tonale Organisation, aber auch Instrumentation häufig untergeordnet sind. Wenn man noch die barocke, also klassizistische Tendenz zur breiten Anwendung der Polyphonie, zur Verdichtung der Faktur durch ein gleichzeitiges Verfolgen vieler selbständiger melodischer Linien hinzufügt, die mit einem hohen emotionalen Gehalt gesättigt sind, voll elementarer, dynamischer Expression, dann wird das Bild der spezifischen Technik und der originellen Klangform der Kompositionen Malawskis vollständiger. Das Werk, das die Wesenszüge dieser kompositorischen Sprache am umfassendsten enthält, ist die in den Jahren 1953–1956 entstandene *2. („Dramatische") Sinfonie*, die eines der einheitlichsten, überzeugendsten Werke Malawskis ist.

Der Entwicklungsweg der Persönlichkeit dieses hervorragenden Komponisten war stark in die historischen Wandlungen jener Jahre verstrickt. Eine solche Reflexion drängt sich auf, wenn man die Evolutionsetappen der Ästhetik Malawskis und die Reifung seiner Technik verfolgt. Nach Abschluß seines Studiums und nach Ausbruch des Krieges befand er sich, wie übrigens alle Künstler, in einer Lage, die keinerlei ungehinderte schöpferische Tätigkeit begünstigte. Gleich nach der Befreiung stürzte er sich mit ungewöhnlichem Eifer in den Strudel kompositorischer Arbeit, war auch als Dirigent und Pädagoge aktiv. Schließlich gelang es ihm, innerhalb von drei Jahren internationalen Ruf und den Rang eines der hervorragendsten und progressivsten polnischen Komponisten (neben Panufnik und Lutosławski) zu erringen. Dann jedoch wurde er des Formalismus bezichtigt und scharf kritisiert, zweifelte an einem weiteren Erfolg und begann neue Wege für die Entwicklung seiner Werkstatt zu suchen. Der Erfolg der *Bergeshöhen* löste ihn jedoch vom Banne der Kritik, so daß er seine Arbeit fortsetzen konnte, indem er die früher eingeschlagene neoklassizistische Linie weiterentwickelte. Das währte jedoch nicht lange. Im Jahre 1956 brachte der plötzliche Zufluß von Informationen über die in Polen unbekannte avantgardistische Musik des Westens auch die Überzeugung des Komponisten über die Richtigkeit seiner bisherigen Entscheidungen ins Wanken. In seinen Äußerungen aus den Jahren 1956/57 ist mehrfach die Faszination von der Zwölftonmusik herauszuhören. Malawski schien entschlossen zu sein – diesmal ausschließlich aus eigener Initiative –, eine weitere Revision seiner Technik vorzunehmen. Er starb jedoch im Dezember 1957 im Alter von 53 Jahren und hinterließ viele Werke, die von seinem hervorragenden Talent zeugen, jedoch – wie es scheint – ohne all das erreicht zu haben, was er erreichen konnte und wollte.

In Malawskis Schaffen fällt die Verbindung von neoklassizistischen und volkstümlichen Elementen auf oder – konkret gesprochen – die Anwendung gewisser dem Neoklassizsmus eigener kompositorischer Prinzipien auf einen Stoff, der mit der Folklore verwandt ist. Im Zusammenhang damit lohnt es sich darauf hinzuweisen, daß der Neoklassizismus nach dem Kriege kein einheitlicher Stil mehr war. Die Übersichtlichkeit der Formen, die sich auf die alten Schemata stützten, die barocke Motorik, die klassische Instrumentierung hatten einfach ihre Vollkommenheit angesichts des Mangels eines übergeordenten Organisationsprinzips, nämlich eines tonalen Funktionssystems, eingebüßt. Gewiß lag eben hierin die Ursache für die Expansivität des Neoklassizismus, der die stilistischen Normen früherer historischer Epochen (Renaissance) aufzunehmen begann und sich schließlich auch neueren Konzeptionen öffnete: neuromantischen, impressionistischen und – in den späteren Jahren – auch expressionistischen. Dieser Prozeß zog eine erhebliche Schwächung der Geschlossenheit und Spezifik des Neoklassizismus nach sich, dessen erweiterter Bereich nun Werke mit sehr unterschiedlichen stilistischen Merkmalen umfaßte. Um somit eine Mystifikation zu vermeiden, sollte man eher von einer neoklassizistischen Haltung der Komponisten sprechen, die auf einem bewußten Ausnutzen gewisser historischer technischer Normen beruhte (am häufigsten betrafen sie den Plan der formalen Konstruktion), dagegen sollte man auf den Gebrauch dieses Ausdrucks für die stilistische Charakteristik der nach dem Kriege entstandenen Werke verzichten.

Neoklassizistische Tendenzen manifestierten sich in der polnischen Musik des ersten Nachkriegsjahrzehnts sehr verschieden. Davon zeugen die bereits vorher erwähnten Werke (von Woytowicz, Malawski, Bacewicz). In seiner charakteristischsten Form trat der Neoklassizismus jedoch in den Werken auf, die bewußt an die Musik der früheren Epochen anknüpften und ein Element der Archaisierung und Stilisierung enthielten. Man könnte sehr viele Werke mit solchen Merkmalen anführen, aber nicht alle besitzen den gleichen Wert und haben, abhängig vom Talent des Komponisten, in verschiedenem Grade zur Bereicherung und Erweiterung der Sprache der zeitgenössischen polnischen Musik beigetragen. Zu den hervorragenderen Werken dieser Gruppe zählen zwei Kompositionen Andrzej Panufniks: die *Áltpolnische Suite* für Streicher (1950) und das *Gotische Konzert* für Trompete, Harfe, Pauken und Streicher – das *Concerto in modo antico* (1951). Vor allem das letztere Werk, das als Illustration zu einem Hörspiel entstand, verdankte seine große Popularität dem äußerst anmutigen klanglichen Gewand, das gleichsam eine moderne Rekonstruktion der Barockmusik darstellt (obwohl der Komponist hier Zitate aus noch früheren Werken, z.B. der Musik Wacławs aus Szamotuły, verwendete). Als ein äußerst begabter Meister der Archaisierung erwies sich der junge (1928 geborene) Tadeusz Baird, eines der Mitglieder der 1949 auf dem Kongreß in Łagów gegründeten Gruppe 49 (Baird, Krenz, Serocki). Diese Gruppe vertrat keine gemeinsame Ästhetik, es einte sie hingegen der Wunsch, Musik zu schaffen, die einem breiten Kreis von Abnehmern zugänglich, in der Tradition stark verwurzelt, zugleich jedoch modern im Klang war (obgleich nicht avantgardistisch, experimentell) und die den Erfahrungsbereich des wenig mit zeitgenössischer Musik vertrauten Publikums erweiterte.

Tadeusz Baird realisierte konsequent diese Losungen seit seinem kompositorischen Debüt, dabei blieb er im Banne des Neoklassizismus und nutzte gewisse Formen und technische Kniffe aus einem sehr umfassenden Bereich der Geschichte. Diese Haltung wird sichtbar in solchen Werken wie *Sinfonietta* (1949), *Klavierkonzert* (1949), *Ouertüre im alten Stil* für kleines Sinfonieorchester (1950) oder *Konzert für Orchester* (1953). Eines der besten Werke Bairds aus dieser Zeit ist die *Suite im alten Stil „Colas Breugnon"* für Streichorchester und Flöte (1951).

Die literarische Vorlage dieses Werkes, die dem bekannten Roman Romain Rollands entnommen war, bot dem Komponisten Gelegenheit zu einer Archaisierung, die auf die Zeiten die Renaissance verwies. Davon sprechen bereits die Titel der einzelnen Teile: *Präludium, Cantilène d'amour, Tanz I – Basse dance, Chant triste, Tanz II – Gaillarde, Postludium.* Dieser allgemeine Rahmen wurde jedoch mit einem Inhalt von ausgesprochen romantischem Ursprung ausgefüllt. Davon zeugen harmonisch-melodische und instrumentelle Einzelheiten, ebenfalls das emotionale Klima, das an die romantische Lyrik Schuberts, Mendelssohns und Brahms' anknüpft. Wenn man Bairds spätere Kompositionen kennt, so läßt sich mühelos in diesem Werk eine Neigung des Komponisten zu Melodien vokalen Charakters erkennen, jedoch auch jene flüchtige Programmatik, die man in so vielen großartigen Werken von Berlioz, Chopin oder Debussy findet.

In den ersten Jahren nach dem Kriege debütierte der zweite hervorragend begabte Komponist – Kazimierz Serocki (1922–1981). Er war, ebenso wie Baird, aus der Schule des glänzendsten Pädagogen in der Geschichte der polnischen Musik des 20. Jahrhunderts hervorgegangen, des einstigen Mitarbeiters Szymanowskis – Kazimierz Sikorski.

Kazimierz Serocki hatte seine Karriere als Pianist begonnen und erlangte auf diesem Gebiet keine geringe Anerkennung sowohl als konzertanter Solist als auch als Begleiter. Seine pianistische Tätigkeit gab er jedoch 1951 auf und widmete sich seitdem ausschließlich der kompositorischen Arbeit. Obwohl sein Talent eigentlich erst nach 1956 aufblühte, ließen jedoch bereits Serockis erste Werke aufhorchen. Der Komponist repräsentiert in seinen Frühwerken eine neoklassizistische Strömung, die bewußt an die romantische Tradition anknüpft. Davon zeugen in erster Linie sein *Romantisches Konzert* für Klavier (1950) sowie die *2. Sinfonie* (die sog. *Liedsinfonie*, 1953), aber auch das am häufigsten aufgeführte Werk Serockis aus jenen Jahren – das *Konzert* für Posaune und Orchester (1953). Im ersten Nachkriegsjahrzehnt komponierte der Musiker auch eine Reihe aktueller Gelegenheitsschöpfungen wie etwa pädagogische Werke, Massenlieder, Film- und Bühnenmusik.

In Serockis Gesamtschaffen gibt es nur wenige unbedeutende Positionen; von den Werken dieser frühen Periode verdient jedoch vor allem die *2. Sinfonie* – die *Liedsinfonie* – für Sopran, Bariton, Chor und Orchester, die 1953 komponiert und mehrere Jahre später, hauptsächlich im Hinblick auf die Instrumentation, erneut durchgesehen und revidiert wurde, eine eingehendere Betrachtung. Dieses einfach und zugleich originell aufgebaute Werk setzt sich aus vier Teilen zusammen: Arioso – Scherzo – Quasi variazioni – Finale. Die authentischen volkstümlichen Texte sind so angeordnet, daß sie sehr differenzierte, jedoch charakteristische Bilder aus dem Leben des einstigen polnischen Dorfes vermitteln. Das erste Bild ist der Dialog zweier junger Menschen über die Liebe und die Sehnsucht, im zweiten Teil findet eine große Hochzeit statt, dann führt ein einem Kind vorgesungenes Wiegenlied in das häusliche Klima ein, und im Finale bietet das Erntefest Gelegenheit, die täglichen Mühen der Dörfler zu zeigen.

Wenngleich die Texte in crudo der Folklore entnommen sind, enthält die Musik nicht einmal volkstümliche Zitate. Die breit ausgebaute Form und der große Ausführungsapparat konnten nicht auf so einfache Klangkonstruktionen wie Volkslieder gestützt werden. Serocki faßte also den Entschluß, eine originelle Musik zu schaffen, die in gewisser Weise eine Apotheose der Folklore wäre und charakteristische Rhythmen sowie melodische Wendungen daraus schöpfte, wobei sie ihr gekonnt bestimmte Aufführungskniffe entnahm. Aus diesen einfachen Elementen vermochte er jedoch ein überaus kompliziertes Ganzes zusammenzufügen und es den Gesetzen der großen Form unterzuordnen. Davon zeugt die expressive Kontrastierung seiner Teile und vor allem der Aufbau der einzelnen Abschnitte mit sehr plastisch gezeichneten Kulminationen, einer prachtvollen Instrumentation, die im Verein mit raffinierten harmonischen Effekten ein Spezifisches, für Serocki so typisches Klima der Klangfarbe schafft. Der junge Komponist gab hier wohl zum ersten Mal den Beweis seiner phänomenalen Phantasie, die später in so markanten Werken wie *Poesien* oder *Impromptu fantasque* ihren Niederschlag finden sollte.

Im Banne einer ähnlichen kompositorischen Problematik wie Serocki stand auch Grażyna Bacewicz (1909–1969), obgleich ihr Neoklassizismus eine klare Vorliebe für die Musik des 18. Jahrhunderts verriet, also ein Neoklassizismus in wörtlichem Sinne war. Obwohl ihre schöpferische Tätigkeit mehrere Jahre vor dem Kriege begonnen hatte, stellten sich die größten Erfolge erst nach der Befreiung ein. Ein Ausdruck dessen sind die zahlreichen Preise, die sie in Polen erhielt, aber auch Erfolge bei internationalen Wettbewerben: der 1. Preis in Lüttich für das *4. Streichquartett* (1951) oder – um dem etwas vorzugreifen – der 3. Preis für die *Musik für Streicher, Trompeten und Schlagzeug* bei der Komponistentribüne der UNESCO (1960).

Wenn man die Quellen der Spezifik und des Stils von Grażyna Bacewicz analysiert, muß man unweigerlich darauf zu sprechen kommen, daß sie auch eine ausgezeichnete Geigerin war. Die praktische Kenntnis der Streichinstrumente und ihre Vorliebe dafür blieben bestimmt nicht ohne einen starken Einfluß auf ihr kompositorisches Schaffen. Bacewicz nutzte die Streicher auf eine sozusagen natürliche Weise und modifizierte dabei die in Jahrhunderten für diese Instrumente herausgebildeten Formeln. Man sieht das deutlich beim *Konzert für Streichorchester* (1948), einem der beliebtesten Werke der Bacewicz aus jener Zeit. In diesem Werk fallen die für die meisten ihrer Arbeiten typische Klarheit und Logik der Konstruktion auf, diktiert von der fachlichen Kenntnis, die Zurückhaltung bei der Einführung neuer Klangeffekte und auch die Finesse und der virtuose Schwung bei den konzertanten Partien. Der Historiker entdeckt in diesem Werk mühelos Verbindungen zum Barock: in den motorischen Rhythmen, in dem konsequenten Prinzip der Entfaltung und Bearbeitung kleiner Motive, schließlich im chorischen Behandeln des gesamten Orchesterensembles. Der Klassizismus kommt hier hauptsächlich in der Sphäre der allgemeinen Konzeption der Form zum Tragen, wo man Elemente eines Sonatenallegros, eines Rondos oder der Variation wahrnehmen kann. Durch ebenso vollendete Konstruktion und eine virtuose Behandlung des traditionellen Satzes der Streichinstrumente zeichnen sich das *4.* und das *6. Streichquartett* (1951, 1959), das *Klavierquintett* (1952) oder schließlich die in der Mehrzahl vorzüglichen Violinkonzerte sowie das *1. Cellokonzert* (1951) aus.

Das sehr reiche und – mit wenigen Ausnahmen – auf hohem Niveau stehende Schaffen der Bacewicz im ersten Nachkriegsjahrzehnt kann zu der Schlußfolgerung führen, daß es das Ergebnis einer überaus glücklichen Verbindung des Talents der Komponistin mit der dafür angemessensten Technik war. In der Tat bot der Klassizismus in seiner reinsten Form (sofern eine solche existiert!), in seinem Kult der Vollkommenheit der formalen Konstruktion, in seiner Unterwerfung unter die Prinzipien der klassischen Instrumentierung den Komponisten ein solides und sicheres Fundament, lieferte fertige Verhaltensmuster und stellte klar umrissene Ziele für die schöpferische Arbeit. Die antiromantische Erhebung des Komponisten als Handwerker über den Komponisten als Künstler, der einen einsamen Kampf mit den Zweifeln der eigenen Seele führt, der Vorrang der technischen Vollkommenheit gegenüber der Originalität und der Unwiederholbarkeit des Werkes ließ die Komponisten auf die Erkundung unerforschter Gebiete der Musik verzichten und sich über die mit erprobten Mitteln erreichte klangliche Vollkommenheit freuen.

Es wäre jedoch ein Irrtum, zu meinen, daß die Komponisten, die zu eben dieser Strömung des Neoklassizismus gehörten, keine neuen Werte in die zeitgenössische Musik eingebracht haben. Ihre Kunst konnte sich ja nicht auf eine buchstäbliche Übertragung selbst der vollendetsten Schaffensprinzipien der vergangenen Epochen stützen. Es gibt zwar einige wenige Beispiele einer treuen Rekonstruktion und selbst einer „Vervollkommnung" der stilistischen Errungenschaften des Barocks oder der Klassik (so das erwähnte *Gotische Konzert* Panufniks), aber sie sind nur als Randerscheinungen zu werten und gleichsam zur „praktischen" Geschichte der Musikstile zu zählen.

Wenn man die neuen Elemente in den Werken von Grażyna Bacewicz verfolgt, soll man vor allem auf ihre Leistungen auf dem Gebiet der Klangfarbe verweisen. Erreicht hat sie die Komponistin durch unstereotype harmonische Sätze und einen reichen Bestand an Artikulationsmitteln sowie interessante, nicht banale Fakturlösungen. Jenes spezifische, in vielen Werken hörbare klangfarbliche Klima gewann aus der Perspektive der späteren Werke, die bereits nach dem Ende der fünfziger Jahre erfolgten Umbruch im Schaffen der Komponistin geschrieben wurden, eine besondere Bedeutung.

Unter den polnischen Repräsentanten des Neoklassizismus nach dem Kriege nimmt ein Komponist der älteren Generation, einer der wenigen Schüler Karol Szymanowskis, Bolesław Szabelski, einen bedeutenden Platz ein. Sein Nachkriegsschaffen war das Ergebnis bereits langjähriger Arbeit und reicher Erfahrungen, und das starke Verantwortungsbewußtsein und das Talent dieses Künstlers lassen die damals entstandenen Kompositionen mit Aufmerksamkeit verfolgen. Szabelski, seit 1929 Professor für Orgelspiel und Kompositionslehre an der Musikhochschule in Katowice, bekannte sich früh zu der Strömung des Neoklassizismus, die an die Quellen der Barockmusik anknüpfte. Eben daraus schöpfte er sowohl konstruktive wie technische Vorbilder, jedoch sein individuelles und von der Mode unabhängiges Verhältnis zum Schaffen manifestierte sich u.a. in einer umfassenden Nutzung der Errungenschaften der Neuromantik auf dem Gebiet Harmonie, Faktur und Instrumentation. All diese Elemente sind auch in seinen Werken aus den Nachkriegsjahren sichtbar, jedoch fügen sich ihre Proportionen anders, es erfolgen ziemlich deutliche Verschiebungen der Schwerpunkte, und Szabelskis Musik wird im Ergebnis durchsichtiger, stilistisch homogener und zugleich im Hinblick auf die benutzten technischen Mittel moderner. Die Vorliebe des Komponisten für große Formen und klanglichen Monumentalismus wurde in der *3.* und *4. Sinfonie* (1951 und 1956) spürbar, in denen eine sehr konsequente Synthetisierung der Elemente der Technik und der Form des Barocks und des Neoklassizismus mit neueren, zuweilen geradezu schöpferischen Faktursätzen erfolgte. Eben die Empfindsamkeit für neue Werte der Klangfarbe, die Suche nach neuen Lösungen der harmonischen und fakturalen Probleme in Verbindung mit der Ungezwungenheit und Präzision beim Operieren mit einem großen Instrumentalensemble entschieden über den Wert dieser Werke. Szabelski strebte neben den jüngeren Komponisten wie Malawski, Panufnik, Lutosławski am raschesten eine radikale Erneuerung der musikalischen Sprache an. Man sieht das besonders deutlich im *Concerto grosso* (1954), wo die beschränkte Besetzung und die barocke Reinheit der formalen Konstruktion mit ganzer Kraft die Frische der Harmonik offenbaren und die Bedeutung der fakturalen und instrumentalen Details hervorheben.

Das Schaffen Bolesław Szabelskis ist ein Beweis dafür, daß im Rahmen der allgemeinen neoklassizistischen Poetik die Möglichkeit einer intensiven und fruchtbaren Entwicklung der zeitgenössischen kompositorischen Technik gegeben ist. Das Hauptgebiet der Umgestaltungen werden dabei die Faktur und die Instrumentation, die eine immer größere Bedeutung annehmen, indem sie vollwertige Faktoren des Werks werden. Parallel dazu verlief der Radikalisierungsprozeß der harmonischen Mittel, des allmählichen Abgehens von der Assoziation mit dem tonalen Dur-Moll-System und ebenfalls die Emanzipation der scharfen, dissonanten Klänge. Diese Erscheinungen, die die Lebensfähigkeit und die Attraktivität der neoklassizistischen Konventionen verlängerten, bargen in sich zugleich die Elemente ihrer Vernichtung. Immerhin war die sich bereits klar abzeichnende Perspektive der erstrangigen Rolle der Klangfarbe gleichzeitig ein Urteil über die bisherigen Kompositionsmethoden, sie beraubte die verbindlichen Auffassungen über die fundamentalen Gesetze der Musik ihres Wertes, die die Priorität der Melodie und der Harmonie anerkannten und den Komplex der in der Geschichte erprobten Regeln des sinnvollen Strukturierens des Klangmaterials für bare Münze nahmen.

Die Symptome der nahenden Wandlungen tauchten auch in den Werken anderer polnischer Komponisten auf. Vielversprechend gestaltete sich in dieser Hinsicht das Schaffen Andrzej Panufniks. Darüber war bereits im Zusammenhang mit seinen früheren Werken die Rede. Die Nachkriegsperiode brachte viele Arbeiten dieses Komponisten, von denen jede ein neues interessantes Problem enthielt. Panufniks Musik leitete sich ebenfalls aus der neoklassizistischen Strömung ab, sehr bald jedoch schloß der Komponist eine Reihe von Fragen in den Bereich seiner Interessen ein, die den Rahmen dessen, was man als „neoklassizistisch" bezeichnen kann, erheblich erweiterten. Davon zeugten die bereits vorher erwähnte *Tragische Ouvertüre* und die *5 Volkslieder*, die während der Okkupation entstanden. Eine neue technische und ästhetische Problematik brachte das *Wiegenlied* für 29 Instrumente und 2 Harfen (1947). In diesem Werk wurden Vierteltöne eingeführt, um den Bereich der Klangnuancen des traditionellen, auf der chromatischen Skala fußenden Systems zu erweitern. In das komplizierte, kunstvolle Netz der sich polyphon verflechtenden Stimmen wurde eine Volksmelodie mit einfacher diatonischer Zeichnung eingefügt. Natürlich wurde im Effekt die Wirkung des volkstümlichen Stoffes bedeutend geschwächt, sein origineller Charakter verwischte sich, das gesamte Werk indes trägt eine durch und durch originelle Klangaura voll subtiler koloristischer Nuancen, die eine Ankündigung der erst in den sechziger Jahren herausgebildeten Technik ausgedehnter Flächen ohne dynamische Merkmale der Bewegung und Lautstärke war, die einen sich langsam wandelnden Farbblock exponieren. Im *Wiegenlied* Panufniks drückt dieser Effekt programmatische Inhalte aus, führt einen Zustand der Beruhigung und der Loslösung vom konkreten Inhalt des einzelnen Klanges herbei, schafft eine „Atmosphäre von Empfindungen aus dem Grenzgebiet des Wachtraums" (Zofia Lissa). Ein ähnliches Herangehen an die Folklore demonstriert der Komponist in der 1949 entstandenen *Sinfonia rustica*.

Dieses Werk enthält, ähnlich wie der Variationszyklus *Quintenkreis* (1947), gewisse Elemente der seriellen Dodekaphonie, was in der damaligen polnischen Musik ein Fakt ohne Beispiel war. Jedoch tritt die Dodekaphonie nicht in ihrer orthodoxen Gestalt auf, und man kann ihre Wirkung in den harmonischen Sätzen aufdecken. Daher ist auch das gesamte Werk ungeachtet der Nutzung einfachen und tonal durchsichtigen volkstümlichen melodischen Materials von einem erheblichen Radikalismus des Klanges gekennzeichnet. Die moderne, scharfe Dissonanzenharmonik, die weit über die funktionelle Tonalität hinausgeht, die vielschichtigen Abläufe der einander überlagernden Flächen mit unterschiedlicher Dynamik, Beweglichkeit, melodischer Gestalt, schließlich die interessanten Fragmente der nichtalltäglichen, gleichsam deformierten Orchesterklänge, die bereits an die Erfahrungen der elektronischen Musik erinnern – all das wurde zu einer organisch verschmolzenen, einheitlichen Form geordnet, die sich sicher und rasch ohne Zögern entwickelt. Die *Sinfonia rustica* wurde beim Wettbewerb anläßlich des 100. Todestages Fryderyk Chopins mit dem 1. Preis ausgezeichnet.

Den nächsten Schritt in Richtung einer neuen Ästhetik machte Panufnik in der *Nokturne* (1947, überarbeitet 1955). Aus der heutigen Sicht scheint dieses Werk eine Klammer zu sein, die die polnische Musik der vierziger Jahre mit den Werken der um zwanzig Jahre jüngeren Krzysztof Penderecki und Henryk Mikołaj Górecki verbindet. Die *Nokturne* nutzt durchaus moderne Kategorien des Orchesterklanges, die in sich traditionelle polnische Elemente (in der Ausdrucksebene, wo eine melancholische Einfachheit voller Tiefsinn dominiert) mit einer Sprache vereinen, die eine Konsequenz und die eigene Entwicklung der Technik Strawinskys und des postimpressionistischen Kreises sowie – besonders auf dem Gebiet der Instrumentation – der Erfahrungen Szymanowskis und Bartóks darstellt. Panufnik entlockt den Streichinstrumenten mit ungewöhnlicher Intuition eine ganze Skala neuer, gleichsam irrealer Klänge, mit denen heftige, obsessiv wiederholte, schreiende Interventionen des Blechs scharf kontrastieren. Die Sorge um die Qualität und die Klangfarbe ist hier so groß, daß man dieses Werk als eine Folge plastischer, deutlich umrissener koloristischer Flecke hören kann, die in die strenge Zucht einer eisernen Logik der Form mit einfacher bogenförmiger Kontur gefaßt sind.

Es muß jedoch gesagt werden, daß die Originalität und der Radikalismus der Vorschläge Andrzej Panufniks das Bild der polnischen Musik des ersten Nachkriegsjahrzehnts in keinem wesentlichen Maße beeinflußt haben. Das ergab sich aus dem allgemein ungünstigen Klima für jegliche Neuheit, was in der Konsequenz zu einer Isolierung der polnischen Tonschöpfer von den avantgardistischen Strömungen der zeitgenössischen Musik führte. Dadurch ließ das Entwicklungstempo der Kunst nach, darunter auch der Musik, obwohl sie dank ihrem asemantischen Stoff den Komponisten die Chance eines bedeutend ungehinderteren Wirkens bot; und die polnischen Komponisten haben diese Chance voll genutzt. Beispiele dafür sind die vorher erwähnten Arbeiten und auch das Werk, das als die beste Komposition des behandelten Zeitraums angesehen wird: das *Konzert für Orchester* (1954) von Witold Lutosławski.

Bereits der Titel dieses Werkes weist darauf hin, daß es sich in den Grenzen des Neoklassizismus bewegt. Eben die Form eines Konzerts für Orchester wurde gewissermaßen zur Visitenkarte dieser Musikströmung des 20. Jahrhunderts. Jedoch weicht Lutosławskis Werk – ähnlich wie die Kompositionen Panufniks – weit von einem eng verstandenen Anknüpfen an die klassischen Traditionen ab. Die Titel der einzelnen Teile (*Intrada – Capriccio notturno e Arioso – Passacaglia, Toccata, Corale*) suggerieren einen Zusammenhang mit der Musik des Barocks, jedoch läßt eine Werkanalyse diese Suggestion verwerfen. Das Konzert Lutosławskis ist nämlich in jeder Beziehung ein originelles und zeitgenössisches Werk. In erster Linie zeugen davon das Verhältnis zur Klangfarbe und die Art der Organisierung des Tonmaterials, ebenfalls die allgemeine formale Konzeption, die auf einem stufenweisen Steigern der Spannung bis zum Höhepunkt im dritten Teil des Werkes beruht. Der Komponist bediente sich hier eines volkstümlichen Stoffes, jedoch hat die Art, wie er ihn handhabt, die Spezifik des Folklorecharakters erheblich geschwächt. Dieses kompositorische Verfahren wird völlig begreiflich, wenn man die im Aufbau bescheidenen und einfachen Schemata der Volksmelodien mit dem monumentalen, auf eine große Skala zugeschnittenen Plan des *Konzerts* vergleicht. Die Entwicklung verläuft hier nach Grundsätzen, die für große sinfonische Formen gelten. Dem dient ein sinfonisches Orchesterensemble mit vergrößerter Schlagzeugbesetzung. Dieses Werk imponiert durch den Reichtum an Einfällen bei der Instrumentation, durch die verschiedenartige, vortrefflich komponierte Faktur und durch die außergewöhnliche Präzision beim Konstruieren von Spannungsabläufen. Neben den traditionellen melodisch-harmonischen Sätzen (obwohl sie jeglicher Bezüglichkeiten zum Dur-Moll-System beraubt sind) tritt hier eine neue Art des Denkens in den Kategorien der Dynamik, der Verschmelzung, der Klangfarbe auf. Das manifestiert sich hauptsächlich in der Art des Operierens mit dem Orchester, dem der Komponist die verschiedensten Effekte abgewinnt, einmal durch Herausheben verschiedener Gruppen aus dem gesamten Ensemble, dann wieder durch interessante vielschichtige fakturale Sätze, wobei er ungestüme, witzige Fragmente sehr geschickt mit lyrischen Abschnitten von edlem pastoralem Charakter sowie mit Episoden voll dramatischer Spannung zusammenstellt.

Lutosławskis *Konzert für Orchester* gehört dank seinem hervorragenden künstlerischen Wert und der brillanten, reichen Instrumentation zu den am häufigsten gespielten Werken dieses glänzenden Komponisten. 1963 erhielt es den 1. Preis der Gesellschaft der Musikfreunde und der UNESCO. Bis heute haben sich noch andere Werke Lutosławskis aus seiner „folkloristischen" Periode im Repertoire gehalten, vor allem die *Tänzerischen Präludien* (1954), *Bukoliken* für Klavier (1952) und auch das *Schlesische Triptychon* für Sopran und sinfonisches Orchester (1951) sowie die *Kleine Suite* (1950/51).

Eine sehr wertvolle Strömung im Schaffen Lutosławskis waren in jenen Jahren die Kinderlieder, die bis jetzt – also bereits über dreißig Jahre – das grundlegende und beliebte Repertoire der Vorschulkinder bilden. Man kann also feststellen, daß die jüngste Generation polnischer Komponisten ihre ersten Begegnungen mit der Musik eben Witold Lutosławski verdankt.

Neue Wege

Die letzten Kapitel dieses Buches sind zugleich ein Bericht über die neue, immer noch währende Etappe in der Geschichte der polnischen Musik, es sei hinzugefügt – eine interessante und ungemein erfreuliche, erfolgreiche Etappe, obschon sie natürlich nicht gewisser Unzulänglichkeiten entbehrt.

Das Jahr 1956 als Grenze der beiden Perioden ist selbstverständlich keine beliebige, willkürlich gesetzte Zäsur, sondern steht in engem Zusammenhang mit den damals erfolgten Wandlungen im Leben der gesamten Bevölkerung. Nach den Jahren der Isolation von den Erfahrungen der Weltavantgarde und der Konzentration auf die Ziele des sog. sozialistischen Realismus folgte die Zeit eines ungehinderten Informationsflusses und der Gleichberechtigung aller Richtungen des Schaffens. Man stellte sich damals die Frage: Sind die polnischen Künstler auf diesen Wechsel vorbereitet, werden sie ihn nutzen können? Darauf antwortete Witold Lutosławski 1957 auf dem Kongreß des Verbandes Polnischer Komponisten: „Ganz bestimmt. Aber dennoch haben wir es nicht leicht. Jeder von uns steht vor dem Problem, seinen Platz in diesem Wirrwarr zu finden, den die Kunst unserer Zeit darstellt. Besonders scharf zeichnet sich dieses Problem vor denen von uns ab, die nach mehrjähriger Unterbrechung den Kontakt zur westeuropäischen Musik wiederaufgenommen haben. Wir haben hier nicht alle eine klare Vorstellung davon, was in dieser Musik geschieht, wonach sie strebt. Ich glaube jedoch, daß es nur eine Frage der Zeit ist, daß wir nicht nur einen klaren Begriff davon gewinnen, sondern auch hier eine positive und durchaus nicht geringe Rolle spielen werden."

Der Anschluß an die Hauptströmung der Weltmusik war kompliziert und erforderte Zeit. Man mußte damit beginnen, sich mit all dem in den vergangenen Jahren in der Kunst Geschehenen vertraut zu machen, was nicht nach Polen gelangt war. Diese Rolle sollten die zum ersten Mal im Oktober 1956 in Warschau organisierten Internationalen Festspiele der Zeitgenössischen Musik, der „Warschauer Herbst", erfüllen. Seine Organisatoren – eine Gruppe der aktivsten Komponisten mit Serocki und Baird – stellten dieser Unternehmung eine Reihe von Aufgaben, deren Hierarchie sich natürlich im Laufe der Jahre in dem Maße änderte, wie das Festival an Bedeutung gewann. Das programmatische Modell des „Warschauer Herbstes" basierte auf einer umfangreichen Information über die neuen Errungenschaften der Musik in der Welt, der Präsentation von Werken der sog. Klassiker des 20. Jahrhunderts, die in Polen meist unbekannt waren, wie auch der Leistungen polnischer Komponisten, um einerseits das internationale Publikum mit der polnischen Musik bekannt zu machen, andererseits aber ihren Charakter mit dem zu vergleichen, was im Ausland entstand.

Aus der heutigen Sicht ist deutlich zu erkennen, daß diese Musikfeste eine wichtige Rolle auf vielen Gebieten des Musiklebens in Polen gespielt haben. Sie trugen zur raschen Aufholung von Rückständen im Bereich der Information bei, was mit Sicherheit den Wandel im Schaffen vieler polnischer Komponisten beeinflußt hat. Bereits seit dem zweiten „Warschauer Herbst" (1958) erschienen in den Programmen Werke, die von einer radikalen Änderung des Interesses der Tonschöpfer zeugten, z.B. die *Trauermusik* (1958) Lutosławskis oder die *3 Sonette* (1958) Szabelskis. Die Festspiele wurden sehr bald auch eine Tribüne der talentierten Jugend; hier eben schufen Wojciech Kilar, Krzysztof Penderecki, Henryk Górecki, Zygmunt Krauze die Fundamente ihrer Karriere – neue Namen tauchen übrigens jedes Jahr auf.

Symptome der Erneuerung manifestierten sich natürlich auch auf anderen Gebieten als dem des Schaffens. Es wurden Kontakte mit vielen ausländischen Zentren erneuert, man reaktivierte die Tätigkeit der polnischen Sektion der Internationalen Gesellschaft für Neue Musik (Vorsitzender Artur Malawski), Polen trat dem Internationalen Musikrat bei, die Gewerkschaft der Polnischen Musiker erlangte ihre Selbständigkeit wieder (und wurde in die Vereinigung Polnischer Musikkünstler umgewandelt). Es lebten Diskussionen über die Form und die Bedürfnisse des Musikschulwesens auf, man suchte nach Wegen, um die Aktivität der führenden Musikinstitutionen zu steigern, führte Dispute über Grundsätze und Detailfragen; Austragungsort dieser Streitigkeiten war oft die 1957 reaktivierte Zweiwochenschrift *Ruch Muzyczny* (Musikbewegung).

Ein Ergebnis der neuen Kulturpolitik des Staates war auch die Erneuerung der Kontakte mit vielen polnischen Komponisten, die im Ausland lebten, u.a. mit Michał Spisak, Roman Palester, Tadeusz Kassern, Aleksander Tansman, Szymon Laks.

Die gesteigerte Betriebsamkeit und Expansivität der polnischen Musikerkreise brachte bald Resultate in Form immer häufigerer Präsentationen der polnischen Musik auf der ganzen Welt.

Die Basis für die zeitgenössischen Komponisten wurde durch eine wichtige, obschon keineswegs große Einrichtung gefestigt. 1958 wurde beim Polnischen Rundfunk in Warschau ein Experimentierstudio eingerichtet, das für die Komponisten eine Werkstatt für ihre Arbeit und ihre Suche auf dem Gebiet der elektronischen und konkreten Musik wurde. Leiter des Studios wurde der Musikwissenschaftler und Physiker Józef Patkowski.

Das Ende der fünfziger Jahre brachte somit eine Reihe grundsätzlicher Wandlungen im polnischen Musikleben, mit denen auch wesentliche Änderungen im Schaffen einhergingen. In den Augen unmittelbarer Beobachter der damals erfolgenden Prozesse war das ein Umbruch, der in der Geschichte der polnischen Musik nicht seinesgleichen hatte, jedoch im Laufe der Jahre wurden die Bindungen des ersten Nachkriegsjahrzehnts mit dieser nachfolgenden Periode immer deutlicher. Jene Kontinuität resultierte vor allem daraus, daß die Mehrzahl der hervorragendsten polnischen Komponisten bereits vor 1956 ihre volle künstlerische Reife erreicht hatte. Angesichts der Explosion der neuen Informationen und der verschiedensten verlockenden ästhetischen Vorschläge sahen sie sich also imstande, eine Wahl zu treffen und jegliche technische Lösung vom Standpunkt ihrer eigenen Bedürfnisse zu beurteilen. Daher kann man auch nicht von einer beschleunigten Entwicklung der polnischen Musik in jenen Jahren sprechen – das, was damals geschah, wäre richtiger als eine bewußte Assimilation von Elementen der neuen Techniken zu bezeichnen, die die Notwendigkeit der bereits von anderen vollzogenen Versuche und Experimente eliminierte und es ermöglichte, sich nur auf Errungenschaften von erprobtem und jedem Komponisten nützlichem Wert zu konzentrieren. So machten denn die polnischen Komponisten um 1960 einen gewaltigen Sprung in Richtung der neuen Techniken, ohne die Etappe des Suchens nach der Methode von Proben und Fehlern durchzumachen, andererseits aber setzten die meisten von ihnen die Linie fort, die sie viele Jahre früher gewählt hatten.

Anders stellte sich die Situation der jungen Schöpfer dar, die bereits nach 1956 debütierten, wie Krzysztof Penderecki (geb. 1933), Henryk Mikołaj Górecki (geb. 1933), Zygmunt Krauze (geb. 1938) u.a. Für sie war die Wahl des künstlerischen Weges ebenso offen wie für ihre Altersgenossen aus anderen Ländern; sie konnten zwar ungehindert Entscheidungen treffen, aber sie standen auch vor der Notwendigkeit, alle fundamentalen Grundlagen und Ziele der schöpferischen Arbeit selbständig zu formulieren. Das ergab sich aus dem Umstand, daß ihr Start mit dem Zeitpunkt einer regellosen Revision der Kunst zusammenfiel. Das schuf natürlich nicht die Bedingungen für die Herausbildung eines allgemein akzeptierten didaktischen Systems, es zwang auch dazu, zu den verschiedensten, oft extrem radikalen technischen Lösungen und demonstrativen ästhetischen Haltungen Stellung zu nehmen.

Symptome der nahenden Wandlungen waren auch vor 1956 sichtbar, jedoch die vollständigste Proklamation der neuen Periode erfolgte 1958 – dem Jahr, in dem die *Trauermusik* Witold Lutosławskis vollendet und uraufgeführt wurde. Dieses Werk entstand aus der Inspiration und auf Bestellung von Jan Krenz, der mit seiner ersten Aufführung den 10. Jahrestag des Todes Béla Bartóks zu ehren gedachte. Die Arbeit des Komponisten dauerte jedoch statt der geplanten wenigen Monate zwei Jahre, was – wie der Künstler feststellte – ein Ergebnis „ernster technischer Schwierigkeiten" war. Diese Äußerung klingt im Munde des Autors der *Ouvertüre für Streicher* und des *Konzerts für Orchester* überraschend, besonders wenn man hinzufügt, daß dieses Werk kaum 14 Minuten dauert und für ein Streichorchester bestimmt ist. Jedoch bereits die erste Anhörung klärte eventuelle Zweifel, denn die *Trauermusik* stellt im Verhältnis zu den vorherigen Werken Lutosławskis eine völlige Wende dar. Mit den bis vor kurzem noch in seiner Musik vorhandenen Reminiszenzen des Dur-Moll-Systems brechend, hatte der Komponist mit erstaunlicher Präzision und Konsequenz die Aufgabe unternommen, die Struktur des Werkes auf neuer Grundlage zu organisieren. Die Basis des gesamten Werkes ist der zwölftonige horizontale Ablauf, der eine nahe Verwandtschaft mit der Zwölftonserie aufweist. Sein Wesen bildet das wechselweise Gliedern des Tritonus und der fallenden kleinen Sekunde – von Intervallen, die in der zeitgenössischen Musik eine besondere Bedeutung gewonnen haben. Die auf diese Weise entstehende, in langen Werten angegebene Melodie hat einen originellen, elegischen Charakter. Die beschriebene Serie dient auch, oder vielleicht vor allem, harmonischen Zielen, und zwar weil sie so ausgenutzt wird, daß vom Beginn des Werkes an allmählich aufeinanderfolgende Zusammenklänge eingeführt werden, um in der Kulmination zum Zwölftonklang zu gelangen. Die *Trauermusik* setzt sich aus vier attacca aufeinanderfolgenden Abschnitten zusammen: dem *Prolog*, den *Metamorphosen*, dem *Apogäum* und dem *Epilog*. Ein konsequent realisierter dynamisch-agogischer Plan steigert die Spannung durch Vergrößerung der Zahl der Instrumente, Zerstückelung der rhythmischen Werte und allmähliche Intensivierung der Harmonie vom ruhigen Kanon zweier Solovioloncelli im *Prolog* über das ekstatische, machtvolle *Apogäum* bis zum *Epilog*, in dem sie sich entlädt und der gleichsam ein Spiegelbild des ersten Abschnitts ist. Die Instrumente verstummen nacheinander, die Melodie wird immer ruhiger, wieder erscheint die „Serie" in einer ganzen Kette von Kanons, und schließlich beschließt ein einsames Cello das Werk.

Bereits nach der ersten Aufführung wurde klar, daß da ein Werk erschienen war, das für die polnische Musik große Bedeutung hatte. *Ruch Muzyczny* veröffentlichte bald darauf ein Interview (Bohdan Pilarskis) mit dem Komponisten, in dem Lutosławski u.a. folgendes eingestand: „Meine Arbeit hatte im Laufe langer Jahre oft einen doppelten Charakter: Studien an einer neuen Sprache und das Schaffen, in dem ich mich der Mittel bediente, die mir gut vertraut waren und die ich beherrschte. Deshalb würde ich gern einige meiner Werke zu einem Ersatzschaffen zählen... Ein Ersatzschaffen entsteht nach dem Grundsatz: Ich schreibe, wie ich es vermag, weil ich im Augenblick nicht so schreiben kann, wie ich es möchte. Der Grad der Engagiertheit eines Komponisten bei einem solchen Schaffen kann sogar sehr hoch sein, obwohl er etwas von einem Akt der Resignation an sich hat. Was das psychische Selbstgefühl bei einem solchen zweifachen Weg betrifft (ein gefährliches Thema!), habe ich es irgendwie ertragen, obwohl es von innerem Komfort weit entfernt war. Ich freue mich, daß ich davon in der Vergangenheitsform sprechen kann."

Die *Trauermusik* ist noch aus einem weiteren Grund ein Ausnahmewerk, sie stellt nämlich die erste Reaktion in der polnischen Musik auf das Schaffen eines der hervorragendsten Komponisten des 20. Jahrhunderts, Béla Bartóks, dar. Das zeugt einerseits von der Wirksamkeit der langjährigen Isolierung von den wichtigsten Strömungen der Weltavantgarde, andererseits überzeugt es von der Tiefe und Geschwindigkeit der nach 1956 erfolgenden Veränderungen. Der Genauigkeit halber sollte man hinzufügen, daß Lutosławski deutlich feststellte, daß es ihm lediglich darum ging, dem Andenken des ungarischen Komponisten eine Huldigung zu erweisen, daß er sich hingegen keineswegs die Werke Bartóks zum Vorbild genommen habe.

Das Durchbrechen der „Informationsbarriere" und der lawinenartige Zustrom neuer, im vorherigen Jahrzehnt entstandener Werke bewirkten, daß viele der hervorragendsten polnischen Komponisten sich der Mühe unterzogen, ihre Werkstatt zu überprüfen und zu modernisieren. Bezeichnenderweise knüpfte man die größten Hoffnungen an die Zwölftonmusik, die serielle Musik und den Punktualismus, d.h. an jene Strömungen, die sich in Polen seit der Vorkriegszeit keiner Beliebtheit erfreuten. Die ersten Versuche nach dem Kriege, dodekaphonische Musik zu komponieren, unternahmen Kazimierz Serocki in der *Präludiensuite* für Klavier (1952) und im darauffolgenden Jahr Bogusław Schäffer (geb. 1929); einige Jahre später wurde die Zwölftonmusik eine von den Komponisten der mittleren und der jungen Generation, aber auch von einigen älteren Autoren (Bolesław Szabelski) allgemein angewandte Technik. Die Entwicklung der seriellen Dodekaphonie währte im Westen bereits ununterbrochen seit gut fünfzig Jahren, die polnischen Komponisten machten diese Etappe später, aber bedeutend schneller durch, ohne dabei der Faszination durch die Technik selbst zu erliegen, sondern waren auf Schritt und Tritt bemüht, ihre Tauglichkeit zur Verwirklichung übergeordneter Ausdruckskonzeptionen zu erkunden. Besonders klar tritt diese Erscheinung in den

Werken der Künstler mit romantischer Orientierung (im alltäglichen, nicht im historischen Sinne des Wortes) auf – bei Tadeusz Baird, Kazimierz Serocki, Bolesław Szabelski, Henryk Górecki. Allgemein gesagt, bestand ihre Spezifik in der Anwendung der Dodekaphonie anfangs in der Behandlung der Serie analog zum traditionellen melodischen Thema, womit das natürliche Streben verbunden war, ihr eine entschiedene emotionale Form zu geben.

Ohne uns auf eine detaillierte Analyse der Funktionsweisen des Zwölftonsystems in der polnischen Musik Ende der fünfziger, Anfang der sechziger Jahre einzulassen, müssen wir feststellen, daß es wesentliche Änderungen im Verhältnis der Komponisten zum Ton anregte, wobei mit den neuen technischen Lösungen eine erhebliche Erweiterung der Ausdrucksmittel einherging und auch die ästhetischen Kriterien des Schönen einem Wandel erlagen. Bald wurde auch klar, daß es nicht wichtig ist, ob das Tonmaterial seriell oder durch eine andere Methode geordnet wurde, sondern das ästhetische Resultat, das im Ergebnis der eingeführten Ordnung entsteht. Gerade eine solche Überzeugung bewog die meisten polnischen Komponisten dazu, den orthodoxen Prinzipien der Dodekaphonie untreu zu werden und eigene technische Lösungen, für die die serielle Musik oft lediglich eine Quelle der Inspiration war, unschematisch zu suchen.

Ein aktiver und empfindsamer Anhänger des Zwölftonsystems wurde in diesen Jahren Tadeusz Baird. Nach dem *Streichquartett* (1957) schrieb er die *Vier Essays* (1958), von denen er sagte, sie seien „zu 99 Prozent dodekaphonisch", die 1959 komponierten *Expressionen* hingegen sind bereits vollständig den technischen Geboten der Zwölftontechnik treu. Die erwähnten Werke sowie die *Exhortation* (1960) und das gesamte spätere Schaffen Bairds stellen das reinste Beispiel der Eigenständigkeit der polnischen Musik im Gesamtbild der Entwicklung der Weltmusik in der zweiten Hälfte des 20. Jahrhunderts dar. Zur Charakterisierung des Standpunktes des Komponisten lohnt es seine 1973 geäußerten Worte zu zitieren: „Die Musik ist für mich etwas anderes oder etwas mehr als die Organisierung von Tönen in der Zeit... Für mich sind die Mittel kein Ziel an sich, sondern dienen lediglich dazu, ein Ziel zu erreichen, das wichtiger ist als sie und das durch ganze Generationen von Musikern, Kritikern oder Musikforschern in Frage gestellt worden war. Bekanntlich bezweifelte man häufig die Existenz selbst des am förmlichsten verstandenen Inhalts in der Musik, indem man ihn mit der Form identifizierte. Für mich ist diese Trennung deutlich und spürbar."

Diese eindeutige Erklärung erläutert die Quellen der unaufhörlichen Entwicklung im Schaffen Tadeusz Bairds, begründet auch das von Skeptizismus durchdrungene Verhältnis des Komponisten gegenüber dem reinen Konstruktivismus und ebenso sein Desinteresse gegenüber den schockierenden, jedoch leeren Demonstrationen einer zahlreichen Gruppe von musikalischen Kontestatoren. Sämtliche, übrigens nicht allzu radikale Wandlungen in der Kompositionstechnik Bairds brachten stets neue emotionale Werte mit sich. Die *Exhortation*, die *Expressionen*, die *Vier Dialoge* für Oboe und Kammerorchester (1964), die *Epiphanie-Musik* (1963) oder schließlich die erschütternde *3. Sinfonie* (1969) sind gewissermaßen aufeinanderfolgende Annäherungen an die vollkommenste, unmittelbarste Verkörperung der Emotion in Tönen. Jenen sinnlich faßbaren, fast greifbaren Sinn haben alle Instrumentalwerke Bairds, obschon er natürlich in den verschiedenen Werken mit unterschiedlicher Kraft auftritt. Der Künstler hat den Kanon der kompositorischen Grundsätze früh und redlich beherrscht – dieses Wissen trug Früchte in den ausgezeichneten ersten Werken: der Suite *Colas Breugnon*, der *Ouvertüre im alten Stil* u.a. Als der Komponist die neue Periode seines Schaffens mit einem vollständigen Bruch mit der Tonalität traditionellen Typs einleitete und moderne Methoden der Organisation des Tonmaterials einführte, ordnete er sie mit großer Ungezwungenheit den eigenen Ausdruckskonzeptionen unter. In seiner Musik spielt die Melodik kantilenen Typs weiterhin eine wichtige Rolle, jedoch werden ihre Konturen verschärft, losgelöst von tonalen Reminiszenzen gewinnt sie größere Unabhängigkeit, ihr emotionaler Gehalt steigert sich, mit größerer Kraft denn je kommt der Wert der Klangfarbe zur Geltung. Eben die prächtige, reiche Palette der Farben ist der hauptsächliche Vorzug der *Vier Essays* für Orchester. Die verschiedenartigen Zusammenstellungen der Instrummente, die wechselvolle Rhythmik, Artikulation, Dynamik, die raffinierten Harmonien schließlich bilden einen farbigen Hintergrund für gesättigte, zeitweilig lyrische Melodik. In den *Expressionen* für Violine und Orchester ruht der Schwerpunkt entschieden auf der emotionalen Klarheit der Melodie, hingegen ist die *Exhortation* für rezitierende Stimme und Orchester zu althebräischen Texten ein Schritt in Richtung auf ein Musikdrama mit expressionistischem Ursprung.

Diejenigen, die die zeitgenössische polnische Musik analysieren, frappiert seit langem das Problem der endgültigen Festlegung der spezifischen Merkmale der sog. polnischen Kompositionsschule. Diese Bezeichnung, die Ende der fünfziger Jahre von der ausländischen Kritik geprägt worden war, wurde niemals klar definiert und bleibt für das polnische Milieu weiterhin schleierhaft. Heute, da die polnische Musik bereits stärker differenziert ist, scheint die Antwort auf diese Frage schwieriger als in den sechziger Jahren. Eben die Werke Tadeusz Bairds aus jener Zeit fassen deutlich die Merkmale zusammen, die man bei Komponisten anderer Nationalitäten nicht antreffen konnte. Es gehören dazu die rigorose, aber nicht schematische technische Disziplin, die klare und mit dem Tonmaterial organisch verbundene Entwicklung der Form, die moderne Gestalt aller Faktoren des Werkes und die absolute Unterordnung der gesamten Konstruktion der übergeordneten ästhetisch-expressiven Idee. Ist es nicht verblüffend, daß man ungeachtet aller Unterschiede eine ähnliche Zusamenfassung (mit stärkerem Akzent auf den konstruktiv-formalen Werten) ebenfalls auf die *Trauermusik* Witold Lutosławskis beziehen kann? Und gerade die *Trauermusik* und die *Vier Essays* wurden zu einem beispielhaften Erfolg für die polnische Musik des 20. Jahrhunderts, indem sie auf der Internationalen Komponisten-Tribüne der UNESCO in Paris 1959 ex aequo den 1. Platz errangen.

Es wäre natürlich naiv, alle Wesenszüge der polnischen Kompositionsschule in einigen Werken Tadeusz Bairds suchen zu wollen. In den Jahren 1958–1960 hatte eine recht zahlreiche Gruppe polnischer Komponisten Erfolge zu verzeichnen, und sie alle gestalteten das allgemeine Bild der polnischen Musik mit. Um nur an die wichtigsten Ereignisse zu erinnern: Im August 1958 fand bei den Internationalen Darmstädter Ferienkursen die Uraufführung der *Musica concertante* Kazimierz Serockis statt, im gleichen Jahr wurde beim „Warschauer Herbst" der vorzügliche Liederzyklus *Herz der Nacht* desselben Komponisten dargeboten; im April des nächsten Jahres betrat der damals 26jährige Krzysztof Penderecki die Bühne und errang sogleich die drei Hauptpreise beim Landeswettbewerb der Jungen Komponisten (für die *Strophen*, die *Emanationen* und die *Psalmen Davids*); einen Monat später wurde auf der bereits erwähnten Tribüne der Komponisten in Paris außer Werken Lutosławskis und Bairds auch Serockis *Sinfonietta* für zwei Streichorchester mit dem 7. Platz geehrt; im September, bei den nächsten Darmstädter Kursen, wurde Włodzimierz Kotoński*s Musique en relief* uraufgeführt. Noch im gleichen Jahr, im Oktober, errang Zbigniew Wiszniewski den Prix Italia für seine Rundfunkoper *Neffru*; das Jahr 1960 brachte Grażyna Bacewicz bei der Pariser Komponistentribüne den dritten Platz für die *Musik für Streicher, Trompeten und Schlagzeug* sowie einen Preis der Foundation Lili Boulanger in Boston für Wojciech Kilar für seine *Ode Béla Bartók in memoriam*. Die polnische Musik errang ebenfalls in diesem Jahr einen beträchtlichen Prestigeerfolg: Witold

Lutosławski wurde zum stellvertretenden Vorsitzenden der Internationalen Gesellschaft für Neue Musik (SIMC) gewählt. In den ersten Jahren des besprochenen Zeitraums vollzog sich ein interessanter Wandel im Komponisten von bereits feststehendem hohem Rang, Kazimierz Serocki. Er reagierte sehr rasch auf die neuen Strömungen und schuf 1956 den in der Zwölftontechnik gehaltenen Liederzyklus *Herz der Nacht* für Bariton und Klavier auf Texte von Konstanty Ildefons Gałczyński. Ein Jahr später entstand eine zweite Fassung dieser Lieder mit Orchesterbegleitung sowie der nächste Zyklus, *Augen der Luft*, auf Texte von Julian Przyboś in zwei Fassungen – für Solostimme und Klavier sowie für Stimme und Orchester. Diese Kompositionen eröffneten ein neues schönes Kapitel im Schaffen Serockis. Bisher eher durch seine Bevorzugung großer Formen und des Monumentalismus bekannt, offenbarte er sich jetzt als ein subtiler Lyriker. Während er sich strikt der Disziplin der Zwölftonmusik mit deutlicher Tendenz zum Punktualismus unterordnete, blieb Serocki in der Ausdruckssphäre der reinste Romantiker. Beide Liederzyklen zeichnen sich durch Finesse bei der Bearbeitung jedes Details, Reichtum an Artikulationsmitteln, Farben und emotionalen Nuancen aus, zugleich gehen sie nur in wenigen Kulminationspunkten über den Bereich einer subtilen, maßvollen Narration hinaus.

Kazimierz Serockis Kompositionen weisen noch einen bemerkenswerten Vorzug auf. Sie sind ein Beispiel für die im technischen Sinne am weitesten vorgerückte Dodekaphonie, die bereits in der *Musica concertante* für Orchester (1958) die Form des Punktualismus angenommen hat. Das ist ein wichtiges Faktum, denn der Punktualismus hat die Konsistenz der Melodik am wirksamsten zerschlagen, indem er ihre Rolle auf isolierte Klänge reduzierte. Im Ergebnis dieses Eingriffs wurden die Harmonik und die Farbe, in der Konsequenz neue Klangeigenschaften, die – nach der Tradition des 19. Jahrhunderts – auf den sekundären Werkelementen (Dynamik, Artikulation, Instrumentation) sowie auf gewissen, früher unbemerkten Erscheinungen (Grad der Dissonanzhaftigkeit, Verschmelzbarkeit oder Selektivität der Zusammenklänge, vertikale und horizontale Dichte) beruhten, zum grundlegenden Element, das die Konstruktion des Werkes zusammenhielt. Natürlich war eine voll bewußte und ungehinderte Anwendung dieser neuen Tonkategorien im Rahmen eines starren und im Grunde rein konstruktivistischen seriellen Systems unmöglich, besonders des integralen oder extrem totalen. Die polnischen Komponisten hatten somit einen Punkt erreicht, an dem sich die Möglichkeiten einer weiteren einfachen Entwicklung der Schönbergschen Dodekaphonik erschöpft hatten – jeder weitere Schritt in Richtung einer neuen Thematik erforderte bereits die Lösung grundlegender kompositorischer Probleme. Im natürlichen Lauf der Dinge waren die jüngsten Schöpfer die berufensten, um die neuen Probleme aufzugreifen. Unter ihnen erwies sich Krzysztof Penderecki (geb. 1933) als die größte Individualität.

Der Anfang der Karriere dieses Komponisten war ungewöhnlich brillant und kündigte spätere großartige Erfolge an: 1959 errang er drei Hauptpreise beim Wettbewerb Junger Komponisten, der vom Polnischen Komponistenverband organisiert worden war, 1960 den dritten Preis beim gesamtpolnischen Grzegorz-Fitelberg-Wettbewerb für seinen *Threnos* (*Den Opfern von Hiroshima*), im nächsten Jahr wurde der *Threnos* auf den dritten Platz bei der Pariser Komponistentribüne gesetzt, 1962 wurde der Komponist mit dem Preis 3. Grades des Kulturministers ausgezeichnet und errang den ersten Preis beim Malawski-Wettbewerb für den *Kanon* für Streichorchester und zwei Tonbänder.

In jenem Zeitraum konzentrierte sich Penderecki in erster Linie auf die experimentelle Suche nach neuen, unkonventionellen Klängen der traditionellen Instrumente. Dieser Grundsatz machte es notwendig, viele in der Musik gültige Prinzipien aufzugeben, die sowohl die grundlegenden Tonkategorien als auch die Faktur betrafen. Bereits in den ersten Kompositionen bot der Künstler Beispiele einer ungemein üppigen Phantasie und einer imponierenden Denkdisziplin. Solche Werke wie *Emanationen* für zwei Streichorchester (1959), *Threnos* (1959/60), *Polymorphia* für 48 Streichinstrumente (1961), *Kanon* (1962), *Streichquartett* (1960) oder *Dimensionen der Zeit und der Stille* für einen vierzigköpfigen gemischten Chor und ein Kammerensemble (1960) könnten alle als Modellbeispiele für Kompositionsstudien dienen, die in eine untadelige künstlerische Gestalt gefaßt sind. Diese Werke – und man kann ihnen noch die *Fluoreszenzen* für Orchester (1961) hinzufügen – drängen den Vergleich mit den Chopinschen Etüden auf, in denen ebenfalls trockene und unpoetische technische Probleme den Impuls zur Entstehung von Werken von vollendeter Gestalt und schönem, neuartigem Inhalt gaben.

Ein neues, im späteren Schaffen bedeutend bereichertes Motiv führte Penderecki mit dem Werk *Stabat mater* für 3 Chöre a cappella (1962) ein, das später in die monumentale *Passion nach Lukas* für Solostimmen, Chor und Orchester (1965) aufgenommen wurde. Sein *Stabat mater* ist in der neuen polnischen Musik ein Ausnahmewerk, und es gibt im Schaffen auf der Welt nicht viele, die ihm gleichkommen. Der Komponist hat hier ein Thema mit vielhundertjähriger Tradition aufgegriffen, das an die Quellen der neuzeitlichen Zivilisation zurückreicht. Diese Tatsache fand eine deutliche Widerspiegelung in der Musik, die auf einer einfachen Formel dreier diatonischer Töne im Bereich der kleinen Terz beruht. Aus diesem schlichten Material wurde ein klarer, sparsamer Ablauf aufgebaut, bei dem kleine, hartnäckige, gleichsam obsessive Stimmbewegungen der drei an verschiedenen Punkten des Saals aufgestellten Chöre die ganze Zeit hindurch im Vordergrund verbleiben. Sie ballen sich zu gesättigten, manchmal dramatisch skandierten Clustern, dann verflechten sie sich wieder zu einem Netz kaum unterscheidbarer Polyphonie. Das Werk endet unerwartet mit einer „rhetorischen Figur" – einem D-Dur-Akkord.

Das neue Werk Pendereckis, wie übrigens einige seiner früheren Werke, wurde eine Offenbarung im Weltmaßstab. Während jedoch früher kühne, unkonventionelle technische Lösungen zum Erfolg beitrugen, so war beim *Stabat mater* der Mut erstaunlich, eben dieses Thema aufzugreifen und es in seiner ganzen strengen, asketischen Einfachheit zu präsentieren. Die Originalität dieses Werkes manifestiert sich unleugbar vor dem Hintergrund einer in der Geschichte der Musik bisher nicht dagewesenen Verschiedenartigkeit der kompositorischen Haltungen und Techniken, die sich an der Wende der fünfziger zu den sechziger Jahren herausgebildet hatten. Die rationalisierte Dodekaphonie trug Früchte in Gestalt der verschiedensten Mutationen, um schließlich auf eine Idee zu kommen, die ihre logische Verneinung darstellte – die Aleatorik. Die bewußte Einführung des Zufalls in die Komposition zog wichtige Konsequenzen nach sich, übrigens weniger künstlerischer als psychologischer Natur. Wenn man nämlich Werke schaffen konnte, deren konkrete klangliche Gestalt von den zufälligen Entscheidungen der Ausführenden abhing, dann konnte der Prozeß des Komponierens selbst auch eine Serie beliebiger Handlungen sein.

Die Zeiten einer allgemeinen Akzentuierung der Grundsätze und Normen des kompositorischen Handwerks sind vergangen, jedoch dort, wo es keine Regeln gibt, ist jedes Verhalten rechtskräftig. Die Zerstörung der kompositorischen Werkstatt erfolgte rasch, als ihre Verfechter erwiesen sich in gleichem Maße Cage und die um ihn gescharten Anhänger der Musik des Zufalls wie Stockhausen mit seinem unbefriedigten Streben nach einer totalen seriellen Organisation aller Aspekte des musikalischen Werkes. Cage ging bald über den Bereich der Musik hinaus in die Sphäre der konzeptuellen Kunst (im umfassenden, nicht technischen Sinne dieses Wortes), die Vertreter der seriellen Kompositionstechnik hingegen verblieben zwar in der Welt der Töne, doch sie investierten den größeren Teil ihres schöpferischen Bemühens in die theoretische Begründung und Erläuterung der Verhaltenslogik, während sie gleichzeitig die Kontrolle über die Klangresultate ihrer Kalkulationen verloren. Zwischen diesen beiden extremen Strömungen erstreckte sich ein weites Feld vermittelnder Haltungen, und man darf auch nicht die weiterhin aktiven Komponisten der älteren Generation vergessen, obwohl ihre „Sturm-und-Drang-Zeit" bereits der Geschichte angehörte.

Ein Komponist, der Ambitionen hatte, eine wahrhaft moderne Musik zu schaffen, befand sich somit in einer schwierigen Lage. Das Fehlen von Autoritäten zog die Notwendigkeit nach sich, völlig selbständig einen eigenen Weg zu suchen, und die gefaßten Entscheidungen mußten die grundlegendsten Dinge betreffen, angefangen bei der Antwort auf die Frage: Was ist Musik? Was ist ein Werk? Was ist schließlich ein Komponist? Das natürliche Produkt dieser Periode des Chaos war eine recht zahlreiche Gruppe von Dilettanten, die sich erfolgreich den Ruf von Komponisten anmaßten und unter diesem Firmenschild Schund publizierten. Da es keine allgemein verbindlichen Kriterien gab, war die Verifizierung dieser Art von „Werken" schwierig. Einige Autoren wiederum, deren Individualität nicht vollends kristallisiert war, suchten die Bestätigung ihrer Qualifikationen und ihrer Fähigkeiten in maßlos komplizierten Werken, deren Verfassern man bestimmt nicht den Vorwurf machen könnte, sie seien mit der musikalischen Literatur nicht vertraut.

Die polnische Musik zu Anfang der sechziger Jahre war ebenfalls von dieser die ganze Welt umfassenden Wirrnis betroffen. Einer der eifrigsten und zugleich konsequentesten Verfechter aller Errungenschaften der neuen Technik war der Komponist und Musikwissenschaftler Bogusław Schäffer (geb. 1929). Sein Name wurde bereits vorher im Zusammenhang mit den ersten polnischen Nachkriegswerken der Zwölftonmusik erwähnt. Wesentliche Bedeutung für die Popularisierung der von Schäffer propagierten Ideen hatte jedoch sein Buch *Nowa muzyka, problemy współczesnej techniki kompozytorskiej* (Neue Musik, Probleme der modernen Kompositionstechnik; 1958). Diese Publikation beschleunigte mit Sicherheit die Entwicklung der Technik vieler polnischer Komponisten, besonders jener, die früher keinen Zugang zum aktuellen musikalischen Schaffen auf der Welt hatten. Bogusław Schäffer begnügte sich nicht mit der systematischen Darlegung der neuen Tontechniken, er entwickelte in seinen Werken einige technische Probleme weiter, wobei er eine imponierende Vielseitigkeit der Interessen an den Tag legte. Für seine Haltung ist die folgende Äußerung kennzeichnend: „Die Dekomposition ist also auf dem aktuellen Entwicklungsstand der Musik (das Jahr 1969 – Anm. G.M.) der grundlegende ethische Kanon des zeitgenössischen Komponisten. Entrüsten wir uns nicht über das Wort, versuchen wir zu begreifen, was es alles in sich birgt. Es enthält eine fundamentale Wahrheit über die Kunst: Die neue Musik beginnt immer am Nullpunkt. Das, was wir aus der bisherigen Entwicklung über sie wissen, kann nur einen negativen schöpferischen Indikator darstellen, dank ihr wissen wir, was man nicht tun darf."

Die in diesem Zitat umrissene Idee der Dekomposition wurde im Schaffen Schäffers erst gegen Ende der sechziger Jahre verwertet. Früher war er ein Pionier auf dem Gebiet gewisser Anwendungen der seriellen Kompositionstechnik, befaßte sich mit Notationsproblemen (er verfaßte 1957 eine notenlose Partitur: *Extrema* für 10 Instrumente), verwandte verschiedene Arten der Aleatorik, schuf viele Kompositionen von der Gattung des sog. Instrumentaltheaters, bewegte sich als Autor von Werken der „dritten Strömung" auch mit großem Erfolg auf dem Gebiet des Jazz. Es fiele schwer, eine allgemeine Charakteristik des bisherigen Schaffens Schäffers zu geben, denn entsprechend der oben angeführten Äußerung wandelte sich die Gestalt seiner Musik unaufhörlich. Unter der großen Zahl von Werken gibt es zumindest einige von unbestritten hohem Wert. Erwähnen kann man hier die *Kleine Sinfonie: Scultura* für 40 Instrumente (1960), *TIS MW2: Szenische Komposition* (1963), *Assemblage* für Tonband (1966), *Trio* für Flöte, Harfe, Bratsche und Tonband (1966), *Sinfonie* – elektronische Musik (1966), *Konzert für Tonband* (1969), *Heraklitiana* für Tonband und 10 Soloinstrumente (1970 – bekannt eher in der Version für Band und Soloharfe). In diesen Werken kann man ein gewisses gemeinsames Merkmal finden: die formale Klarheit und Folgerichtigkeit der emotionalen Entwicklung. Diese Schlußfolgerung mag paradox erscheinen, zumal auf Kompositionen bezogen, die in einem gewissen Bereich nicht ganz definiert sind, und zwar im Hinblick sowohl auf das Tonmaterial als auch die allgemeine formale Gestalt. Jedoch ihre Geschlossenheit und die Konstruktionslogik sind meist genügend stark durch die Dispositionen der Partitur garantiert, bisweilen basieren sie auf der Intuition und dem Ordnungsgefühl des Ausführenden, was im Falle eines guten Musikers in der Regel zufriedenstellende Ergebnisse zeitigt.

Die ästhetische und technische Problematik im Schaffen Bogusław Schäffers vermag eine Vorstellung von der Verschiedenartigkeit der Musik zu geben, die im Polen der sechziger Jahre entstand. Und er war ja nicht der einzige, der sich in die Reihe der Avantgardisten stellte. Andere, obwohl, wie es sich erwies, weniger radikal in ihren Überzeugungen, schufen ebenfalls Werke, die in ihrer Zeit neuartig und kompromißlos waren, und viele dieser Positionen besitzen einen bleibenden künstlerischen Wert. Zwar kann man nicht behaupten, daß diese Komponisten eine geschlossene Gruppe mit einem gemeinsamen ästhetischen Programm bildeten; alle waren ziemlich jung – Augustyn Bloch (geb. 1929), Wojciech Kilar (geb. 1932), Henryk Mikołaj Górecki (geb. 1933), Włodzimierz Kotoński (geb. 1925), Witold Szalonek (geb. 1927) und schließlich Krzysztof Penderecki (geb. 1933) – doch der schöpferische Weg jedes dieser Künstler war anders.

Henryk Mikołaj Górecki machte im Laufe von fünfzehn Jahren eine interessante Entwicklung durch, in deren Ergebnis sich seine ungewöhnlich geschlossene, man könnte sagen monolithische Haltung herauskristallisierte. Bereits in den ersten auf der Zwölftontechnik fußenden Werken offenbarte sich die Originalität seines Talents. Der Komponist konzentrierte sich darauf, Möglichkeiten eines ordnenden Einwirkens der Serie im Bereich der Makroform bei gleichzeitiger Unterordnung der kleineren Strukturen unter die expressiven Werte der Farbe, der Agogik und Dynamik des Klanges zu prüfen. Diese Problematik wurde in den *Zusammenstößen* (*Scontri*, 1960) und den *Monologen* (1960) am breitesten entwickelt. Der die zweite Etappe im Schaffen Góreckis einleitende Zyklus *Genesis* (*I. Elementi per tre archi*, 1962, *II. Canti strumentali per 15 esecutori*, 1962, *Monodram per soprano, metalli di percussione e sei violbassi*, 1963) ordnet gleichsam und festigt die Hauptmerkmale seines Stils, die Vorliebe für extreme dynamische Effekte (von pppp zu ffff), die Gegenüberstellung von regulären, ostinaten mit irregulären, bisweilen zufälligen Rhythmen, schließlich das Aufbauen großer Abschnitte auf dem homogenen Typ melisch-harmonischer Relationen: punktualistischer oder streifenartiger, clusterartiger. Góreckis Werke enthalten nur so viele und nur solche Töne, die zur Auslösung eines bestimmten expressiven Effekts unerläßlich sind; in den darauffolgenden Jahren hingegen wird mit dem immer konkreteren Programm dieser Musik (*Ad Matrem*, 1971, *Kopernikanische Sinfonie*, 1973) die Mannigfaltigkeit der verwendeten Strukturen rigoros reduziert. Infolgedessen näherte sich die im Hinblick auf die Besetzung und die Klanggewalt monumentale *Kopernikanische Sinfonie* der Strömung der... Minimal art und ihrer Konzeption des extrem beschränkten Tonmaterials. Jedoch birgt die *Sinfonie* einen ungewöhnlich starken Gehalt an Expression, setzt durch obsessive Wiederholungen eine bisher ungekannte Art von Energie frei, verleiht der Organisation der Zeit einen anderen Sinn, wirkt auf den Zuhörer in schonungsloser und berechnender Weise, obwohl die Inspiration und auch die Wirkung dieser Musik von Gefühlen mit deutlich mystischer Färbung ausgingen. Ebenso einfach im Hinblick auf das Material und die verwendeten technischen Mittel ist das Werk *Ad Matrem* für Solosopran, Chor und Orchester. Die Expression dieses Werkes, obwohl von gleich starker Intensität, besitzt jedoch einen anderen Charakter; sie ist gedämpft, lyrisch gefärbt, leidenschaftlich und gesättigt. Die ganze Komposition beruht auf mehreren Strukturen: dem langsamen perkussiven *Crescendo*, das das Schlagen des Herzens imitiert, einem scharfen Akkord der Trompeten, einem niedrigen und innerlich beweglichen Cluster der Streicher, dem choralartigen Chor und der Phrase des Soprans mit den Worten: Mater mea, dolorosa, lacrimosa. Diese Elemente sind gereiht und völlig übersichtlich zusammengestellt und bilden ein suggestives und ergreifendes Ganzes. Dieses Werk ist in seiner einmaligen Geschlossenheit und Einfachheit restlos einer Idee untergeordnet: das Andenken der Mutter zu ehren.

Einen ganz anderen Weg schlug Augustyn Bloch in seinem Schaffen ein. Ähnlich wie Tadeusz Baird und Kazimierz Serocki verwandte er ziemlich lange und in großem Maßstab die Zwölftontechnik, und ihre Spuren sind weiterhin in seinen Werken sichtbar, trotz der erheblichen Lockerung ihrer Konstruktionsgrundsätze. Es scheint, daß man die Stilistik Blochs auch als charakteristisch für die sog. polnische Kompositionsschule ansehen kann. Darüber entscheiden das sowohl geordnete wie moderne Tonbild als auch das emotionale Klima seiner Werke, das Finesse und Humor mit dramatischen und lyrischen Elementen vereint. Einen exponierten Platz im Schaffen Blochs nehmen die Vokalwerke ein. Erwähnen kann man hier die *Expressioni* für Sopran und Orchester auf Texte von Jarosław Iwaszkiewicz (1959), *Meditationen* für Sopran, Orgel und Schlagzeug auf biblische Texte (1961), das Opern-Mysterium *Ajelet, die Tochter Jephthas* auf ein Libretto J. Iwaszkiewicz' (1967) oder schließlich den *Freudigen Psalm* (*Salmo gioioso per soprano e cinque fiati*, 1970). Der Komponist operiert mit der menschlichen Stimme sehr frei und nutzt in der Regel allseitig ihre technischen und expressiven Möglichkeiten. In den früheren Werken überwogen noch Partien mit äußerst komplizierter melodisch-rhythmischer Zeichnung, die dank ihren expressiven Merkmalen zuweilen freien Jazzimprovisationen näher standen als bravourösen Koloraturen im Konzert. Die Art der Verwendung der Stimme nahm im Schaffen Blochs jedoch eine ähnliche Entwicklung wie das Operieren mit Instrumenten. In den Werken vor 1960 war es noch die traditionelle Instrumentation, basierend auf den Vorbildern des Barocks und der Klassik (*Concertino*, 1958), allmählich wurden die Instrumentalpartien immer komplizierter, selbständiger und stark differenziert (*Meditationen*), um sich schließlich wieder in einfachere Ensemblesätze umzugestalten, doch bereits mit einem völlig neuen Charakter, der nicht so sehr den Anforderungen der traditionellen melodisch-harmonischen Einteilungen untergeordnet ist als vielmehr den Werten der Farbe, Dynamik und Agogik (*Enfiando*, 1970).

Trotz der schrittweisen, sehr konsequenten Modernisierung der musikalischen Sprache verzichtete Augustyn Bloch nie auf die so stark in der Tradition der europäischen Musik verwurzelten Elemente wie faßbare melodische Gestalten, ausdrucksvolle Rhythmen oder das aufs engste mit dem heutigen Instrumentaltheater verbundene virtuose Spiel (*Salmo gioioso*). Dieser „Traditionalismus", der in den Jahren der Explosion der technischen Neuheiten mit gewissem Mißtrauen betrachtet wurde, gewinnt heute erneut an Wert und Bedeutung – vielleicht ist der wachsende Hunger nach Stabilisierung die Ursache dieser Erscheinung, und ebenfalls die immer allgemeiner akzeptierte, wenngleich nicht neue Überzeugung, daß es die Sache eines Komponisten sei, in Tönen Inhalt, Gedanken, Ideen oder Emotionen zu vermitteln. Ein Werk, das nichts aussagt, spricht ebenfalls die Wahrheit über seinen Schöpfer, aber auf solche Wahrheiten sind wir nicht mehr neugierig.

Die Jahre 1965–1975

Zur polnischen Musik der letzten Jahrzehnte übergehend, muß der Autor einen deutlichen Vorbehalt machen: Alle Urteile, Einschätzungen und Klassifikationen sind hier mehr als sonst eine Widerspiegelung persönlicher Überzeugungen und des Geschmacks des Kritikers. Die Musik, von der die Rede sein wird, lebt in der vollsten Bedeutung dieses Wortes. Jedes in dieser Periode entstandene hervorragende Werk klingt frisch, enthüllt neue Bereiche des Schönen und wird eben von uns – den Hörern, Ausführenden, Kritikern – mit eigener Tradition geschmückt und gemeinsam in die Geschichte eingeführt oder auch aus ihr eliminiert. Gegenüber den gegenwärtig entstehenden Arbeiten versagen meist die früher herausgebildeten Kriterien der Analyse und der Einschätzung. Es gibt jedoch in der Kunst einen Grundsatz, den bisher keine, auch nicht die provokantesten Demonstrationen zu brechen vermochten – dieser Grundsatz ist das Kreieren des Schönen. Natürlich ist die Kategorie des Schönen nicht universell, und gewiß hätte jeder Mensch etwas anderes hierzu zu sagen, auch die Komponisten fassen das Schöne unterschiedlich auf.

Die an der Wende der fünfziger und sechziger Jahre begonnene Evolution der Musik Tadeusz Bairds fand später ihre Fortsetzung in vielen sehr hoch eingeschätzen Kompositionen wie das Musikdrama *Morgen* zum Libretto J. Sitos (1966), *4 Novellen* für Kammerorchester (1967), *5 Lieder* auf Texte Halina Poświatowskas für Mezzosopran und 16 Instrumente (1968), *3. Sinfonie* (1969), die Kantate *Goethes Briefe* für Bariton, Chor und Orchester (1970), das Streichquartett *Play* (1971), *Psychodrama* für Orchester (1972), *Konzert* für Oboe und Orchester (1972/73), *Elegie* für Orchester (1973) und *Concerto lugubre* für Bratsche und Orchester (1974/75). Das Interesse des Komponisten in jenen Jahren vermag wohl das folgende Fragment seiner Äußerung aus dem Jahre 1971 gut zu charakterisieren: „Gegenwärtig interessieren mich die technischen Fragen, die Fragen der Konstruktion in der Musik immer weniger, noch weniger als je zuvor. Eigentlich ist alles, was ich in diesem Augenblick mich zu tun bemühe, den Fragen des Ausdrucks, den Fragen der Expression untergeordnet, oder soll es sein, und ich nutze oder ich bemühe mich, solche Mittel zu nutzen, die mir als die Mittel erscheinen, die den musikalischen Gedanken am vollsten und am präzisesten wiedergeben."

In den hier genannten Werken kann man Expression verschiedenen Typs finden, daher auch die Verschiedenartigkeit der Musik selbst. Vereinfachend könnte man diese Werke in zwei Kategorien einordnen: Die eine bilden Kompositionen mit sehr persönlichem, geradezu expressionistischem Charakter, die andere hingegen mehr objektivierte, konzertante, auf die Lösung konkreter Kompositionsprobleme eingestellte Werke. An die Spitze der ersten Gruppe rückt entschieden die *3. Sinfonie*, ein derart persönliches Werk, daß es den Eindruck eines intimen Geständnisses erweckt. Der Zustand der Unruhe und der Spannung, der bereits nach einigen Sekunden erreicht ist, wird bis zum Schluß nicht entladen. Lyrische Fragmente bereiten das nahende Drama vor, die Kulmination indes scheint kein Ende zu nehmen und keine Erfüllung zu finden, führt in ständigem Anwachsen zu einer ekstatischen, geradezu krampfhaften Entladung. Wer diese Art von Musik akzeptiert und imstande ist, sie zu erleben, erfährt bei der *3. Sinfonie* eine Erschütterung, die das Anhören einer aufrichtigen Erzählung über das Drama eines anderen Menschen stets auslöst. Eine derartige „literarische" Reflexion drängt sich unwiderstehlich im Zusammenhang mit dem Werk Bairds auf, ungeachtet des neutralen Titels und des, ganz allgemein gesehen, traditionellen vierteiligen Aufbaus.

Auch das *Concerto lugubre* für Bratsche und Orchester zeichnet sich durch eine sehr starke Emotionalität aus, jedoch in einer abgetönten elegischen Stimmung. Dieses außergewöhnlich noble und ergreifende Werk gleicht dank seiner spezifischen Narration und der exponierten quasirezitativen Partie der Bratsche eher einem leidenschaftlichen Lamento denn einem Schaukonzert. Im Hinblick auf die Art der Expression ist das *Konzert* für Oboe und Orchester das Gegenteil der erwähnten Kompositionen; ein schön aufgebautes Werk mit ausgezeichnet ausgewogenen Klangproportionen und elegant entwickelten Spannungsbögen. Der Solopart, sehr schwierig, in vielen Fragmenten bravourös und virtuos brillant, stellt dem geschlossenen, gesättigten Klang des Orchesters eine subtile Zeichnung komplizierter Rhythmen und punktualistisch zerfaserter Melodik gegenüber.

Eine interessante Evolution, die detaillierte Studien erforderte, durchlief in den letzten Jahren Kazimierz Serocki. Seine Werkstatt bereicherte sich bei jedem weiteren Werk um neue Elemente, unter denen man viele originelle Ideen finden kann, die die zeitgenössische Kompositionstechnik vorwärtsbringen. Obwohl Serockis Partituren durch die Vielfalt der verwendeten Mittel anziehen und viel interessantes Material für Studien der neuen Musik liefern, entscheiden jedoch der Klang und das emotionale Klima über den Wert dieser Werke. Der dominierende Zug in der Haltung Serockis wurde in den letzten Jahren das Streben danach, Formen mit deutlichen Konturen von Spannungen und Entspannungen zu konstruieren, die mit Hilfe eines so schwer greifbaren Bestandteils des Klanges wie der Farbe erreicht werden. Daher führt eigentlich jedes Werk einen neuen Bestand an Tönen und Geräuschen ein, die gewöhnlich aus geläufigen, jedoch unkonventionell gehandhabten Instrumenten herausgeholt werden; diese neuen Klänge wiederum, sorgfältig zusammengestellt und geordnet, erzeugen eine schwer zu erfassende Vielfalt von Farben. Die ordnende Rolle erfüllt in Serockis Werken mitunter der Rhythmus – oft intensiv, motorisch, bisweilen zerfetzten punktualistischen Strukturen gegenübergestellt. Rhythmus und Dynamik verleihen so manchem Werk dieses Komponisten einen aggressiven, fast bruitistischen Charakter (*Forte e piano* – Musik für zwei Klaviere und Orchester, 1967), ein andermal wird ihre Rolle durch gesättigte, äußerst emotionelle Harmonien und Melodien eingeschränkt (*Dramatic Story* für Orchester, 1968–1970 oder *Fantasia Elegiaca* für Orgel und Orchester, 1971/72). In Kompositionen mit kleinerer Instrumentalbesetzung schließlich drängt der reine Klang in den Vordergrund, und eben er wird der Hauptträger des Ausdrucks (*Continuum* für Schlagzeugsextett, 1965/66, oder *Impromptu fantasque*, 1973). In dieser letzten Art schuf Serocki Werke, die durch ihre ungewöhnliche Klangaura mitreißen, und zweifellos kann man solche Arbeiten wie *Poesien* für Sopran und Kammerorchester auf Texte von Stanisław Różewicz (1970) oder das erwähnte *Continuum* und *Impromptu* zu den hervorragendsten Leistungen der modernen polnischen Kammermusik zählen. Die phänomenale Phantasie, die dem Autor die unerwartetsten Farbzusammenstellungen eingab, verband sich hier untrennbar mit einer äußerst arbeitsaufwendigen kompositorischen Bearbeitung, denn Serocki gab sich keinen Augenblick mit der Erfindung eines neuen Effekts zufrieden. Wenn man nach den präzisen Formen seiner Werke urteilt, kann man annehmen, daß alle klanglichen Entdeckungen bei ihm das Ergebnis mühsamer Suche sind, deren Ziel es war, für die vorher gefaßten formal-expressiven Konzeptionen das geeignetste Klanggewand zu finden. Ich glaube, daß eben darin der Kern des Problems liegt. Wenn man Serockis Musik hört, ist man gezwungen, die Entfaltung der stets sehr plastischen, ausdrucksvollen Form zu verfolgen. Der Hörer ist mit dem Ergründen des im Werk enthaltenen Gedankens beschäftigt, erst nach einer Weile kommt ihm die Überlegung, daß dieser Gedanke durch außergewöhnliche Mittel ausgedrückt wurde, die ein andermal selbst die vordergründige Attraktion eines Werkes darstellen könnten.

Vieles weist darauf hin, daß Serockis Verhältnis zum Schaffen eben so geartet war – davon zeugten auch die Tatsache, daß er gewöhlich an einem Werk lange zu arbeiten pflegte, und die (zumal bei den Kammermusikwerken) nicht-alltäglichen Zusammenstellungen der Instrumente. Der Komponist selbst bestätigte diese Vermutung nicht, denn er weigerte sich prinzipiell, sich über seine Musik öffentlich zu äußern.

Ein Umbruch zeichnete sich auch deutlich im Schaffen Grażyna Bacewicz' (1913–1969) ab. Von der *Musik für Streicher, Trompeten und Schlagzeug* (1958), dem *6.* und *8. Streichquartett* (1959, 1964), den *Pensieri notturni* für Kammerorchester (1961) an bis zum letzten, unvollendeten Werk – dem Ballett *Das Verlangen* – erweiterte und modernisierte die Komponistin systematisch die Mittel ihrer Werkstatt, wobei sie jedoch stets die Schönheit des Klanges und die Vollkommenheit der Formproportionen als übergeordnetes Ziel ansah. Vor allem die *Musik für Streicher, Trompeten und Schlagzeug* (bei der Internationalen Komponistentribüne der UNESCO in Paris 1960 mit dem dritten Preis ausgezeichnet) sowie die *Pensieri notturni* haben dank ihrem klanglichen Radikalismus, der großen Empfindlichkeit beim Entdecken neuer Orchesterfarben und ihrer klaren, logischen Konstruktion große Bewunderung und Interesse erweckt.

Penderecki, heute neben Chopin wohl der bekannteste polnische Komponist, errang durch seine ersten Werke den unbestrittenen Ruf eines Avantgardisten, obwohl seine Überzeugungen und die Richtung seiner schöpferischen Suche von Anfang an grundsätzlich von den Ende der fünfziger Jahre allgemeinen Tendenzen abwichen, wie sie sich aus dem Kreis der Darmstädter Ferienkurse ableiteten. Der Komponist erklärte sich sehr früh zum Gegner jeglicher Form der Zufälligkeit in der Musik, und niemals lockten ihn die Spekulationen, die sich aus den seriellen Grundsätzen der Werkkonstruktion ergaben. Er hielt stets die Hörerfahrung oder Hörvorstellung für das wichtigste Kriterium bei der Beurteilung eines Werkes – daher sein Suchen nach attraktiven, unkonventionellen Klängen, daher die exakte Kontrolle der Entwicklung der Form, die stets geschlossen, logisch ist, den psychologischen sowie physiologischen Gesetzen der Perzeption untergeordnet. Penderecki schockierte bisweilen konservativ eingestellte Hörer durch nichtalltägliche Methoden beim Handhaben der Instrumente. Seine Erfindungsgabe auf diesem Gebiet ist in der Tat imposant. Heute kann man, ohne einen Irrtum zu befürchten, bereits feststellen, daß in Pendereckis Kompositionen aus den Jahren 1959–1965 der Bestand an grundlegenden Mitteln des Spiels auf Streichinstrumenten für die zeitgenössische Musik herausgebildet worden ist.

Ein anderes grundsätzliches Problem, das von Penderecki zum ersten Mal in großem Maßstab aufgegriffen wurde, war die Methode der Ausnutzung des von Cowell entdeckten Clusters. Auf diesem Gebiet ging der Komponist ebenfalls sehr weit, und eine genauere Analyse seiner Werke gestattet es, ein breit ausgebautes System von Grundsätzen und Möglichkeiten für die Verwendung dieses ursprünglich unkomplizierten Mittels zu formulieren. Ein näheres Kennenlernen der von Penderecki angewandten Methoden der Bildung und Verbindung von Clustern erlaubt es zugleich, gewisse Inhalte eines neuen, relativ universellen Systems der zeitgenössischen Komposition wahrzunehmen. Die Zeit, als allein die Klangaggressivität des scharfen Flecks einer Reihe benachbarter Akkordtöne einen hinreichend attraktiven Effekt darstellte, gehört der fernen Vergangenheit an, dann erfolgte das Gliedern der Cluster in verschiedenen Registern, die Änderungen der Breite des klingenden Streifens, und von hier war es nur noch ein kleiner Schritt, um an die innere Struktur des Clusters zu rühren und ihn mit der melodischen Bewegung zu verbinden. Der so „bewegte" Cluster wurde für Penderecki der Ausgangspunkt für die Konstruktion breit ausgebauter Formabschnitte, die auf gleitenden Klangstreifen basierten (*Threnos*) oder in den klingenden Block innere Bewegung einführten, die häufig mit Änderungen der Instrumentation und der Artikulation – somit der Farbe – verbunden war. In späteren Kompositionen (*Frühmette, 1. Sinfonie*) wird die Rolle der Cluster weiter kompliziert, es entsteht bereits eine gewisse Technik, die man in Analogie zur alten Musik „Clusterkontrapunkt" nennen könnte. Bereichert und differenziert werden die Methoden der Bildung der einzelnen Klangblöcke – sie haben verschiedene farbige, dynamische Gestalt, unterscheiden sich durch Intensität und die Methode der Einführung der inneren Bewegung voneinander. Solche Cluster erfüllen nicht mehr die Funktion eines „Flecks", sondern sind deutlich individuelle Strukturen, die zusammengestellt, umgeformt und den verschiedensten kompositorischen Manipulationen unterzogen werden können. Natürlich muß es bei so vielen Möglichkeiten des Wirkens irgendwelche Prinzipien geben, die die Gesetzmäßigkeiten der Komposition regeln. Solche universellen Grundsätze, die weiterhin genutzt werden können, bestehen in der Musik seit langem: das Zusammenstellen kontrastierender oder ähnlicher Strukturen, die Umgestaltung und die Gliederung. Krzysztof Penderecki verschmäht keine dieser Methoden, obwohl er nicht alle mit gleicher Vorliebe anwendet.

Gegenstand seines größten Bemühens ist die Geschlossenheit und Einheitlichkeit des Ablaufs in einem Werk. Das schließt keinesfalls die Verwendung von Kontrasten aus, im Gegenteil – die psychologischen Erfordernisse (die Perzeption des Hörers) und die kompositorischen (formale Tragfähigkeit der Tonstrukturen) stellen starke Argumente zugunsten einer deutlichen Differenzierung des Ablaufs dar. Jedoch entsteht ein Kontrast – wie in allen sinnvollen Äußerungen – nur dann, wenn der gesamte Diskurs durch einen gemeinsamen grundsätzlichen Gedanken verbunden ist, der gewissermaßen den Beziehungspunkt für die sich abspielende Aktion bildet. Man kann in jedem Werk Pendereckis mühelos ein solches organisierendes Prinzip finden. Einmal ist das der Worttext, ein andermal das vom Titel suggerierte Programm oder auch das rein musikalisch ästhetische oder (was ebenfalls vorkommt) das technische Problem. Dieses Prinzip der Einheit und der Kontinuität der Form kann auch in vielen detaillierteren Plänen seiner Kompositionen nachgewiesen werden, bei der Verwendung des barocken und des Renaissancekontrapunkts, bei den Wiederholungen einiger Abschnitte, beim evolutiven Umgestalten der melodischen Linien, beim kombinatorischen (bisweilen sehr komplizierten) Behandeln der rhythmischen, melodischen und harmonischen Elemente. Was jedoch in jedem Werk Pendereckis in den Vordergrund drängt, ist die Ästhetik des Klanges, die in der Regel den expressiven Erfordernissen, die sich aus der Funktion des Werkes ergeben, untergeordnet wird. Der Komponist ist – wie es scheint – in seiner Haltung ebenso weit entfernt von dem von Strawinsky repräsentierten rationalen Kult des Handwerks wie von der leidenschaftlichen Mystik Messiaens und den damit verbundenen technischen Kalkulationen. Sein Verhältnis zur eigenen Berufung ist wohl nüchtern, jedoch bar irgendeines Zynismus, wovon seine Werke am besten zeugen. Es gehören dazu sowohl das scherzhafte *Capriccio per Siegfried Palm* als auch das erschütternde *Stabat mater* oder die virtuose *Partita* für Cembalo und Sinfonieorchester. Jedes dieser

Werke hat eine andere Bestimmung, jedes ist anders und in seiner Art vortrefflich.

Penderecki machte ziemlich früh auf sich aufmerksam durch die Leichtigkeit, mit der er die Schwierigkeiten überwand, die als fundamental für die zeitgenössische Musik gelten – bei den Frühwerken beginnend, wo er in Anlehnung an eine durch und durch moderne Tonsprache par excellence sinfonische Formen schuf, über das *Stabat mater* und die weltbekannte *Passion nach Lukas*, die das Oratorium in neuer Gestalt wiederbelebten, bis zur Oper *Die Teufel von Loudun* (1969), der orthodoxen Messe *Frühmette* (1970) und dem *Magnificat* (1974).

Die erwähnten vokal-instrumentalen Werke – und man kann ihnen noch die *Kosmogonie* (1970) hinzufügen – kennzeichnen die monumentale, dramatische Strömung im Oeuvre Pendereckis. Im Zusammenhang damit haben scharfsinnige Beobachter seines Schaffens die Frage nach dem Verhältnis der literarischen Texte zur Musik als eines der wichtigsten Probleme beim Verständnis der Haltung des Komponisten gestellt. Von widersprüchlichen Meinungen abgesehen, unterliegt eines keinem Zweifel: Krzysztof Penderecki wählt die Texte für seine Kompositionen sehr sorgfältig aus, sich nach eigenem Geschmack richtend, aber ebenfalls deutlich zu einer Literatur neigend, die gewichtige, allgemeine ethische und philosophische Probleme aufgreift. Scheinbar im Widerspruch zu dieser Feststellung steht die Tatsache, daß die Texte in einigen Werken als rein klangliches Material behandelt wurden und ihre Lesbarkeit infolge der kompositorischen Bemühungen verwischt worden ist (*Kosmogonie, Canticum canticorum Salomonis*, 1970–1973). Jedoch ein näheres Kennenlernen und die Analyse der Werke gestatten es, einen engen Zusammenhang zwischen Musik und Text festzustellen, obwohl er sich auf neue Grundsätze stützt: Die Verwandtschaft betrifft hier stets die ideelle und die expressive Schicht, ist somit auf einen allgemeineren Plan bei gleichzeitiger Lockerung oder dem Verwischen der einzelnen inhaltlichen Verbindungen übertragen.

Eine Ausnahme von diesem Prinzip bildet die Oper *Die Teufel von Loudun* (1969), eines der glänzendsten Werke dieser Gattung in der zeitgenössischen Weltliteratur, bekannt bereits durch zahlreiche Inszenierungen in verschiedenen Ländern der Erde und weiterhin im Repertoire vieler Opernhäuser. In dieser Komposition tritt der strenge, spannungsgeladene Text in den Vordergrund und zwingt dem Ganzen den Charakter und die Form auf. Lediglich in den Chorpartien erfolgt ein Verwischen der einzelnen Wörter zugunsten rein musikalischer Farb- und Ausdruckseffekte. In diesem Werk erreichte Penderecki ein außerordentlich seltenes und desto wertvolleres Gleichgewicht der Solo-, Chor- und Orchesterpartien ohne – es sei hinzugefügt – jegliche Verzierung und virtuose Bravour. Der ungewöhnlich starke Emotionalismus dieser Musik hält die Aufmerksamkeit des Hörers in unaufhörlicher Spannung, bestürmt ihn gleich machtvoll mit dem ausgezeichnet konstruierten Text wie – ungeachtet der asketischen Strenge – mit dem farbigen, suggestiven Klang.

Seit seinem Debüt hat der Komponist einen ziemlich langen Weg zurückgelegt, jedoch schritt er ständig in der gleichen Richtung, was seine früheren und gegenwärtigen Widersacher wissen sollten. Die ersten Werke des Künstlers erregten durch ihr originelles Klanggewand eine Sensation und boten die ernsthafteste Alternative zu dem verbindlichen „Darmstädter Stil". Jedoch waren die technischen Entdeckungen für den Künstler kein Ziel, sondern nur ein Mittel, um neue, gleichzeitig allgemein verständliche Inhalte auszudrücken. Die Mitteilbarkeit der Musik Pendereckis – und zwar in allen geographischen Breiten – war damals eine verblüffende Erscheinung, denn man darf nicht vergessen, daß seine Kompositionstechnik und der Klang der Werke sich absolut modern darboten. Mehr noch – man kann annehmen, daß die Werke dieses Künstlers aus den Jahren 1960–1974 den Musikern mehr Sorgen bereiteten als den Zuhörern. Man kann sich davon überzeugen, wenn man die damaligen Aufführungen unter Leitung des Komponisten selbst mit jenen vergleicht, bei denen andere, sogar sehr talentierte Dirigenten den Taktstock führten. Der Einfallsreichtum und die berückende Koloristik der Werke Pendereckis machten es häufig schwer, den wahren Sinn dieser Musik, einen Sinn, der in den ewigen Fragen nach dem Wesen von Gut und Schön enthalten ist, zu begreifen.

Der heutige hohe Rang der polnischen zeitgenössischen Musik ist das Verdienst einer größeren Gruppe von Komponisten. Aus ihren Werkstätten kommen Jahr für Jahr Werke von großem künstlerischem Wert. Den Beobachtern der Entwicklung der polnischen Musik ist somit die Chance gegeben, die historischen Leistungen in statu nascendi zu verfolgen. Ein solches Gefühl begleitet mit größter Intensität das Erscheinen neuer Werke Witold Lutosławskis.

Vorher war bereits die Rede von der Wende, die die *Trauermusik* im Schaffen dieses Komponisten einführte, obwohl einige Kritiker in diesem Werk eher die Summe von Erfahrungen der vergangenen Periode in der Geschichte der Musik denn eine Ankündigung neuer Entdeckungen sahen. Unabhängig von dem vertretenen Standpunkt betonten alle jedoch übereinstimmend den außerordentlich noblen Klang, die klare Konstruktion und die imponierende Präzision beim Komponieren des ganzen Werkes – von den feinen Details bis zum allgemeinen Plan der vierteiligen Form. Ähnliche Merkmale weisen alle Werke Lutosławskis auf, die nach 1958 entstanden sind.

Parallel zur *Trauermusik* arbeitete der Künstler an zwei anderen Werken: Es entstanden damals die *5 Lieder* auf Texte von Kazimiera Iłłakowiczówna (1957 Fassung für Solostimme und Klavier, 1958 Fassung für Stimme und 30 Instrumente) sowie *Drei Postludien* (1958–1960). Diese Werke besitzen viele gemeinsame Merkmale, sind sehr bündig, lapidar, innerhalb der Zyklen ist das Prinzip des deutlichen Kontrastierens der Stimmung, der Faktur verbindlich. Die Meisterschaft des gewandten Instrumentators kam in vollem Maße in den *5 Liedern* zu Texten von Iłłakowiczówna zum Ausdruck. Die einzelnen Werke (*Meer*, *Wind*, *Winter*, *Ritter*, *Kirchenglocken*) sind kurze, ausdrucksvolle musikalische Bilder, ideal mit dem Sinn und Klang des poetischen Textes harmonierend. Die sich bereits in den früheren Werken Lutosławskis abzeichnende Tendenz zur Objektivierung des Ausdrucks der Musik verleiht den Liedern einen zurückhaltenden, nicht aggressiven Charakter.

Das Jahr 1961 brachte ein weiteres großartiges Werk Lutosławskis: *Jeux Vénitiens* (Venezianische Spiele). Der Titel des Werkes suggeriert keinerlei programmatische Inhalte: Die Uraufführung fand beim Festival der Zeitgenössischen Musik in Venedig statt, daher „venezianisch"; als wichtiges Element des Zusammenwirkens der Ausführenden wurde die Aleatorik eingeführt, daher „Spiele". Dieses Werk initiiert ein neues wichtiges Konzept in der Entwicklung der Kompositionstechnik Lutosławskis. Der Künstler, der ununterbrochen Beweise der eigenen Unabhängigkeit bot und weit davon entfernt war, den Einflüssen der Mode zu erliegen, hatte hier also den Zufall – diese wohl am meisten umstrittene Erfindung der zeitgenössischen Kompositionstechnik – in den Bestand der von ihm verwendeten Mittel aufgenommen. Jedoch hat die Gestaltung einiger Tonstrukturen nach dem Prinzip der Loswahl hier nichts mit einem Verzicht auf die Kontrolle der Klangform des Werkes gemein. Die Zufälligkeit der Handlungen der Ausführenden wurde nämlich auf einen geringen Bereich beschränkt, der in der Praxis lediglich gewisse rhythmische Freiheiten umfaßt; gleichzeitig schafft der Komponist durch eine simultane

Zusammenstellung vieler ähnlicher aleatorischer Partien ganze Blöcke, Tonstreifen mit vielfältiger, ununterscheidbarer innerer Bewegung, jedoch genau geplant im Hinblick auf die Dynamik, die Farbe, die Artikulation und ebenfalls auf die Zusammensetzung der melodischen und harmonischen Intervalle. *Jeux Vénitiens* sind also ein Beispiel zielbewußter Anwendung der Aleatorik, zielbewußt in dem Sinne, daß der erwünschte Effekt des rhythmisch reich differenzierten Blocks untrüglich und am einfachsten durch eine freie, zufällige Verteilung bestimmter Töne vieler zusammenspielender Partien erreicht werden kann. *Jeux Vénitiens* wurden auf der Internationalen Komponistentribüne der UNESCO im Jahre 1962 ausgezeichnet.

Bereits in der *Trauermusik* erforschte Lutosławski ein anderes grundlegendes Problem der zeitgenössischen Musik, nämlich die harmonischen, Farb- und melodischen Möglichkeiten, die im Zwölfton stecken. Sein Verhältnis zum Tonmaterial unterschied sich dabei wesentlich von den Ansichten der Schöpfer und Fortsetzer der seriellen Grundsätze der Organisation. Ganz allgemein gesagt, bestand dieser Unterschied in der Verwerfung des universellen Charakters der Serie als idealer Intervallstruktur; das Ergebnis dieser Wahl war das Verlegen des Schwerpunktes des Kompositionsprozesses auf Operationen an konkreten Tönen, statt – wie bei der rein seriellen Technik – auf logische Handlungen. Lutosławski erklärte sich zum Anhänger der Strömung der zeitgenössischen Musik, deren Quellen im Schaffen Debussys liegen, womit er sich in Opposition zur Tradition des Schönbergschen Wiener Kreises stellte. Zwar sind Lutosławskis Werke so selbständig, daß es schwer fallen würde, eine nahe Verwandtschaft zwischen ihnen und irgendeinem zeitgenössischen Komponisten festzustellen, dennoch ist es eine unbestrittene Tatsache, daß seit der Zeit, da der Künstler entschieden aufgehört hat, sich für die Folklore zu interessieren, seine Kompositionen eine starke Verbindung mit der französischen Musik und Kultur aufweisen. Diesen Befund bestätigt das 1963 komponierte Werk *Trois poèmes d'Henri Michaux* (Drei Poeme von Henri Michaux).

In diesem neuen Werk setzte Witold Lutosławski die in den *Jeux Vénitiens* unternommenen Experimente fort und führte vielfach eine begrenzte oder „kontrollierte" Aleatorik ein. Die Ausführungsfreiheiten betreffen auch hier die rhythmische Gestaltung der einzelnen Partien in den größeren Klangblökken und dienen bestimmten expressiven Effekten, die durch eine Steigerung der Dynamik, der Beweglichkeit der Kulminationsfragmente erreicht werden. In diesem Werk verdient die Art der Behandlung des Chors, der mehrfach die Rolle einer mit dem Orchester gleichberechtigten Instrumentalgruppe spielt, besondere Beachtung. Der Komponist förderte mit der gleichen Sorgfalt wie die Klangwerte des französischen Textes den philosophischen und emotionalen Sinn aus der Poesie zutage. Der große Reichtum an Farbeffekten, die mit Hilfe verschiedener, oft unkonventioneller Artikulationsmethoden gewonnen werden, bewirkt, daß die *Trois poèmes* eins der farbigsten Werke Lutosławskis sind. Ein Jahr nach Fertigstellung dieser Arbeit erhielt der Komponist dafür in Paris den Kussevitzky-Preis. *Trois poèmes* wurden auch auf der Jahressession der Internationalen Komponistentribüne der UNESCO in Paris 1964 als das beste Werk anerkannt. Von der *Trauermusik*, eigentlich vom *Konzert für Orchester* an kann man eine ungewöhnlich konsequente und schnelle Entwicklung der Kompositionstechnik Witold Lutosławskis beobachten. Das Werk, in dem er seine früheren Erfahrungen mit der Aleatorik zusammenfaßte, ist das *Streichquartett* (1964). Von diesem Werk schrieb der Komponist: „Sowohl die Tempi als auch die rhythmischen Werte sind als annähernd zu behandeln, jeder Ausführende sollte seinen Part so spielen, als spielte er allein... Das vertikale Resultat der einander überlagernden vier Partien ist in diesem Werk nicht vollständig festgelegt, daher auch ist es unmöglich, es in der Partitur aufzuzeichnen... Es geht mir keineswegs um die Andersartigkeit jeder eventuellen Aufführung oder um das Element der Überraschung wie auch nicht um den Verzicht auf einen Teil der Verantwortung für mein Werk zugunsten der Ausführenden. Das Ziel meiner Bemühungen ist ein gewisses beabsichtigtes und durchaus konkretes klangliches, rhythmisches und expressives Resultat, das sich auf keine andere Weise erreichen läßt. Eine große Rolle spielt hier die Wirkung des musikalischen Textes und auch der Worterklärungen auf die Psyche der Ausführenden."

Die Konzertpraxis bestätigte die Vermutungen des Komponisten in vollem Umfang: Das *Quartett*, obwohl derart undefiniert, bleibt bei jeder Aufführung das gleiche Werk. Es dominiert darin eine zurückhaltende, kühle Expression, raffinierte subtile Klänge herrschen vor, und die Entwicklung der Form frappiert durch die präzis durchdachte Gliederung des Werkes, angefangen bei der Art der Bewegung über die wechselnden Qualitäten der Klänge bis zur Reihung größerer Abschnitte, die sich schließlich zu zwei grundsätzlichen Teilen – dem einführenden und dem Hauptteil – zusammenfügen.

Die Art der Zusammenstellung der Partien für die einzelnen Instrumente des *Quartetts* basiert auf einer ziemlich lockeren wechselseitigen Korrelation, im Effekt jedoch entsteht eine Konstruktion mit von vornherein vorausgesehenem expressivem Wert. Natürlich haben die Art der Aufführung, das Engagement und die Sensibilität der Ausführenden für die Erzielung dieses Effekts wesentliche Bedeutung. Das erinnert an die barocke Praxis des Improvisierens einiger Stimmen in der polyphonen Faktur bei vorgegebenem harmonischem Schema und Baßgrundlage. In beiden Fällen wird vom Ausführenden eine bewußte und schöpferische Teilnahme am Konzert und ebenso die praktische Kenntnis der Stilistik der aufgeführten Musik verlangt. In der Tat besaß der Barockmusiker vielleicht sogar mehr Spielfreiheiten als der Interpret der Werke Lutosławskis, doch geht es hier nicht um das Maß, sondern um den Vergleich der Prinzipien.

Die Technik des freien Zusammenwirkens der Musiker, die der Komponist in seinem *Streichquartett* anwandte, nannte er später „aleatorischer Kontrapunkt". Im Zusammenhang damit lohnt es an die weiter oben geäußerten Bemerkungen über die sich aus den Tonblöcken – den Clustern – ableitende Technik Krzysztof Pendereckis zu erinnern (in den Werken vor 1975). Beide Komponisten gelangten nämlich auf unterschiedlichem Wege zu einem ähnlichen Problem, namentlich der Frage des zeitgenössischen Kontrapunkts. Ungeachtet der offensichtlichen Unterschiede, die die Musik dieser beiden Künstler trennen, bestehen gewisse allgemeine Merkmale, die ihrer Technik und ihrer Denkweise gemeinsam sind. Sie ergeben sich aus dem Verzicht auf die erstrangige Rolle des Details (Intervall, Motiv, rhythmische Figur) zugunsten genereller Kriterien wie Intensität der Bewegung, Art der harmonischen und melodischen Intervalle, die in einem bestimmten Abschnitt verbindliche Klangart. Lutosławski und Penderecki formulierten eigene Methoden der Organisation eines Musikwerkes, verliehen ihnen eine kristallisierte Gestalt, die zu analysieren und zu beschreiben möglich ist, und schufen auf diese Weise Techniken, die man – ohne den Terminus zu mißbrauchen – als neue Arten des Kontrapunkts des 20. Jahrhunderts bezeichnen kann.

Das *Streichquartett* Witold Lutosławskis verdient auch im Hinblick auf seinen formalen Aufbau Beachtung. Der zweiteilige Satz, in dem der erste Teil gleichsam die Einführung, die unverbindliche Vorbereitung auf etwas, was nach einer Weile erfolgen wird, darstellt, der zweite hingegen die dramaturgischen Hauptkonflikte umreißt und die Erfüllung der geweckten Hoffnungen bringt – diese Formel liegt der 1966–1967 komponierten *2. Sinfonie* zugrunde, ihre Spuren kann man im *Livre pour orchestre* (1968) und danach auch in neuer Gestalt in *Präludien und Fuge* (1972) finden.

Die *2. Sinfonie* wurde ein weiterer Erfolg des Schöpfers, der ihm 1968 bereits zum dritten Mal den ersten Platz auf der Pariser Komponistentribüne der UNESCO einbrachte. Man präsentierte damals eine Einspielung, in der Witold Lutosławski das Große Sinfonieorchester des Polnischen Rundfunks und Fernsehens dirigierte. Schon früher, anläßlich der *Trois poèmes d'Henri Michaux*, hatte sich der Künstler entschlossen, auf dem Podium aufzutreten und an der Seite von Jan Krenz die Chorpartie zu dirigieren, später leitete er auch die Londoner Uraufführung der *Paroles tissées* für Tenor und 20 Instrumente (1965). Seine Auftritte als Dirigent stehen in engem Zusammenhang mit der Entwicklung der Kompositionstechnik, denn mit der Einführung der Aleatorik in die Werke und mit dem Verzicht auf die exakte Bestimmung des Tempos und der rhythmischen Gestaltung befand sich nunmehr auch der Dirigent in einer neuen Situation. In vielen Fragmenten des Werkes mußte er auf die Funktion des verantwortlichen Koordinators der Handlungen der Musiker verzichten, gleichzeitig jedoch mußte er unaufhörlich über die richtige expressive Gestalt der Aufführung und die Übereinstimmung der Aktionen der Instrumentalisten mit den Dispositionen der Partitur wachen. Die neue Funktion als Dirigent stand in vielen Punkten im Widerspruch zum akademischen Kanon der Kapellmeisterbefugnisse, und deshalb vermochten selbst gute Dirigenten nur mit Mühe und nicht immer erfolgreich diese Aufgaben zu meistern. Lutosławski übernahm es auch, als er die neue Technik des Komponierens formulierte, eigenhändig zu demonstrieren, auf welche Weise die so gedachten Werke aufgeführt werden sollten.

Der Gedanke an die ausführenden Musiker verließ den Komponisten in keinem Augenblick des Komponierens, er bekannte sich zu dem Grundsatz, den er auch verwirklichte, daß die Aufführung der Musik relativ leicht und angenehm sein solle. Dieser tatsächlich ethische Grundsatz zwang ihm natürlich viele Beschränkungen auf und erschwerte die Realisierung neuartiger Einfälle, die von üblichen Konventionen entfernt waren. Jedoch die modernen Mittel – wie die Aleatorik – nutzend, engagierte Lutosławski die Phantasie und weckte bei den Ausführenden das Bewußtsein des eigenen Wertes und der Verantwortung für eine gute Aufführung. Dieses Moment spielt in der *2. Sinfonie* eine wesentliche Rolle. Das gilt vor allem für den ersten Teil, *Hésitant*, der aus einer Reihe kurzer, durch Pausen getrennter, von einem Refrain durchwirkter Abschnitte aufgebaut ist, wo das ganze Gewicht der musikalischen Aktion auf der Präsentation verschiedener Arten von Klängen ruht, die sorgfältig ausgewählt und verschiedenfarbig sind, jedoch gezielt so komponiert, daß sie keine Spannungen und Kulminationen schaffen, sondern den Eindruck eines konfliktlosen, ja sogar belanglosen Ordnens von Tönen erwecken. Der zweite Teil, *Direct*, ohne jegliche Zäsur aus dem *Hésitant* weiterentwickelt, gründet auf der schlichten Idee, die Spannung durch das allmähliche, konsequente Anwachsen der Dynamik, die Intensivierung der Bewegung, die Verdichtung der Faktur und die Erweiterung des Klangvolumens ständig zu steigern, um nach einer lange aufrechterhaltenen Kulmination und dem „trügerischen" Schluß alle Konflikte in Soloepisoden der Celli und der Kontrabässe zu entladen.

Das nächste Werk Lutosławskis, *Livre pour orchestre*, weist viele gemeinsame Züge mit der *2. Sinfonie* auf. Seine vier Teile (*Chapitres*), die den wesentlichen musikalischen Inhalt enthalten, sind durch Intermedien getrennt, die einen freien, unverbindlichen Charakter besitzen. Es wurde hier somit der Grundsatz gewahrt, das Werk in wichtige und unwichtige Teile zu zerlegen, was zweifellos mit den psychologischen Gesetzen der Musikperzeption übereinstimmt. Das *Livre* steht ebenfalls, unabhängig von seinem technischen Niveau und den sehr modernen Klangkategorien, mit einigen früheren Kompositionen im Zusammenhang: dem *Konzert für Orchester* und der *Trauermusik*, und zwar durch die konsequente und recht radikale Begrenzung des Tonmaterials. In den einzelnen Kapitel-Teilen gilt der Grundsatz der Wiederholung und Umgestaltung ähnlicher kleiner charakteristischer Strukturen. Dank den unaufhörlichen subtilen Veränderungen fließt die musikalische Aktion rasch, durchläuft dynamisch die Gebiete verschiedener, kaleidoskopartig wirbelnder Farben. Das für Lutosławski charakteristische raffinierte, sorgfältig selektionierte Klanggewebe ordnet sich zu einem sehr komplizierten Bild, dessen Schönheit man allmählich bei wiederholtem Anhören ergründen kann, immer tiefer in den Inhalt des Werkes eindringend und stets neue, frappierende Details entdeckend.

Eine neue Problematik bringt das für den hervorragenden sowjetischen Cellisten Mstislaw Rostropowitsch komponierte *Cellokonzert* (1970). Nach dem *Streichquartett* und der *2. Sinfonie* ist dies ein weiteres Werk, das an klassische Musikformen anknüpft, während jedoch der Komponist in den vorherigen Arbeiten entschieden Konstruktionsanalogien mit traditionellen Modellen mied, knüpft er im Konzert mit ganzer Deutlichkeit an die Tradition an. Die Grundlage des Werkes bildet die Zusammenstellung des Soloparts und der Orchesterepisoden, wobei diese zwei Schichten stark differenziert sind. Das Konzert beginnt mit der Introduktion des Solisten, in der ein ruhig, leidenschaftslos wiederholter Ton das Erscheinen etwas mutigerer Motive vorbereitet, um wieder zum Anfangszustand mit gewissen dynamischen und Artikulationsänderungen zurückzukehren. Im zweiten Teil konzertiert das Cello gleichsam wie in den Pausen zwischen den heftigen Interventionen der Orchestergruppen. Der dritte Teil, die *Kantilene*, ist eine breit ausgebaute Phrase des Cellos mit den sie begleitenden Streichinstrumenten, die sich in immer schnellerem Tempo entwickelt und die Kulmination vorbereitet. Der Kulminationsmoment erfolgt jedoch nicht sogleich, denn mit Beginn des vierten Teils fallen Blechinstrumente ein, um in immer heftigerem Dialog mit dem Solisten zum Tutti des gesamten Ensembles zu führen, das durch eine Generalpause unterbrochen wird, wonach die heftigen Passagefiguren des Solisten und die Interventionen des Orchesters in eine wahre Kulmination übergehen; einen rhythmisch angeschlagenen Akkord des Orchesters, der im fünfzehnsekundigen Tutti angehalten wird. Die jetzt folgende Koda klingt mit einem vom Solisten wiederholten Ton aus.

Das *Cellokonzert* errang bereits nach der Londoner Uraufführung den Ruf eines der hervorragendsten Werke seiner Art. Zu seinen Hauptvorzügen gehören zweifellos die Präzision und die Logik der Konstruktion sowie die dramatische, suggestive Expression. Die Partie des Solisten, in vielen Fragmenten schwierig und sehr effektvoll, ist der Dramatik des Werkes untergeordnet und verlangt vom Ausführenden die Beherrschung und die ständige Kontrolle der Effekte des Zusammenwirkens mit dem Orchester. Dieses kurze und in der Ausführung elegante Werk frappiert vor allem durch den plastischen, in den Konturen zuweilen scharfen Dialog des Konzertierenden mit dem Ensemble. Es suggeriert mit einer in den früheren Werken Lutosławskis ungewohnten Kraft das Vorhandensein eines literarischen Programms. Dieses Empfinden bestätigen auch einige Äußerungen des Komponisten, obwohl er sich selbst einer hermeneutischen Interpretation entschieden widersetzt, indem er behauptet, daß die literarische Sprache der Beschreibung des Konzerts einfach „eine malerische Methode des Aufzeigens der Kontraste zwischen den einzelnen Sektionen des Werkes sei, damit der Ausführende leichter das richtige Herangehen an sie finden könne".

Zu der von literarischen Suggestionen freien Musik fand Witold Lutosławski in *Präludien und Fuge* (1972) zurück. Dieses für ein Kammerstreichorchester bestimmte Werk ist ein weiteres Beispiel für eine moderne Lösung formaler Fragen mit jahrhundertealter Tradition. In diesem Werk kehrt die bereits bekannte Idee der wichtigen und der banalen Musik auf besondere Weise wieder. Die Rolle jener unverbindlichen Einführung spielen hier sieben Präludien mit kontrastierendem Charakter. Wie in allen solchen Fragmenten der Werke Lutosławskis überwiegt darin die Stimmung eines Spielens mit Tönen, bei dem die Aufmerksamkeit des Hörers nicht auf die konstruktiven, sondern die klanglichen Werte gerichtet wird. Die Partitur ist mit einer Anweisung versehen, die bisher in den Arbeiten dieses Komponisten nicht anzutreffen war und die die Aufführung einer beliebigen Anzahl von den insgesamt sieben Präludien gestattet.

Den grundlegenden Teil des Werkes stellt die breit ausgebaute sechsthemige Fuge dar. Die einzelnen Themen unterscheiden sich deutlich durch den Bau und den Typ der Expression, es begleiten sie die Bezeichnungen: cantabile, grazioso, lamentoso, misterioso, estatico, furioso. Entsprechend dieser Disposition sind auch die jeweiligen Abschnitte der Durchführung verschieden. Es lohnt, hier die Aufmerksamkeit auf die originelle Weise der Präsentation der Themen zu lenken: Sie erscheinen stets in vielen lose korrelaten Stimmen gleichzeitig, wodurch nicht Linien, sondern „Stimmenbündel" entstehen. Nach einem ähnlichen Prinzip werden auch die Kontrapunkte eingeführt. Der Klangeffekt dieser Bemühungen gestattet es, gewisse Anspielungen auf die barocke Polyphonie zu bewahren, erreicht jedoch zugleich eine völlig moderne Faktur. Das begrenzte, einheitliche Instrumentalensemble betont um so deutlicher die Klarheit und die fast greifbare Plastik der Zeichnung dieser kunstvollen Konstruktion. Dieses Werk bewirkte, daß die Meinung aufkam, Witold Lutosławski sei der größte polnische Komponist nach Chopin – so eben schätzen zeitgenössische Kritiker sein Schaffen ein.

In einem dermaßen gedrängten Überblick über die zeitgenössische polnische Musik ist es unmöglich, alle wichtigen Namen zu nennen, sogar der Versuch fällt schwer, alle bekannteren Werke anzuführen. Notwendig ist eine weitgehende Auswahl, deren Kriterien nicht immer den Neigungen des Autors exakt entsprechen. Dennoch müssen wenigstens noch einige Komponisten erwähnt werden, die – wie man annehmen kann – für immer in die Geschichte der polnischen Musik eingegangen sind, Tonschöpfer von stark ausgeprägter Individualität oder solche, deren weitere Entwicklung nach einem guten Anfang zu großen Hoffnungen berechtigt.

Andrzej Dobrowolski (geb. 1921) erreichte verhältnismäßig spät seine gegenwärtige Position, was in beträchtlichem Maße durch die eher geringe Anzahl der komponierten Werke bedingt war. Seine Interessen und seine ästhetische Haltung kristallisierten sich deutlich Anfang der sechziger Jahre heraus, als er die *Musik für Band Nr. 1* (1962) und die *Musik* für Streichorchester und 4 Gruppen von Blasinstrumenten (1964) schuf. Diese beiden Strömungen – der experimentellen und der Orchestermusik – beherrschten das spätere Schaffen Dobrowolskis. In den Werken für Band – besonders in der *Musik für Band und Oboe solo* (1965) sowie in der *Musik für Tonband und Klavier* (1971) – führte er die neue Gestalt der konzertanten Technik zur Vollendung, wo der Solist mit dem auf dem Tonband verzeichneten Klang zusammenwirkt. Die Krönung der zweiten Strömung in seinem Schaffen sind die *Musik für Orchester* (1968), *Amar, Musik für Orchester Nr. 2* (1972) und die *Musik für Orchester Nr. 3* (1972/73). Ebenfalls auf diesem Gebiet beschäftigte Andrzej Dobrowolski ständig ein und dasselbe Problem: das Verhältnis der Form und der Zeit zu den zeitgenössischen Tonmitteln. Besonders in dem letzten der angeführten Werke erreichte er eine dem Ideal nahekommende Ausgewogenheit der Form, die mit sorgfältig durchdachten, durch ihre Frische frappierenden Klängen ausgefüllt ist.

Włodzimierz Kotoński (geb. 1925) war um die Wende der fünfziger und sechziger Jahre einer jener Komponisten, die die stilistische Landschaft der polnischen Musik am aktivsten revolutionierten. Mit solchen Werken wie *Musique en relief* für 6 Orchestergruppen (1959), *Musica per fiati e timpani* (1963), *A battere* für Gitarre, Bratsche, Cello, Cembalo und Blechinstrumente (1966) errang er eine hohe Position und den Ruf eines empfindsamen Kenners der zeitgenössischen Kompositionstechniken. Sein großes Interesse für Schlaginstrumente hatte viele hörenswerte Werke zur Folge sowie das Buch *Instrumenty perkusyjne we współczesnej orkiestrze* (Schlaginstrumente im modernen Orchester, 1963). Dann wandte er sich der experimentellen Musik zu, arbeitete im Experimentierstudio des Polnischen Rundfunks und in ausländischen Studios wie Westdeuscher Rundfunk in Köln und Groupe de Recherches Musicales O.R.T.F. in Paris. Das Ergebnis dieser Studien waren u.a. die *Mikrostrukturen – konkrete Musik* (1963), *Aela – elektronische Musik* (1970), *Euridice – elektronische Musik* (1970), Werke mit lebhaftem erzählerischem Fluß und anziehendem, geschmackvollem Klang. In den nächsten Jahren widmete der Autor dem Instrumentaltheater viel Aufmerksamkeit, da er in dieser Strömung eine Chance sah, die Musik von den lästigen und erstarrten Konzertgewohnheiten zu befreien, die eine spontane Rezeption erschweren und dem Vergnügen am Kontakt mit der neuen Musik Abbruch tun. In vielen Ländern Europas wurden seine Arbeiten dieser Art dargeboten: *Multiplay* für 6 Blechinstrumente (1971) und *Musical Games* für 5 Ausführende (1973).

Witold Szalonek (geb. 1927) errang sich den Ruf eines der erfahrensten Kenner der Arkana der Instrumentation. Seine Werke können eine Quelle reichen Wissens über die neuen Klangmöglichkeiten der von alters her bekannten Instrumente darstellen. Mit großer Präzision und Disziplin entwirft er Formgestalten, ohne sich jemals mit dem einfachen Exponieren selbst der nichtalltäglichsten Effekte zu begnügen. Seine Werke wie zum Beispiel *Quattro monologhi per oboe solo* (1966), *Improvisations sonoristiques* für Klarinette, Posaune, Cello und Klavier (1968) oder *Drei Skizzen* für Soloharfe (1972) bezaubern durch die Finesse der rhythmischen Figuren, durch subtile Farbänderungen und durch die Leichtigkeit der Form.

Eine hervorragende, obgleich bescheidene Persönlichkeit ist Wojciech Kilar (geb. 1932), ein Künstler, der mit einer Reihe effektvoller Werke (*Ode Béla Bartók in memoriam*, 1958, *Riff 62* für Orchester, 1962, *Générique* für Orchester, 1963) einen hohen Rang unter den polnischen Avantgardisten einnahm, um sich dann unerwartet der Minimal music zuzuwenden (*Upstairs-Downstairs* für Orchester und Sopranchor, 1971, *Vorspiel und Weihnachtslied* für 4 Oboen und Streichorchester, 1972); in letzter Zeit verblüffte er die Musikerkreise und bezauberte die Hörer mit der sinfonischen Dichtung *Krzesany* (1974), die sich auf die Folklore der Tatragoralen stützt.

Zweifellos verdient das Schaffen Witold Rudzińskis, eines Künstlers der älteren Generation (geb. 1913) und eines der wenigen Komponisten, die sich seit langem und mit Vorliebe der Oper widmen, wenigstens eine Erwähnung. Das Gesamtwerk Rudzińskis auf diesem Gebiet ist für heutige Begriffe sehr umfangreich und umfaßt Werke, die zumeist mehrfach in Polen aufgeführt wurden, wie *Ums liebe Brot* nach einer Novelle Henryk Sienkiewicz' (1948–1951), *Die Abfertigung der griechischen Gesandten* nach Jan Kochanowski (1962) oder das Musikdrama *Die Bauern* nach Władysław Reymont (1972). Dieses letztere ist zugleich das größte Bühnenwerk Rudzińskis und hat sehr anerkennende Rezensionen bekommen. Man kann dieses Werk als Synthese des langjährigen reichen Schaffens des Komponisten ansehen. Die vordergründige Rolle des Chors und der ausgebaute Orchesterpart gestatten es, sich von der Vielfalt und Vollkommenheit der Werkstatt des Autors zu überzeugen, der – geschickt verschiedene Techniken nutzend und volkstümliches Material in die Musik einflechtend – dem Ganzen eine einheitliche stilistische Gestalt zu verleihen vermochte und den dramaturgischen Plan konsequent durchführte. Beachtung verdient hier das Verhältnis des Komponisten zur Folklore: Dank recht weitgehenden Umgestaltungen wurden die greifbarsten, individuellen Merkmale der polnischen Volksmusik verwischt, dafür offenbarten sich ihre ursprünglichen und zugleich allgemeinen Züge wie die natürliche Expression, die in den Ausrufen enthalten ist, oder der Zusammenhang mit den einfachsten Tanzbewegungen oder aber der kontemplative Charakter einiger ritueller Gesänge. Auf diese Weise hat die Volkstümlichkeit der Bauern ungeachtet ihrer polnischen Quellen einen übernationalen Wert gewonnen, wurde in gleichem Maße erkennbar für einen Franzosen, einen Mexikaner oder einen Russen.

Die größten Erfolge auf dem Gebiet der Bühnenmusik errang in den letzten Jahren Romuald Twardowski (geb. 1930), Preisträger vieler seriöser internationaler Wettbewerbe: in Prag (1966), in Monaco (zweimal den 1. Preis – 1965 für das Ballett *Die Statuen des Zauberers* und 1973 für das Musikdrama *Lord Jim* nach Conrad), der zweite Platz auf der Internationalen Komponistentribüne der UNESCO 1964 für seine *Antiphone* für drei Orchestergruppen, schließlich der 3. Preis beim Wettbewerb in Skopje für die *Ode an die Jugend* für rezitierende Stimme, Chor und Orchester auf den Text von Adam Mickiewicz (1969). In den erwähnten Werken und ebenso in den *Canti antiqui per soprano, clavicembalo, pianoforte e percussione* (1962), in der vieraktigen Oper *Cyrano de Bergerac* (1962), der Moralität *Tragödie oder Historie von Johannes und Herodes* (1965), der *Kleinen orthodoxen Liturgie* für Vokalensemble und Kammerorchester (1968) haben die individuellen Züge der Musik Romuald Twardowskis ihren Höhepunkt erreicht. Der Autor erklärte sich als Anhänger der Tradition in weitestem Umfang, machte die Archaisierung, die auf die Vorbilder aus dem Mittelalter, aber auch der späteren Zeiten bis zu den Anfängen des 20. Jahrhunderts zurückgreift, zu einem der grundlegenden Elemente seines kompositorischen Schaffens.

Die Werke Twardowskis besitzen gewöhnlich scharf umrissene, ausdrucksvolle Konturen, sind innerlich stark kontrastiert, dynamisch. Es fehlt ihnen auch nicht an lyrischen Momenten, gesättigt mit sinnlicher Emotionalität, oder an pathetischen, heftigen Kulminationen. Seiner Vorliebe für die alten Zeiten treu bleibend, ließ sich Twardowski niemals von den Reizen der zeitgenössischen Avantgarde verlocken und beweist mit jedem seiner Werke, daß man im Schatz der europäischen Kultur und Kunst Situationen finden kann, die viele der heutigen Konflikte treffend widerspiegeln. Für ihn besteht das Problem darin, diese bekannten und bleibenden Inhalte in einer neuen Sprache zu vermitteln, die die Sensibilität des zeitgenössischen Hörers am eindrucksvollsten anspricht.

Eine hervorragende Individualität unter den polnischen Komponisten ist Zygmunt Krauze (geb. 1938), bekannt und geschätzt auch als Pianist, der sich der Aufführung zeitgenössischer Musik widmet. Seit vielen Jahren mit der musikalischen Weltavantgarde eng verbunden, formulierte und realisierte er die originelle Konzeption einer von der Zeit losgelösten Musik, die ohne Anfang und Ende währt, somit auch ohne festgelegte geschlossene Form. Eine wahre Offenbarung wurde sein *Piece for Orchestra No 1* (1969), von dem er selbst schrieb: „Das, was der Hörer in den ersten Sekunden des Werkes vernimmt, wird bis zum Schluß dauern... Das Werk kann in einem beliebigen Moment unterbrochen werden, und es wird seine grundlegenden Merkmale nicht ändern." Krauze konstruiert den Orchesterklang aus vielen parallel klingenden Ebenen, die in jedem Moment ein sehr reiches, differenziertes Gewebe ergeben, das vom Ohr entsprechend den Interessen und der Empfindlichkeit des

Abnehmers wahrgenommen wird. Der Ablauf erweckt den Eindruck eines fixierten Zustands, ohne dynamische Änderungen, mit einer kaum faßbaren Bewegung der Stimmen, ohne spürbaren Pulsschlag des Rhythmus.

Piece for Orchestra No 1 ist wohl die konsequenteste Demonstration der Idee einer kontrastlosen Form. Ein ähnlicher Gedanke liegt dem *Piece for Orchestra No 2* (1970) zugrunde sowie den späteren Werken Krauzes, ebenso der breit diskutierten *Folk Music* für Orchester (1972). Dieses letzte Werk besteht aus vielen Zitaten der Volksmusik verschiedener Völker Europas, die gleichzeitig von kleinen Instrumentalgruppen und Solisten aufgeführt werden. Der auf diese Weise erzielte summarische Klang ist äußerst kompliziert und reich, überdies evolviert er – unabhängig von der intensiven inneren Bewegung – unaufhörlich infolge der dynamischen Proportionsänderungen zwischen den einzelnen Grüppchen und Solisten. Der Komponist zog getreue Aufzeichnungen der Volksmelodien heran, die nach Möglichkeit mit Originalinstrumenten aufgeführt werden, insgesamt aber erzielte er ein Resultat, das in nichts an Folklore erinnert. Auf einer ähnlichen Idee basiert das Werk *Aus aller Welt stammende*. Die attraktive klangliche Gestalt dieser Kompositionen, der schwer greifbare Reiz gleichsam eines Aufschubs des Zeitablaufs, der raffinierte Geschmack bei der Wahl weniger sorgfältig selektionierter Farben – all diese Werte brachten dem Komponisten große Anerkennung ein, und sein Schaffen wird heute als eine der wertvollsten Leistungen der polnischen Komponisten der jüngeren Generation angesehen.

Eine hervorragende Persönlichkeit unter den jungen Komponisten ist Krzysztof Meyer (geb. 1943), Träger vieler Preise bei inländischen, aber auch bei ausländischen Wettbewerben – des 1. Preises in Monaco für die komische Oper *Kyberiade* zu einem Libretto von Stanisław Lem (1970) und einer Auszeichnung auf der Internationalen Komponistentribüne der UNESCO in Paris (1970). Der Künstler weist sich bereits durch ein ziemlich umfangreiches Schaffen aus, in dem vier Sinfonien (1964, 1967, 1968, 1974), Streichquartette (1963, 1969, 1970/71, 1974), das *Violinkonzert* (1965), vier Klaviersonaten, das *Cellokonzert* (1972) in den Vordergrund treten. Auf den ersten Blick können die Interessen und Ambitionen des Komponisten anachronistisch erscheinen: Meyer widmet sein Talent fast ausschließlich „historischen" Formen – Sonaten, Sinfonien, Quartetten, Konzerten. Den Zusammenhang mit der Tradition wahrt er nicht nur in den Titeln, sondern auch in den allgemeinen formalen Grundsätzen, in der Gliederung in Teile, mitunter sogar in den Einzelheiten, solchen wie der Kontrastierung der Hauptthemen des Werkes oder der Art des Zusammenwirkens des Solisten mit dem Orchester. Ähnlich hatten sich die Neoklassizisten auf die historischen Formen gestützt, man kann jedoch Meyers Schaffen in keiner Weise zum Neoklassizismus zählen. Darüber entscheiden solche grundlegenden Stilelemente wie die Harmonik, die Melodik und vor allem die Arten der angewandten kontrapunktischen Eingriffe. Jedoch auch in bezug auf diese Faktoren griff der Komponist auf bekannte Vorbilder – obwohl aus einem anderen Bereich – zurück, nämlich auf die serielle Zwölftonmusik in ihrer erweiterten, integralen Form, indem er sie jedoch in einer recht freien Weise in ausgewählten, in der Regel wichtigsten Punkten seiner Werke benutzte. Er nahm zwei so verschiedene Elemente – die klassische Idee der Form und den seriellen Grundsatz des Ordnens des Klangmaterials – und verband sie zu einem exakt organisierten Ganzen, was vom Standpunkt der Kompositionstechnik ein sehr schwieriger Kunstgriff war. Nach diesem ersten effektvollen Durchbrechen der technischen Schwierigkeiten begann Meyer schrittweise neue Kompositionsmittel einzuführen, er begann auch die Form elastischer zu gestalten, und in seinen letzten Werken – dem *3. Streichquartett* und der *4. Sinfonie* – schob er das Problem der expressiven Werte der Zeitorganisation in den Vordergrund. Meyers Werke bieten ein sehr reiches Material für eine technische Analyse, verblüffen durch ihre Präzision und den Grad der Kompliziertheit. Im Hinblick auf die Klangwerte und die ästhetische Konzeption strebt seine Musik deutlich in Richtung auf eine Vertiefung des Ausdrucks und die Bereicherung der Expressionsmittel, ihre größere Differenzierung.

Der Komponist wählte einen ausnehmend schwierigen Weg, indem er sich zu einer Fortsetzung der Formen mit großer Tradition und vollkommenen Mustern entschloß. Es war also schwer, rasche und effektvolle Erfolge zu erwarten. Um so mehr gilt es zu unterstreichen, daß er in kurzer Zeit die Fähigkeit erwarb, die für viele ein Lebensziel darstellt, nämlich die Kontrolle über die Form des Werkes, das Gefühl für die Tragfähigkeit einer Musikidee, ihren expressiven Wert und die Tauglichkeit zur Umgestaltung. Der Beweis dieser hohen Reife ist das *3. Streichquartett*, ein Werk, das in bezug auf seine Maße den Quartetten Beethovens nicht nachsteht und so vortrefflich gebaut und in seiner Schönheit so tief ist, daß es trotz seines modernen, schwierigen Klanges die Aufmerksamkeit fesselt, anzieht und rührt. Dieses seit seiner Uraufführung vielfach gespielte Werk wurde sogleich als eine der hervorragendsten Arbeiten der zeitgenössischen polnischen Kammermusik anerkannt, in seiner Gattung könnte es sich erfolgreich um das Primat bewerben, trotz der ernsten Konkurrenz der Quartette Lutosławskis, Pendereckis und Bairds.

Wenn man die Leistungen der polnischen Komponisten der letzten Jahrzehnte überblickt, kann man noch viele reife Werke finden, die ihren bleibenden Platz im Konzertrepertoire voll verdienen. Ununterbrochen wirken doch die Autoren der älteren Generation: Stefan Kisielewski, Zygmunt Mycielski, Tadeusz Paciorkiewicz, Piotr Perkowski, Kazimierz Sikorski, Bolesław Szabelski, ernsthafte Errungenschaften weist der Meister der Chormusik Andrzej Koszewski auf, Juliusz Łuciuk schuf in vieler Hinsicht interessante Werke, Marek Stachowski komponierte zwar nicht viel, aber jedes seiner Werke rief großes Interesse durch seine Originalität und die Reife der Konzeption hervor. Mit Sicherheit verdient das Schaffen Jan Foteks Beachtung, besonders seine Kompositionen für Kinder, eine Individualität in seiner Art ist Tomasz Sikorski, der die Wirksamkeit der einfachsten Klangformeln mit Ausdauer erprobt. Große Hoffnungen erweckte die Musik Zbigniew Bargielskis, eines sehr unabhängigen Künstlers, des Autors der originellen und immer weiter vervollkommneten Konzeption der zentrischen Organisation der Töne. Eine interessante Thematik entfalteten in ihrer Arbeit zwei Komponisten, die mit dem Experimentierstudio des Polnischen Rundfunks verbunden waren – Eugenisz Rudnik und Bogdan Mazurek. Auf ein ernstes und nützliches Schaffen vor allem auf dem Gebiet der Orgelmusik blickt Tadeusz Machl zurück. Aufmerksamkeit erweckten die Partituren Zbigniew Bujarskis, der jedoch erst in den folgenden Jahren mit einigen hervorragenden Werken an die Öffentlichkeit trat. Bereits vor 1975 erschienen in immer größerer Zahl Werke, die als Äußerung der Stabilisierung des neuen Stils aufgefaßt wurden, es zeichneten sich auch deutlich Symptome einer Abschwächung des Tempos der Suche nach neuen Mitteln ab. Es hatte den Anschein, als verlange jetzt die große Anzahl der im Bereich der Kompositionstechnik gemachten Entdeckungen eine Kodifizierung, Ordnung und Umgestaltung in ein System, das vielleicht analog zur unwiederbringlich zerstörten Funktionalität wäre. Solche Prognosen basierten einerseits auf der Kristallisierung der Haltungen von reifen Komponisten, von denen man schwerlich revolutionäre Auftritte erwarten konnte, andererseits offenbarten die jüngsten Künstler nicht den Wunsch, irgend etwas zu zerstören, so als fänden sie sich ab mit ihrer „verlorenen" Position zugunsten der älteren, berühmten Kollegen. Dieser Eindruck beruhte jedoch auf einer Illusion, die sich aus dem Mangel an Distanz und echter Information ergab – in der Kunst gibt es keinen Stillstand, sofern sie unter normalen Bedingungen lebt, und die neuen Erscheinungen entstehen häufig fernab von den großen Estraden.

Auf der Suche nach neuer Einfachheit

Zu Beginn der siebziger Jahre präsentierte sich die Situation auf den wichtigsten Konzertbühnen der Welt recht deutlich: Ungefähr ein Dutzend der berühmtesten Komponisten im Vollbesitz ihrer Kräfte bestimmten die Interessenskala und die Grenze der Möglichkeiten der zeitgenössischen Musiker. Jeder von ihnen verfügte über eine originelle, überaus komplizierte und vollkommene Technik, jeder erwarb sich eine zahlreiche Schar von Kommentatoren, Anhängern und Nachahmern. Ihre Partituren wurden eine Wissensquelle für die Adepten der Kompositionskunst, jedoch konnten ihre Errungenschaften weder ein Objekt der Begierde sein (denn sie bedienten sich einer eigenen, keiner universellen Sprache) noch der Kontestation (diese Haltung wurde ebenfalls von den heutigen Klassikern „chargiert"). In ihrer bisherigen Existenz war die zeitgenössische Musik bereits an die Grenzen der logischen Organisation (Stockhausen, Xenakis) und zur völligen Anarchie (Cage) gelangt, hatte sich zu den Gipfeln des Mystizismus erhoben (Messiaen), beherrschte das Spiel der subtilsten Stimmungen (Crumb), hatte die Mozartschen Höhen der konstruktiven Vollkommenheit erreicht (Lutosławski), hatte den Kosmos, Gott und den Satan erfaßt (Penderecki) sowie all das redlich verspottet (Kagel). Wenn jemand in dieser elitären Gesellschaft fehlte, so war es wohl ein „reiner Tor", der gleichgültig gegenüber den Verlockungen einer Karriere, nachsichtig gegenüber der Schwäche und der Größe anderer, frei vom Übermaß an Wissen und Erfahrung war, dafür aber den Menschen grenzenlos vertraute. Das Bedürfnis nach Einfachheit und Aufrichtigkeit tritt meines Erachtens am deutlichsten im Schaffen der letzten Jahre zutage und kann zu einem weiteren Umbruch in der Kunst führen, obwohl man vorläufig bei diesen neuen Erscheinungen schwer die Zweifel zerstreuen kann, in welchem Moment die Einfachheit aufrichtig ist.

Im Jahre 1975 beendete Witold Lutosławski seine Arbeit an dem Werk *Räume des Schlafes* (Les Espaces du sommeil) für Bariton und Orchester auf Texte von Robert Desnos. Die bereits aus den früheren Werken dieses Autors bekannte Eleganz, die emotionale Zurückhaltung und die Finesse der Konstruktion wird hier infolge der Verdünnung der Faktur, der Beschränkung der Anzahl elementarer Strukturen und der Vereinfachung ihrer Formen leichter lesbar. Im Endeffekt offenbart sich in diesem Werk die Vorliebe zu den extremen Registern der Skala, eine deutliche Gegenüberstellung der wenig beweglichen farb-harmonischen Ebene und der (übrigens meist diatonischen) melodischen Schritte. Diese Selbstbeschränkung hinderte den Komponisten nicht an einer sehr engen Verknüpfung der Musik mit dem Text, die tiefer und plastischer ist als in seinen anderen Vokalwerken. Im Zusammenhang mit diesem Werk lohnt es sich, auf die äußerst charakteristische Äußerung Lutosławskis (von 1980) hinzuweisen: „Die Einführung einer einzigen neuen Note in den Streichinstrumenten hat hier eine viel größere expressive Kraft, als das in meinen früheren Arbeiten der Fall war, wo ich mit größeren Klangmassen operierte, z.B. im Hauptteil der *2. Sinfonie*. Die ist eine sehr charakteristische Stelle (gemeint ist das Fragment nach den Worten „il y a toi" – Anm. G.M.) für das gesamte Werk, hier sieht man nämlich die Resultate meiner langwierigen Suche, die zum Ziel hatte, die mich befriedigende Methode der Organisierung der Klanghöhe in den e i n f a c h e n F a k t u r e n zu finden (Hervorhebung G.M.)."

Einen weiteren entschiedenen Schritt in der gleichen Richtung machte der Komponist in seinem nächsten Werk: *Mi-parti* für Orchester (1976). Im Unterschied zu dem verschwommenen, gedämpften Klima der *Räume des Schlafes* herrschen in diesem Werk bereits uneingeschränkt die Stimmung der Freude, helle Farben, effektvolle Scherzopassagen. Lutosławski vollzieht hier eine volle Rehabilitation des harmonischen Zusammenklangs, der verschmelzenden Harmonie, die lieblich klingt, bis zur Euphonie aufgehellt ist (NB in seiner Musik zum ersten Mal eingeführt). Das einteilige Werk ist auf dem evolutiven Prinzip der Entwicklung der einzelnen Motive aufgebaut, jedoch entsprechend dem Titel (Mi-parti – Teilung in zwei gleiche, aber nicht identische Teile) finden wir darin keine Spuren einfacher Symmetrie, sondern eine beständige Veränderlichkeit, ein fließendes Durchdringen, Anwachsen und die Reduktion.

Ein besonderes, aphoristisches Studium eines solchen intelligenten und geistreichen Tonspiels ist die in der gleichen Zeit entstandene *Sacher-Variation* für Cello solo, die auf zwei kontrastierenden Elementen beruht: einer zarten Kantilene und einer heftigen, grotesken Passage. Eine ähnliche übersichtliche Gegenüberstellung zweier kontrastrierender melodischer Strukturen kann man in dem kurzen *Epitaphium* für Oboe und Klavier – *Alan Richardson in memoriam* (1979) – beobachten. Hier griff der Komponist wiederum auf die Variationstechnik zurück, die er jedoch so zurückhaltend anwandte, daß man die jeweiligen Umwandlungen als dem Original nahekommende Varianten erkennt.

Und schließlich das neueste Werk Witold Lutosławskis – *Doppelkonzert* für Oboe, Harfe und Kammerorchester (1980) – ist wohl der mutigste Flirt des erfahrenen Komponisten mit der Musik vergangener Epochen. Dieses Werk belebt von neuem den barocken und klassischen Grundsatz der dreiteiligen Form (*Rhapsodico – Dolente – Marciale e grotesco*), mit schnellen Ecksätzen, einem langsamen lyrischen Mittelteil, unter Wahrung der Gewohnheit des narrativen, darstellenden ersten Teils und eines heiteren, virtuosen Finales. Die alten, erprobten Normen machen sich noch in der berauschenden Jagd der im gemeinsamen Rhythmus versöhnten Konzertsolisten im Finale bemerkbar, damit enden jedoch die Anspielungen auf die Vergangenheit. Im Plan der detaillierten formalen Disposition, in der Melodik, in der Harmonie, in der phantasievollen und klugen Führung der Stimmen finden wir denselben Lutosławski wie immer, den heutigen Lutosławski, nur daß er, ähnlich wie in den früheren Werken strahlend, lächelnd ist, einfache Melodien und eine klare Faktur mit raffiniertem Geschmack zeigt.

Eine lapidare Beschreibung dessen, was sich in den letzten Jahren im Schaffen Krzysztof Pendereckis ereignet hat, erscheint mir nicht möglich. Die Atmosphäre der Sensation, des Skandals und der Hoffnung begleitete diesen Künstler seit dem Beginn seiner Karriere, aber sie war nie so dicht wie in der Zeit nach der Veröffentlichung seines *Violinkonzerts* (1977). Ganz allgemein gesagt, geht der Streit darum, ob Pendereckis Musik zur zeitgenössischen Kunst gezählt und unserer Zeit für würdig befunden werden kann oder ob man den Komponisten anklagen soll, seine Seele dem anspruchslosen Geschmack des Publikums verkauft zu haben und leichte Erfolge durch den Verzicht auf die neue Kompositionstechnik zu suchen sowie eine Flucht in das banale Disneyland der Reproduktion Mahlers, Wagners und Richard Strauss' zu unternehmen. Daß es keine Übereinstimmung in den Beurteilungen gibt, ist verständlich und normal, aber die Sache beginnt bedrohlich auszusehen, wenn die Unterschiede auch die Beschreibung des Sachverhalts betreffen. Es ist hier nicht der Ort, um die Argumente eingehend darzulegen und eine Polemik zu führen, aber dieser Streit muß erwähnt werden, um einer Desorientierung des Lesers vorzubeugen, der oft widersprüchlichen Meinungen begegnen kann oder solchen, die den Auffassungen des Verfassers dieser Arbeit entgegenstehen.

Die Evolution des individuellen musikalischen Stils Pendereckis verlief bisher in zwei Phasen. In der ersten, die solche Werke wie *Threnos den Opfern von Hiroshima, Anaklasis, Polymorphia, Fluoreszenzen* und in den späteren Jahren das *Capriccio* für Violine und Orchester, das *2. Streichquartett* oder *De natura sonoris II* umfaßt, wurden der Satz neuer Klangwerte formuliert und grundlegende Probleme ihres sinnvollen Gebrauchs gelöst. Penderecki leistete in diesen Werken eine gigantische Arbeit, die eine neue, kohärente Sammlung von Grundsätzen und Klängen erbrachte, welche die Schaffung weiterer Werke und unbekannter ästhetischer Qualitäten in Anlehnung an das bereits erforschte Alphabet ermöglichten. Dieses Alphabet umfaßte vor allem die Grundsätze der Verwendung von Instrumenten (Artikulation und Instrumentierung), die harmonische Organisation und die von ihnen abgeleiteten Regeln der Verbindung, des Aufbaus formal kompakter Strukturen. Es sei unterstrichen: All diese Probleme betreffen die „reine" Musik, nur die Töne und ihre Zusammenstellungen, ohne jegliche Anspielung oder Ambitionen auf die Kommentierung der außermusikalischen Welt.

Die zweite Phase der Kristallisierung des besonderen Phänomens, wie es heute die Musik Pendereckis ist, betrifft die vokal-instrumentalen Werke von *Stabat mater* an, über die *Passion nach Lukas*, die Oper *Die Teufel von Loudun*, die orthodoxe Messe *Frühmette*, das *Magnificat* bis zum *Verlorenen Paradies* und dem *Te Deum*. Diese Werke kennzeichnen eine sehr starke, dominierende Strömung im Schaffen des Komponisten, und das zentrale Problem ist darin nicht die Vervielfachung frappierender, aber abstrakter Tonsätze, sondern die Verknüpfung der Musik mit den fundamentalen Äußerungen zur Ethik, zur Verfassung des Menschen, zu seiner Natur, seinen Zielen und seinen Hoffnungen. Wohl keiner der zeitgenössischen Komponisten wagte es, so offen als zeitgenössischer Kommentator des Wesens Gottes, des Menschen, der Geschichte und der Zivilisation aufzutreten, und dabei läßt sich keines dieser Leitworte – wenn man sie ernst meint – mit einem Aphorismus oder einer Anekdote abtun, sie verlangen eine ihren Dimensionen entsprechende Form, das heißt eine monumentale Form. Die von Penderecki in den vorher erwähnten Instrumentalwerken geschaffene neue Sprache wurde zur Grundlage für jene großen Kompositionen und zugleich zum Ausgangspunkt für eine Evolution auf einer anderen Ebene – des Ausdrucks, der Emotion, der Bedeutung. Angefangen bei *Stabat mater* (d.h. von der Arbeit des Komponisten an der *Passion nach Lukas* an) tauchen im Schaffen Pendereckis Themen auf, die immer kühner und tiefer auf die Schlüsselfragen der europäischen Zivilisation eingehen, und in der Musik begleitet sie eine graduelle Verdichtung der Emotion, eine immer stärkere Sättigung der Tonstrukturen mit Bedeutung, die uns zunächst noch allgemeine Inhalte, ästhetische Informationen vermittelt und so an emotionale Reaktionen appelliert, doch schafft Penderecki bereits in einem bestimmten Maße in der *Passion*, über *Die Teufel von Loudun*, das *Erwachen Jakobs* (obwohl dies ein rein instrumentales Werk ist!) bis zum *Verlorenen Paradies* ein ganzes Netz von musikalischen Symbolen, das im letztgenannten Werk voll zur Entfaltung kommt. Ich habe den Eindruck, daß der Künstler im *Verlorenen Paradies* sein musikalisches All zusammengefaßt hat, wo eine vom Komponisten gewollte Ordnung herrscht, und daß die Mühe des Kritikers, der den Stil dieses Werkes zu beurteilen versucht, ohne seinen Sinn zu verstehen, vergeblich sein wird, denn der Schlüssel zur Lösung dieses Problems steckt in allen früheren Werken des Komponisten. Diese schwierige, aber höchst interessante Aufgabe wartet auf ihren Kolumbus, doch solange sie nicht gelöst sein wird, sind wir gezwungen, es bei den fragmentarischen Bemerkungen, die durch eine gewisse Erfahrung und Intuition gestützt sind, bewenden zu lassen.

Das verlorene Paradies – eine *Sacra rappresentatione* in zwei Akten mit einem Libretto von Christopher Frey nach dem gleichnamigen Poem John Miltons – wurde 1978 beendet, jedoch die Arbeit daran zog sich sehr in die Länge und nahm den Komponisten mehrere Jahre in Anspruch. Gegenüber dem Original Miltons wurden hier die Gestalten Adams und Evas stärker herausgehoben, dagegen wurde das Thema des Satans bescheidener dargestellt. Das Werk ist somit eine Erzählung von den Menschen oder vielmehr darüber, wie die ihrer Natur unbewußten Geschöpfe erst im Angesicht der Wahl zwischen Gut und Böse, zwischen Gott und Satan, Sünde und Tugend, Tod und Leben Menschen werden. Den größten Teil des Werkes hindurch spielt sich der Kampf zwischen den himmlischen und höllischen Mächten gleichsam außerhalb der paradiesischen Gestalten ab, obwohl sie der Gegenstand des Streites sind. Der Wechsel der Rolle der ersten Menschen aus einer objektiven in eine subjektive vollzieht sich erst im zweiten Akt, im Ergebnis ihrer ersten bewußten Wahl und der begangenen Sünde. Aber die wahre Menschwerdung des Hauptheldenpaares erfolgt ganz zum Schluß, als sie das Paradies verlassen. In Pendereckis Lesart ist „die Verurteilung zur sorgenvollen und unheilvollen irdischen Existenz" keine Strafe, um so weniger die Rache Gottes für eine unwürdige Tat. Diese Szene wurde vielmehr als ein Akt des Verständnisses und der Hoffnung dargestellt – des Verständnisses, weil darin die Anerkennung des freien Willens und der Unabhängigkeit des Menschen enthalten ist; die Hoffnung wiederum ist die Erwartung einer bewußten Wahl des Guten.

Diese allzu vereinfachte Wiedergabe kann indes vielleicht das Verständnis des grundlegenden Konstruktionsprinzips des Werkes erleichtern – es ist eine Erzählung von der Geschichte des Stammelternpaares, somit keine nachempfundene, sondern eine berichtete und kommentierte Handlung. Eine solche Auffassung diente der Verallgemeinerung der einzelnen Situationen und Gestalten, der Einführung von Symbolen anstelle von Gegenständlichem, der Interpretation anstelle der Beschreibung am besten. Eben diese Haltung nahm Penderecki von den ersten Szenariumskizzen an ein, und das fand auch seine Widerspiegelung in der Partitur. Die Musik des *Verlorenen Paradieses* ist aus großen Spannungsbögen konstruiert, die zwischen mystischer Ekstase und spasmatischer Empörung oszillieren. Interessanterweise wird jedoch nie die Grenze der Wörtlichkeit überschritten, im ganzen Werk ist eine gewisse Distanz spürbar, die Zurückhaltung des Erzählers, der sich des Endes der erzählten Geschichte bewußt ist (vielleicht mit Ausnahme der Tierprozession im ersten Akt, die illustrativ und witzig behandelt wurde). Jene Distanz, jene Reflexion erreichte Penderecki dadurch, daß er die ganze Komposition auf einen sehr einheitlichen Stoff stützte, der in elementaren symbolischen Strukturen organisiert ist: Gott, Satan und Mensch – Unisono (Quinte), Tritonus (Sekunde) und Terz. Diese Symbolik ist völlig klar, überdies gestützt durch charakteristische instrumental-rhythmische Anordnungen und die Disposition der Vokalstimmen; sie ermöglicht es, die Musik nicht nur in ästhetischen Kategorien, sondern auch in den semantischen, inhaltlichen zu verfolgen. Die musikalische Interpretation des Worttextes und der Situation erreicht dadurch eine ungewöhnliche Plastizität, das Orchester wird zum Kommentator der Handlung, und der Gesang drückt bedeutend mehr aus als nur die gesungenen Worte.

Die vom Komponisten angewandte Technik drängt Assoziationen zum barocken System der rhetorischen Figuren auf, die vor allem in den religiösen Werken mit solcher Überzeugung benutzt wurden. In der Folge knüpfen die eine große Rolle spielenden Tritonus-Sekunden-Spannungen im Zusammenwirken mit den Konsonanzen sowie die starke Emotionalität dieser Musik an den neuromantischen Stil an. Irgendwelche Analogien sind hier jedoch sehr unvollkommen, denn Penderecki bedient sich konsequent der Sprache, die er in den früheren Werken ausgearbeitet hat und die einen reichen Bestand an

Farben und völlig originellen Strukturen enthält, welche vor noch nicht so langer Zeit als eine Offenbarung wahren Neuerertums anerkannt wurden.

Neben seiner Arbeit am *Verlorenen Paradies* komponierte Penderecki das *Violinkonzert* (1977), ein Werk, das durch seine breit ausgebaute (obwohl einteilige) Form und den Traditionalismus des Klanges verblüfft. Diese Partitur, die zweifellos meisterhaft und mit Schwung geschrieben wurde, wird erst im Vergleich mit dem *Verlorenen Paradies* völlig lesbar, denn sie ist in demselben Geist gehalten, es fehlt ihr nur der programmatische Überbau. Die Aura des *Verlorenen Paradieses* herrscht auch in den nächstfolgenden Werken dieses Komponisten vor: im *Te Deum* für Solostimmen, Chor und Orchester (1979), in der *Weihnachtssinfonie* (ein unvollendetes Werk, ich kenne erst seinen ersten Teil) und im *Lacrimosa* für Sopran, Chor und Orchester (1980). Diese Werke bestärken mich in der Überzeugung, daß die von Penderecki getroffene Wahl nicht an der künstlerischen Raison vorbeigeht und weitere, vielleicht wiederum überraschende Kompositionen mit sich bringen wird.

Eine konsequente und im Laufe der Jahre sich immer stärker von anderen abhebende künstlerische Haltung nahm Kazimierz Serocki ein, ein Komponist, der 1981 in der Blüte seiner Schaffenskraft starb. Seine recht früh zutage getretene Leidenschaft eines Entdeckers neuer Klänge führte zu einer Reihe von Kompositionen, in denen die Farbe und die Bewegung erstrangige Elemente wurden. Die bei der Darstellung seiner früheren Werke gegebene Charakteristik des Stils und der Technik dieses Künstlers bezieht sich auch auf das *Concerto alla cadenza per flauto a becco e orchestra* (1974), die *Arrangements* für 1–4 Blockflöten (1975/76) und das *Ad libitum* für Orchester (1973–1977). Jedoch stellt unbestreitbar die *Pianophonie* für Klavier, elektronische Klangumwandlungen und Orchester (1978) die Krönung dieses kapitalen Schaffens dar. Dieses letzte große Werk des allzu früh verstorbenen Meisters enthält eine berauschende Vielfalt raffinierter Farben, überraschender dynamisch-rhythmischer Sätze, ungewöhnlicher fakturaler und instrumentaler Details. Gleichzeitig bildet diese Ansammlung wertvoller Klangereignisse ein Ganzes, fest zu einer geschlossenen Form mit bogenförmigem Umriß verbunden, die eher dem dynamischen, evolutiven Typ als dem statischen, dem Montagetyp nahekommt. Ein stetiges Verflechten kontemplativer, rein sonorer Episoden mit dynamischen, ein Zusammenstellen exotischer Klänge des elektronisch umgewandelten Klaviers mit dem expansiven, beweglichen Orchester, ein Vermischen deutlicher, scharf umrissener Ebenen, ein ständiges Verformen der Strukturen, die unaufhaltsame Bewegung, in der das, was vor einer Weile verblüffend neu war, verschmilzt, sich bricht und zu einem weiteren begeisternden Bild kristallisiert. Es ist die Musik eines Menschen, der von der Schönheit der Klänge bezaubert war, die in der ungewöhnlichen Phantasie des Komponisten entstanden und von ihm ins Leben gerufen wurden, eine Musik, losgelöst von Routine, Alltäglichkeit, wiederholbaren Gesten und dem Bewußtsein dessen, was gewesen ist, eine Musik, die eine Welt der Freiheit, der Phantasie, des erträumten und gedachten Schönen aufbaut.

Konsequenz und Inbrunst sind gemeinsame Merkmale der Haltungen Serockis und Bairds, jedoch unterscheidet sich die Musik dieser beiden, seit vielen Jahren führenden polnischen Komponisten in anderer Hinsicht entschieden. Von der erschütternden, explosiven *3. Sinfonie*, über die *Elegie*, das *Concerto lugubre* bis zu den neuesten Werken – den *Szenen* für Cello, Harfe und Orchester (1977) und den *Variationen in Form eines Rondos* für Streichquartett (1978) – bleibt Tadeusz Baird im Bereich einer Musik von expressionistischem und romantischem Ursprung. In den *Szenen* konzertiert der deutlich exponierte lyrische Part des Cellos, der mit der farbigen und beweglichen Harfe zusammengestellt ist, in Begleitung des ihnen untergeordneten Orchesters, aber es ist dies ein besonderes Konzert, das eher an eine balladeske, für Stimmen geschriebene Erzählung erinnert denn an oratorische Vorführungen der Haupthelden. Das Werk teilt sich zwar in drei vom Charakter her unterschiedliche Abschnitte (der Komponist bezeichnet sie: „Gespräch, Streit und Versöhnung"), sie sind jedoch so eng miteinander verbunden, daß sie ein Ganzes bilden, das man als einteilig ansehen muß. Über das Klima des Werkes entscheiden die ruhigen, pastellartigen Randepisoden, mit denen der lebhafte, kompakte Mittelteil kontrastiert, wobei er jedoch bei diesem „Streit" große Zurückhaltung und Mäßigung bewahrt. Die *Variationen in Form eines Rondos* für Streichquartett nähern sich trotz ihres rein formalen Titels in Intensität und Konzentration des dramatischen Ausdrucks dem früheren *Concerto lugubre*. Die Zurückhaltung in der Nutzung neuer Artikulationsarten und überraschender Klänge ist hier bis zur Askese getrieben. Es ist das im gesamten Schaffen Tadeusz Bairds vielleicht am meisten monolithische, verinnerlichte, versonnene Werk. Es entsteht aus der Leere mit den leisesten Tönen und entfernt sich allmählich in die Stille, enthält aber den an sich dargestellten (doch gleichsam ungelösten, nicht voll ausdiskutierten) Konflikt zwischen der lyrischen, beschaulichen Melodie und den dramatischen, scharfen Akkorden. Das sehr subtile, kaum angedeutete Programmatische dieser Musik fesselt die Aufmerksamkeit des Hörers, zieht ihn hinein in eine Welt der Poesie ohne Worte und Begriffe, aber dennoch eines sich entfaltenden und Gefühle erzeugenden Denkens. Die Disziplin der Form und des Stils erreicht in diesem Werk jenen hohen Grad von Vollkommenheit, wo die Ausdrucksmittel, die gesamte technische Sphäre aufhören, überhaupt wahrnehmbar zu sein, und eine dienende Funktion gegenüber der handelnden und zugleich leitenden Idee erfüllen.

Die bereits in den früheren Werken (*Ad Matrem*, 1971, *Kopernikanische Sinfonie*, 1972) deklarierte ästhetische Haltung Henryk Mikołaj Góreckis fand ihre Bestätigung und imponierende Ergänzung in der *Klageliedersinfonie* für Sopran und Orchester (1976) sowie im *Beatus vir*, einem Psalm für Baritonsolo, Chor und Orchester (1979). In diesen beiden Werken geht die gewaltige Form Hand in Hand mit sparsamst reduziertem Tonmaterial, große Tonmassen werden in asketisch arme akkord-rhythmische Sätze gefaßt. Diese Musik ist eine Antithese jeglicher Schaudarbietung, jeglicher Konzertgala, sie wendet sich einer extremen Konzentration, mystischen Verinnerlichung zu, verläßt die Sphäre der Ästhetik und beschreitet das Gebiet der Religion und somit der Ethik. Bereits vor zehn Jahren hatten die Reduzierung des Tonmaterials und die obsessive Wiederholung, die Góreckis Musik charakterisierten, den Zuhörern Assoziationen zur Strömung der sog. Minimal music aufgedrängt, d.h. einer Musik, die auf unendlichen Reihen von Wiederholungen gewöhnlich einfacher Strukturen basiert, welche unbedeutenden Umwandlungen unterzogen werden. Aus der heutigen Perspektive muß diese Ansicht verworfen werden, weil die Schöpfer der Minimal music die Rehabilitierung des reinen Klangs in seiner elementaren Gestalt anstrebten, die Aufmerksamkeit des Zuhörers auf das Detail, die minimale Veränderung, die in der abgeleierten Struktur erschien, lenkten. Über die emotionale oder semantische Schicht dieser Musik ließe sich nicht viel sagen, denn Gegenstand des Interesses der Komponisten war der Klang allein, und die Methode der Organisation die einfache Kombinatorik. Górecki stellt sich ein ganz anderes Ziel. Für ihn sind Ton und Rhythmus nur insofern nützlich, als sie eine besondere emotionale Resonanz auszulösen imstande sind, die ein mysthisches Erlebnis, die Kontemplation, ein vollständiges Versinken in der meditierten Idee begünstigen. Große Bedeutung haben die Texte in diesen Werken, ja sogar einzelne Wort-Schlüssel, Wort-Ideen, die mit der gleichen Intention wie die Töne gebraucht werden. Ein Übermaß an Bedeutung und Emotionalität, das im Effekt eine Sendung mit größerer ethischer denn ästhetischer Kraft mit sich bringt, begleitet die klangliche Einfachheit von Góreckis Musik.

Ein sehr interessantes Resultat ergab die Anwendung der gleichen kompositorischen Methode bei einem Werke, das jeder außermusikalischen Assoziation entbehrte – das *Konzert* für Cembalo (oder Klavier) und Streichorchester (1980). Dieses Oeuvre mit seiner unaufhörlichen, vielflächigen Bewegung, den obsessiven quasi-tänzerischen Rhythmen, der Einfachheit, der entfesselten Figuration modaler Melodien in den Passagen ist ein meisterhaftes Konzertfeuerwerk, das die stilistisch entfernte, aber ähnlich kompakte und entzükkende *Ouvertüre* Szałowskis oder die *Toccata* Szabelskis in Erinnerung ruft.

Die letzten Jahre brachten eine Menge wertvoller Werke von Komponisten der mittleren Generation, Werke, die ihre früher erkannten Talente bestätigten und nicht selten ihre vorherigen Leistungen überragten. Es gehört dazu das *5. Streichquartett* von Krzysztof Meyer (1977). In dieser Komposition demonstriert der Künstler eine bewundernswerte Sicherheit beim Konstruieren der großen Form in Anlehnung an sorgfältig ausgewählte, edle Motive. Es dominieren hier expressive Kategorien, die bisher von Meyer selten genutzt wurden: Sammlung, Würde, ruhige, helle Harmonien. Die Meisterhand erkennt man auch in den *Fireballs* für Orchester (1978), einem effektvollen, bravourösen Werk, das die Chance bietet, echte Orchestervirtuosität zu demonstrieren, das aber für schwächere Ensembles gefährlich ist. Zu erwähnen ist auch der sehr interessante Zyklus von *24 Präludien* für Klavier (1978) dieses Komponisten. Diese Werke wurden nach dem tonalen Prinzip des Quintenkreises geordnet und formen sich im ganzen zu einem bogenartigen Umriß von den einfachsten Strukturen zu den kompliziertesten und erneut zu immer klareren. Die *Präludien* verraten keinerlei virtuose Ambitionen, sie konzentrieren die Aufmerksamkeit des Hörers und des Ausführenden auf die Konstruktion von Miniaturformen aus einfachen Elementen, auf die Verbindung von Farben und Rhythmen, sie sind heiter, kommunikativ im Ausdruck und eignen sich – obwohl sie mit Erfolg als geschlossener Konzertzyklus genutzt werden – vortrefflich für pädagogische Zwecke.

Den Prozeß der Kristallisation, der Vereinfachung und Individualisierung des Stils kann man auch in der Musik Włodzimierz Kotońskis beobachten. Seine *Windrose* für Orchester (1976), die *Bora* für Orchester (1978/79) und der *Hochsommer* für Klarinette, Klavier, Cello und elektronische Klänge (1979) sind einander verwandte, maßvolle Landschaften interessant gebauter Strukturen mit differenzierter, bisweilen kontrastierender Dichte, Beweglichkeit, plastisch zusammengestellten, aber abgetönten Farben. An die Stelle der hier fehlenden Melodie tritt die Fläche, an die der Harmonie der verdichtete oder nur mit einzelnen Tönen umrissene Raum. Ungeachtet der erstrangigen Rolle dieser rein sonoristischen Kategorien weist die Form der Werke Kotońskis eine klassizistische Durchsichtigkeit auf – dank der sehr klaren und lesbaren Instrumentierung, der deutlichen Disposition der Kontraste und der Verteilung der Kulminationen.

Im Jahre 1977 zeigte Zbigniew Bujarski sein neues Gesicht, als er mit dem Werk *Musica domestica* für 18 Streichinstrumente auftrat. Die *Similis Greco I* für Orchester (1979), *Concerto per archi* (1979) und *Streichquartett zur Eröffnung des Hauses* (1980) bilden einen geschlossenen Komplex von Werken mit wichtigen gemeinsamen Merkmalen. Es sind dies: die emotionale Zurückhaltung und Unmittelbarkeit, die Vereinfachung der Melodik mit einer deutlichen Vorliebe für die Diatonik und die tonalen Sätze, die Polarisierung der Harmonie zwischen dem scharfen Dissonanzenfleck und der euphonischen Entladung sowie die objektivierte Narration ohne heftige Spannungen. Das edle Maß der Expression, die verlockenden Melodien, die reizvollen Farben bilden eine Aura der Ruhe, des Schönen, der Erlebnisse ohne Schockwirkung.

Eine Demonstration ausgereiften und völlig unabhängigen Stils sind die neusten Werke Marek Stachowskis: *Poème sonore* für Orchester (1976), *Divertimento* für Streichorchester (1978) und *Quartetto da ingresso* für Streichquartett (1980). Der Komponist verzichtet darin endgültig auf jegliche Mittel neuromantischen und expressionistischen Ursprungs und konzentriert sein Augenmerk auf sonoristische Werte und die rein tonale, klassisch maßvolle Narration. Jedes der erwähnten Werke kann Gegenstand lehrreicher Studien über die Schaffung logischer, proportionaler Formen unter Anwendung modern formulierter neuer Verbindungen von Bewegung, Dichte, Dynamik, Verschmelzung und Farbe sein. Es ist interessant, daß die konsequenteste Realisierung dieser Prämissen das *Poème sonore* ist. In den späteren Werken greift der Komponist diskret auf gewisse historische Assoziationen zurück – Ravelsche, neoklassizistische – was sich in herben Harmonien, motorischen Episoden und einer eleganten, maßvollen Virtuosität manifestiert.

Die Bezeichnung „technisch und expressiv völlig ausgereifte Arbeiten" verdienen zwei Werke Zbigniew Bargielskis von außergewöhnlicher Schönheit: das *Violinkonzert* (1975) und das *Alpenstreichquartett* (1976). Nach vielen Jahren mühevoller Versuche hat der Künstler ein eigenes System der Tonorganisation ausgearbeitet, in dem eine Kristallisation der klanglichen und strukturellen (harmonischen) Zentren auf dem Wege einer apriorischen Reduktion des Materials erfolgt. Diese strikte Disziplin verleiht den gebändigten Spannungen eine ungewöhnliche Ausdruckskraft, die in breiter Skala von idyllischen Episoden mit euphonischer Ruhe bis zu heftigen dynamischen Explosionen aggressiver Akkorde und wirrer Melodien entfaltet werden.

Ein interessanter Wandel trat in letzter Zeit in der Musik Zygmunt Krauzes ein. Nach dem demonstrativen *The Last Recital* für Klavier (1974/75), in dem eine Reihe der berühmtesten Klavierwerke aus dem eisernen Konzertrepertoire einer Demontage unterzogen wurde, folgte das hörenswerte *Klavierkonzert* (1974–1976). Krauze kehrte in diesem Werk zu der, wie es schien, endgültig verworfenen Praxis des Komponierens von den Grundlagen an, ohne fertige, „vorfabrizierte" volkstümliche oder historische Elemente zurück. Das *Klavierkonzert* besitzt die von dem Komponisten seit langem gepflegte kontrastlose und im Prinzip offene Form (Anfang und Ende bilden keinesfalls irgendwelche besonderen Punkte der Komposition), jedoch zeichnet es sich durch eine außergewöhnlich sorgfältige Abstimmung der Farben, der Bewegung und der Motivik des Soloparts und des Ensembles aus. Das Klavier spielt eine bevorzugte Rolle, indem es vielfach wiederholte Motive anführt, die vom Orchester übernommen und vervielfacht werden. Gleichzeitig entfaltet das begleitende Ensemble eigene Aktionen – Flächen von anderer Gestalt, jedoch ebenso beruhigt. Die Beobachtung dieser parallel klingenden Abläufe von eigener Logik und scheinbarer Unabhängigkeit legt eine besondere Art des Interesses und der Genugtuung frei. In dem einige Jahre später geschriebenen *Violinkonzert* (1979/80) stützt sich der Komponist auf ähnliche Gestaltungsgrundsätze, verbindet sie jedoch mit Elementen, die für diese Musik neu sind – der emotional deutlichen, dominierenden Melodie des Soloinstruments und dem Kontrast zwischen den mitklingenden Ebenen. Diese Abweichungen von den bisher respektierten Prinzipien bewirken, daß die Form aufhört, kontrastlos zu sein, und in einem entschiedenen Schlußakkord einen betonten Abschluß findet.

Bei der Darstellung der neuen Erscheinungen im Schaffen der polnischen Komponisten der letzten fünf Jahre des behandelten Zeitraums muß jedoch festgestellt werden, daß die meisten Künstler der älteren und mittleren Generation im Banne der früher erwählten Ästhetik verblieben sind und Werke schaffen, die die Aktualität der einst deklarierten Haltung bestätigen, obwohl gleichzeitig – was völlig verständlich ist – fast alle die Skala der angewandten Mittel entsprechend dem Zeitgeist erweitern. So ist es mit der Musik Augustyn

Blochs, der vor allem den vokalen Strang seines Schaffens erfolgreich entfaltet. Ebenso verharrt Wojciech Kilar treu bei der programmatischen Sinfonik, die er einst mit dem *Krzesany* begonnen hatte und in solchen Werken wie *Kościelec* 1909 (1976) oder *Grauer Nebel* (1979) fortsetzte. Ihr wertvolles Schaffen setzen – oft durch Werke von hervorragendem Wert – solche Schöpfer fort wie Andrzej Dobrowolski, Stefan Kisielewski, Krystyna Moszumańska, Zygmunt Mycielski, Witold Rudziński, Kazimierz Sikorski, Witold Szalonek u.a.

*

In den letzten Jahren kam in der polnischen Musik das auf, worauf der Historiker stets mit atemloser Spannung und Hoffnung wartet: eine neue Generation junger Komponisten. Sie ist recht zahlreich, unorganisiert, sparsam in den Worten, ruhig, aber sichtlich neu, allen vorherigen unähnlich, mit ausgeprägten Talenten und herauskristallisierten künstlerischen Haltungen. Ihr Erscheinen erfolgte allmählich, zaudernd, ohne Manifeste, Kontestationen, ohne Empörung oder Begeisterung. Die neue Generation wurde erst nach mehreren Jahren bemerkt, als Fakten und Haltungen, die auf den ersten Blick den Eindruck schülerhafter Unbeholfenheit und lähmender Demut gegenüber den berühmten Meistern erweckten, sich als dauerhaft und durchaus selbständig erwiesen. Wie kann man diese Gruppe einzelner Individualisten charakterisieren, das benennen, was sie miteinander verbindet, ohne dabei die Verschiedenartigkeit ihrer Haltungen und den – trotz des jungen Alters – reichen reifen Ertrag der hervorragendsten Schöpfer aus den Augen zu verlieren? Ich möchte hier die Selbsteinschätzung eines von ihnen – des Komponisten und talentierten Kritikers Rafał Augustyn (geb. 1951) – zitieren: „Vielleicht... sind wir traditionsgebundener als unsere Vorgänger, vielleicht verbinden wir mit größerer Ungeniertheit verschiedene künstlerische Muster – und vielleicht sind wir konsequenter in der Anwendung der gewählten Mittel... Diese paradoxe Zusammenstellung dreier Merkmale kann der Ansatz für die Bestimmung des Stils der neuen Generation sein. Es ist dies keine Strömung, keine Epoche oder Wende: Es ist kaum zu hoffen, daß man im Verlaufe der nächsten Jahre einen neuen musikalischen Ismus erwarten kann. Dennoch ist der Unterschied (vielleicht nur mehr quantitativ als qualitativ) meines Erachtens deutlich." Und weiter derselbe Autor: „Wesentlicher als das mühselige Ausprägen der schöpferischen Persönlichkeit ist einfach das Schreiben guter Musik. Das ist die wichtigste Aufgabe des Komponisten. Ist er außerdem imstande, andere zu erfüllen – um so besser." Das Bewußtsein der Andersartigkeit dieser Generation ist auch unparteiischen Beobachtern eigen. Eine Sache ist die Läuterung, die Vereinfachung der Faktur oder der Flirt mit der Vergangenheit für einen Komponisten, der diese Eingriffe am eigenen Schaffen vornimmt, eine andere die Situation, in der sich ein Künstler befindet, der die Einfachheit, die Reinheit und den Historismus vom Beginn seines Weges an wählt. Und die Persönlichkeit, wie sehr man sie auch zu prägen sich bemüht, erscheint unabänderlich und nur zusammen mit dem Talent. Heute kann man jedoch bereits auf mehrere solche herausragende Persönlichkeiten verweisen.

Eugeniusz Knapik (geb. 1951) ist mit einigen großen Werken hervorgetreten, die Aufmerksamkeit erweckten: *La Flûte de jade* für Sopran und Orchester (1973), *So wie am Meeresstrand* für Instrumentalensemble und Band (1977), *Corale, interludio e aria* für Flöte, Cembalo und Streicherensemble (1978) sowie *Streichquartett* (1980). Diese Arbeiten lassen den Tonschöpfer, der über eine vortrefflich wirksame Technik und frappierende Phantasie verfügt, als eine hervorragende Individualität bezeichnen. Seine Musik ist zurückhaltend, jedoch glimmend vor innerer Glut, leuchtend, funkelnd in Vogelfarben, dann wieder kontemplativ, versonnen. Es gibt in ihr keine Experimente, keine

Extreme – es herrscht ungeteilt das Maßvolle, die Suche nach schönem Klang und ausgewogener Form.

Aleksander Lasoń (1951) komponierte u.a. die *Sonate* für Violinsolo (1975), einen Zyklus von Werken, die als *Kammermusik Nr. 1–4* (1976–1980) betitelt sind, die *Sinfonie* für Blasinstrumente, Schlagzeug und zwei Klaviere (1976), die *2. Sinfonie „concertante"* für Klavier und Orchester (1977–1979), das *Streichquartett* (1979/80). Diese Werke zeichnen sich durch eine sehr sorgfältige, geradezu juwelierartige kompositorische Arbeit aus, die sich jedoch ausschließlich auf die klingenden Töne und nicht auf die geschriebenen Noten bezieht. Es ist dies also keine „gelehrte" Musik, obwohl durch ein solides Wissen untermauert, es gibt darin keine kontrapunktischen Darbietungen, es fällt hingegen eine liebevolle Sorge um die Schönheit des Details auf, um die Klarheit der melodischen Zeichnung, die Markigkeit der Form, sorgsam von jeglicher leeren Rhetorik gereinigt, es ist die Bescheidenheit eines Menschen, der anderen nur das bietet, was er am besten zu machen versteht.

Es verdienten noch viele Namen junger Schöpfer angeführt zu werden, Künstler mit reifer und interessanter Haltung gibt es in dieser Generation mindestens ein gutes Dutzend. Wenn dieser Text in ein paar Jahren aktualisiert werden sollte, muß sich darin Platz für neue Werke und Gestalten finden, denn die Jungen werden „einfach gute Musik schreiben", und die Älteren werden nicht verstummen.

Namensverzeichnis

Verzeichnis der Illustrationen

30. Polnische Musikanten zu Pferde, Stich vom Ende des 16. Jh. (Krakau, Nationalmuseum, Abteilung Czartoryski-Sammlungen)
31. Berittener Trompeter, Fragment eines Freskos im Wawelschloß in Krakau, um 1535
32. Esel, der auf einer Laute spielt, Fragment einer Polychromie, um 1558 (Boguszyce bei Rawa Mazowiecka, Pfarrkirche zum hl. Stanislaus dem Bischof)
33. Kopf einer Geige von Marcin Groblicz I., Krakau, 2. Hälfte des 16. Jh. (Poznań, Nationalmuseum)
34. Jeremiasz Falck, Allegorie des Gehörs, Kupferstich, Mitte des 16. Jh. (Krakau, Nationalmuseum, Abteilung Czartoryski-Sammlungen)
35. Griffbrett einer theorbierten Laute, Polen, 17. Jh. (Poznań, Nationalmuseum)
36. Sphärenmusik, Detail eines Kupferstichs von Jeremiasz Falck aus dem 2. Viertel des 17. Jh. nach dem Gemälde „Die Verzückung des hl. Franziskus" von Jan de Lys (Krakau, Nationalmuseum, Kupferstichkabinett)
37. Orgel, 1620 (Kazimierz Dolny, Pfarrkirche zum hl. Johannes dem Täufer)
38. Holzgeschnitztes Musikpult, 1633 (Biecz, Pfarrkirche)
39. Totentanz, Fragment eines Gemäldes von Franciszek Lekszycki (?), 3. Viertel des 17. Jh. (Krakau, Bernhardinerkirche)
40. Tragbares Positiv, Polen, um 1640 (Poznań, Nationalmuseum)
41. Putto vom Musikchor des Waweldoms, um 1758 (Krakau, Waweldom)
42. Titelblatt eines evangelischen Gesangbuchs, Gdańsk 1706
43. Belustigung in der Schenke, Holzschnitt aus der *Sammlung oder Schatzkammer hervorragender Geheimnisse der Adelsökonomie* von Jakub Kazimierz Haur, Krakau 1693 (Krakau, Jagiellonen-Bibliothek)
44. Prospekt der Orgel im Dom zu Frombork, 1683–1685
45. Prospekt der Orgel in der Bernhardinerkirche in Leżajsk, 1680–1729
46. Fragment des Musikchors und der Orgel in der Peter-und-Paul-Kirche in Krakau, 18. Jh.
47. Stadtansicht Warschaus, vom Stadtteil Praga aus gesehen, nach S. J. Dahlberg, Kupferstich aus S. Puffendorf: *De rebus a Carolo Gustavo... gestis*, Nürnberg 1696 (Warschau, Photothek des Kunstinstituts der Polnischen Akademie der Wissenschaften)
48. Polnische Kapelle, lavierte Federzeichnung, Ende des 18. Jh. (Krakau, Nationalmuseum, Abteilung Czartoryski-Sammlungen)
49. Henry Bonnart, Pfeifer der Janitscharenkapelle des polnischen Königs, Kupferstich, Anfang des 18. Jh. (Krakau, Nationalmuseum, Abteilung Czartoryski-Sammlungen)
50. Jean Pierre Norblin, Polnischer Ball, Tusch-und Sepiazeichnung, Ende des 18. Jh. (Krakau, Nationalmuseum, Abteilung Czartoryski-Sammlungen)
51. Giuseppe Marchi, Porträt von Izabella Czartoryska-Fleming, Mezzotinto, 1777 (Krakau, Nationalmuseum, Abteilung Czartoryski-Sammlungen)
52. Vincent de Lesseur, Porträt von Krystyna Radziwiłł, Kopie eines Gemäldes von Josef Grassi, 1796 (Łańcut, Museum)
53. Bernardo Bellotto, genannt Canaletto, Krakowskie-Przedmieście-Straße, 1767/68
54. Jean Pierre Norblin, Konzert im Park, Ölgemälde, 1785 (Krakau, Nationalmuseum, Abteilung Czartoryski-Sammlungen)
55. Józef Elsner, Ölgemälde eines unbekannten Malers, nach 1847 (Warschau, Museum der Chopin-Gesellschaft)
56. Karol Kurpiński, Ölgemälde von Alexander Molinari, 1825 (Warschau, Nationalmuseum)
57. Szene aus dem Ballett *Die Hochzeit in Ojców* von Karol Kurpiński und Józef Damse, Lithographie von Claude Régnier und Eugène Cicéri nach einer Zeichnung von Antoni Zaleski und Józef Waźniewski, gedruckt bei Lemercier in Paris, 2. Viertel des 19. Jh. (Krakau, Nationalmuseum, Abteilung Czartoryski-Sammlungen)
58. Fryderyk Chopin, Miniatur von Anna Chamiec (1968) nach dem Porträt von Ambroży Miroszewski (1829), Aquarell und Guasch (Warschau, Museum der Chopin-Gesellschaft)
59. Das Geburtshaus Fryderyk Chopins in Żelazowa Wola
60. Die Eltern Chopins, Bleistiftzeichnung von Ambroży Miroszewski
61. Musiksalon im Geburtshaus Chopins
62. Pleyel-Saal in Paris, mit „R" signierter Holzschnitt (Paris, Pleyel-Archiv)

63. Fryderyk Chopin, Ölgemälde von Eugène Delacroix, 1838 (Paris, Louvre)
64. Aleksander Kotsis: Frühlingssummen, Ölgemälde, 1864 (Warschau, Nationalmuseum)
65. Chopins Autograph, *Polonaise-Fantaisie As-Dur*, op. 61, 1845/46 (Warschau, Nationalbibliothek)
66. Die Freunde George Sands in Nohant, Ölgemälde (Fächer) von A. Charpentier (Paris, Musée Carnavalet)
67. Salon Fryderyk Chopins in der Wohnung am Square d'Orléans 9 in Paris, unsigniertes Aquarell (verschollen)
68. Abend bei Fürstin Marcelina Czartoryska, Bleistiftzeichnung von Cyprian Kamil Norwid, um 1848 (Paris, Polnische Bibliothek)
69. Die letzten Augenblicke Chopins, Ölgemälde, 1849 (Warschau, Museum der Chopin-Gesellschaft)
70. Chopindenkmal nach dem Entwurf von Wacław Szymanowski, 1926 im Warschauer Łazienki-Park aufgestellt
71. Fryderyk Chopin, Photo von L. A. Bisson, 1849 (verschollen)
72. Chopins Grab auf dem Friedhof Père-Lachaise in Paris
73. Totenmaske Chopins, Jean-Baptiste Auguste Clésinger; Bronzeabguß, 1930 (Warschau, Museum der Chopin-Gesellschaft)
74. Ostrogski-Palais in Warschau, Sitz der Fryderyk-Chopin-Gesellschaft
75. Stanisław Moniuszko am Dirigentenpult, Lithographie, „Biesiada Literacka", Warschau 1892, Nr. 36
76. Plac Teatralny in Warschau, Kupferstich von Adam Piliński, um 1840 (Warschau, Theatermuseum)
77. Entwurf der Dekorationen zum I. und II. Akt der *Halka* von Moniuszko für die Warschauer Oper, Jan Kosiński, Tempera, 1953 (Warschau, Großes Haus)
78. Henryk Wieniawski, nach einer Lithographie von Ghemar, 1858
79. Władysław Żeleński
80. Juliusz Zarębski
81. Ignacy Jan Paderewski
82. Mieczysław Karłowicz, Bronzeplakette von Roman Lewandowski, 1911
83. Karol Szymanowski, Pastellzeichnung von Stanisław Witkiewicz, 1930 (Warschau, Privatsammlung)
84. Karol Szymanowski, Überschrift des I. Aktes der Oper *König Roger*, Autograph (Warschau, Archiv der Polnischen Komponisten des 20. Jahrhunderts bei der Musikabteilung der Warschauer Universitätsbibliothek)
85. Serge Lifar im Ballett *Harnasie* von Karol Szymanowski, Pariser Aufführung, 1936
86. Karol Szymanowski, letztes Photo, 1936
87. Vorkriegsgebäude des Warschauer Konservatoriums
88. Grzegorz Fitelberg
89. Antoni Szałowski
90. Michał Spisak
91. Gebäude der Warschauer Philharmonie, 1945
92. *Lieder des Untergrundkampfes*, Umschlag, PWM, 1947
93. Tadeusz Szeligowski
94. Bolesław Szabelski
95. Grażyna Bacewicz
96. Artur Malawski
97. Umschlag der Partitur der *2. Sinfonie* Witold Lutosławskis
98. Witold Lutosławski dirigiert die *2. Sinfonie* während des XI. „Warschauer Herbstes" (1967)
99. Nadia Boulanger
100. Henryk Mikołaj Górecki
101. Augustyn Bloch
102. Kazimierz Serocki
103. Tadeusz Baird
104. Experimentierstudio des Polnischen Rundfunks in Warschau

105. Umschlag der Partitur der *Passion nach Lukas* von Krzysztof Penderecki, Entwurf von Andrzej Darowski, erschienen bei PWM-Moeck, 1967
106. Krzysztof Penderecki
107. Im Johannesdom in Warschau während der Aufführung der *Frühmette* von Krzysztof Penderecki
108. Witold Rowicki
109. Jan Krenz
110. Henryk Czyż
111. Bohdan Wodiczko
112. Andrzej Markowski
113. Jerzy Semkow
114. Kazimierz Kord
115. Kazimierz Wiłkomirski
116. Tadeusz Ochlewski
117. Plakat des XIV. „Warschauer Herbstes" (1970) nach einem Entwurf von Hubert Hilscher
118. Regina Smendzianka
119. Halina Czerny-Stefańska
120. Stefania Woytowicz
121. Krystian Zimerman
122. Wanda Wiłkomirska
123. Konstanty Kulka und Jerzy Marchwiński
124. Roman Jabłoński
125. Fistulatores et Tubicinatores Varsovienses
126. „Musikwerkstatt"
127. Im Saal der Nationalphilharmonie während eines Konzerts des „Warschauer Herbstes"
128. Das norwegische Bläserquintett bei der Darbietung von *Musical Games* von Włodzimierz Kotoński während des XVIII. „Warschauer Herbstes" (1974)
129. Im Konzertsaal der Staatlichen Musikhochschule in Warschau
130. Szene vom XI. „Warschauer Herbst" (1967) – Aufführung des *Terrêtektorrh* von Iannis Xenakis unter der Stabführung von Charles Bruck
131. Gebäude der Fryderyk-Chopin-Musikakademie in Warschau
132. Zuschauerraum des Großen Hauses in Warschau
133. Plakat zur Oper *Wozzeck* von Alban Berg nach einem Entwurf von Jan Lenica

1. Die Entdeckungen der Archäologen liefern die frühesten Zeugnisse für das Betreiben von Musik auf polnischem Boden. Dieses Instrument, die sog. Multanki, ist eine Art Panflöte, aus dem 8.–6. Jh. v.u.Z. Rekonstruktion

2. Frühmittelalterliche Flöte aus Knochen

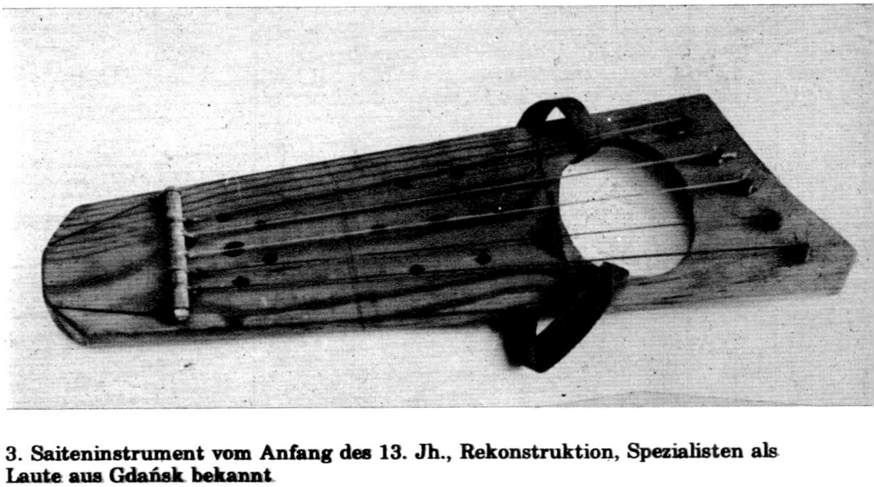

3. Saiteninstrument vom Anfang des 13. Jh., Rekonstruktion, Spezialisten als Laute aus Gdańsk bekannt

4. Die Bevölkerung der polnischen Gebiete kam durch die Vermittlung der aus Westeuropa zugewanderten Mönche und ihrer liturgischen Bücher mit dem Gregorianischen Choral in Berührung. Die Miniatur etwa aus dem Jahr 1027 stellt die schwäbische Prinzessin Mathilde dar, die dem polnischen König Mieszko II. ein liturgisches Buch überreicht.

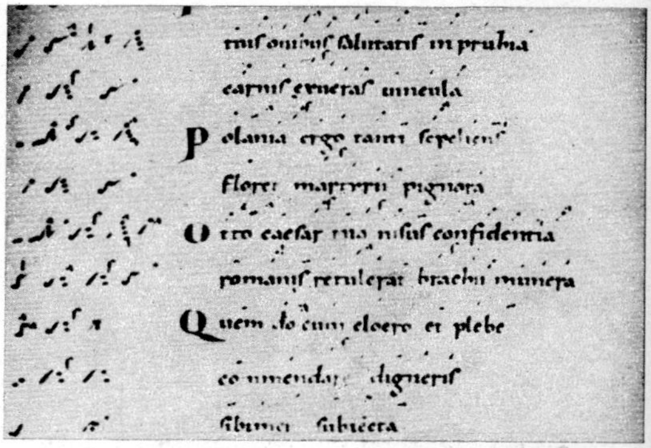

5. Die Sequenz *Annua recolamus*, die zu Beginn des 11. Jh. im Benediktinerkloster in Reichenau entstand, ist das älteste erhaltene Lied zu Ehren des ersten Schutzheiligen Polens, des hl. Adalbert. Die Illustration stellt das Schlußfragment der Sequenz dar.

6. Die ältesten auf polnischem Boden erhaltenen Beispiele einer musikalischen Notation enthält das liturgische Buch aus dem Benediktinerkloster in Tyniec, das sog. *Sacramentarium von Tyniec* (um 1060). Es ist eine Notation cheironomischen Typs, die den allgemeinen Umriß der Melodie mit Hilfe eines Systems von Zeichen bestimmt, die über dem Text angebracht sind.

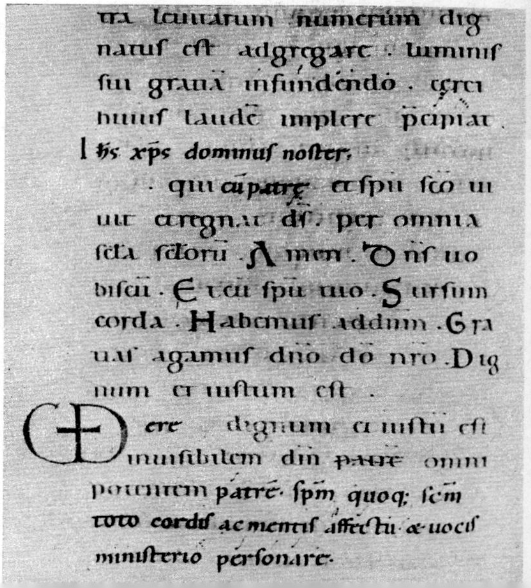

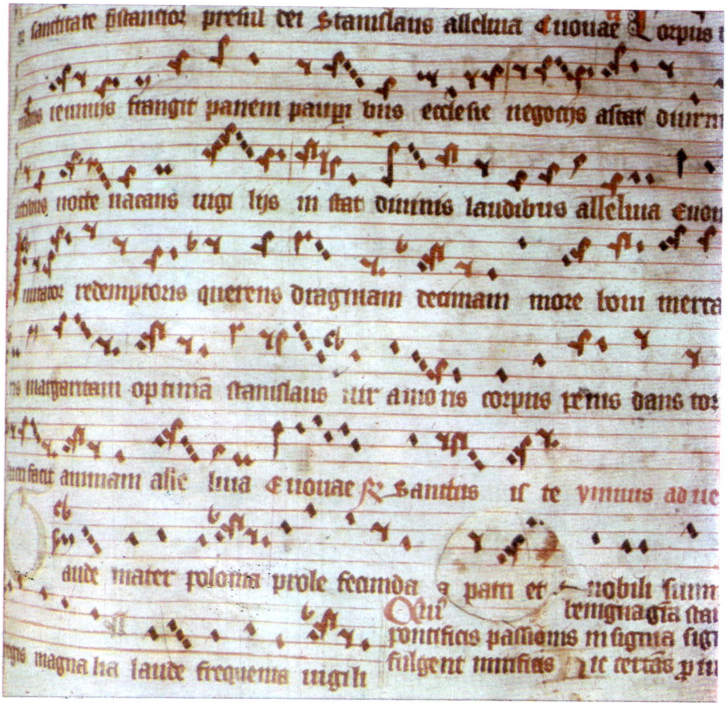

11. Die Hymne an den hl. Stanislaus *Gaude Mater Polonia* war jahrhundertelang ein nationales Lied, das bei besonders feierlichen Anlässen gesungen wurde. Dies ist der Anfang der Hymne, die im *Antiphonar von Kielce* aus dem Jahre 1372 festgehalten wurde (zweites System von unten).

12. Ein auf der Fidel, einem mittelalterlichen Streichinstrument, spielender Narr. Randkomposition aus dem *Florianischen Psalter* (1370–1380)

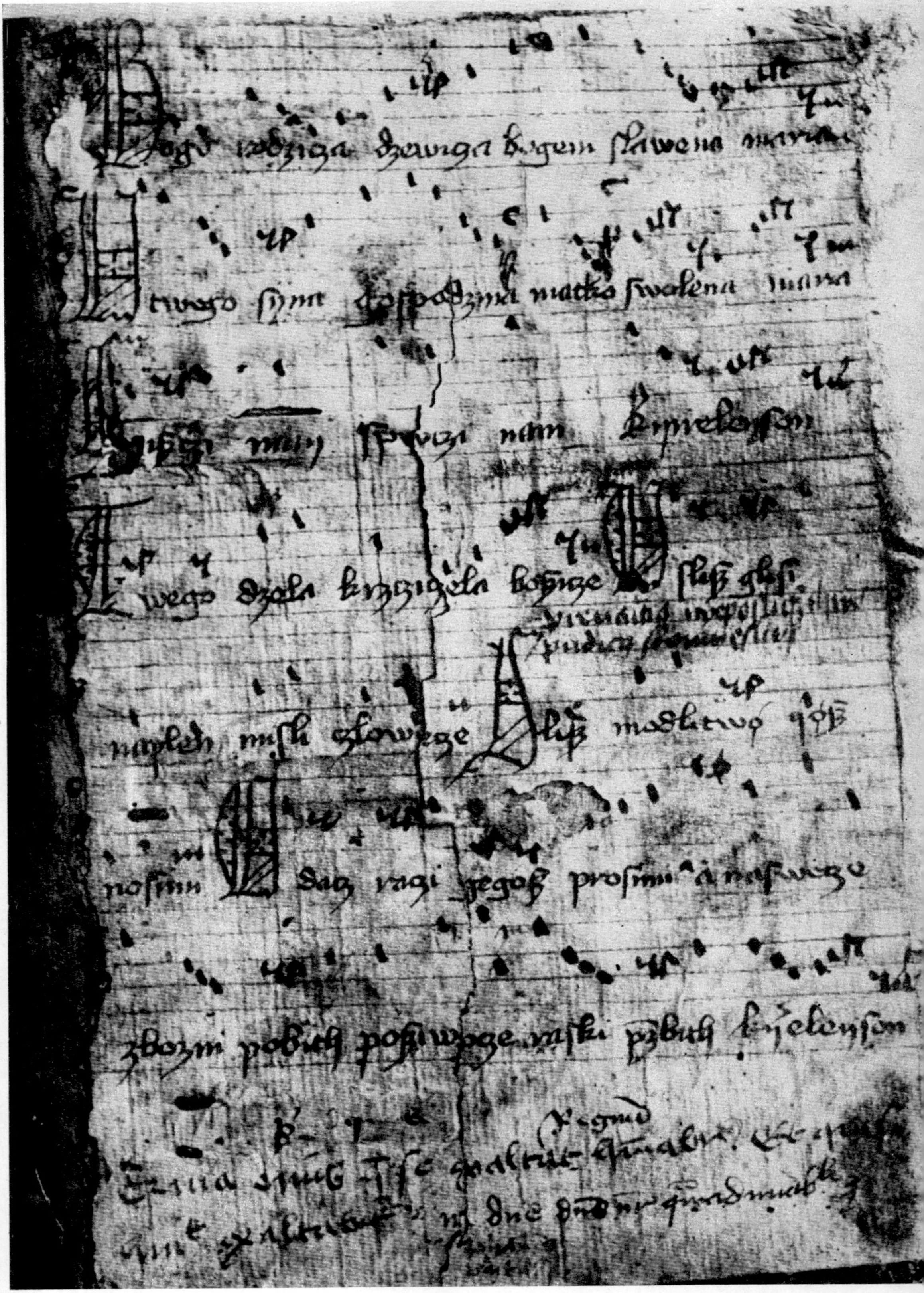
Bogurodzicza dzewicza bogem slawena maria
u twego syna gospodzina matko zwolena maria
zyszczy nam spuszczy nam kyrieleyson
twego dzela krzcziczela bozycze uslysz glosy
napelni mysli czlowecze slysz modlitwo iasz
nosimy a dacz raczy iegosz prosimy a na swecze
zbozny pobith posziwoge rayski przebith kyrieleyson

13. *Bogurodzica* (Gottesgebärerin), ein frommes Ritterlied, das im 13. Jh. entstand, erfüllte im Mittelalter die Rolle der heutigen Nationalhymne. Die Illustration stellt eine Aufzeichnung aus dem 15. Jh. dar.

14. Eine Schar singender Engel, Fragment des Triptychons der hl. Dreieinigkeit im Waweldom in Krakau (1467)

15. Eine Gestalt, die auf dem Dudelsack spielt, Fragment einer Polychromie in der Kirche in Mieronice (um 1330).
Gewiß wurde hier zum erstenmal jenes in Polen beliebte Instrument dargestellt.

16. Ein auf der Laute spielender Engel, Plastik vom Marienaltar (1477–1489), einem Werk des großen Holzschnitzers Veit Stoß

17. Die Geburt Jesu und die Anbetung der Hirten, eine Initialenszene aus dem Meßbuch des Erazm Ciołek (um 1518)

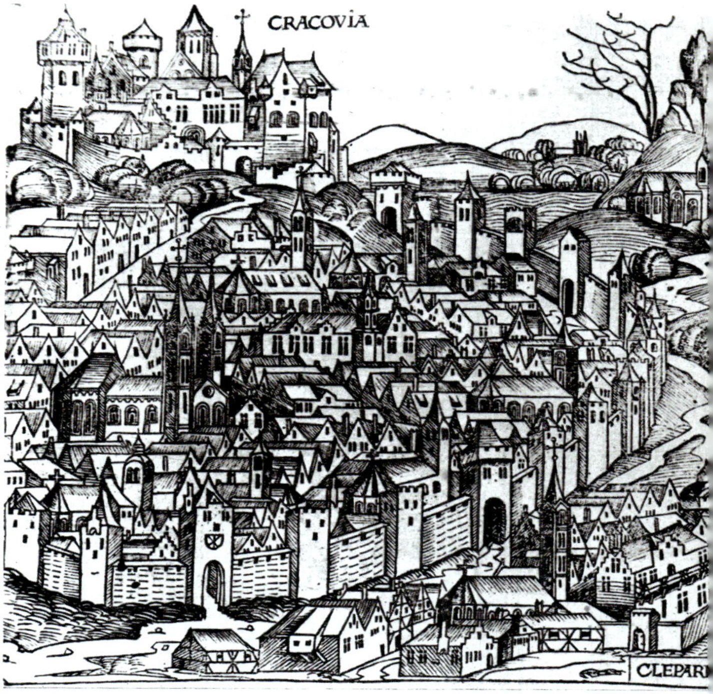

18. Krakau, bis Ende des 16. Jh. Sitz der Könige Polens, war in der Epoche des späten Mittelalters und der Renaissance das wichtigste Musikzentrum des Landes. Die Illustration stellt eine Stadtansicht nach dem Holzschnitt H. Schedels aus dem *Liber chronicarum* dar, Nürnberg 1493.

19. Kirchen und Klöster waren im mittelalterlichen Polen wichtige Zentren der Musikkultur. Eine Initialenszene aus dem Graduale der Krakauer Klarissen (1418), die die hl. Klara beim Dirigieren eines Nonnenchores zeigt

20. Der Jagiellonen-Adler und ein Putto, der auf einer Viola spielt, Fragment der Grabplatte des Kardinals Fryderyk Jagiellończyk im Waweldom in Krakau (1510)

23. In der Epoche der Renaissance wurde in Polen eine Reihe von Traktaten über die Musik geschrieben. Hier das Titelblatt eines davon, des Traktats Sebastians aus Felsztyn (Krakau, um 1515)

21. Ein Satyr, der eine Viola hält, Gitterfragment der Sigismund-Kapelle im Waweldom in Krakau. König Sigismund der Alte, der Stifter der Kapelle, war ein großer Musikliebhaber; er gründete 1543 die berühmte Roratenkapelle, die täglich die Morgenmessen in der Sigismund-Kapelle sang.

22. Das Lied des Mikołaj aus Kraków *Aleć nade mną Venus* (Aber über mir die Venus; Mitte des 16. Jh.) wird als das erste polnische Madrigal angesehen. Seine musikalische Aufzeichnung ist in der *Tabulatur des Jan aus Lublin* erhalten.

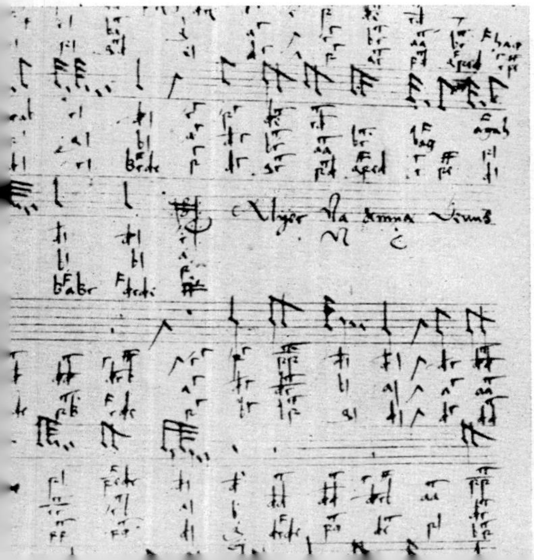

Opusculū musice compilatum noviter per dñm Sebastianū presbiterū de Felstin. Pro institutione adolescentū in cantu Simplici seu Gregoriano.

Qui ducis vultus, & non legis ista libenter
Omnibus inuideas, liuide nemo tibi.

circa 1515.

editio ignota

24. Die Renaissance ist die Ära des üppigen Aufblühens der weltlichen Musik. Sie eben wird durch die Laute in der Hand des Spielers in der Polychromie der Kirche der hl. Dreieinigkeit in Grębień (um 1520–1530) symbolisiert.

25. Engelchor, Fragment des Triptychons „Das Entschlafen der Muttergottes" (vor 1508) in der Pfarrkirche der Mariä Himmelfahrt in Bodzentyn

26. Die Psalmen Mikołaj Gomółkas zu den von dem größten Dichter der polnischen Renaissance Jan Kochanowski übersetzten Texten sind ein Beispiel für das üppige Aufblühen des polnischen religiösen Liedes jener Epoche. Hier das Titelblatt der berühmten Sammlung, die 1580 in Krakau herausgegeben wurde

MELODIÆ
Ná Pſalterz Polski, przez
Mikołáiá Gomółke
vczynioné.

W Krákowie
W Drukárni Łázárzowéy: Roku Páńſkiégo
1580.

27. Allegorie des Gehörs, Fragment des Reliefs auf dem Sarg König Sigismund Augusts (1573)

28. Allegorie des Abends. Gestalt mit einem Signalhorn (Relief in einem Holztürfach, um 1630)

Pieśni o Smiertelności
a krotkości wieku człowieczego
tudzież też i o marności grzesznego Swiata/
Wzbudzaiące każde°/ aby się za czasu ktore°
mu Bog z łaski swei pożyczić raczy
przyprawował k śmierci/
a czynił pokutę.

A i Bog weżrzał z nieba na narod
ludski/ zmiłował sie sam nad nie
godnemi nawiedził ie tu na ziemi.

chlei strzałe przyrownali
sobie zmierzieli. ¶ B
sći wiecznei nas przyciąg
dość niebieskę obiawia
tysiąc latom rownali.
dbamyż o te długą wi
dość/ opuściwszy dla
wieczkę marność/ wid
skiego niestałość. ¶ I
bie tu długość obiecu
niedoczkawszy wieczora
tem sam miły pan Bog
¶ Obroć się serce grze
dego/ kai się teras tu cza
go/ abyś zbył płaczu wie
¶ Vchodź baswochwa
wszystkich marności / k
świat s swemi marno
prawie iest wszystek na
¶ I krol Salomon
medrszy był/ wszystko
marnością wyświatcz
wiac marność nad ma
¶ Tem każdego nie
kazuie/ kto się świeck

29. Ähnlich wie in vielen anderen Ländern Europas trug die Entwicklung des Protestantismus in Polen zum Aufblühen des religiösen Liedes in der Nationalsprache bei. Hier ein Blatt aus dem dissidentischen Gesangbuch des A. Augezdecki, das 1554 in Königsberg herausgegeben wurde

30. Polnische Musikanten zu Pferde, Stich vom Ende des 16. Jh.

31. Berittener Trompeter auf einem
Fresko im Wawelschloß in Krakau (um 1535)

33. Kopf einer Geige
von Marcin Groblicz I.
(2. Hälfte des 16. Jh.).
Die von polnischen
Geigenbauern
konstruierten Geigen
konnten sich mit den
Instrumenten der
italienischen Meister
aus Brescia und
Cremona messen.

32. Esel, der auf einer Laute spielt, Fragment einer Polychromie
in der Kirche des hl. Stanislaus in Boguszyce (um 1558)

2

L' OVYE

Mon luth par ses diuins accords
Plus doux que la lyre d'orpheé
Quĕ menoit les coeurs en trophée
Enchante l'esprit et les corps

L'ame en est si fort resiouye
Qu'elle en perd l'obiet de ses maux
Et mesme il n'est point d'animaux
Que ie ne charme par L'ouye

[illegible] avec privilege du Roy et se vendent a paris soubz les charnieres de St Innocent soubz le tableau de [illegible]

34. Allegorie des Gehörs, Kupferstich des Jeremiasz Falck aus der Mitte des 17. Jh.

35. Griffbrett einer polnischen theorbierten Laute aus dem 17. Jh.

36. Sphärenmusik, Detail eines Kupferstichs von Jeremiasz Falck aus dem 2. Viertel des 17. Jh.

37. Das 17. Jahrhundert leitete auf polnischem Boden eine lebhafte Entwicklung des Orgelbaus ein. Hier ein Instrument (1620) aus der Pfarrkirche zum hl. Johannes dem Täufer in Kazimierz an der Weichsel

38. Musikpult in der Pfarrkirche in Biecz mit einer Darstellung einer Bürgerkapelle aus dem 17. Jh., die mit zahlreichen Instrumenten ausgestattet ist.

39. Totentanz (Fragment), ein Gemälde aus dem 17. Jh. in der Bernhardinerkirche in Krakau. Aufmerksamkeit erwecken die charakteristische polnische Adelskleidung sowie die Instrumente – eine Geige und ein Regal (eine Art kleine Orgel).

40. Ein polnisches tragbares Positiv (eine Art kleine Orgel), um 1640

41. Putto vom Musikchor des Waweldoms in Krakau (um 1758)

KANCTONAL,

To jest/

Ksiegi Psalmow y Piesni Duchownych/

Na Chwałe Bogá w Troycy S. Jedynego/ Oyca/ Syna/ y Ducha Swietego/

Zá zgodą wszystkich Zborow Ewangelickich Koronnych / W. X. L. y Páństw do nich należących/ z dawnieyszych Kancyonałow/ Psalterzow y Katechismow zebrane / y k woli jednostaynemu używaniu wydane.

WE GDANSKU.

Drukował Symon Reinicer,

1706.

42. Titelblatt eines evangelischen Gesangbuchs, das 1706 in Gdańsk herausgegeben wurde

43. Volksbelustigung in der Schenke. Die hier dargestellten Volksinstrumente sind die Serbe (ein Streichinstrument), der Dudelsack, die Flöte und die Trommel (Holzschnitt, 1693)

wiedliwych Miarach, tudźielz, a
oddáni w ſwoiey piiáli Kárczm

44. Prospekt der 1683–1685 erbauten Orgel im Dom zu Frombork

45. Prospekt der Orgel in der Bernhardinerkirche in Leżajsk (1680–1729)

46. Musikchor und Orgel in der Peter-und-Paul-Kirche in Krakau (18. Jh.)

IN
OMNEM
TERRAM
EXIVIT SONUS
EORUM

47. Stadtansicht Warschaus aus dem 17. Jh., vom Stadtteil Praga aus gesehen

48. Polnische Kapelle Ende des 18. Jh., bestehend aus Flöten, zwei Geigen, Kontrabaß, Horn und Tamburin

49. Anfang des 18. Jahrhunderts verbreiteten sich in Polen und später in ganz Europa Janitscharenkapellen. Der Kupferstich H. Bonnarts stellt einen Pfeifer der Janitscharenkapelle des polnischen Königs im charakteristischen orientalischen Gewand dar.

50. Polnischer Ball, Zeichnung Jean Pierre Norblins vom Ende des 18. Jh.

52. Vincent de Lesseur, Porträt von Krystyna Radziwiłł (1796)

51. An den Höfen der Magnaten wurde die Musik geschätzt und gepflegt. Giuseppe Marchi, Porträt von Izabela Czartoryska-Fleming (1777)

53. Krakowskie-Przedmieście-Straße (in Richtung des Schloßplatzes), der Haupttrakt des alten Warschau in den sechziger Jahren des 18. Jh. nach einem Bild von Canaletto

54. Konzert im Park, Ölgemälde
von Jean Pierre Norblin (1785)

55. Józef Elsner (1769–1854), führender polnischer Komponist zu Beginn des 19. Jh., Lehrer Fryderyk Chopins

56. Karol Kurpiński (1785–1857), hervorragender Opernschöpfer und langjähriger Direktor des Nationaltheaters in Warschau

57. In der 1. Hälfte des 19. Jh. erlebte die Warschauer Opernbühne unter der Leitung Karol Kurpińskis eine Blütezeit. Hier eine Lithographie, die eine Szene aus dem 1823 aufgeführten Ballett von Kurpiński und Damse *Die Hochzeit in Ojców* darstellt.

58. Fryderyk Chopin (1810–1849)

59. In diesem Haus im Dorf Żelazowa Wola wurde Fryderyk Chopin geboren.

60. Die Eltern Chopins:
Justyna, geb. Krzyżanowska
(1782–1861), und Mikołaj (1771–1844)

61. Musiksalon im
Geburtshaus Fryderyk Chopins

63. Fryderyk Chopin, Ölporträt von Eugène Delacroix (1838)

62. Pleyel-Saal, in dem Chopins erstes Konzert in Paris stattfand

64. *Frühlingssummen,* Ölgemälde von Aleksander Kotsis (1864)

65. Chopins Autograph der
Polonaise-Fantaisie As-Dur, op. 61

66. Achtzehn Jahre seines Lebens verbrachte Chopin in Paris inmitten der geistigen und künstlerischen Elite des damaligen Europa. Die Gestalten auf dem Fächer sind die Gäste George Sands in Nohant.

67. Salon in einer der Pariser Wohnungen Chopins, am Square d'Orléans 9

68. Abend bei Fürstin Marcelina Czartoryska, der Lieblingsschülerin Chopins, eine Zeichnung Cyprian Kamil Norwids (um 1848). Am Klavier ein Schüler Chopins, Thomas Tellefsen, zur Rechten sitzt Chopin.

69. Die letzten Augenblicke
Chopins, Ölgemälde (1849)

70. Denkmal Chopins
im Łazienki-Park in Warschau

71. Photographie Chopins aus seinem letzten Lebensjahr

72. Chopins Grab auf dem Friedhof Père-Lachaise in Paris

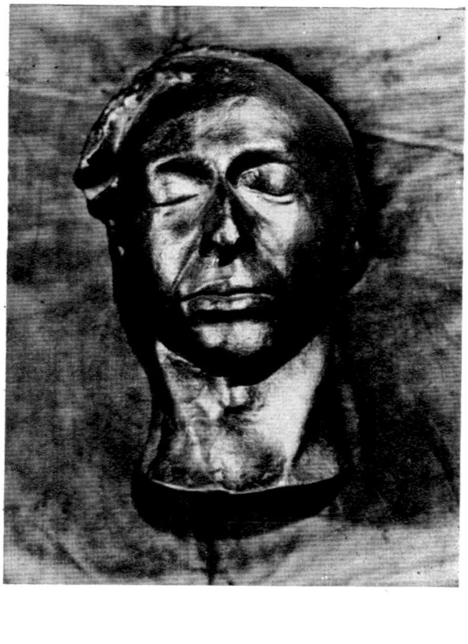

73. Totenmaske Chopins, ein Werk J. B. Auguste Clésingers

75. Stanisław Moniuszko (1819–1872), Schöpfer der polnischen Nationaloper, neben Chopin der Hauptvertreter der Romantik in der polnischen Musik

74. Ostrogski-Palais in Warschau, Sitz der Chopin-Gesellschaft

76. Plac Teatralny in Warschau
mit dem Gebäude des
Großen Hauses

77. Dekorationsentwurf zum I. und II. Akt der *Halka* Stanisław Moniuszkos für die Warschauer Oper (Jan Kosiński, 1953)

79. Władysław Żeleński (1837–1921), nach Moniuszko der hervorragendste Vertreter des polnischen Opernschaffens

78. Henryk Wieniawski (1835–1880), bedeutender Violinvirtuose, Autor zweier Violinkonzerte, die bis heute zum eisernen Violinrepertoire auf der Welt gehören

80. Juliusz Zarębski (1854–1885), eine interessante Komponistenpersönlichkeit, deren Entwicklung der vorzeitige Tod ein Ende setzte

82. Mieczysław Karłowicz (1876–1909), hervorragendster Schöpfer der polnischen sinfonischen Musik zu Beginn unseres Jahrhunderts

81. Ignacy Jan Paderewski (1860–1941), weltberühmter Pianist, Komponist und Politiker

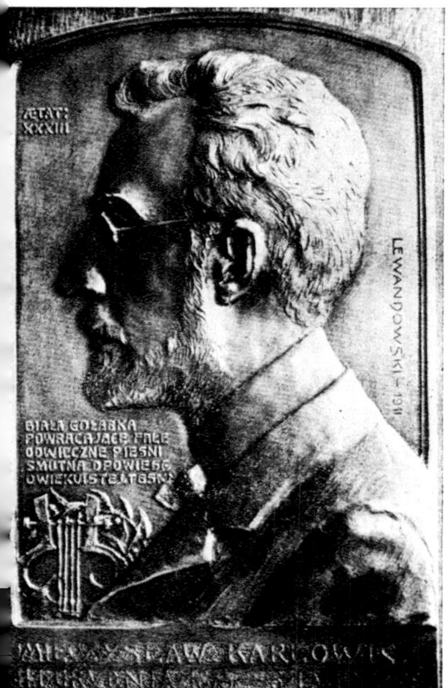

83. Karol Szymanowski (1882–1937), hervorragendster polnischer Komponist nach Chopin

84. Karol Szymanowskis Autograph: Titel des Manuskripts des I. Akts der Oper *König Roger*

85. Der berühmte Tänzer Serge Lifar in der Pariser Inszenierung des Balletts *Harnasie* von Karol Szymanowski (1936)

86. Die letzte Photographie Karol Szymanowskis (1936); zur Linken der Musikwissenschaftler Stanisław Golachowski

87. Das Gebäude des
Warschauer Konservatoriums
vor dem Kriege

89. Antoni Szałowski (1907–1972)

88. Grzegorz Fitelberg (1879–1953), hervorragender Dirigent, Komponist, verdienter Förderer und Verbreiter der polnischen Musik im Ausland

90. Michał Spisak (1914–1965), konsequenter Vertreter der neoklassizistischen Strömung in der polnischen Musik

91. Der Krieg und die Okkupation fügten der polnischen Kultur unersetzliche Schäden zu. So sah 1945 das ausgebrannte Gebäude der Warschauer Philharmonie aus.

92. Die *Lieder des Untergrundkampfes*,
die während des Besatzungsterrors entstanden,
waren eine der ersten Publikationen
des im befreiten Krakau
organisierten
Polnischen Musikverlages PWM.

93. Tadeusz Szeligowski (1896–1963)

94. Bolesław Szabelski (1896–1979)

95. Grażyna Bacewicz (1909–1969)

96. Artur Malawski (1904–1957)

97. Umschlag der Partitur
der *2. Sinfonie* Witold Lutosławskis

98. Witold Lutosławski steht oft am
Dirigentenpult, um die Aufführungen
eigener Werke zu leiten.

99. Nadia Boulanger (1887–1979) dirigiert das Orchester der Nationalphilharmonie in Warschau. Unter der Leitung dieser vortrefflichen Pädagogin vervollkommneten in Paris viele zeitgenössische polnische Komponisten ihre schöpferische Werkstatt.

100. Henryk Mikołaj Górecki

102. Kazimierz Serocki (1922–1981)

101. Augustyn Bloch 103. Tadeusz Baird

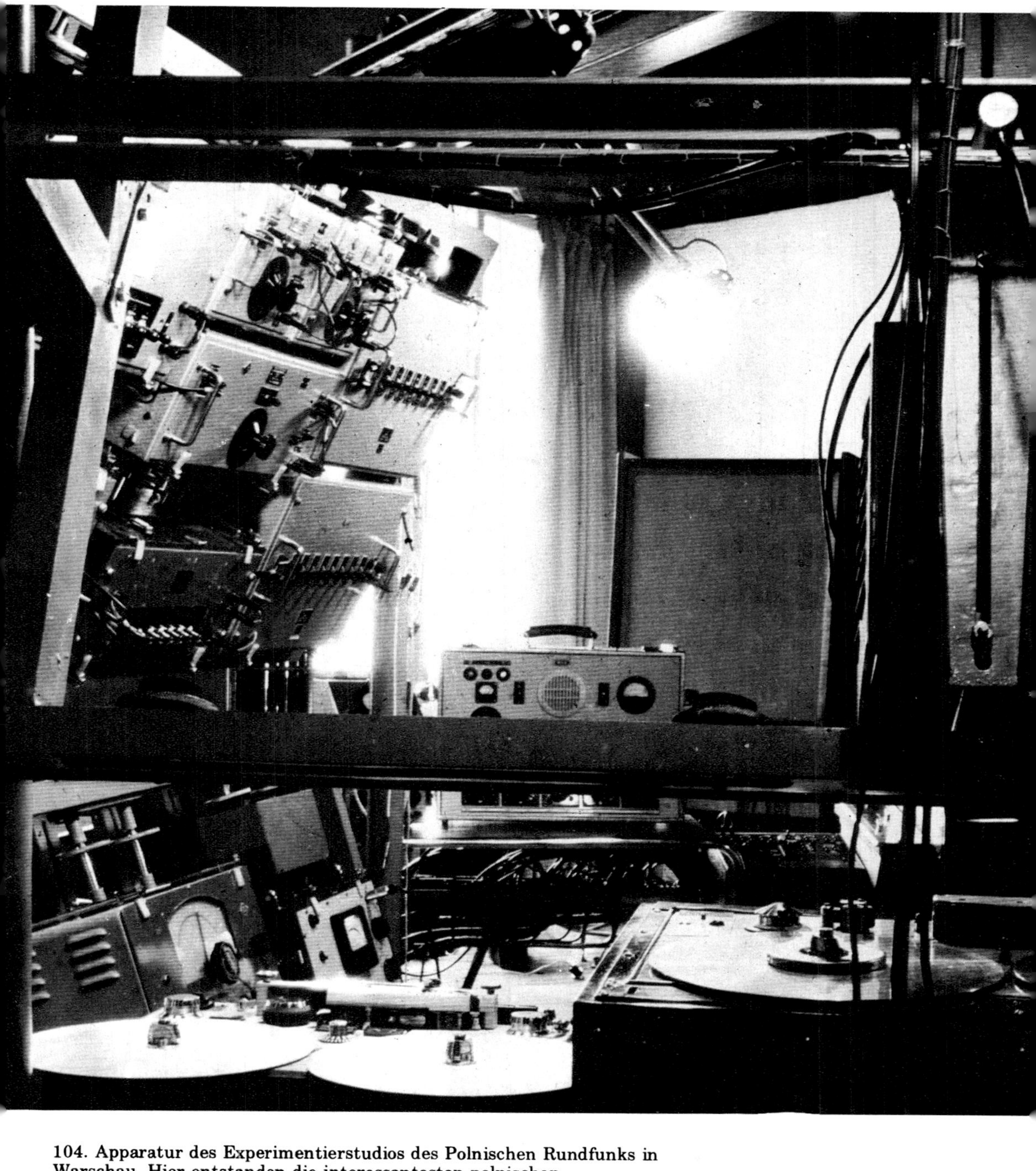

104. Apparatur des Experimentierstudios des Polnischen Rundfunks in Warschau. Hier entstanden die interessantesten polnischen elektronischen Kompositionen.

105. Umschlag der Partitur der *Passion nach Lukas* Krzysztof Pendereckis

106. Krzysztof Penderecki

107. Aufführung der *Frühmette* Pendereckis im Johannesdom in Warschau

109

108.–114. Durch Zutun hervorragender polnischer Dirigenten ertönt die polnische Musik auf den Konzertpodien der ganzen Welt. Auf den Photos: Witold Rowicki (108.), Jan Krenz (109.), Henryk Czyż (110.), Bohdan Wodiczko (111.), Andrzej Markowski (112.), Jerzy Semkow (113.), Kazimierz Kord (114.)

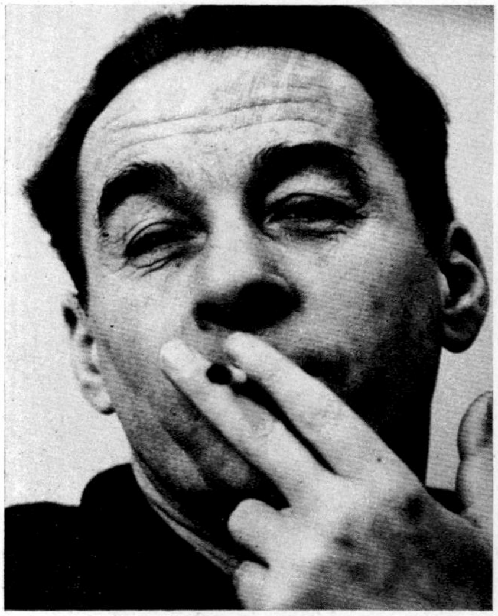

108

110

111

114

112

113

115. Kazimierz Wiłkomirski, bedeutender Cellist, Komponist, Pädagoge und Dirigent der älteren Generation

116. Tadeusz Ochlewski (1894–1975), Autor und langjähriger Leiter des Polnischen Musikverlages PWM

117. Plakat des Internationalen Festivals der Zeitgenössischen Musik „Warschauer Herbst", der größten polnischen Musikveranstaltung (Entwurf: Hubert Hilscher)

XIVth INTERNATIONAL FESTIVAL OF CONTEMPORARY MUSIC
WARSAW AUTUMN
WARSAW, 19-27 SEPTEMBER
1970

118. und 119. Regina Smendzianka und Halina Czerny-Stefańska repräsentieren die geschätzte polnische Schule des Klavierspiels.

120. Stefania Woytowicz, hervorragende Interpretin der zeitgenössischen Vokalmusik

121. Krystian Zimerman, Gewinner des ersten Preises bei dem IX. Internationalen Chopin-Wettbewerb in Warschau 1975

122. Die bedeutende Geigerin
Wanda Wiłkomirska

124. Der junge Cello-Virtuose
Roman Jabłoński

123. Der Star der polnischen
Violinistik Konstanty Kulka mit
seinem vortrefflichen Begleiter
Jerzy Marchwiński

125. In Polen wirkt eine Reihe von Ensembles, die alte Musik spielen. Hier die „Fistulatores et Tubicinatores Varsovienses", die auf Instrumenten musizieren, welche nach den mittelalterlichen und Renaissance-Vorbildern in der Werkstatt des Ensembleleiters Kazimierz Piwkowski konstruiert wurden.

127. Im Saal der Nationalphilharmonie während eines der Konzerte des „Warschauer Herbstes"

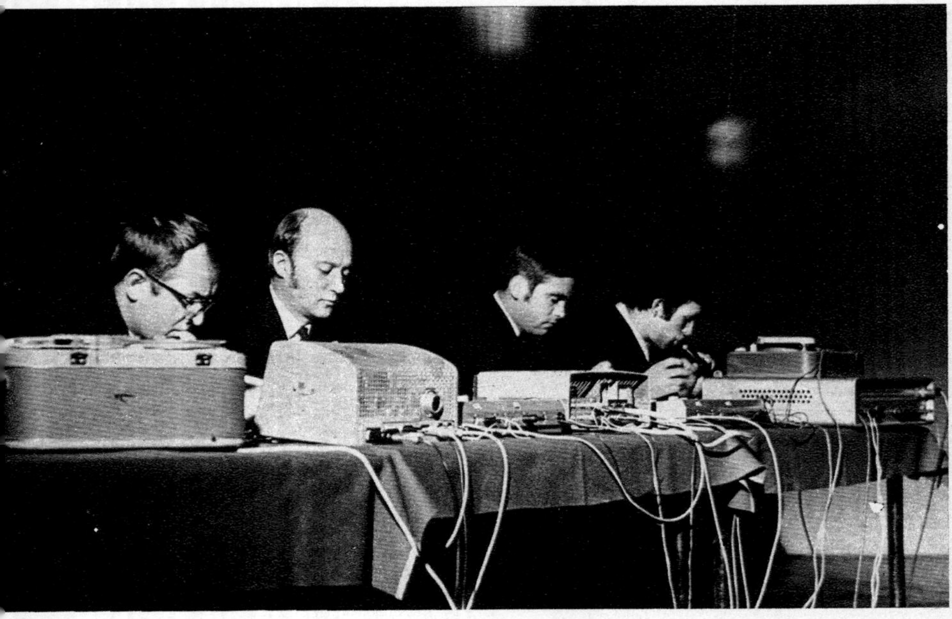

126. Die „Musikwerkstatt", die unter der Leitung des bekannten Komponisten und Pianisten Zygmunt Krauze wirkt, gehört zu den führenden Ensembles der europäischen Musikavantgarde. Auf dem Photo die „Musikwerkstatt" während der Aufführung von John Cages *Cartridge Music*

128. Viele ausländische Musiker haben in ihrem Repertoire Werke zeitgenössischer polnischer Komponisten. Das norwegische Bläserquintett aus Oslo bei der Darbietung von *Musical Games* Włodzimierz Kotońskis („Warschauer Herbst" 1974)

129. Im Konzertsaal der Staatlichen Musikhochschule in Warschau während des „Warschauer Herbstes"

130. Das Internationale Festival der Zeitgenössischen Musik „Warschauer Herbst" erwarb sich einen hohen Rang in der Welt. Hier eine effektvolle Szene des Festivals: die Aufführung der *Terrêtektorrh* von Xenakis unter der Stabführung von Charles Bruck

131. Das moderne Gebäude der Staatlichen Musikhochschule in Warschau

133. Opernplakat von Jan Lenica

132. Der Zuschauerraum des Großen Hauses in Warschau, das nach den Zerstörungen im Krieg wiederaufgebaut wurde

TEATR WIELKI
ALBAN BERG WOZZECK

Auswahl der Illustrationen:
zum Kapitel ALTE MUSIK – *Jan Węcowski;*

zum Kapitel VON CHOPIN BIS SZYMANOWSKI – *Hanna Wróblewska;*

zum Kapitel NEUE MUSIK und Bildunterschriften – *Olgierd Pisarenko*

Graphische Gestaltung: *Janusz Wysocki*

Technische Redaktion: *Wiesława Zielińska*

Aufnahmen: Zentrale Fotoagentur CAF, *Janusz Rosikoń* und *Andrzej Zborski*

Das Buch ist auch in englischer und polnischer Sprache erschienen.

Die zweitausendzweihundertfünfundfünfzigste Publikation des Verlags Interpress

PRINTED IN POLAND